普通高等教育人工智能与大数据系列教材

数据统计与分析

岳晓宁　编

机 械 工 业 出 版 社

本书共10章，对数据统计与分析理论进行了较为全面的介绍。具体内容包括：数据统计基础、常用描述性统计分析、参数估计、假设检验、多元正态分布统计基础、方差分析、相关分析与回归分析、主成分分析与因子分析、聚类分析与判别分析、时间序列分析。全书论述严谨，行文深入浅出，注重实用性。

本书可作为数据科学与大数据技术专业的本科生、研究生教学用书，也可作为相关专业本科生、研究生和数据统计分析与数据挖掘技术研究学者的参考书。

图书在版编目（CIP）数据

数据统计与分析/岳晓宁编. —北京：机械工业出版社，2021.10（2024.7重印）
普通高等教育人工智能与大数据系列教材
ISBN 978-7-111-69466-3

Ⅰ.①数… Ⅱ.①岳… Ⅲ.①统计分析-高等学校-教材 Ⅳ.①O212.1

中国版本图书馆CIP数据核字（2021）第218106号

机械工业出版社（北京市百万庄大街22号 邮政编码100037）
策划编辑：路乙达　　责任编辑：路乙达　李　乐
责任校对：李　杉　刘雅娜　封面设计：张　静
责任印制：邓　博
北京盛通数码印刷有限公司印刷
2024年7月第1版第3次印刷
184mm×260mm · 16.75印张 · 410千字
标准书号：ISBN 978-7-111-69466-3
定价：49.80元

电话服务
客服电话：010-88361066
010-88379833
010-68326294

网络服务
机　工　官　网：www.cmpbook.com
机　工　官　博：weibo.com/cmp1952
金　　书　　网：www.golden-book.com
机工教育服务网：www.cmpedu.com

PREFACE 前言

本着“树精品意识、出优秀教材”的宗旨，全国高校人工智能与大数据创新联盟牵头组织编写了本书，它填补了我国应用型本科院校人工智能与大数据教材市场的空白。

数据是事实或观察的结果，是对客观事物的逻辑归纳，是用于表示客观事物未经加工的原始素材。数据的表现形式还不能完全表达其内容，需要经过解释，并且数据和关于数据的解释是不可分的。数据的解释是指对数据含义的说明，数据的含义称为数据的语义，数据与其语义是不可分的。随着计算机运算速度和存储能力的发展，收集数据变得越来越简单，存储数据的成本越来越低，人们所掌握的数据量越来越大，数据存在形式的复杂度越来越高，但人们关心的不是数据本身，而是在这如此巨大的数据中可以得到什么样的信息，可以得到多少有用的信息，这就是数据挖掘理论所要研究的问题。

统计学是通过搜索、整理、分析、描述数据等手段，推断所测对象的本质，甚至预测对象未来的一门综合性科学。统计学用到了大量的数学及其他学科的专业知识，它的使用范围几乎覆盖了社会科学和自然科学的各个领域。

大数据时代的到来，给统计学带来了机遇和挑战，为统计学计量方式和方法的创新带来了良好的机会和动力。统计学本身是大数据时代的一门重要科学，也是数据挖掘的重要组成部分。随着大数据逐渐走进人们的视野并且在越来越多的领域当中予以应用，统计学也必然会迎来更广泛的关注和应用。

本书的编写目的是结合大数据时代对统计学理论的要求，对统计学进行系统介绍，以利于统计学理论更好地服务于大数据时代，为统计学理论在大数据时代下的可持续发展和研究提供参考。基于这一初衷，本书具有如下特色：

第一，对数据统计学的基本概念进行了较详细的介绍，并介绍了与数据挖掘算法相关的理论，为读者学习一些基本概念和基本理论提供方便。

第二，基于大数据时代的需求，介绍了多元正态统计分析理论，同时介绍了分布拟合优度检验、总体独立性检验、多元方差分析、多元回归分析、降维理论等数据分析方法。

第三，结合数据挖掘主要任务，对数据分类分析、聚类分析及时间序列分析进行了讲述，并介绍了衡量相似性的指标设计，阐述了数据挖掘的统计聚类和分类方法，如系统聚类法，费希尔判别、贝叶斯多类判别及逐步判别分析等分类方法，以及时间序列分析的趋势拟合法和平滑法。

本书紧紧围绕数据挖掘来介绍统计学理论，将数据挖掘理论与统计学理论相融合，为读者学习和研究数据挖掘技术提供了很好的理论平台。全书论述严谨，行文深入浅出，注重实用性。希望读者能够通过本书的学习，获得数据与统计分析比较系统的知识，了解处理非确定现象一些常用的统计方法，为后续的分析研究打下牢固的理论基础。

赵宏伟教授及陈达人、丁宇等在本书编写过程中提出了很多意见和建议，在此向他们表示感谢。

统计学理论是一个非常严谨、非常成熟的理论。大数据时代的到来，极大弱化了统计学理论——抽样理论在大数据研究领域的重要作用，如何重构统计学理论，使其在大数据时代继续承担原有的历史任务，是统计学研究工作者所面临的一个挑战，也是历史所赋予的责任。

由于编者水平有限，加之时间仓促，疏漏之处在所难免，恳请广大读者批评指正。

编　者

CONTENTS 目录

第1章 数据统计基础

统计学是研究不确定性现象数量规律性的方法论科学，也是对客观现象进行定量分析的重要工具。本章基本内容包括：

总体和样本、标志和变量等概念。这些概念是统计学中最基本的概念。

统计指标和指标体系。统计指标包括指标名称和指标数值两个部分，统计指标体系是统计指标所组成的有机整体。

数据收集与数据处理。包含数据收集、数据质量、数据处理及数据显示等。

学习要点：了解统计学的基本任务及统计工作过程，熟练掌握总体和样本、标志和变量等基本概念，了解计量尺度类型、数据误差种类及产生原因，掌握数据质量的评价标准。

1.1 统计及统计工作过程

1.1.1 统计含义

人们对于统计的理解往往总是与数据联系在一起。实际上在人们的日常生活和工作中，“统计”这一术语常常有不同的用法。例如，政府统计部门每年要“统计”生产总值，这是将其作为一种工作来看待；了解证券市场的交易状况要看有关成交额和股价指数的“统计”，这又是将其作为数据来运用。通常人们所说的学习“统计”，则是指一门科学，即统计学。

统计学是一门收集、整理、描述、显示和分析统计数据的科学，是一套关于由数据到结论的科学理论、方法和技术，也可以说统计学是关于从数据中学习的科学，目的在于探索数据内在的数量规律性或从中得到关于总体和过程的结论。统计学与统计实践活动的关系是理论与实践的关系，理论源于实践，理论又高于实践，反过来又指导实践。统计学按照发展阶段和侧重点不同，可分为描述统计学和归纳统计学，归纳统计学又称推断统计学。描述统计学是阐述如何对客观现象的数量表现进行计量、搜集、整理、表示、一般分析与解释的一系列统计方法，其内容包括统计指标、统计调查、统计整理、统计图表、集中趋势测度、离散程度测度、统计指数、时间序列常规分析等理论和方法。归纳统计学主要阐述如何根据部分数据（样本统计量）去推断总体的数量特征及规律性的一系列理论和方法，其主要内容包括参数估计、假设检验、方差分析、相关与回归分析、统计预测、统计决策等。

统计学是人类社会历史发展的产物。在现实生活中，人们为了满足生产实践、科学研究和各种管理活动的需要，经常要对所关注的事物进行观测，收集各种有关的数据资料进行分析、比较和推断，以便说明所关注事物的性质、数量、运动变化规律以及与其他事物的相互联系。例如，为了国家管理的需要，政府要定期或不定期地对全国的人口、财产、生产、分配以及人民生活等各方面开展统计调查，并对调查得到的各项数据进行分析研究，说明全国人口的性别、年龄构成状况、财产的分布状况、生产结构及增长状况、收入分配以及人民生活水平等，以便国家管理和制定各种方针和政策，并对政策执行情况进行检查和监督。又如，在工业生产中，为了提高产品的质量，企业就要对影响产品质量的各种因素进行试验，在不同的条件下观测产品质量的变化状况，然后进行数据分析和推断，从而找出最佳的原材料配比或最佳的生产工艺过程。与其他认识工具相比，统计有其自己的特点，主要表现在以下几个方面。

1. 数量性

统计的认识对象是客观事物或客观现象的数量方面，这是统计的基本特点。具体包括：

1）数量多少。

2）现象之间的数量关系。

3）质与量互变的数量界限。

统计分析属于定量分析范畴。定量分析是认识客观事物不可缺少的，它可以使得人们更精确、更具体、更深刻地把握事物的性质、特征及其变化规律。例如，要了解一个企业的基本状况，就要从该企业的职工人数、资产总量、投资规模、生产产品数量、品种、质量以及劳动生产率、产品成本、利润等数量方面来具体说明。

由于客观事物的质与量是密切联系的，虽然可以把事物的数量方面从认识对象中分离出来，但是并不意味着统计研究的是纯粹的量。统计是在明确了事物质的规定性基础上来对其量的规定性进行分析研究，就是说统计定量认识是建立在对客观事物定性认识的基础上，是定量分析与定性分析的结合。例如，要开展工业增加值统计，研究工业增加值的数量、构成及其变化情况，首先必须阐明工业增加值这一概念的内涵，然后才能确定工业增加值的统计范围、口径和计算方法。统计对客观事物数量方面调查研究的最终目的，是为了更深入地阐明事物的性质及其内在规律性。

2. 总体性

统计的数量研究是对现象总体中各单位普遍存在的事实进行大量观察和综合分析，得出反映现象总体的数量特征。例如，工业产品统计，不是为了了解和研究单个产品，而是要反映企业生产的产品总量，合格品有多少、不合格品有多少、占的比例有多大，以及发展变化情况等，企业生产的所有工业产品便构成一个总体。又如，统计部门开展的城镇居民家庭调查，虽然需要对具体的居民家庭进行调查，但是其目的并不在于了解个别居民家庭的生活状况，而是要反映一个国家及一个城市的居民收入水平、消费水平、收入结构和消费结构等数量特征。

3. 差异性

统计的同类现象总体数量特征的研究，它的前提是同类总体各单位的数量特征或属性特

征表现存在着差异，而且这些差异并不是事先可以预知的。例如，不同的人有不同的年龄、不同的身高、不同的体重、不同的学历、不同的性别和不同的民族等。不同的家庭有不同的收入水平、不同的消费水平、不同的消费模式和习惯等，这才需要进行统计。如果说，同类总体各单位的差异表现出个别现象的特殊性和偶然性，那么对现象总体的数量研究，则是通过大量观察，从各单位的变异中归纳概括出它们的共同特征，显示出现象的普遍性和必然性。

1.1.2　统计工作过程

统计工作是对社会调查研究借以认识其本质和规律性的一种工作，这种调查研究是人们对客观事物的一种认识过程，就一次统计活动而言，一个完整的认识统计过程一般可分为统计调查、统计整理、统计分析和结果显示等四个阶段。

1. 统计调查

统计调查：即根据一定的目的，通过科学调查方法，搜集社会现象的实际资料活动，主要有统计设计及数据收集等。

统计设计：即根据统计的任务和目的以及统计对象的特点，对统计工作所涉及的各个方面和各个环节事先所进行的全面考虑和计划安排的工作设计。其主要内容有：统计指标和指标体系的设计，统计分组和分类的设计，统计调查、整理和分析方案的设计，统计工作各部门和各阶段之间相互协调与联系的设计，统计力量的组织与安排设计等。

数据收集：即包括调查、试验和对已有的来自各种数据记录、普查及历史调查记录等数据的再收集和检查。经过统计设计，明确了调查目标和所关心的指标或变量，就可以开始选择适当的方法收集数据。观察法和试验法是收集数据的两种基本方法，抽样调查理论和试验设计理论为数据收集提供了理论依据。在统计学中有专门的一个分支学科，即试验设计，就是研究如何科学地设计试验方案，从而使通过试验采集的数据能够符合分析的目的和要求，这种在人工干预或控制情况下收集的数据称为试验数据。对于大多数社会现象来说，一般无法进行重复试验，要取得有关数据就必须到社会总体中去进行调查或观察，这种在自然的未被控制条件下观测得到的数据称为观测数据。

2. 统计整理

统计整理：即调查取得反映个体的原始资料和经过了一定程度加工、整理的次级资料，按照科学的方法进行审核、分组、汇总，使之条理化、系统化，以说明现象总体数量特征的工作阶段。统计整理是统计工作的中间环节，具有承前启后的作用，它是统计调查工作的继续，又是统计分析工作的前奏。

3. 统计分析

统计分析：即指通过对研究对象的规模、速度、范围、程度等数量关系的分析研究，认识和揭示事物间的相互关系、变化规律和发展趋势，借以达到对事物的正确解释和预测的一种研究方法。统计分析所运用的方法包括两大类，即**描述统计**和**推断统计**。

1）**描述统计**：即指运用制表和分类、图形以及计算概括性数据来描述数据特征的各项统计工作。描述性统计分析主要包括数据的频数分析、集中趋势分析、离散程度分析以及一些基本的统计图形等。

2）**推断统计**：即在对样本数据进行描述统计的基础上，利用一定的方法根据样本数据去估计或检验总体的数量特征。在进行统计研究时，常常由于各种原因，人们所掌握的数据只是部分单位的数据或有限单位的数据，而人们所关心的却是整个总体的数量特征，这时就必须利用统计推断的方法来解决。推断统计是现代统计学的主要内容。

4. 结果显示

结果显示：即在完成统计分析以后，用简明易懂的语言报告统计结果，是对统计结果的传达和沟通，即通常所说的统计报告和解释。统计分析结果报告的形式包括各种口头的和书面的方法，书面的传达方式从非正式的、简短的备忘录，到正式的项目报告、学术论文等，可以利用图形、表格、数据图表以及对数据所做的分析来帮助传达在数据中所发现的内容。

实际上，统计工作过程的最后一个环节还应该包括建立文档和保存结果。建立文档和保存结果的主要目的是为自己或他人的使用提供一个清楚的数据信息和分析报告，能够提供对所有数据处理和统计分析的详细文档，从而使得数据处理与分析轨迹清晰明了，这一环节也是非常重要的。

1.2 总体和样本

1.2.1 总体与总体单位

在统计分析中，总体是最基本的概念，统计的目的主要在于从总体抽得的样本观测信息对该总体做出推断。

总体：即为统计所研究对象的全体，由具有某一共同属性的多个事物所组成的集合。

总体单位：即构成总体的每一个事物，也叫作**个体**。

总体容量：即总体中总体单位的数量。

最常见的总体是由自然物体所组成的。例如，要研究全国的人口状况，则全国人口就是总体，每一个人是总体单位。又如，要研究一批产品的质量状况，则该批产品就是总体，每个产品是总体单位。可见，总体单位与总体是个别与整体的关系，它们是紧密联系在一起的。

同质性、大量性和差异性是总体的特征。如果总体中只包含有限个总体单位，则称该总体为**有限总体**；如果总体单位个数是无限的，即总体容量为无穷大，则称该总体为**无限总体**。例如，全国的人口、某种产品产量等都是有限总体；而宇宙中的星球、海洋中的鱼则可以看作无限总体。

总体和总体单位的概念是相对而言的，随着研究目的不同、总体范围不同而变化。同一个研究对象，在一种情况下为总体，但在另一种情况下又可能变成总体单位。例如，研究目的是了解全国工业企业的状况，则总体是全国所有工业企业组成的集合，每一个企业是一个总体单位或个体。若研究目的是了解某个工业企业职工的状况，则该企业的全部职工就成为总体，每个职工成为总体单位或个体。

1.2.2 样本

样本是与总体相对应的概念。统计研究的目的是要确定总体的数量特征，但是，当总体单位数量很多甚至无限时，不必要或不可能对构成总体的所有单位（个体）都进行调查。

这时，需要采用一定的方式，从由作为研究对象的事物全体构成的总体中抽取一部分单位，作为总体的代表加以研究。

样本：从总体中抽取一部分总体单位组成的集合称为样本，又称**子样**。可见，样本也是由一定数量的总体单位构成的，样本所包含的总体单位数称为样本容量。

显然，样本来自于总体，总体是抽取样本的依据。从理论上看，样本可以大到与总体容量相同，也可以小到只包含一个总体单位。但是在实践中，样本容量的大小总是处于 1 与总体容量之间，因为对于无限总体不可能进行全面观测，对于有限总体进行全面观测则受到人力、物力、财力和时间等因素的制约，所以样本一般只是总体的一小部分。但样本容量又不能太小，太小不符合大量观察的统计要求，样本是总体的代表和缩影。

1.3　标志与变量

1.3.1　标志

统计活动的对象虽然是统计总体，但是人们所关心的实际上并不是该总体和组成该总体的各个个体本身，而主要是为了考察与各个个体以及总体相联系的某些特征，考察这些特征在总体上各个个体间的分布情况。例如，人口普查是为了考察不同性别、民族、年龄、文化程度、职业等特征人口数量的分布状况；对工业企业总体进行调查，是为了考察不同行业、职工人数、资产规模、销售收入、利润等特征企业数量的分布情况等。

标志：即总体中各单位普遍具有的属性或特征。每个总体单位从不同方面考察都具有许多属性和特征，如每个工人都具有性别、工种、文化程度、技术等级、年龄、工龄、工资水平等属性和特征，这些就是工人作为总体单位的标志。

标志表现：标志在某个个体上的具体表现称为标志表现。例如，工人王进、男性、29 岁、高中毕业，就分别是性别、年龄、学历的一个具体表现。对于一个可以有不同表现结果的标志，一般来说有多少个总体单位（个体），就有多少个标志表现。

标志分为**品质标志**和**数量标志**两种。

品质标志：表明个体属性方面的特征，其表现只能用文字、语言来描述，例如，工人的性别是品质标志，其标志具体表现为男、女。

数量标志：表明个体数量方面的特征，可以用数值来表现。例如，职工的工龄是数量标志，其标志具体表现为年数。

由于总体是由同类事物的全体构成的，所以在一个总体中必然有些标志在各个个体上的标志表现完全相同，这样的标志称为**不变标志**。例如，在工人这一总体中，职业这一标志的具体表现都是工人，所以职业便是不变标志。在一个总体中，当一个标志在各总体单位的具体表现有可能不同时，这个标志便称为**可变标志**。例如，在工人总体中，每个工人的工龄、年龄、工资表现不尽相同，所以工龄、年龄、工资等便是可变标志。在统计总体中，不变标志和可变标志各自发挥着重要的作用。一个总体至少要有一个不变标志，才能够使各总体单位结合成一个总体。例如，工人总体中职业的标志是不变的，才能使全体工人构成一个总体。所以，不变标志是总体同质性的基础。如果没有不变标志，那么总体也就不存在。作为总体，同时必须存在可变标志，这表示所研究的现象在各总体单位之间存在着差异，这才需要进行统计研究。上例中工人的职业标志是不变的，但又存在工龄、年龄、工资等可变标志，所以才需要开展调查统计工作，并计算平均工龄、平均年龄、平均工资等标志。如果各工人的工龄、年龄、工资水平都一样，也就没有必要去统计工人的工龄、年龄、工资水平，也不需要用统计方法测度均值。以上论述同时也说明了统计总体的**同质性**、**大量性**和**差异性**三个基本特性。

1.3.2 变量

在数学中变量是与常量相对应的概念。

变量：是指在一个问题里可以变化的量，即可变标志，包括可变的数量标志和可变的品质标志。

常量：是指在一个问题里始终保持不变的量，即不可变标志。

在统计中，狭义的变量是指说明现象某一数量特征的概念，即可变的数量标志称为变量。如人的年龄、身高、体重，企业的销售收入、利润等都是变量。因此，变量实际上是可变的数量标志的抽象化，而各个总体单位在可变的数量标志上的标志表现就是变量的各个取值，称为变量值，也称为标志值。但是从广义上看，变量不仅指可变的数量标志，也包括可变的品质标志。通常将可以取不同数量值的变量称为数量变量或定量变量，将取非数量值的变量称为属性变量或定性变量或分类变量，前者是可变数量标志的抽象化，后者是可变品质标志的抽象化。当然，数量变量和属性变量的变量性质不同，在统计处理的方法上有许多区别。

1）根据变量值连续出现与否，变量可分为**连续型变量**和**离散型变量**。

连续型变量：是指变量的取值在数轴上连续不断，无法一一列举，即在一个区间内可以取任意实数值。例如，气象上的温度、湿度，一种产品零件的尺寸，电子元件的使用寿命等都是连续型变量。

离散型变量：是指变量的数值只能用计数的方法取得，可以一一列举。例如，企业数、职工人数等。

2）根据变量的取值确定与否，变量又可分为**确定性变量**和**随机变量**。

确定性变量：是受确定性因素影响的变量，即影响变量值变化的因素是明确的，是可解释和可控制的。

随机变量：是受许多微小的不确定因素（又称随机因素）影响的变量，变量的取值无法事先确定。

社会经济现象往往既有确定性变量也有随机变量。随机变量是统计学研究的主要内容。

1.3.3 计量尺度

统计标志有数量标志和品质标志两种，相应地，统计数据也有定量型数据和定性型数据两类，各有不同特点。

计量尺度：是指对计量对象量化时采用的具体标准，如千克（kg）、米（m）、美元、人民币等，也可称为衡量尺度或测量尺度。

根据人们对客观事物测度的程度或精确水平来区分，可将所采用的计量尺度按由低级到高级、由粗略到精确顺序分为四个层次，即定类尺度、定序尺度、定距尺度和定比尺度。不

同的标志使用不同的计量尺度，采用不同的计量尺度可以得到不同类型的统计数据。

1. 定类尺度

定类尺度：也称**名义尺度**或**列名尺度**，只能表明个体所属的类别而不能体现其数量大小、多少或先后顺序的计量尺度。它是最粗略、测度层次最低的计量尺度，这种定类尺度一般用于对客观事物进行平行分类或分组。例如，按照性别将人口分为男、女两类；按照国民经济部门将工业分为采掘工业和加工工业两类；按照所有制性质将企业分为国有、集体、民营、合资企业等。定类尺度除了用文字表述以外，也可以用数值符号来表示，比如用“1”表示男性人口，用“0”表示女性人口；用“1”表示国有企业，用“2”表示集体企业，用“3”表示民营企业，用“4”表示合资企业等。这里只是将事物的一个类别转化成一个数字，绝不意味着可以根据这些数字区分大小或进行数学运算。

使用定类尺度进行分类必须符合“穷尽”和“互斥”的原则，即在所分的全部类别中必须保证每个个体或单位都能够归属于某一类别，并且只能归属于一个类别。定类尺度是对事物的一种最基本的测度，它是其他计量尺度的基础。

2. 定序尺度

定序尺度：也称**顺序尺度**或**等级尺度**，它是对事物之间等级或顺序的一种测度尺度。该尺度不仅可以将事物分成不同的类别，而且可以确定这些类别的优劣或顺序。或者说，它不仅可以测度类别差，还可以测度次序差。例如，产品质量等级，奖励等级，学习考试成绩的优、良、中、及格、不及格等分级都是定序尺度。显然，定序尺度对事物的计量比定类尺度精确一些，但也只是测度了类别之间的顺序，而未测量出类别之间的准确差值。定序尺度也可以用数字来表示，但是其计量结果只能比较大小，仍不能进行加、减、乘、除等数学运算。

3. 定距尺度

定距尺度：也称**间距尺度**或**差距尺度**，它是以数值来表示个体的特征并且能测定个体之间数值差距的尺度。就是说定距尺度不仅能够将事物区分为不同的类型并进行排序，而且可以准确地计量出它们的差距是多少。广义上看，所有的数量标志或数量变量都可以应用定距尺度，但是从狭义上看，定距尺度是指应用于那些没有绝对“零点”的数量标志的计量和测度的。例如，摄氏温度，考试成绩等，其数值不存在“绝对零点”，0℃并不表示没有温度，考试成绩为零分并不等于没有知识。这类没有绝对零点的数量标志虽然其标志表现为数量值，但是其数值之间不存在比例换算关系，因此这类数量标志值只进行加减运算而不进行乘除运算。例如，气温 30℃与 15℃比较，温度相差 15℃，但是并不表示 30℃比 15℃热的强度高一倍；同样学生的统计学考试成绩，80 分并不表示比 40 分掌握的统计学知识多一倍，两者相除没有实际意义，但是可以计算分差。

4. 定比尺度

定比尺度：也称**比例尺度**和**比率尺度**，是最高级别的统计测度和计量尺度。定比尺度除了具有上述三种尺度的全部特性外，还具有一个特性，那就是可以计算两个测度值之间的比值，即定比尺度不仅能进行加减运算，而且还能进行乘除运算。这就要求定比尺度中必须有一个绝对的“零点”，这是它与定距尺度的唯一区别。例如，人的年龄、身高、体重，物体的长度、面积、容积等数量标志，都存在绝对零点，即“0”表示没有。因此，在对 60

岁的老赵与20岁的小赵比较时，可以说老赵的年龄是小赵年龄的3倍，当然也可以说老赵与小赵年龄相差40岁。在现实生活中，大多数数量标志存在绝对零点，因此，定比尺度是常用的计量尺度，它的应用范围也最广。

定类尺度和定序尺度主要应用于品质标志，对于数量标志则可以应用更高级的计量尺度，即定距尺度和定比尺度，两者都是刻度级尺度。

上述四种计量尺度对客观事物的测度层次或水平是由低级到高级、由粗略到精确逐步递进的。高层次的计量尺度可以兼有低层次计量尺度的功能，如定比尺度包含了定距尺度的功能，定距尺度包含了定序尺度的功能，定序尺度又包含了定类尺度的功能，但是低层次的计量尺度却不能兼有高层次的计量尺度功能。

1.4 统计指标和指标体系

1.4.1 统计指标

1. 统计指标的定义

统计指标：简称指标，是反映统计总体数量特征的概念和数值。统计指标是按照一定的统计方法，对总体中各单位的标志表现或标志值进行记录、核算、汇总、综合而形成的，一般包括**指标名称**（概念）和**指标数值**两个方面。指标名称或概念是对所研究现象本质的抽象概括，也是对总体数量特征的质的规定性。所以，确定统计指标必须有一定的理论依据，使之与社会经济或科学技术的范畴相吻合。同时，又必须对理论范畴和计算口径加以具体化，以便达到量化的目的。例如，工资的含义在经济学中是明确的，但在实际经济生活中，职工的奖金、津贴和劳保福利是不是应该纳入工资统计的范围就必须加以具体规定。指标的数值反映所研究现象在具体时间、地点、条件下的规模和水平，不同时间、不同地点或不同条件下，指标的具体数值必然不同。所以，在观察指标数值时，必须了解其具体的时间状态、空间范围、计量单位、计量方法等限定。同时注意，由于上述条件的变化而引起数值的可比性问题。总之，统计指标是统计研究对象的具体化，也是开展统计分析并从数量方面认识客观事物的重要工具和手段。

1）统计指标按其所反映总体的内容和数量性质不同，分为**数量指标**和**质量指标**。

数量指标：是反映现象总体的规模大小和数量多少的指标，一般用绝对数来表示。例如，生产总值、在校大学生人数以及人口总数、企业总数、职工总数、工资总额、商品进出口总额等，都是数量指标。由于数量指标反映现象或过程的总规模和总水平，所以数量指标也称为总量指标。

质量指标：是反映现象总体内部、总体之间数量对比关系或总体单位水平的指标。例如，人均生产总值、居民人均可支配收入以及职工平均工资、人口密度、工人出勤率等，都是质量指标。质量指标是总量指标的派生指标，一般用相对数或均值来表示，以反映现象之间的内在联系和对比关系。

2）统计指标按其计量单位不同，可分为**实物指标**和**价值指标**。

实物指标：是根据事物的自然属性，采用自然物理单位计算的指标，如人口总数、能源生产或消耗量、汽车生产量等。实物指标的最大特点是具体明了，可以直观地反映事物发展

的规模和水平，是计算其他指标的基础。但是实物指标对不同事物不能直接相加，缺乏综合概括能力。

价值指标：是用货币单位计算的统计指标，又称货币指标，如生产总值、商品进出口总额、销售收入、利润总额等，其最大特点是综合性和概括能力强，但是比较抽象，同时受价格水平制约。

此外，还有以劳动时间为单位的劳动量指标。

3）统计指标按其反映现象的时间状态不同，可分为**静态指标**和**动态指标**。

静态指标：是反映现象总体在某个时点或相对静止的时间段内数量特征的指标，包括静态总量指标、静态相对指标和静态平均指标。

动态指标：是反映现象总体在不同时期或时点上发展变化情况的指标。例如，2005 年浙江省年末常住人口 4898 万人，比上年增长 1.97%，前者是静态指标，后者是动态指标。

4）统计指标按其计算的范围不同，可分为**总体指标**和**样本指标**。

总体指标：是根据总体中所有个体的标志表现综合计算而得，反映总体数量特征的指标。

样本指标：是根据从总体中抽取的部分个体的标志表现综合计算而得，反映样本数量特征的指标。

总体指标又称为**总体参数**或**参数**，样本指标则称为**统计量**或**估计量**，用样本指标估计和推断总体指标是统计的重要任务。

2. 指标和标志的区别与联系

1）指标反映的是总体，说明总体的特征；而标志反映的是总体单位，说明总体单位的特征。

2）指标只反映总体的数量特征，所有指标都能用数值来表示；而标志既有反映总体单位数量特征的数量指标，也有反映总体单位品质特征的品质指标，只有数量标志才用数值表示，品质标志则用属性来表示。即标志反映总体单位的属性和特征，而指标则反映总体的数量特征。

3）标志是构成指标的基础，指标是标志的汇总，即需要通过对各总体单位标志的具体表现进行汇总和计算才能得到相应的指标。在一定情况下两者可以互相转化。

4）标志一般不具备时间、地点等条件，但作为一个完整的统计指标，一定要讲时间、地点、范围。

1.4.2　统计指标体系

客观现象是错综复杂的，现实生活中的统计总体往往有许多数量特征，需要从多方面、多角度、多层次来描述，才能获得完整和全面的认识。单个统计指标只反映总体某一个数量特征，说明现象某一侧面情况。要反映总体的全貌，描述现象发展的全过程，只靠单个统计指标是不够的，所以需要设立统计指标体系。

统计指标体系：即由一系列相互联系的统计指标所组成的有机整体，用以反映所研究现象总体各方面相互依存、相互制约的关系。例如，为了反映工业企业生产经营的全貌，需要设立产量、产值、品种、质量、职工人数、工资、劳动生产率、原材料、设备、能源消耗、财务成本等多项指标，组成工业企业统计指标体系。

统计指标体系是统计活动的出发点，特别是在社会经济统计中，统计指标体系的设计及指标核算占有非常重要的位置。统计指标体系的设置不但是客观现象的反映，而且也是人们对客观现象认识的结果。随着客观形势的发展变化以及实践经验和理论研究的积累，统计指标体系也将不断改进更新，逐步完善。

1.5 数据收集与处理

1.5.1 数据来源

掌握统计数据是进行统计分析的前提，因此如何取得准确可靠的统计数据是统计研究的重要内容。

从调查主体角度看，数据主要来源于两种渠道：**直接统计数据**和**间接统计数据**。通过直接的统计调查或传感器获得的原始数据，一般称之为第一手或直接统计数据，该数据是尚未经过整理的数据。通过他人间接获得的数据，一般都是进行加工汇总后公布的数据，通常称之为第二手或间接统计数据。

1.5.2 数据质量

1. 数据误差种类

数据误差：是指统计数据与客观事实之间的差距。无论采用哪一种获取数据的方式和方法，收集到的数据由于各种各样的原因都可能存在一定程度的误差。根据造成误差的原因不同，数据误差可以分为**登记性误差**和**代表性误差**。

(1) 登记性误差　**登记性误差**是指在调查过程中由于调查者与被调查者的人为原因形成的误差。其中，调查者的人为原因主要有：总体界定错误、调查单位缺失、计算和测量错误、记录错误、抄录错误、汇总差错等；被调查者的人为原因主要有：有意识地提供虚假数据、无意识地提供有误数据等。从理论上说，登记性误差属于可以消除的误差。

(2) 代表性误差　**代表性误差**是指利用样本数据推断总体数据产生的误差。根据误差的特征不同，代表性误差又分为**随机性误差**和**系统性误差**两种。

1）**随机性误差**：是由于随机性原因形成的误差，也可称为偶然性误差。随机性误差是不可以消除的误差，只要利用样本数据推断总体参数，就必然存在着随机性误差。但是，随机性误差是可以计算的，其取值随着样本容量的增大而减小，在抽样时通过选取适当的样本容量，就可以将随机性误差依概率控制在一定范围之内。

2）**系统性误差**：是由于固定不变的因素或按确定规律变化的因素所造成的，即非随机性原因形成的误差。形成系统误差的因素主要有实验所需仪器和装置方面的因素、实验环境因素、测定方法的因素、人员因素等。系统性误差属于代表性误差，也是在利用样本数据推断总体参数时产生的误差，但是系统性误差不会随着样本容量的增大而减小，不能通过增大样本容量来实现对系统性误差的控制。从理论上说，系统性误差同样属于可以消除的误差。

在现实统计调查过程中，系统性误差往往被人们所忽视，各类非随机样本以及存在大量无回答问题的调查，都存在着显著的系统性错误。

2. 数据的质量标准

数据的收集是统计活动的基础环节，所有统计数据的处理和分析都是在这一基础上进行的。对于数据质量的要求，具体可以归纳为数据的时效性、准确性、适用性和一致性四个方面的标准。

1）数据的时效性。数据的时效性是指及时和准时获取统计数据。及时获取统计数据就是要在规定的统计调查时间内，保质保量完成统计调查工作，保证数据在时间上的效率；准时获取统计数据就是要确切地反映出统计调查对象在规定的调查时点上，或在规定的调查时段中的数量特征，以保证统计数据在时间上的准确性和可比性。

2）数据的准确性。数据的准确性是指数据的真实性与精确性，即数据准确刻画目标现象的程度。真实性是数据准确性的一个显著特征，它是指调查数据要如实地反映每一个调查单位的真实状况；精确性是指样本数据与总体数据要尽可能靠近，这就要求数据要完整，调查单位以及调查项目要齐备，特别在抽样调查过程中，要求抽样误差在规定的允许范围之内。

3）数据的适用性。数据的适用性是指数据满足用户实际需要的程度。数据的适用性体现了数据的效用，如果调查人员花费大量时间与经费收集的数据，不是用户所需，或者不能为用户解决实际问题，那么这些数据即使满足准确和及时的要求，但从效用的角度对使用者而言，这些数据没有任何价值。这就是说数据的适用性等同于数据的生命。

4）数据的一致性。数据的一致性是指数据在时间与空间上具有连续性和可比性。

1.5.3　数据处理

数据处理是将收集的各种原始数据条理化、系统化，使之符合统计分析的要求。通过处理可以大大简化数据，更有效地提供统计信息。数据预处理是数据处理的先期步骤，它是对数据分组前所做的必要处理，内容包括数据的审核、排序等工作。

1. 数据审核

数据审核是指对原始数据的审查与核对。按照数据质量标准的要求，对于通过直接收集取得的原始数据，其审核的内容应主要包含以下四个方面：

1）准确性审核。准确性审核主要从数据的真实性与精确性角度检查资料，其审核的重点是检查调查过程中所发生的误差。

2）适用性审核。适用性审核主要是根据数据的用途，检查数据解释说明问题的程度，具体包括数据与调查主题、与目标总体的界定、与调查项目的解释等是否匹配。

3）时效性审核。时效性审核主要是检查数据是否按规定时间报送，如未按规定时间报送，就需检查未按时报送的原因。

4）一致性审核。一致性审核主要是检查数据在不同地区或国家、在不同的时间段是否具有可比性。

2. 数据排序

数据排序是指按一定规则，如大小、高低、优劣等次序将数据排列，以便于研究者通过浏览数据发现一些明显的特征或趋势，找到解决问题的线索。除此之外，排序还有助于对数据检查纠错，以及为重新归类或分组等提供方便。在某些场合，排序本身就是分析的目的之一，例如，美国的《财富》杂志每年都要在全世界范围内排出 500 强企业，通过这一信息，不仅可以了解自己企业所处的地位，清楚自己的差距，还可以从一定侧面了解竞争对手的状况，从而有效制定企业发展的规划和战略目标。

3. 数据分组

对于通过收集得到的数据，虽然经过审核、排序等整理手段给予了处理，但由于数据庞杂，还不能直接进入对数据的描述和分析阶段。在此之前，有必要对数据进行分组处理，以反映数据分布的特征及规律。从一定意义上说，数据整理的中心任务就是分组和编制频数分布。

（1）数据分组的意义　数据分组就是按照分组标志将研究的问题分成若干个组成部分。对于非数值型数据就是依据属性的不同将其划分成若干组，对于数值型数据就是依据数值的不同将数据划分为若干组。分组后，要使组内的差异尽可能小，而组与组之间则有明显差异，从而使大量无序、混沌的数据变为有序、层次分明，显示总体数量特征的资料。因为，任何总体内部单位之间都是既有共性，又存在着差异性，分组便是以这种共性与差异性对立统一为基础的最基本的整理方法，它对于自然科学和社会科学的研究都是必不可少的。

（2）数据分组标志　在进行分组时，最关键的问题是如何选择分组的标志和确定各组的界限。

分组标志就是将数据划分为不同组别的标准或依据。一般说来，人们研究的问题总是具有多种特征，如何根据研究问题的需要，选择恰当的标志作为分组标志，既取决于对被研究对象认识的深刻程度，又取决于研究者自身的修养和经验。对于同一资料，若采用的分组标志不同，就可能得出相异甚至相反的结论。分组的基本原则是按照不同的标志分组，体现组内的同质性和组间的差别性。分组标志有品质标志和数量标志两种。

1）按品质标志分组。按品质标志分组就是按事物的品质特征进行分组。例如，人口总体按性别分为男女两组；企业总体按所有制分为国有、集体、合资、个体等组。

2）按数量标志分组。按数量标志分组就是按事物的数量特征进行分组。例如，企业按工人数、产值、产量等标志进行分组。按数量标志分组，不仅可以反映事物数量上的差别，有时通过事物的数量差异也可区分事物的性质。例如，人口按年龄分组：男性为 0~6 岁、7~17 岁、18~59 岁、60 岁及以上；女性为 0~6 岁、7~17 岁、18~54 岁、55 岁及以上，这是由于国家对男女职工规定退休年龄的不同而有所差别。因此，正确选择决定事物性质差别的数量界限，是按数量标志分组中的一个关键问题。

（3）数据分组体系　分组标志可以是一个，也可以是几个。有时为了从不同侧面反映总体的特征，就必须运用几个标志对总体进行分组，以形成一个完整的体系，这就是数据分组体系。数据分组体系有以下两种不同的形式：

1）平行分组体系。将数据按照一个标志进行分组，就称为简单分组。将同一总体的几个简单分组按某一规则排列起来就构成一个平行分组体系。例如，分别按性别、专业、年级对大学生进行分组，这些简单分组排列起来，就是平行分组体系，如表 1-1 所示。

表 1-1　大学生进行平行分组体系

按性别分组	按专业分组	按年级分组
男	经济学	一年级
女	管理学	二年级
	计算机应用	三年级
	电子工程	四年级

2）复合分组体系。将数据同时按两个或两个以上的标志层叠加起来分组，就称为复合分组。由复合分组形成的分组系列就称为复合分组体系。例如，对工业企业先按所有制分组，在此基础上，再按规模进行复合分组，就形成一个复合分组体系，如图 1-1 所示。

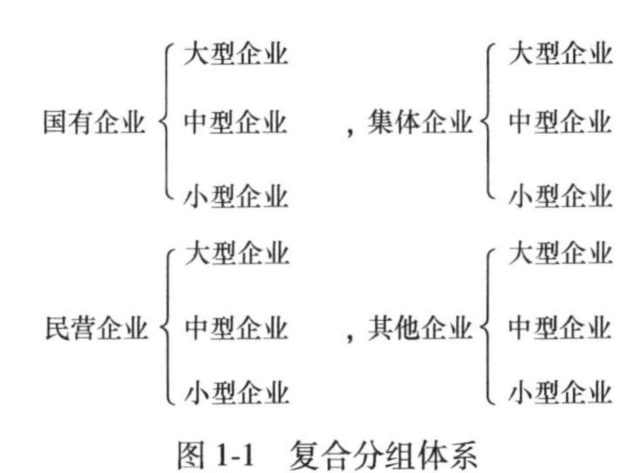

图 1-1　复合分组体系

4. 频数分布

频数分布是在分组的基础上形成的。

频数：是落入各组的单位数，也可称为次数，用符号 f 表示；各组频数占总频数的比重称为**频率**，用 v 表示。

频数分布：是将研究的所有总体单位按某一标志分组，形成总体中各总体单位数在各组间的分布，又称为**分布数列**。

根据分组标志的特征不同，分布数列可分为**属性分布数列**和**变量分布数列**两种。

（1）属性分布数列　属性分布数列是指按品质标志分组所形成的分布数列，简称**品质数列**。品质数列就是非数值型数据所形成的频数分布。例如，按性别、品牌分组形成的频数分布就是属性数列或品质数列。对于属性数列来讲，如果分组标志选择得好，分组标准定得恰当，则事物的差异就表现得比较准确，数据中各组如何划分就较易解决。另外，属性分布数列一般也比较稳定，通常能准确地反映数据分布的特征。属性分布数列包含以下两种：

1）定类尺度的频数分布。定类尺度的频数分布其分组标志（各分组名称）是反映类别的定类数据。

2）定序尺度的频数分布。定序尺度的频数分布其分组标志是定序数据。该频数分布的构造方法与定类尺度相同。

（2）变量分布数列　变量分布数列是指按数量标志分组形成的分布数列，它可以包含定距尺度和定比尺度分组所形成的频数分布，即数值型数据频数分布。对于变量分布数列来讲，其组数和各组界限等的确定，往往可能出现因人的主观认识而异的情况，也就是说即使按同一数量标志分组，也可能出现不同频数分布。

变量分布数列按照用以分组的变量值的表现形式不同，可以分为单项式变量数列和组距式变量数列两种。

单项式变量数列：即是指数列中每组的变量值都只有一个，即一个变量值代表一组。单项式变量数列一般适宜数据为离散型变量的情况，要求变量值变异幅度不太大时采用。

组距式变量数列：即是指将全部变量值依次划分为若干个区间，并将每一区间的变量值作为一组，简称为组距式数列。组距式数列适用于连续型变量，或离散型变量值个数较多、变化范围较大的情况。组距式变量数列在实践中应用更为普遍。

组距式变量数列编制的具体步骤如下：

1）确定组数。分组的组数没有严格的规定，主要取决于观测的数据有多少。如果观测数据很多，那么分组的组数也应该多一点。同时，组数还与数据分布的形态有关，如果数据的集中程度较高，那么分组的组数可以少一些。很多情况下是凭经验或者是反复试分组才可确定组数。这里，介绍由美国学者斯特杰斯（Sturges）创造的关于确定组数和组距的经验公式：

$$k=1+3.322\lg N \tag{1-5-1}$$

式中，k 为组数；N 为总体单位数。

2）确定组距。**组距**：即为每一组的间隔，可以用两个相邻组的下限之差表示。在分组时，等距分组组距的计算公式为

$$h=\frac{R}{k}=\frac{X_{max}-X_{min}}{1+3.322\lg N} \tag{1-5-2}$$

式中，R 为全距，即变量最大值与变量最小值之差。

3）确定组限。**组限**：即指每一组的两端值，一个组的最小值称为下限，用 L 表示，一个组的最大值称为上限，用 U 表示。一般说来，第一组的下限应小于或等于所研究数据的最小值，而最后一组的上限要大于或等于数据中的最大值。

从理论上讲，组限的确定，一个是要满足原始数据的特征，另一个是应使一项数据只能分在其中的某一组，不能在其他组中重复出现。对于离散型变量，组的上下限可用肯定性的数值表示，组限清楚。

4）计算组中值。**组中值**：即为上限和下限之间的中间数值，它是代表各组标志值平均水平的数值。计算闭口组（组限齐全）组中值的公式为

$$\frac{L+U}{2} \tag{1-5-3}$$

开口组（组限不全）的组中值确定，一般可参照邻组的组距来决定。对于第一组是“多少以下”的开口组，即缺少下限开口组的组中值=上限−1/2 邻组组距；对于最后一组“多少以上”缺少上限开口组的组中值=下限+1/2 邻组组距。

使用组中值代表组内数据，有一个必要的假设条件，即各组数据在组内呈均匀分布或在组中值两侧呈对称分布。如实际数据的分布不符合这一假定，用组中值作为组数据的代表值会有一定的误差。

5）频数计量及分布。频数的计量就是统计出每一组的总体单位数。为了统计分析的需要，有时需要观察某一数值以下或以上的频数或频率之和，回答这个问题就得计算累计频数或累计频率。

累计频数或累计频率按其累计方式不同可分为：向上累计和向下累计。

无论是数值型数据频数分布还是非数值型数据频数分布，同样能清晰地描绘数据变动的特征，使枯燥的数据变得生动，加大了数据的信息含量。

1.5.4 数据显示

正确使用统计表和绘制统计图是做好统计分析的最基本技能。

1. 统计表

统计表是由纵横交叉的直线所绘制的，用来表现统计数据的表格。统计表是显示统计数据的基本工具。

统计表一般由四个主要部分构成，即表头、行标题、列标题和数值资料。此外，必要时可以在统计表的下方加上表外附加。表头应放在表的上方，它是表的名称，所说明的是统计表的主要内容；行标题通常安排在表的第一列，一般由研究问题的名称、分组标志和数据时间等内容构成；列标题通常设在表的第一行，所要表达的是什么数据，一般由指标（变量）构成；数据资料则是指标或变量的具体数值。表外附加通常放在统计表的下方，主要包括资料来源、指标解释和必要说明等内容。

2. 统计图

统计图是以点、线、面积、体积等图形表现数据的一种形式。利用统计图显示数据的方法可称为图示法。

（1）非数值型数据的统计图　作为定类尺度与定序尺度这两类非数值型数据，通常使用的统计图有条形图和饼图。

1）条形图。条形图是用宽度相等、相互分离的条状图形的高度（或长度）来表示频数或频率分布的图形。条形图有单式、复式等形式，可以横置或纵置，纵置条形图又称为柱形图。条形图中条状图形的高度可以是频数、频率，还可以是事物的具体数值水平。

2）饼图。饼图是以整个圆的 360° 代表全部数据的总和，按照各组所占的百分比（频率），把一个“饼”切割为各个扇形。饼图主要用于表示总体中各组成部分所占的比例，对于研究结构性问题十分方便。

（2）数值型数据的统计图　前面介绍的非数值型数据的图示方法同样适用于数值型数据，除条形图、饼图以外，数值型数据较常采用的还有直方图和折线图等。

1）直方图。直方图是用矩形的宽度和高度来表示频数或频率分布的图形。在平面直角坐标系中，横轴表示组距，纵轴表示频数或频率，这样各组与相应的频数或频率就形成了一个矩形，即直方图。就其实质来说，直方图是以矩形的面积来表示各组的频数或频率分布。实际上，对于等距分组的频数或频率分布，由于各组组距相等，矩形的高度可直接用频数或频率表示。但如果不是等距分组，矩形的高度直接用频数或频率表示则不再适宜。此时，矩形的高度要用频数或频率密度表示：

$$\text{频数或频率密度} = \frac{\text{频数或频率}}{\text{组距}}$$

直方图与条形图的差异可用以下两点概括：

第一点，条形图是用条形的长度（横置时）表示各组的频数或频率的多少，其宽度（类别）是固定的；直方图是用面积表示频数或频率的差异，矩形的高度表示每组的频数或频率，宽度则用组距表示，其高度与宽度均有意义。

第二点，条形图中横轴上的数据是孤立的，是一个具体的数据；而直方图横轴上的数据是连续的，是一个范围。

2）折线图。折线图是在直方图的基础上将每个矩形顶端中点用折线连接而成，也可以用横轴的组中值与纵轴的频数或频率所构成的坐标点连接而成。

3）曲线图。当变量取值较多，频数或频率分布的组数随之增大，而组距取值较小时，折线便趋于一条平滑的曲线。常见的频数或频率分布曲线是正态分布曲线，它是一种左右对称的曲线。除此还有偏态分布曲线、J 形分布曲线与 U 形分布曲线。

偏态分布曲线又按照偏斜的方向分为：左偏态曲线和右偏态曲线。

J 形分布曲线按照方向分为：正 J 形分布曲线与反 J 形分布曲线。

4）茎叶图。前面讨论的直方图和折线图都是根据分组数据或频数分布绘制的，对于未分组的原始数据则可以用茎叶图来观察分布。频数或频率分布有很多优点，比如能清晰地展示分布的形状，告诉研究者数据的集中点在哪里以及是否有极端值存在等问题。但把原始数据组织成频数或频率分布，以此为依据绘制直方图会造成具体信息的丢失，而用茎叶图显示数据就可以弥补这一不足。

茎叶图是显示数据的一种统计方法。它把每一数据分解成茎与叶两部分，通常高位数字为茎，低位数字为叶。茎视需要可以是多位数，而叶只能是 1 位数。茎数字按列排列，叶数字按行排列。

练习题

一、填空题

1. 一个完整的统计过程一般可分为________、________、________和________四个阶段。

2.　统计分析所运用的方法包括两大类，即________和________。

3.　对采集的数据进行登记、审核、整理及归类，在此基础上进一步计算出各种能反映总体数量特征的综合指标，并用图表的形式表示经过归纳分析而得到的各种有用的统计信息，称为________。

4.　对样本数据进行描述统计的基础上，利用一定的方法根据样本数据去估计或检验总体的数量特征，称为________。

5. 由具有某一共同属性的多个事物所组成的集合，即统计所研究对象的全体称为______。从总体中抽取的一部分总体单位组成的集合称为________，又称________。

6. 构成总体的每一事物称为____________，也叫____________。总体中总体单位数量称为________。

7. 总体中各单位普遍具有的属性或特征称为________。

8. __________，简称________，是反映统计总体数量特征的概念和数值。

9. 指标和标志具有以下区别与联系：

（1）指标反映的是________的特征；而标志反映的是________的特征。

（2）指标只反映总体的________，所有指标都能用数值来表示的；而标志则既有反映总体单位数量特征的________，也有反映总体单位的品质特征的________。

（3）标志是构成指标的________，指标是标志的________，在一定情况下可以互相转化。

（4）________一般不具备时间、地点等条件，但作为一个完整的________，一定要讲时间、地点、范围。

二、单项选择题

1. 总体具备（　　）三个特性。

A. 大量性、同质性和变异性

B. 时变性、同质性和大量性

C. 变异性、无限性和同质性

D. 时变性、无限性和同质性

2. 下列叙述错误的是（　　）。

A. 标志说明的是总体单位属性，一般不具有综合的特征，指标是说明总体综合数量特征的，具有综合的性质

B. 统计指标都可以用数值来表示，而数量标志可以用数值来表示，品质标志则用属性来表示

C. 标志是构成指标的基础，指标是标志的汇总

D. 标志和指标通常都具备时间、地点、范围等条件

3. 按低级到高级、粗略到精确顺序排列的数据计量尺度是（　　）。

A. 定比尺度、定距尺度、定类尺度、定序尺度

B. 定序尺度、定比尺度、定类尺度、定距尺度

C. 定类尺度、定序尺度、定距尺度、定比尺度

D. 定类尺度、定距尺度、定序尺度、定比尺度

4. 数据质量是保证数据应用的基础，数据质量评估标准主要包括（　　）四个方面。

A. 完整性、一致性、准确性和变异性

B. 时效性、准确性、适用性和一致性

C. 同质性、完整性、准确性和时效性

D. 大量性、准确性、适用性和一致性

第 2 章　常用描述性统计分析

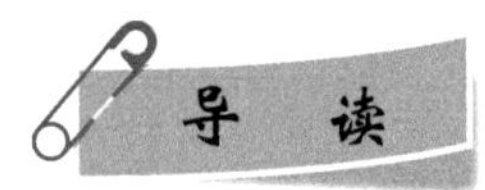

描述性统计既是统计学的基础，也是推断性统计的前导。描述性统计是用来概括、表述事物整体状况以及事物间关联、类属关系的统计方法。描述性统计是通过图表或数学方法，对数据资料进行整理、分析，并对数据的分布状态、数字特征和随机变量之间关系进行估计和描述的方法。本章基本内容包括：

数据对比分析的核心即相对数计算，以及常用的相对数种类。

数据集中趋势和离散趋势的数据分布特征及测量方法，包括均值、几何均值、众数和中位数等描述数据集中趋势的统计量；反映均值代表性的全距、平均差、方差与标准差、离散系数，以及反映众数代表性的异众比率和衡量中位数代表性的四分位差等描述数据离散趋势的统计量。通过统计处理可以简洁地用几个统计值来描述一组数据的集中性和离散性（波动性大小）。

学习要点：了解描述性数据统计分析的研究内容，掌握数据对比分析及其常用相对数计算类型，熟练掌握描述数据集中趋势和离散趋势的统计方法。

2.1　数据对比分析

2.1.1　对比分析

数据经过整理可以大体反映数据分布的状况，但就整个统计工作来说，这只是对数据的初步描述，要使收集到的数据发挥更大效用，应该对数据进行进一步的描述性分析。数据的进一步常用描述性分析包括数据对比分析、集中趋势测量和离散趋势测量等。

数据对比分析是利用相对数反映研究问题数量特征及数量关系的一种统计方法。

相对数：即两个有联系的数据比值。例如，某公司一年内对产品开展两次调查，由于两次调查规模不同，直接用产品的满意人数说明问题意义不大，但用各次的满意人数与调查人数的比值说明问题，便可看出消费者对产品忠诚度是否有变化。这里的满意率就是一个相对数，利用相对数进行分析可称为数据对比分析。

数据对比分析的核心是计算相对数。常用的相对数有计划完成相对数、结构相对数、比

例相对数、比较相对数、动态相对数和强度相对数六种。

2.1.2　相对数计算

相对数主要分为以下几类。

1. 计划完成相对数

计划完成相对数：即某一时期的实际完成数与同期的计划数之间的对比关系，反映计划的执行情况，一般用百分数表示。其计算公式为

$$\text{计划完成相对数}=\frac{\text{实际完成数}}{\text{同期计划数}}\times 100\%$$

2. 结构相对数

结构相对数：即利用统计分组法，将数据分为不同性质的若干部分，以部分数值与全部数值之间的对比关系，反映数据的内在结构特征，一般用百分数表示。例如，人口中的性别构成、年龄构成，国内生产总值中的产业构成等均属于结构相对数。其计算公式为

$$\text{结构相对数}=\frac{\text{总体部分数值}}{\text{总体全部数值}}\times 100\%$$

3. 比例相对数

比例相对数：即总体内部不同部分之间的对比关系，反映总体中各组成部分之间数量联系。例如，人口性别比、积累与消费比等。其计算公式为

$$\text{比例相对数}=\frac{\text{总体中部分数值}}{\text{总体中另一部分数值}}$$

4. 比较相对数

比较相对数：即对比两个性质相同的指标数值，用以表现同类现象在不同空间数量之间的对比关系，一般用百分数或系数、倍数等表示。例如，两个国家的人均 GDP 的比值、两个部门的劳动生产率的比值等均属于比较相对数，通过比较可以揭示同类现象发展的不均衡程度。其计算公式为

$$\text{比较相对数}=\frac{\text{甲单位数值}}{\text{乙单位同类指标数值}}$$

5. 动态相对数

动态相对数：即同一现象在同一空间但不同时间的数值之间的对比关系，用以说明现象发展的方向与速度，一般用百分数表示。在实际工作中，通常把用来作为比较标准的时期称为“基期”，把被比较的时期称为“报告期”。其计算公式为

$$\text{动态相对数}=\frac{\text{报告期数值}}{\text{基期数值}}\times 100\%$$

6. 强度相对数

强度相对数：即两个性质不同但有一定联系的数值之间的对比关系，用以说明现象发展的强度、密度和普遍程度。例如，流通费用率、百元资金利税率、人均 GDP 等都属于强度相对数。强度相对数的表现形式一般可以是无名数，即系数、倍数、百分数等；也可以是有名数，即由分子与分母的计量单位构成，如人口密度用“人/平方千米”，人均 GDP 用“元/人”表示。其计算公式为

$$强度相对数=\frac{某一指标数值}{另一有联系而性质不同的指标数值}\times 100\%$$

此外，必须指出的是，强度相对数与均值很相似，运用中极易混淆。两者的本质区别在于各自的分子与分母的关系不一样。均值是变量值的和与变量值个数之比，分母中的每个单位都是分子的变量值的承担者；而强度相对数不存在各个变量值与各个单位相对应的关系，它是两个有联系数据的对比，作为分子的数值大小并不受分母数值大小的影响。

2.2 集中趋势测量

集中趋势：是指描述一组数据的中心值，是数据描述性分析的重要内容。原始数据经过分组整理所形成的频数分布，直观和概略地反映出数据分布的基本特征，但缺乏对数据分布特征的综合测量，集中趋势测量是综合度量数据分布特征的一种重要统计方法。

数据集中趋势的测定方法有许多，本节从数据类型的角度分别介绍。一般来说，低层次类型数据集中趋势的测量方法同样适用于高层次类型数据，而高层次类型数据集中趋势的测量方法不一定适宜低层次类型数据。例如，定类尺度是四种数据类型中层次最低的数据，其集中趋势的测量方法也适用于定序、定距和定比类型数据，但定序、定距及定比类型数据集中趋势的有些测量方法却不能用于定类尺度类型数据。

2.2.1 非数值型数据集中趋势测量

非数值型数据集中趋势测量分为定类尺度和定序尺度类型数据测量方法。

1. 定类尺度类型数据集中趋势的测量方法

定类尺度类型数据集中趋势的测量方法是众数。

众数：是指一组数据中频数最大的变量值，一般用 M 表示。众数的计算通常以分组为基础，首先找到频数（频率）最大的组，该频数（频率）对应的变量值则为众数。

例如，要了解某高校观看世界杯足球赛男女大学生人数，得到表 2-1 所示的资料。

表 2-1 某高校观看世界杯足球赛男女大学生人数

性别分组	学生人数
男	5200
女	1620
合计	6820

性别是分类尺度，属于非数值型数据，其变量的取值为男、女。从该例子可以看到，所调查的 6820 人中，观看世界杯足球赛的男大学生为 5200 人，女大学生只有 1620 人。男生的观看人数比女生多了 3580 人，男生组是频数最大组。根据众数的定义可知，观看足球赛大学生性别的众数是男生，即观看世界杯足球赛大学生性别众数 M=男生。

2. 定序尺度类型数据集中趋势的测量方法

定序尺度类型数据集中趋势的测量方法有中位数与众数。

中位数：又称“中值”，按顺序排列的一组数据中居于中间位置的数，代表一个样本、

种群或概率分布中的一个数值，其可将数值集合划分为相等的上下两部分。中位数一般用 M_e 表示。当研究的数据个数 N 是奇数时，中位数是处于中间位置的数据；当研究的数据个数 N 为偶数时，中位数是处于中间位置上两个数据的平均数。

定序尺度的计量层次比定类尺度高一个等级，所以除用中位数测量定序尺度类型数据的集中趋势外，也可用众数测量。但若选择定序尺度类型数据最适宜的集中趋势的测量方法应首选中位数。

2.2.2　数值型数据集中趋势测量

在实际工作中，人们面对的数据除了非数值型数据以外，绝大多数是数值型数据。作为数值型数据的两种类型，定距尺度与定比尺度虽有区别，但却属于同一层次，因此，两种尺度类型数据集中趋势的测量方法均相同。

数值型数据集中趋势的测量方法有：均值、几何均值、中位数和众数四种。

1. 均值

均值：是指在一组数据中所有数据之和再除以这组数据的个数。它是反映数据集中趋势的一项指标。

均值在统计学中具有重要的地位，是集中趋势最主要的测度值。它主要适用于数值型数据，但不适用于定类与定序尺度类型数据。根据掌握的资料不同，均值有不同的计算形式和计算公式，一般分为简单均值和加权均值。

（1）简单均值　简单均值是根据未分组的原始数据计算的均值。它分为总体均值和样本均值。

在总体范围不大的情况下，可计算总体均值，它的计算包含了一个总体的全部数据。例如，某校所有学生的数学平均分数为 70 分，这个分数就是总体均值。总体均值反映的是总体分布的集中趋势。总体均值的计算公式为

$$\bar{X}=\frac{1}{N}\sum_{i=1}^{N}X_i \tag{2-2-1}$$

式中，$\bar{X}$ 为总体均值；N 为总体容量；X_i 为总体单位。

有时需要从总体中抽取一个样本以获取总体某一方面的信息。例如，质量检验部门要确保所生产的荧光灯寿命达到许可的范围，不可能对每一只荧光灯都进行检测，可能抽一个包含 50 只荧光灯的样本，然后计算 50 只荧光灯的平均使用寿命，以估计生产的所有荧光灯的平均使用寿命。这里的 50 只荧光灯的平均寿命就是样本均值，全部荧光灯的平均寿命则是总体均值。样本均值反映的是抽样分布的集中趋势。样本均值的计算公式为

$$\bar{x}=\frac{1}{n}\sum_{i=1}^{n}x_i \tag{2-2-2}$$

式中，$\bar{x}$ 为样本均值；n 为样本容量；x_i 为样本变量。

例如，已知某总体由 100 个数据构成，其中 $\sum_{i=1}^{100}X_i=5000$。今从这 100 个数据中随机抽取 4 个数据分别为：60、50、36 和 70。

总体均值由公式 $\bar{X}=\frac{1}{N}\sum_{i=1}^{N}X_i$ 可得

$$\overline{X}=\frac{1}{100}\sum_{i=1}^{100}X_i=\frac{5000}{100}=50$$

样本均值由公式 $\overline{x}=\frac{1}{n}\sum_{i=1}^{n}x_i$ 可得

$$\overline{x}=\frac{1}{4}\sum_{i=1}^{4}x_i=\frac{60+50+36+70}{4}=54$$

（2）加权均值　加权均值是根据分组数据进行加权计算的均值。当分组后每组的频数不等，这时就要以频数或频率为权数，计算加权均值。

设有 k 组变量值，X_i 表示单项式数列的变量值或组距式数列的组中值，f_i 表示各组频数，$\sum_{i=1}^{k}f_i=N$，则总体加权均值计算公式为

$$\overline{X}=\frac{X_1f_1+X_2f_2+\cdots+X_kf_k}{f_1+f_2+\cdots+f_k}=\frac{1}{N}\sum_{i=1}^{k}X_if_i \tag{2-2-3}$$

同理，样本加权均值计算公式为

$$\overline{x}=\frac{\sum_{i=1}^{k}x_if_i}{\sum_{i=1}^{k}f_i}=\frac{1}{n}\sum_{i=1}^{k}x_if_i \tag{2-2-4}$$

这里 $\sum_{i=1}^{k}f_i=n$。

加权均值除了用频数加权外，还可以采用频率为权数。

加权均值的大小不仅受各组变量值大小的影响，而且还受各组频数或频率大小的影响，这里频数或频率起着权数的作用。如果某一组权数大，说明该组数量较多，那么该组数据的大小对加权均值的影响就大，反之则小。另外，频率的计算必须以频数为基础。

（3）加权均值变形　加权均值在实际应用过程中，有时由于掌握的资料所限，不能直接采用总体加权均值计算公式和样本加权均值计算公式计算，这就需要把加权均值变形。例如，在分析问题时掌握的是各组总值数据，缺少各组频数资料。以商业调查中计算商品平均价格为例，已知商品销售额和价格，缺少商品的销售量，在这种掌握资料所限的情况下，则可将加权均值变形。

设 $m_i=X_if_i$ 为各组总值，当 f_i 未知时，$f_i=\frac{m_i}{X_i}$，将其代入样本加权均值计算公式，得加权均值的变形公式为

$$\overline{X}=\frac{1}{\sum_{i=1}^{k}\frac{m_i}{X_i}}\sum_{i=1}^{k}m_i \tag{2-2-5}$$

（4）均值和加权均值的数学性质　均值有以下两个重要的数学性质。

1）各个变量值与均值离差之和等于零，即

对于简单均值有

$$\sum_{i=1}^{N}(X_i-\overline{X})=0$$

对于加权均值有

$$\sum_{i=1}^{k}(X_i-\overline{X})f_i=0$$

均值的这两个数学性质说明，均值是代表值，它采取取长补短的方法，与各个变量值离差之和等于零。

2）各个变量值与常数 M 的离差平方和中，与均值的离差平方之和为最小值，即

对于简单均值有

$$\sum_{i=1}^{N}(X_i-\overline{X})^2=\min_{M\in\mathbf{R}}\sum_{i=1}^{N}(X_i-M)^2$$

对于加权均值有

$$\sum_{i=1}^{k}(X_i-\overline{X})^2f_i=\min_{M\in\mathbf{R}}\sum_{i=1}^{k}(X_i-M)^2f_i$$

均值的这一数学性质是度量离散程度、进行误差分析和最小二乘估计等统计方法的基础。

2. 几何均值

几何均值：是指 N 个变量值连乘积的 N 次方根，一般用 G 表示。几何均值的应用条件有一定的要求，通常是对速度或比率求均值时采用，而且要求 N 个速度或比率连乘积等于总速度或总比率。

几何均值根据资料不同，其计算分为简单几何均值与加权几何均值两种方法。

算术均值$\frac{a+b}{2}$体现纯粹数字上的关系，而 $\sqrt{ab}$ 称为几何均值，这体现了一个几何关系，即过一个圆的直径上任意一点做垂线，直径被分开的两部分为 a，b，那么垂线在圆内的一半长度就是 $\sqrt{ab}$，如图 2-1 所示。

这就是它的几何意义，也是称之为几何均值的原因。

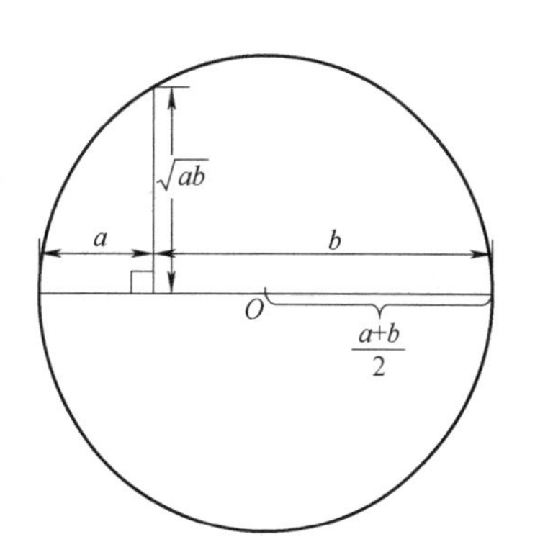

图 2-1　几何均值

计算几何均值要求各观察值之间存在连乘积关系，它的主要用途是对比率、指数等进行平均，以及计算平均发展速度。其中样本数据非负，主要用于对数正态分布。

（1）简单几何均值　简单几何均值的计算公式为

$$G=\sqrt[N]{X_1X_2\cdots X_N}=\sqrt[N]{\prod_{i=1}^{N}X_i} \tag{2-2-6}$$

式中，G 为几何均值；X_i 为变量值；N 为变量值个数。

例 2.1　某企业生产一种产品，要经过 3 个连续作业的车间，各车间的产品合格率分别为 95.8%、95%和 93%，试问产品的平均合格率为多少？

【解析】　产品合格率属于结构相对数，同时 3 个车间合格率的乘积等于该产品的总合格率。用式（2-2-6）计算，可得产品平均合格率为

$$G=\sqrt[3]{95.8\%\times95\%\times93\%}=94.59\%$$

（2）加权几何均值　加权几何均值的计算公式为

$$G=\sqrt[f_1+f_2+\cdots+f_k]{X_1^{f_1}X_2^{f_2}\cdots X_k^{f_k}}=\sqrt[\sum_{i=1}^{k}f_i]{\prod_{i=1}^{k}X_i^{f_i}} \tag{2-2-7}$$

例 2.2　某人一笔款项存入银行 10 年，年利率分别是：若存 5 年则为 6%，3 年为 5%，2 年为 3%，如果按复利计算，这笔存款的平均年利率为多少？

【解析】　由于按复利计息，各年的利息是以上一年的本利和为基础计算的，因此，应先将各年的利率换算成年本利率（1+年利率）再进行计算。因为各年的年本利率的连乘积等于总的本利率，在此基础上减 1，就得到平均年利率。用加权几何均值公式，可得平均年本利率为

$$G=\sqrt[\sum_{i=1}^{k}f_i]{\prod_{i=1}^{k}x_i^{f_i}}=\sqrt[10]{1.06^5\times1.05^3\times1.03^2}=105.094\%$$

所以，平均年利率为

$$G-1=105.094\%-1=5.095\%$$

3. 中位数

在介绍定序尺度类型数据集的集中趋势时已经给出了中位数的定义，中位数除不能用于度量定类尺度类型数据集中趋势外，对于定序尺度类型数据和数值型数据都适宜。

数值型数据计算中位数分以下两种情况。

1）由未分组资料确定中位数。所研究的数据尚未分组计算中位数的方法是：先将研究的全部数据按数值大小排序，然后根据 50%原理确定中位数位置，与中位数位置对应的数据就是中位数。

未分组数据确定中位数位置公式为

$$\frac{N+1}{2} \tag{2-2-8}$$

当研究的全部数据个数 N 是奇数时，中位数是处于中间位置的数据。当研究的数据个数 N 为偶数时，中位数是处于中间位置上两个数据的平均数。

例 2.3　某房地产开发商在 2016 年 8 月份出售的 5 套商品房的总价（以万元计）分别是：65、110、105、80 和 90，求价格中位数。

【解析】　先将 5 个数据按大小排序，即 65、80、90、105 和 110。运用公式$\frac{N+1}{2}$，可得中位数位置为

$$\frac{N+1}{2}=\frac{5+1}{2}=3$$

则第 3 个数据是中位数，即

$$M_e=90$$

例 2.4　6 名质量检查工程师的年薪（以元计）由低到高的顺序分别为 35000、40000、40000、49000、50000 及 50000，计算中位数。

【解析】　根据中位数计算的要求，运用公式确定中位数位置，可得中位数位置为

$$\frac{N+1}{2}=\frac{6+1}{2}=3.5$$

由此可知，中位数处于第 3 个数据与第 4 个数据的中间值，取两者的平均数即为中位数，即

$$M_e=\frac{40000+49000}{2}=44500$$

注意：在变量值的个数为偶数时，中位数可能不是所给变量值中的任何值，但它仍旧描述了所有数据一半与另一半的数目界限。例如，44500 元描述的是 6 人中有 3 名质量检查工程师的年薪高于 44500 元，有 3 人则低于 44500 元。

2）分组资料确定中位数。数值型数据分组以后形成了变量数列，由于变量数列中的数据已经排序，所以分组资料计算中位数的关键一步是确定中位数的位置。无论是单项式变量数列，还是组距式变量数列，都可运用中位数的 50%原理。

根据变量数列的类型不同，可分为单项式变量数列确定中位数法和组距式变量数列确定中位数法。

单项式变量数列计算中位数的方法与定序尺度类型数据（未分组资料）完全相同。首先按照中位数位置确定公式，计算出中位数的位置，然后运用向上累计频数找出中位数所在组，最后确定中位数。

例 2.5　已知某车间日产零件数与人数资料如表 2-2 所示，求中位数。

表 2-2　某车间日产零件数与人数资料

按日产零件数分组/件（变量值）	人数（变量值个数）	向上累计频数
18	3	3
19	8	11
20	14	25
21	4	29
26	1	30
合计	$N=30$	—

【解析】　根据公式$\frac{N+1}{2}$，N 为全体数据个数，可得中位数位置为$\frac{30+1}{2}=15.5$，即中位数处于第 15 名工人与第 16 名工人的中间，取两者的平均日产量即为中位数，即

$$M_e=\frac{20+20}{2}=20$$

组距式变量数列计算中位数比单项式变量数列复杂。同单项式变量数列不同，运用公式

$$\left[\frac{N+1}{2}\right] \tag{2-2-9}$$

求出中位数所在组，该组对应的变量值不是唯一的一个值，而是一段区间。在假定中位数组内数据均匀分布的前提下，可得中位数的近似值计算公式为

$$M_e=L+\frac{\left[\frac{N+1}{2}\right]-\sum_{i=1}^{m-1}f_i}{f_m}h \tag{2-2-10}$$

式中，中位数所在的组为第 m 组，L 为中位数所在组的下限；$S_{m-1}=\sum_{i=1}^{m-1} f_i$ 为中位数所在组前一组的累计频数和；f_m 为中位数所在组的频数；h 为中位数所在组的组距。

例 2.6 已知某商店按年销售额对商店分组的统计数据表 2-3，试计算商店按年销售额的中位数。

表 2-3 某商店按年销售额对商店分组统计数据表

商店按年销售额分组/万元（变量值）	商店数/个（变量值个数）	向上累计频数
50 ~60	24	24
60 ~70	48	72
70 ~80	105	177
80 ~90	60	237
90 ~100	27	264
100 ~110	21	285
110 ~120	12	297
120 ~130	3	300
合计	$N=300$	—

【解析】 按公式$\left[\frac{N+1}{2}\right]$，确定中位数的位置$\left[\frac{300+1}{2}\right]=150$，即第 150 家商店的年销售额是中位数。运用向上累计得知，第 150 家商店应该包含在频数 177 中，故中位数在第 3 组，该组的变量值介于 70 万~80 万元之间，中位数应在此区间内。

根据资料已知可得中位数

$$M_e=L+\frac{\left[\frac{N+1}{2}\right]-\sum_{i=1}^{m-1} f_i}{f_m}h=70+\frac{150-72}{105}\times 10=77.43$$

4. 众数

前面在定类尺度类型数据集中趋势的测量中已经介绍过众数，众数对定类和定序尺度类型数据的描述尤为适用。基于计量尺度向下兼容的性质，众数的应用不仅限于非数值型数据，对于层次更高的数值型数据也同样适用。

众数的计算通常要以分组为基础。数值型数据分组以后形成两种数列：其一是单项式变量数列，其二是组距式变量数列。根据变量数列不同，确定众数可采用不同的方法。

1）单项式变量数列。由单项式变量数列确定众数与非数值型数据方法相同，只需找到频数或频率为最大的组，该组对应的数据即是众数。

2）组距式变量数列。由组距式变量数列确定众数，首先根据频数或频率最大原则确定众数所在组，然后需运用相关计算公式确定众数，这是因为组距式变量数列每一组的数据是一段区间，不同于单项式变量数列每一组只有一个值。为了把众数从该区间求出，可通过比例插值法近似得出。

根据众数所在组的上下限不同，众数的计算公式分为下限与上限两种计算方法。

众数下限法的计算公式为

$$M_0=L+\frac{\Delta f_1}{\Delta f_1+\Delta f_2}h \tag{2-2-11}$$

众数上限法的计算公式为

$$M_0=U-\frac{\Delta f_2}{\Delta f_1+\Delta f_2}h \tag{2-2-12}$$

式中，L 为众数组的下限；U 为众数组的上限；Δf_1 为众数组频数与前一组频数之差；Δf_2 为众数组频数与后一组频数之差；h 为众数组的组距。

例 2.7　某百货公司所属商店年销售额资料如表 2-4 所示。试求出年销售额的众数。

表 2-4　某百货公司所属商店年销售额资料

商店按年销售额分组/万元（变量值）	商店数/个（变量值个数）
50 ~60	24
60 ~70	48
70 ~80	105
80 ~90	60
90 ~100	27
100 ~110	21
110 ~120	12
120 ~130	3
合计	$N=300$

【解析】　由众数下限法的计算公式可得众数

$$M_0=70+\frac{105-48}{(105-48)+(105-60)}\times10\approx75.59$$

由众数上限法的计算公式可得众数

$$M_0=80-\frac{105-60}{(105-48)+(105-60)}\times10\approx75.59$$

5. 均值、中位数及众数之间的区别与联系

对于非数值型数据，定类尺度类型数据通常是计算众数，定序尺度类型数据通常可以计算众数、中位数。对于数值型数据，同样可以计算众数和中位数，还可以计算均值。均值、中位数和众数所表达的集中趋势的含义不同，作为集中趋势的度量究竟哪一个的代表性要强一些，不能一概而论，还需要考虑数据的分布情况。例如，用均值作为集中趋势的度量，要求变量值之间变化差异不大，当变量值之间差异较大时，可以考虑使用中位数或众数。

(1) 均值、中位数和众数之间的联系　均值、中位数和众数都是用来描述数据集中趋势的统计量，都可用来反映数据的一般水平，都可用来作为一组数据的代表。

（2）均值、中位数和众数之间的区别　均值、中位数和众数的不同之处主要表现在以下几个方面：

1）个数不同。在一组数据中，均值和中位数都具有唯一性，但众数有时不具有唯一性。在一组数据中，可能不止一个众数，也可能没有众数。例如，1，2，3，3，4 的众数是 3。但是，如果有两个或两个以上数据出现次数都是最多的，那么这几个数据都是这组数据的众数。例如，1，2，2，3，3，4 的众数是 2 和 3。如果所有数据出现的次数都一样，那么这组数据没有众数。例如，1，2，3，4，5 没有众数。

2）呈现形式不同。均值是一个“虚拟”的数，是通过计算得到的，它不是数据中的原始数据。中位数是一个不完全“虚拟”的数，当一组数据的个数是奇数时，它就是该组数据排序后最中间的那个数据，是这组数据中真实存在的一个数据，但在数据个数为偶数的情况下，中位数是最中间两个数据的平均数，是一个“虚拟”的数，只有当中间两个数据相同时，中位数才是数据中的原始数据。众数是一组数据中出现次数最多的原始数据，它是真实存在的。但当一组数据中的每一个数据都出现相同次数时，这组数据就没有众数了。

3）特点不同。均值与每一个数据都有关，其中任何数据的变动都会相应引起均值的变动，易受极端值的影响。中位数与数据的排列位置有关，是一组数据中间位置上的代表值，不受数据极端值的影响。众数与数据出现的次数有关，着眼于对各数据出现的频率的考察，其大小只与这组数据中的部分数据有关，不受极端值的影响。

4）作用不同。均值反映了一组数据的平均大小，常用来代表数据的总体“平均水平”，是统计中最常用的数据代表值，比较可靠和稳定，因为它与每一个数据都有关，反映出来的信息最充分，既可以描述一组数据本身的整体平均情况，也可以用来作为不同组数据比较的一个标准。中位数像一条分界线，将数据分成前半部分和后半部分，用来代表一组数据的“中等水平”，但可靠性比较差，因为它只利用了部分数据，当一组数据的个别数据偏大或偏小时，用中位数来描述该组数据的集中趋势就比较合适。众数反映了出现次数最多的数据，用来代表一组数据的“多数水平”，但可靠性也比较差，因为它也只利用了部分数据，当个别数据有很大的变动，且某个数据出现的次数最多时，此时用该数据（即众数）表示这组数据的“集中趋势”就比较合适。

2.3　离散趋势测量

集中趋势只是数据分布的特征之一，数据分布的另一个特征是数据的离散趋势，也称为离中趋势，它反映的是各变量值之间的差异程度。

离散趋势是一种差异分析。集中趋势是对数据水平的一个概括性度量，它能否代表一组数据，取决于该组数据的离散水平。数据的离散程度越小，说明数据之间的差别越小，所有的数据都靠近集中趋势测量值，此时集中趋势测量值对该组数据的代表性就越好。数据的离散程度越大，其集中趋势的代表性就越差。离散趋势测量的作用可归纳为两点，一个是衡量集中趋势的代表性，另一个是反映现象发展均衡与否。

离散趋势有多种测量方法，每一种方法的选择，可根据数据类型及集中趋势测量值的不同来决定。

2.3.1　非数值型数据离散趋势测量

1. 定类尺度类型数据离散趋势的测量方法

定类尺度类型数据离散趋势的测量方法只有一种，那就是异众比率。

异众比率：即非众数组的频数占总频数的比重。一般用 V_r 表示，即

$$V_r=\frac{\sum_{i=1}^{k}f_i-f_m}{\sum_{i=1}^{k}f_i}=1-\frac{f_m}{\sum_{i=1}^{k}f_i} \tag{2-3-1}$$

式中，f_m 为众数组频数。

异众比率主要用于众数对一组数据代表性的评价。异众比率既适宜定类尺度类型数据离散趋势的测量，也适宜定序尺度类型数据及数值型数据离散趋势的测度。异众比率取值范围介于 0 ~1，其取值越大，说明众数组的频数占总频数的比重越小，众数的代表性就越差，表明数据分布不存在显著集中的态势。而异众比率越小，说明众数组的频数占总频数的比重越大，众数的代表性就越好。

2. 定序尺度类型数据离散趋势的测度方法

基于计量尺度描述方法向下兼容的性质，定序尺度类型数据离散趋势的测度方法有两种，分别是四分位差和异众比率。

四分位数：是一组数据排序后，用 3 个点将数据分成相等的四个部分，每一部分占观察值总数的 25%。其中第 1 个 25%数据点称为第 1 个四分位数，一般用 Q_1 表示；第 3 个 25%数据点，即 75%数据处称为第 3 个四分位数，一般用 Q_3 表示。很显然第 2 个 25%数据点是中位数 M_e。四分位数如图 2-2 所示。

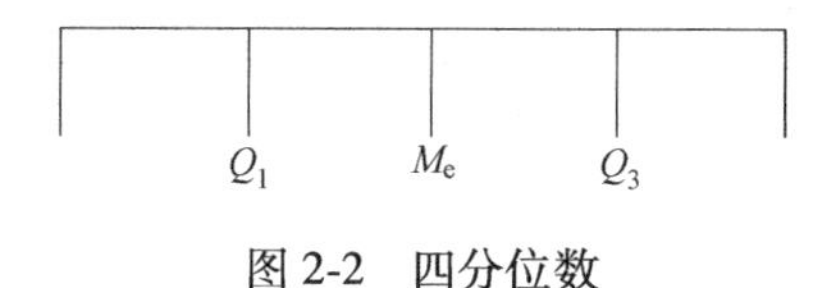

图 2-2　四分位数

四分位差：即一组数据的第 3 个四分位数与第 1 个四分位数的差值，用 QD 表示。其计算公式为

$$QD=Q_3-Q_1$$

从图 2-2 可以看出，四分位差描述了中位数两侧共 50%数据的离散程度，其数值越大，中位数的代表性就差。四分位差越小，说明 50%数据越集中在中位数两侧，则中位数的代表性越好。四分位差不受极端值的影响。

四分位差主要用于测度定序尺度类型数据的离散程度，当然，数值型数据也可计算四分位差。

对于定序尺度类型数据计算四分位差，首先需将非数值型的定序尺度数值化，比如将非常满意设为 1，满意设为 2，一般设为 3 等，然后求出 Q_1 和 Q_3 的位置，并用向上累计频数的方法确定 Q_1 和 Q_3 所对应的变量值，最后求出 QD。例如，计算表 2-5 所示数据的四分位差。

表 2-5　满意度量化统计表

按满意程度分组	满意度量化	人数频数	向上累计频数
非常满意	1	8	8
满意	2	22	30
一般	3	5	35
不满意	4	3	38
非常不满意	5	2	40
合计	—	40	—

从表 2-5 中可知满意度的 5 个层次分别用 1、2、3、4、5 代表，则 Q_3 的位置 $=0.75\times40=30$，即第 30 个人的态度是 Q_3，Q_1 的位置 $=0.25\times40=10$，即第 10 人的态度是 Q_1。

运用向上累计频数得知，第 30 个人在第 2 组，其对产品的态度是满意，用 2 表示。第 10 个人对产品的态度也在第 2 组，其态度值是满意，也用 2 表示。根据公式得四分位差为

$$QD=Q_3-Q_1=2-2=0$$

这说明用中位数（满意）反映 40 个人对产品的态度其代表性极高。

当采用中位数描述定序尺度类型数据的集中趋势时，则需计算四分位差来衡量中位数的代表性；当采用众数描述定序尺度类型数据的集中趋势时，则需计算异众比率来衡量众数的代表性。

2.3.2　数值型数据离散趋势测量

数值型数据离散趋势的测量方法有多种，有反映均值代表性的全距、平均差、方差与标准差、离散系数，还有反映众数代表性的异众比率和衡量中位数代表性的四分位差。

1. 全距

全距：即一组数据最大值与最小值的差值，用 R 表示。其计算公式是

$$R=\max(X)-\min(X) \tag{2-3-2}$$

全距是描述数值型数据离散趋势的最简单的一种计算方法。但由于没有充分利用数据的全部信息，同时易受极端值的影响，所以往往不能全面准确地反映数据的分散程度。全距只适宜在数据分布均匀时采用。

2. 平均差

平均差：即各变量值与均值离差绝对值的平均数，用 $A.D.$ 表示。未分组资料和分组资料的 $A.D.$ 的计算公式分别为：

1）未分组资料平均差计算公式为

$$A.D.=\frac{\sum_{i=1}^{N}|X_i-\overline{X}|}{N} \tag{2-3-3}$$

2）分组资料平均差计算公式为

$$A.D.=\frac{\sum_{i=1}^{k}|X_i-\bar{X}|f_i}{N} \tag{2-3-4}$$

对于未分组资料，采用简单平均法计算；对于分组资料，则采用加权平均法计算。例如，根据某公司雇员周薪样本数据表信息（见表 2-6），每组的数据采用组中位数，计算雇员周薪的平均差。

表 2-6　某公司雇员周薪样本数据表

按周薪分组/元	组中位数 X_i/元	人数频数 f_i
500 ~600	550	5
600 ~700	650	11
700 ~800	750	17
800 ~900	850	11
900 ~1000	950	6
合计	—	50

已知雇员周薪的均值为 754 元，雇员周薪的平均差为

$$A.D.=\frac{\sum_{i=1}^{5}|X_i-\bar{X}|f_i}{50}$$

$$=\frac{|550-754|\times5+|650-754|\times11+|750-754|\times17+|850-754|\times11+|950-754|\times6}{50}$$

$$=89.28$$

平均差是根据全部数据计算的，比全距和四分位差更好地反映数据的离散趋势。但平均差在计算过程中为了避免离差之和等于 0，采取离差绝对值的形式，这给平均差的数学处理带来了麻烦，因而平均差在实践中运用较少。

3. 方差与标准差

为了克服平均差的缺陷，考虑把离差的绝对值换成离差平方，再计算离差的均值，即为方差或标准差。这两种方法是数值型数据离散趋势测度最常用的方法。

（1）方差　**方差**：即各变量值与均值离差平方的均值。根据资料不同，方差有不同的计算形式。

1）未分组资料方差计算方法。

设一个总体有 N 个变量值，总体方差用 σ^2 表示，则总体方差的计算公式为

$$\sigma^2=\frac{\sum_{i=1}^{N}(X_i-\bar{X})^2}{N} \tag{2-3-5}$$

对于一个包含 n 个变量值的样本，样本方差用 S^2 表示，则样本方差的计算公式为

$$S^2=\frac{\sum_{i=1}^{n}(x_i-\bar{x})^2}{n-1} \tag{2-3-6}$$

总体方差描述的是总体分布的差异特征，而样本方差说明的是从总体中抽出的样本差异情况。从计算公式可以看出两者不仅计算范围不同，分母也有些不同。总体方差的分母是总体容量，样本方差的分母是样本容量减 1，且样本方差 S^2 是总体方差 σ^2 的无偏估计（第 3 章 3. 2 节将详细介绍）。

2）分组资料方差计算方法。

总体方差的计算公式为

$$\sigma^2=\frac{\sum_{i=1}^{k}(X_i-\bar{X})^2 f_i}{N} \tag{2-3-7}$$

式中，f_i 为分组数据的每组频数，且 $\sum_{i=1}^{k} f_i=N$。

样本方差的计算公式为

$$S^2=\frac{\sum_{i=1}^{k}(x_i-\bar{x})^2 f_i}{n-1} \tag{2-3-8}$$

其中 $\sum_{i=1}^{k} f_i=n$。

例 2. 8　某会计师事务所今年新招聘了 5 名见习会计，5 个人第一个月的收入（以元计）分别为 1200、1500、1400、1300、1800，计算方差。

【解析】　所给的计算资料未经分组。分析题意，新雇用的 5 名见习会计是总体，所以，该计算属于求总体方差问题。先算得总体均值为

$$\bar{X}=\frac{\sum_{i=1}^{5} X_i}{5}=1440$$

可得总体方差为

$$\sigma^2=\frac{\sum_{i=1}^{5}(X_i-\bar{X})^2}{5}=42400$$

例 2. 9　根据某公司雇员周薪样本数据统计表 2-6 所示的信息，计算雇员周薪的方差。

【解析】　由样本加权均值公式，先求出样本均值

$$\bar{x}=\frac{\sum_{i=1}^{5} x_i f_i}{\sum_{i=1}^{5} f_i}=754$$

将其代入样本方差公式可得

$$S^2=\frac{\sum_{i=1}^{5}(x_i-\bar{x})^2f_i}{\sum_{i=1}^{5}f_i-1}=\frac{659200}{50-1}=13453.06$$

同其他离散趋势测量值一样，方差可用于比较两组或多组变量值的离散程度，也可用于均值代表性的比较。

在例 2.8 中，5 名新雇用见习会计第 1 个月平均收入为 1440 元，收入的方差是 42400。倘若另一家会计师事务所，今年新雇用见习会计第 1 个月收入的均值也是 1440 元，但方差是 50000，就可以得出这样的结论：第 1 家会计师事务所新雇用见习会计收入的离散程度低于另一家；与另一家相比，第 1 家新雇用见习会计收入均值的代表性要好一些。

但是，方差也有缺陷，那就是计量单位是原有单位的平方，给数据解释带来困难。因此，人们更习惯于采用计量单位与原单位一致的标准差。

（2）标准差　**标准差**：即方差的平方根，是变量值与均值离差平方平均数的平方根，也称**均方差**。

1）未分组资料标准差计算方法。

总体标准差的计算公式为

$$\sigma=\sqrt{\frac{\sum_{i=1}^{N}(X_i-\bar{X})^2}{N}} \tag{2-3-9}$$

样本标准差的计算公式为

$$S=\sqrt{\frac{\sum_{i=1}^{n}(x_i-\bar{x})^2}{n-1}} \tag{2-3-10}$$

2）分组资料标准差计算方法。

总体标准差的计算公式为

$$\sigma=\sqrt{\frac{\sum_{i=1}^{k}(X_i-\bar{X})^2f_i}{N}} \tag{2-3-11}$$

样本标准差的计算公式为

$$S=\sqrt{\frac{\sum_{i=1}^{k}(x_i-\bar{x})^2f_i}{n-1}} \tag{2-3-12}$$

可以看出，标准差与方差同样都是测定数值型数据离散趋势的较好指标，标准差的计量单位与变量的计量单位一致，与方差相比更易解释与说明研究问题的离散程度，但方差在公式推导与数据处理上比标准差更胜一筹。

（3）标准差的应用　标准差不仅更容易解释与说明所研究数据的离散程度，同时还有助于了解数据的分布情况。在数据呈正态分布的条件下，利用标准差可以确定某一变量值的相对位置。

1）经验法则。该法则是在正态分布的基础上建立的，人们有时将其称为正态法则。

所谓经验法则，即指当一组数据呈正态分布时，查表可得约有68%的变量值落在均值加减1倍标准差的范围内，约有95%的变量值落在均值加减2倍标准差的范围内，约有99.7%的变量值落在均值加减3倍标准差的范围内。即：

区间（$\overline{X}-\sigma,\overline{X}+\sigma$）包括68%的数据；

区间（$\overline{X}-2\sigma,\overline{X}+2\sigma$）包括95%的数据；

区间（$\overline{X}-3\sigma,\overline{X}+3\sigma$）包括99.7%的数据。

例如，假设18~25岁女性总体身高服从正态分布，身高的均值是159cm，标准差6cm，运用经验法则可得下面结论：

区间（153,165）包括68%的数据；

区间（147,171）包括95%的数据；

区间（141,177）包括99.7%的数据。

经验法则既适宜总体数据，也适宜样本数据。

2）标准分。标准分描述了一个变量值与均值离差等同于多少倍标准差，运用标准分可以确定某一变量值的相对位置。

标准分：即变量值与其均值的离差再除以标准差，也称为 *Z* **分数**。

标准分的特点是均值为零，方差为1。

标准分既可用于总体数据，也可用于样本数据。

总体数据标准分的计算公式为

$$Z=\frac{X-\overline{X}}{\sigma} \tag{2-3-13}$$

样本数据标准分的计算公式为

$$z=\frac{x-\overline{x}}{S} \tag{2-3-14}$$

例2.10 某求职者参加了两次智能测验，两次总体智能测验得分的分布均服从正态分布。第1次测验总体均值和标准差分别是80和4，该求职者得分84；第2次测验总体均值和标准差分别是60和7，该求职者得分70，试问求职者第几次测验的成绩好？

【解析】 该求职者两次测验得分不同，第1次得分比第2次多了14分，但并不能因此认定求职者第1次测验成绩在求职者中的相对位次好于第2次。原因在于第1次测验的总体平均分比第2次高，而标准差却比第2次小，这说明所有参加第1次测试的人都相对取得了较好成绩，第2次则普遍较差。如果两次测验的总体均值和标准差均相等，认定84分好于70分才有意义。根据式（2-3-13），计算标准分为

第1次

$$Z=\frac{84-80}{4}=1$$

第2次

$$Z=\frac{70-60}{7}=1.43$$

从计算结果看，求职者第 2 次测验的分数比总体均值高了 1.43 倍的标准差，而第 1 次只比总体均值高 1 倍标准差。第 2 次测验成绩在总体求职者中的相对位次好于第 1 次，所以该求职者第 2 次的成绩比第 1 次好。

（4）“是非标志”标准差　“是非标志”是品质标志，它有两种表现形式，通常用 1 表示具有某种属性的标志值，用 0 表示不具有某种属性的标志值。比如产品质量分为合格品与不合格品，人口按性别分为男与女等。

设总体容量为 N，总体中具有某种属性的单位数为 N_1，不具有某种属性的单位数为 N_2，则 $P=\frac{N_1}{N}$，$Q=\frac{N_2}{N}$，其中，P 表示总体成数或总体比例，$P+Q=1$。

设样本容量为 n，样本中具有某种属性的单位数为 n_1，不具有某种属性的单位数为 n_2，则 $p=\frac{n_1}{n}$，$q=\frac{n_2}{n}$，其中，p 表示样本成数或样本比例，$p+q=1$。

1）总体“是非标志”的标准差。首先计算总体“是非标志”的均值，可得

$$\overline{X}=\sum_{i=1}^{N} X_i \frac{f_i}{\sum_{i=1}^{N} f_i}=1\times P+0\times Q=P \tag{2-3-15}$$

总体“是非标志”的标准差为

$$\sigma=\frac{\sqrt{\sum_{i=1}^{N}(X_i-\overline{X})^2 f_i}}{\sum_{i=1}^{N} f_i}=\sqrt{PQ} \tag{2-3-16}$$

2）样本“是非标志”的标准差。样本“是非标志”的均值为

$$\overline{x}=\sum_{i=1}^{n} x_i \frac{f_i}{\sum_{i=1}^{n} f_i}=1\times p+0\times q=p \tag{2-3-17}$$

样本“是非标志”的标准差为

$$S=\frac{\sqrt{\sum_{i=1}^{n}(x_i-\overline{x})^2 f_i}}{\sum_{i=1}^{n} f_i}=\sqrt{pq} \tag{2-3-18}$$

从上述计算可见，无论是总体还是样本，其“是非标志”的均值是具有某种标志的单位数所占的比重，而标准差则是具有某种标志的单位数所占比重和不具有某种标志单位数所占比重乘积的平方根。

4. 离散系数

前面介绍的全距、平均差、方差与标准差因其计算结果带有具体的计量单位，只适用于均值相同时两组数据离散趋势的比较。这就是说比较两组数据分布的离散程度，不仅要看各自变量值差异的大小，还要考虑均值水平的高低。例如，当甲组的均值为 15，标准差为 3，而乙组的均值为 20，标准差为 4 时，不能仅凭甲组的标准差比乙组少 1 个单位，就说甲组

的数据分布均匀且均值的代表性好。因为，乙组在标准差大于甲组的同时，其均值也大于甲组。所以，对两组或更多组数据的离散趋势进行比较时，当它们的均值不等、计量单位不同时，就需要用离散系数来测量离散趋势。

离散系数：即离差值与均值的比值，一般用百分数表示。

离散系数有多种形式，最常用的是标准差系数，它是标准差与均值的比值。

设 V_σ 表示总体标准差系数，则总体标准差系数的计算公式为

$$V_\sigma=\frac{\sigma}{\bar{X}}\times 100\% \tag{2-3-19}$$

设 V_S 表示样本标准差系数，则样本标准差系数的计算公式为

$$V_S=\frac{S}{\bar{x}}\times 100\% \tag{2-3-20}$$

练习题

一、填空题

1. 在统计学中，一组数据向某一中心值靠拢的程度称为________。
2. ________是一组数据中出现次数最多的变量值。
3. 一组数据排序后处于中间位置的变量值称为________。
4. 不受极端值影响的集中趋势度量指标有________、________、________。
5. 一组数据的最大值与最小值之差称为________。
6. ________是一组数据的标准差与其相应的均值之比。

二、单项选择题

1. 对于呈正态分布的数据，众数、中位数和均值的关系是（　　）。

A. 众数>中位数>均值　　B. 众数=中位数=均值

C. 均值>中位数>众数　　D. 中位数>众数>均值

2. 可以计算均值的数据类型是（　　）。

A. 定类尺度类型数据　　B. 定序尺度类型数据

C. 数值型数据　　D. 所有数据

3. 定序类型数据的集中趋势测度指标为（　　）。

A. 中位数　　B. 均值

C. 几何均值　　D. 标准差

4. 数据型数据的离散程度测度方法中，受极端变量值影响最大的是（　　）。

A. 全距　　B. 方差

C. 异众比率　　D. 标准差

5. 不受极端变量影响的集中趋势度量指标是（　　）。

A. 中位数　　B. 算术平均值

C. 加权均值　　D. 几何平均值

6. 定类尺度类型数据的离散趋势测量指标为（　　）。

A. 标准差　　B. 四分位差

C. 全距　　D. 异众比率

7. 定序尺度类型数据的离散趋势的测度指标为（　　）。

A. 标准差　　B. 四分位差

C. 方差　　D. 全距

8. 均值相同时，离散程度的测度值越大，则（　　）。

A. 反映变量值越分散，平均值代表性越差

B. 反映变量值越集中，平均值代表性越差

C. 反映变量值越分散，平均值代表性越好

D. 反映变量值越集中，平均值代表性越好

9. 甲数列的平均值为 100，标准差为 10，乙数列的平均值为 20，标准差为 3，故（　　）。

A. 两数列平均值的代表性相同

B. 乙数列平均值的代表性好于甲数列

C. 甲数列平均值的代表性好于乙数列

D. 两数列平均值的代表性无法比较

10. 如果某同学在英语竞赛中的标准分为 2，并且已知 1% 为一等奖，5% 为二等奖，10% 为三等奖，则他获奖等级为（　　）。

A. 一等奖　　B. 二等奖

C. 三等奖　　D. 无缘奖项

三、计算题

1. 某班“统计学”课程成绩资料如表 2-7 所示，试计算平均成绩、标准差及标准差系数。

表 2-7　某班“统计学”课程成绩资料

“统计学”成绩分数/分	学生人数/人
40~50	5
50~60	7
60~70	8
70~80	20
80~90	14
90~100	6

2. 某公司所属三个企业生产同种产品，2017 年实际产量、完成计划情况及产品优质品率资料如表 2-8 所示，试计算：

（1）该公司产量完成计划百分比；

（2）该公司实际的优质品率。

表 2-8　三个企业生产同种产品实际产量、完成计划情况及产品优质品率资料

企业	实际产量/万件	完成计划（%）	产品优质品率（%）
甲	100	120	95
乙	150	110	96
丙	250	80	98

3. 两个菜市场有关销售资料如表 2-9 所示，试比较两个菜市场价格的高低，并说明理由。

表 2-9　两个菜市场价格

蔬菜名称	单价/元	销售额/元	
		甲菜市场	乙菜市场
A	2.5	2200	1650
B	2.8	1950	1950
C	3.5	1500	3000

4. 某企业产品的有关资料如表 2-10 所示。

表 2-10　某企业产品的成本及产量

品　种	单位成本	2018 年总成本	2019 年总产量
甲	15	2100	215
乙	20	3000	75
丙	30	1500	50

试指出哪一年的平均单位成本高，为什么？

5. 有甲、乙两个品种的粮食作物，经播种实验后得知甲品种的平均亩产量为 998 斤，标准差为 162.7 斤。乙品种实验资料如表 2-11 所示。

表 2-11　乙品种实验资料

亩产量/(斤/亩)	播种面积/亩
1000	0.8
950	0.9
1100	1.0
900	1.1
1050	1.2

试研究两个品种的亩产量，确定哪一种具有较大稳定性，更具有推广价值。

6. 为了解大学生每月伙食费的支出情况，在北京某高校随机抽取了 250 名学生进行抽查，得到样本数据如表 2-12 所示。

表 2-12　月伙食费支出数据

月伙食费支出额/元	人数/户
500 以下	10
500~800	20
800~1200	110
1200~1500	90

（续）

月伙食费支出额/元	人数/户
1500~1800	15
2100 以上	5
合计	250

根据表中的数据，试计算：

（1）大学生每月伙食费的众数；

（2）样本均值、样本标准差及标准差系数；

（3）计算每月伙食费支出额在 1200~1500 元之间的标准分。

7. 某厂甲、乙两个班组，每个班组有 8 名工人，各班组每名工人的月生产量记录如下：

甲班组：20，40，60，70，80，100，120，70

乙班组：67，68，69，70，71，72，73，70

计算甲、乙班组工人平均每人生产量、全距、平均差、标准差、标准差系数，并比较甲、乙两班组的平均每人生产量的代表性。

第3章 参数估计

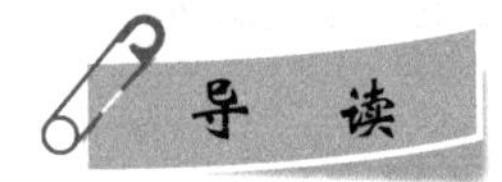

参数估计是推断性统计分析的重要内容之一，是依据所获得的样本观察资料，对所研究现象总体的数量特征进行估计。本章基本内容包括：

抽样分布。样本均值分布、样本方差分布以及一些重要统计量的分布。

参数估计。包括点估计和区间估计。

点估计是依据样本估计总体分布中所含的未知参数或未知参数的函数，通常它们是总体的某个特征值，如均值、方差和相关系数等。点估计问题就是要构造一个只依赖于样本的量，作为未知参数或未知参数函数的估计值。

区间估计是依据抽取的样本，基于一定的正确度与精确度的要求，构造出适当的区间，作为总体分布的未知参数或未知参数函数真值所在范围的估计。

学习要点：熟练掌握以数据为研究对象，选择适当的统计量，对未知参数进行合理估计。

3.1 抽样分布及常用统计量分布

3.1.1 抽样

1. 抽样的定义

抽样：又称取样，从欲研究总体的全部样本单位中抽取一部分样本，其基本要求是要保证所抽取的样本单位对全部样本具有充分的代表性。抽样的目的是从被抽取样本单位的分析、研究结果来估计和推断全部样本特性，是科学实验、质量检验、社会调查普遍采用的一种经济有效的工作和研究方法。

2. 样本抽样方法

样本抽样方法分为重复抽样和不重复抽样两种，即放回抽样和不放回抽样。

重复抽样也称重置抽样，是指从总体 N 个单位中随机抽取一个单位，登记之后又放回总体，第二次再从全部 N 个单位中抽取第二个单位，登记之后再放回去，依次类推，直到抽够样本容量 n 为止。重复抽样的样本是由 n 次相互独立连续试验构成的，每次试验是在完

全相同的条件下进行的，每个单位被选机会在各次都完全相等。同一个单位有可能多次被抽入同一个样本。在重复抽样条件下，从 N 个单位的总体中抽样 n 个单位的样本个数为 N^n。

不重复抽样也称不重置抽样，是从总体 N 个单位中，随机抽取一个单位，登记之后不再放回总体，而是从剩下的（$N-1$）个总体单位中抽取第二个单位，依次类推，最后从剩下的（$N-n+1$）个单位中抽取第 n 个单位。因此，不重复抽样的样本也由 n 次连续抽选的结果构成，但连续 n 次抽选的结果不是相互独立的，每次抽取的结果都影响下一次抽取，因而每个单位的中选机会在各次是不相同的。同一个单位不可能 2 次或 2 次以上被抽入同一个样本。不重复抽样相当于一次性从总体中抽出 n 个单位。在不重复抽样条件下，从 N 个单位的总体中抽样 n 个单位的样本个数为

$$\frac{N!}{(N-n)!n!}$$

3. 抽样类型

随机抽样要求严格遵循概率原则，每个抽样单位被抽中的概率相同，并且可以重现。由抽样规则不同，随机抽样有简单随机抽样、系统抽样、分层抽样、整群抽样及多段抽样等。

（1）简单随机抽样　**简单随机抽样**又称**单位随机抽样**，一般地，设一个总体个数为 N，如果通过逐个抽取的方法抽取一个样本，且每次抽取时，每个个体被抽到的概率相等，这样的抽样方法为简单随机抽样。

简单随机抽样适用于总体个数较少的情况。

（2）系统抽样　**系统抽样**也称为**机械抽样**、等距抽样，当总体的个数比较多时，首先把总体分成均衡的几部分，然后按照预先设定的规则，从每一个部分中抽取一些个体，得到所需要的样本，这样的取样方法叫作系统抽样。

系统抽样适用于总体个数比较多的情况。

（3）分层抽样　**分层抽样**又称**类型抽样**，是指在抽样时将总体单位按其属性特征分成互不相交的层，然后按照一定的比例，在每一层进行简单随机抽样，独立地抽取一定数量的个体，将各层抽取出的个体合在一起作为样本的方法。

分层抽样适用于总体由差异明显的几部分组成的情况。

（4）整群抽样　**整群抽样**又称**聚类抽样**，是将总体中各单位按照某一标准归并成若干个互不交叉、互不重复的集合，称之为群，然后以群为取样单位抽取样本的一种抽样方式。整群抽样的特点是整个子群入样。

应用整群抽样时要求各群有较好的代表性，即群内各单位的差异要大，群间差异要小。

整群抽样要与分层抽样区别开。当某个总体是由若干个有着自然界限和区分的子群（或类别、层次）所组成，同时不同子群相互之间差异很大，而每个子群内部的差异不大时，则适合于分层抽样的方法；反之，当不同子群之间差别不大，而每个子群内部的异质性比较大时，则适合于采用整群抽样的方法。

（5）多段抽样　**多段抽样**又称**多级抽样**，是把调查总体按一定标志分成多级单位或多层子群，并逐层抽取样本的抽样方法。

对于多段抽样方法，首先按一定标志分成若干子群，作为抽样的第一级单位，并将第一级单位再分成若干小的子群，作为抽样的第二级单位，以此类推，还可分为第三级、第四级单位。然后依照随机原则，在第一级单位中抽出若干单位作为第一级样本，并在第一级样本

中再随机抽出第二级样本，以此类推，还可抽出第三级样本、第四级样本。

多段抽样不同于分层抽样。分层抽样是对总体中各级样本群体进行全面入样，再对所有子群的样本进行抽查；而多段抽样则把总体中各级单位逐层进行随机抽样。

3.1.2 抽样分布

1. 统计量

（1）总体参数　**总体参数**是根据总体各单位标志值或标志属性计算且反映总体数量特征的综合指标，是抽样推断的对象。

总体参数的数值是确定的、唯一的，但通常是未知的。一个总体可以有多个参数，从不同方面反映总体的综合数量特征。常用的总体参数有总体均值、总体成数、总体方差、总体标准差等。

以 X 表示所研究的总体变量，X_1，X_2，…，X_N 表示总体各单位，则定义总体均值为

$$\mu=\frac{X_1+X_2+\cdots+X_N}{N} \tag{3-1-1}$$

若设具有某种属性的总体单位数为 N_1，则具有某种属性的总体成数为

$$P=\frac{N_1}{N} \tag{3-1-2}$$

总体方差为

$$\sigma^2=\frac{\sum_{i=1}^{N}(X_i-\mu)^2}{N} \tag{3-1-3}$$

总体标准差为

$$\sigma=\sqrt{\frac{\sum_{i=1}^{N}(X_i-\mu)^2}{N}} \tag{3-1-4}$$

（2）样本统计量　**样本统计量**是根据样本中各单位标志值或标志属性计算的综合指标，是样本变量的函数，且不带未知参数。样本统计量可用来估计总体参数。

样本统计量的计算方法是确定的，但它的取值随着样本的不同而发生变化，因此样本统计量是随机变量。与总体参数相对应，样本统计量有样本均值、样本成数、样本方差、样本标准差等。

设 X_1，X_2，…，X_n 是来自于总体 X 的一个样本，常用的样本统计量有：

1）样本均值，即

$$\overline{X}=\frac{1}{n}\sum_{i=1}^{n}X_i \tag{3-1-5}$$

2）样本方差，即

$$S^2=\frac{\sum_{i=1}^{n}(X_i-\overline{X})^2}{n-1} \tag{3-1-6}$$

3）样本成数，即样本中，若设具有某种属性的单位数为 n_1，则具有某种属性的样本成数为

$$p=\frac{n_1}{n} \tag{3-1-7}$$

4）样本成数标准差，即

$$S=\sqrt{p(1-p)} \tag{3-1-8}$$

2. 抽样分布的概念

每个随机变量都有其概率分布。样本统计量是随机变量，它有很多可能取值，每个可能取值都有一定的概率，从而形成它的概率分布。抽样分布就是指样本统计量的概率分布。

由于样本是随机抽取的，事先并不能确定出现哪个结果，因此研究样本观测变量的全部可能取值及其出现的可能性的大小是十分必要的。抽样分布反映样本的分布特征，是抽样推断的重要依据。

（1）样本均值的抽样分布　样本均值的抽样分布是由全部样本均值的可能取值和与之相应的概率组成。

若采用重置抽样的方法，样本均值的均值等于总体均值。即

$$E(\overline{X})=\mu \tag{3-1-9}$$

这说明虽然每个样本均值的取值可能与总体均值存在差异，但平均来看，样本均值和总体均值是没有离差的，总体均值是样本均值分布的中心。

样本均值的标准差反映了样本均值与总体均值的平均误差程度。这是因为

$$\sigma^2(\overline{X})=E[\overline{X}-E(\overline{X})]^2=E(\overline{X}^2)-\mu^2 \tag{3-1-10}$$

所以，在抽样推断中，将重置抽样的样本均值的标准差定义为抽样平均误差，以 μ_σ 表示，并且在重置抽样的情况下，抽样平均误差等于总体标准差除以样本单位数的平方根，即

$$\mu_\sigma=\sigma(\overline{X})=\frac{\sigma}{\sqrt{n}} \tag{3-1-11}$$

可以看出，抽样平均误差与总体标准差成正比，与样本容量 n 的平方根成反比。因此，若抽样容量扩大为原来的 4 倍，则抽样平均误差就缩小一半；若抽样平均误差增加 1 倍，则样本容量只需原来的 1/4 即可。

以上两个重要结论具有普遍的意义，这就意味着，只要是采用重置抽样的方法从总体中随机抽取样本，就适用上述两个结论。

对于不重置抽样，也具有类似的两个重要结论：

1）样本均值的均值等于总体均值，即

$$E(\overline{X})=\mu$$

2）样本均值的标准差反映了样本均值与总体均值的平均误差程度。同样因为

$$\sigma^2(\overline{X})=E[\overline{X}-E(\overline{X})]^2=E(\overline{X}^2)-\mu^2$$

所以，在抽样推断中，不重置抽样的样本均值的标准差也被定义为抽样平均误差，以 μ_σ 表示。但其计算公式与重置抽样时计算公式不同，它等于重置抽样的抽样平均误差乘以修正因子，即

$$\mu_\sigma=\sigma(\overline{X})=\sqrt{\frac{\sigma^2(N-n)}{n(N-1)}}$$

在 N 很大的情况下，修正因子中的分母 $N-1$ 也可用 N 代替。即

$$\mu_{\sigma}=\sigma(\overline{X})=\sqrt{\frac{\sigma^2}{n}\left(1-\frac{n}{N}\right)}$$

（2）样本成数的抽样分布　样本成数的抽样分布是由全部样本成数的可能取值和与之相应的概率组成。

样本成数的均值就是总体成数，即

$$E(p)=P \tag{3-1-12}$$

对于重置抽样的样本成数的标准差反映了样本成数与总体成数的平均差异，故也称之为抽样平均误差。其计算公式为

$$\sigma(p)=\sqrt{\frac{P(1-P)}{n}} \tag{3-1-13}$$

对于不重置抽样的样本成数的标准差也反映了样本成数与总体成数的平均差异，其计算公式为

$$\sigma(p)=\sqrt{\frac{P(1-P)(N-n)}{n(N-1)}} \tag{3-1-14}$$

在 N 很大的情况下，修正因子中的分母 $N-1$ 也可用 N 代替。即

$$\sigma(p)=\sqrt{\frac{P(1-P)}{n}\left(1-\frac{n}{N}\right)} \tag{3-1-15}$$

综上所述，各种抽样平均误差的公式列于表 3-1。

表 3-1　各种抽样平均误差的公式

抽 样 方 式	重 置 抽 样	不重置抽样
样本均值抽样平均误差	$\sigma(\overline{X})=\frac{\sigma}{\sqrt{n}}$	$\sigma(\overline{X})=\sqrt{\frac{\sigma^2(N-n)}{n(N-1)}}$
样本成数抽样平均误差	$\sigma(p)=\sqrt{\frac{P(1-P)}{n}}$	$\sigma(p)=\sqrt{\frac{P(1-P)(N-n)}{n(N-1)}}$

3. 抽样分布定理

随机样本：若 x_1，x_2，…，x_n 是具有同一分布函数 F（或总体）的，且相互独立的随机变量，则称 x_1，x_2，…，x_n 为来自于同一分布（或总体）的随机样本，简称为样本。

（1）样本均值的抽样分布定理　样本均值的抽样分布和总体分布有关，与总体分布是否为正态分布而有所区别。下面介绍两个重要定理。

1）**正态分布再生定理**：若变量 $X \sim N(\mu,\sigma^2)$，则从这个总体中抽取容量为 n 的随机样本，样本均值 $\overline{X}$ 也服从正态分布，且 $\overline{X}\sim N\left(\mu,\frac{\sigma^2}{n}\right)$。则标准（标准化）随机变量 $Z=\frac{\overline{X}-\mu}{\sigma/\sqrt{n}}$服从标准正态分布，即 $Z=\frac{\overline{X}-\mu}{\sigma/\sqrt{n}}\sim N(0,1)$。

正态分布再生定理表明，只要总体服从正态分布，则不论样本单位数 n 是多少，样本均值都服从正态分布，分布的中心不变，样本均值标准差为 $\sigma(\overline{X})=\dfrac{\sigma}{\sqrt{n}}$，比总体标准差小了很多，因此样本均值是更加集中地分布在总体均值的周围。

2）**中心极限定理**：若随机变量 X 的分布具有有限的均值 μ 和标准差 σ，则从这个总体中所抽取的容量为 n 的随机样本，样本均值 $\overline{X}$ 的分布随着 n 的增大而趋于均值为 μ 和标准差为 $\dfrac{\sigma}{\sqrt{n}}$ 的正态分布。而样本标准随机变量 $Z=\dfrac{\overline{X}-\mu}{\sigma/\sqrt{n}}$ 则趋于服从标准正态分布。

中心极限定理并不要求总体服从正态分布，总体可以是任意分布形式，客观上存在总体均值和总体标准差，只要样本单位数足够多，则样本均值就趋于正态分布。在实际中，一般样本单位数达到30即可按正态分布进行处理。

（2）样本成数的抽样分布定理　**抽样分布定理**：从任一总体成数为 P、方差为 $P(1-P)$ 的总体中，抽取容量为 n 的随机样本，其样本成数 p 的分布随着样本容量 n 的增大而趋于服从均值为 P 且标准差为 $\sqrt{\dfrac{P(1-P)}{n}}$ 的正态分布。而样本统计量 $Z=\dfrac{p-P}{\sqrt{P(1-P)/n}}$ 则趋于服从标准正态分布。

3.1.3　常用统计量分布

下面介绍几个常用统计量的分布。

1. 正态总体样本均值的分布

设 X_1，X_2，…，X_n 是来自于总体 X 的一个样本，$X\sim N(\mu,\sigma^2)$，$\overline{X}$ 为样本均值，S^2 为样本方差，则

$$\overline{X}\sim N\left(\mu,\frac{\sigma^2}{n}\right) \tag{3-1-16}$$

$$\frac{\overline{X}-\mu}{\sigma/\sqrt{n}}\sim N(0,1) \tag{3-1-17}$$

并且样本均值 $\overline{X}$ 与样本方差 S^2 相互独立。

在研究统计量的分布问题中，经常会遇到上 α 分位点这个概念。现在给出上 α 分位点的定义。

设随机变量 U 服从于某一分布，对给定的 $\alpha(0<\alpha<1)$，满足条件

$$P\{U>U_\alpha\}=\alpha \tag{3-1-18}$$

或

$$P\{U\leqslant U_\alpha\}=1-\alpha \tag{3-1-19}$$

的点 U_α 为该分布的**上 α 分位点或上侧临界值**，α 称为**显著性水平**。

满足条件

$$P\{|U|>U_{\alpha/2}\}=\alpha \tag{3-1-20}$$

或

$$P\{\,|U|\leqslant U_{\alpha/2}\}=1-\alpha \tag{3-1-21}$$

的点 $U_{\alpha/2}$ 为该分布的**双侧 α 分位点或双侧临界值。**

由上述定义，可得正态分布的上 α 分位点的定义：设随机变量 $Z\sim N(\mu,\sigma^2)$，对给定的 $\alpha(0<\alpha<1)$，称满足条件

$$P\{Z>Z_\alpha\}=\int_{z_\alpha}^{+\infty}f(y)\,\mathrm{d}y=\alpha \tag{3-1-22}$$

的点 Z_α 为正态分布的上 α 分位点。

它们的几何意义分别如图 3-1 和图 3-2 所示。

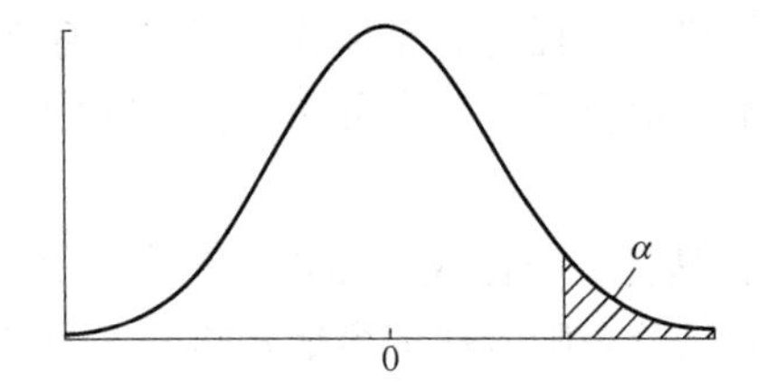

图 3-1　上 α 分位点或上侧临界值

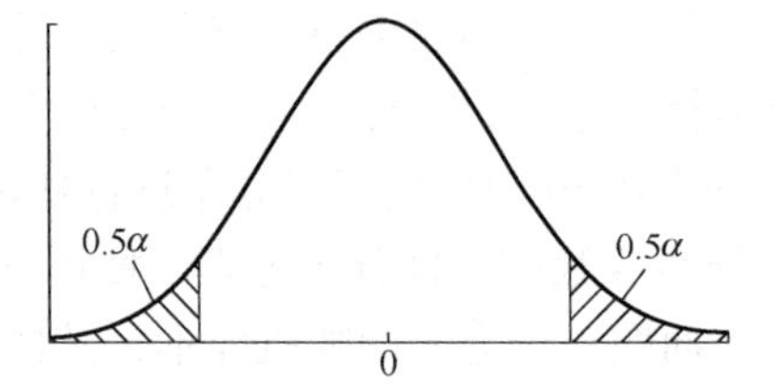

图 3-2　双侧 α 分位点或双侧临界值

2. χ^2 分布

(1) χ^2 分布的密度函数　设 X_1，X_2，…，X_n 是来自于总体 $X\sim N(0,1)$ 的一个样本，则称统计量 $\chi^2=X_1^2+X_2^2+\cdots+X_n^2$ 服从自由度为 n 的 χ^2 分布，记为 $\chi^2\sim\chi^2(n)$。

χ^2 分布的密度函数为

$$f(y)=\begin{cases}\dfrac{1}{2^{\frac{n}{2}}\Gamma\left(\dfrac{n}{2}\right)}y^{\frac{n}{2}-1}\mathrm{e}^{-\frac{y}{2}}, & y\geqslant 0\\ 0, & y<0\end{cases} \tag{3-1-23}$$

其几何图形如图 3-3 所示。

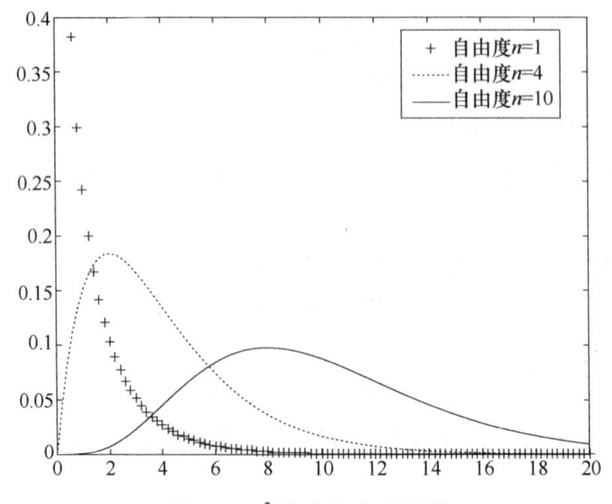

图 3-3　χ^2 分布的密度函数

由上 α 分位点的定义，可得χ^2 分布的上 α 分位点，即对于给定的正数 $\alpha(0<\alpha<1)$，称满足条件

$$P\{\chi^2>\chi_\alpha^2(n)\}=\int_{\chi_\alpha^2(n)}^{+\infty}f(y)\,\mathrm{d}y=\alpha$$

的点$\chi_\alpha^2(n)$ 为χ^2 分布的上 α 分位点。

(2) χ^2 分布的重要结论　χ^2 分布有如下重要结论：

1) 若$\chi_1^2\sim\chi^2(n_1)$，$\chi_2^2\sim\chi^2(n_2)$，且两随机变量相互独立，则

$$\chi_1^2+\chi_2^2\sim\chi^2(n_1+n_2)$$

2) $E(\chi^2)=n$，$D(\chi^2)=2n$。

3) 设 X_1，X_2，…，X_n 是来自于总体 $X\sim N(\mu,\sigma^2)$ 的一个样本，则

$$\frac{(n-1)S^2}{\sigma^2}=\frac{\sum_{i=1}^{n}(X_i-\overline{X})}{\sigma^2}\sim\chi^2(n-1)$$

4) 当 n 充分大（$n\geqslant50$）时，统计量χ^2 近似服从$\chi^2(n-1)$ 分布。

3. *t* 分布

(1) t 分布的密度函数　设 $X\sim N(0,1)$，$Y\sim\chi^2(n)$，并且 X 与 Y 相互独立，则称随机变量 $t=\dfrac{X}{\sqrt{Y/n}}$服从自由度为 n 的 t 分布，记为 $t\sim t(n)$。

t 分布的密度函数为

$$f(t)=\frac{\Gamma\left(\frac{n+1}{2}\right)}{\sqrt{n\pi}\,\Gamma\left(\frac{n}{2}\right)}\left(1+\frac{t^2}{n}\right)^{-\frac{n+1}{2}},-\infty<t<+\infty \tag{3-1-24}$$

其几何图形如图 3-4 所示。

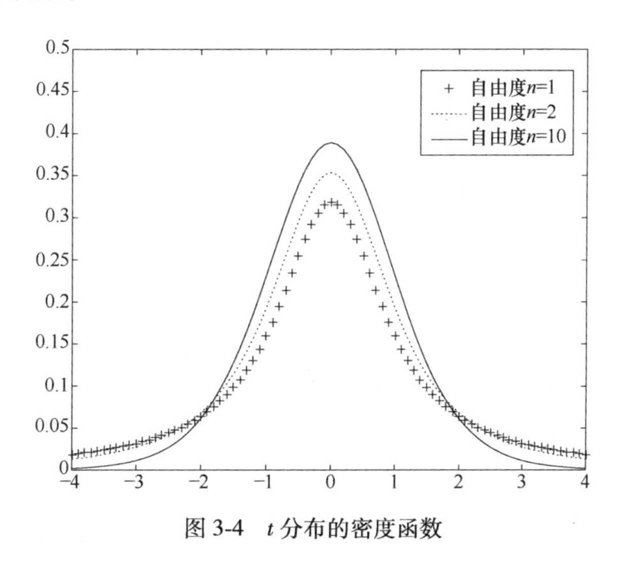

图 3-4　t 分布的密度函数

图 3-4 中的曲线图形类似于标准正态分布密度的图形，是关于纵轴对称的。当 n 较大

时，t 分布近似于标准正态分布。

所谓 t 分布的上 α 分位点，即对于给定的正数 $\alpha(0<\alpha<1)$，称满足条件

$$P\{t>t_{\alpha}(n)\}=\int_{t_{\alpha}(n)}^{+\infty}f(y)\mathrm{d}y=\alpha$$

的点 $t_{\alpha}(n)$ 为 t 分布的上 α 分位点。

所谓 t 分布的双侧 α 分位点，即对于给定的正数 $\alpha(0<\alpha<1)$，称满足条件

$$P\{|t|>t_{\alpha/2}(n)\}=\alpha$$

的点 $t_{\alpha/2}(n)$ 为 t 分布的双侧 α 分位点。

(2) t 分布的重要结论　t 分布有如下重要结论：

1) $t_{1-\alpha}(n)=-t_{\alpha}(n)$。

2) 当 $n>45$ 时，$t_{\alpha}(n)\approx Z_{\alpha}$，其中 Z_{α} 是 $N(0,1)$ 的上 α 分位点。

3) 设 x_1，x_2，…，x_n 是来自于总体 $X\sim N(\mu,\sigma^2)$ 的一个样本，则

$$t=\frac{\overline{X}-\mu}{S/\sqrt{n}}\sim t(n-1) \tag{3-1-25}$$

其中 $\overline{X}$ 和 S 为样本均值和样本标准差。

4) 设 $\overline{X}$、S_1^2 为总体 $X\sim N(\mu_1,\sigma_1^2)$ 的样本均值和样本方差，容量为 n_1，$\overline{Y}$、S_2^2 为总体 $Y\sim N(\mu_2,\sigma_2^2)$ 的样本均值和样本方差，容量为 n_2，则

$$\frac{(\overline{X}-\overline{Y})-(\mu_1-\mu_2)}{S_w\sqrt{\frac{1}{n_1}+\frac{1}{n_2}}}\sim t(n_1+n_2-2) \tag{3-1-26}$$

其中 $S_w^2=\frac{(n_1-1)S_1^2+(n_2-1)S_2^2}{n_1+n_2-2}$。

4. F 分布

(1) F 分布的密度函数　设 $U\sim\chi^2(n_1)$，$V\sim\chi^2(n_2)$，并且 U、V 相互独立，则称随机变量

$$F=\frac{U/n_1}{V/n_2} \tag{3-1-27}$$

服从自由度为 (n_1,n_2) 的 F 分布，记作 $F\sim F(n_1,n_2)$。

F 分布的密度函数为

$$f(y)=\begin{cases}\frac{\Gamma[(n_1+n_2)/2]}{\Gamma(n_1/2)\Gamma(n_2/2)}\left(\frac{n_1}{n_2}\right)^{\frac{n_1}{2}}y^{\frac{n_1}{2}-1}\left(1+\frac{n_1}{n_2}y\right)^{-\frac{n_1+n_2}{2}} & ,y\geqslant 0\\ 0 & ,y<0\end{cases} \tag{3-1-28}$$

它的几何图形如图 3-5 所示。

F 分布的上 α 分位点，即对于给定的正数 $\alpha(0<\alpha<1)$，称满足条件

$$P\{F(n_1,n_2)>F_{\alpha}(n_1,n_2)\}=\int_{F_{\alpha}(n_1,n_2)}^{+\infty}f(y)\mathrm{d}y=\alpha$$

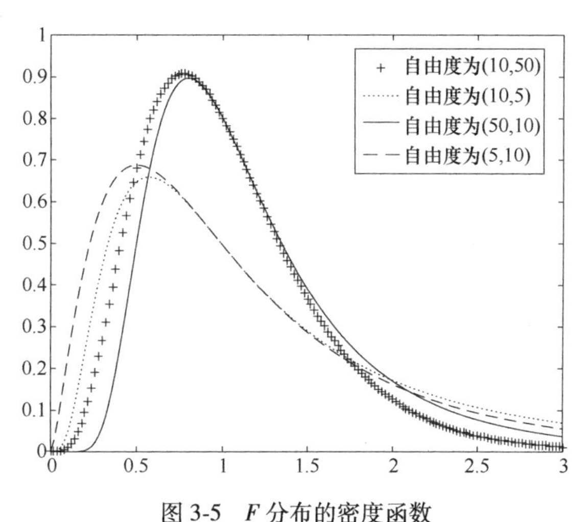

图 3-5　F 分布的密度函数

的点 $F_{\alpha}(n_1,n_2)$ 为 F 分布的上 α 分位点。

（2）F 分布的重要结论　下面介绍 F 分布的两个重要结论：

1）$F_{1-\alpha}(n_1,n_2)=\dfrac{1}{F_{\alpha}(n_2,n_1)}$。

2）设 S_1^2 为总体 $X\sim N(\mu_1,\sigma_1^2)$ 的样本方差，容量为 n_1；S_2^2 为总体 $Y\sim N(\mu_2,\sigma_2^2)$ 的样本方差，容量为 n_2，且 X 与 Y 相互独立，则统计量

$$F=\frac{S_1^2/\sigma_1^2}{S_2^2/\sigma_2^2}\sim F(n_1-1,n_2-1) \tag{3-1-29}$$

3.2　点估计

3.2.1　估计量与估计值

抽样推断是按照随机性原则，从研究对象中抽取一部分个体进行观察，并根据所得到的观察数据，对研究对象的数量特征做出具有一定可靠程度的估计和推断，以达到认识总体为目的的一种统计方法。例如，要检验某种产品的质量，我们只需从中抽取一小部分产品进行检验，并用计算出来的合格率来估计全部产品的合格率，或是根据合格率的变化来判断生产线是否出现了异常。

1. 点估计

点估计：设总体 X 的分布函数形式为已知，但在分布函数中含有一个（或多个）未知的参数 θ，借助于总体 X 的一个样本 X_1，X_2，…，X_n，选择一个合适的统计量 $\hat{\theta}(X_1,X_2,\cdots,X_n)$ 来估计总体的未知参数 θ，这种方法称为**点估计**。统计量 $\hat{\theta}(X_1,X_2,\cdots,X_n)$ 称为 θ 的**估计量**，若用对应的样本观察值 x_1，x_2，…，x_n 代到统计量 $\hat{\theta}$ 中，得到的 $\hat{\theta}(x_1,x_2,\cdots,x_n)$ 称为 θ 的**估计值**。

点估计也称**定值估计**，就是以样本估计量直接代替总体参数的一种推断方法。

统计量是随机变量，而估计值是一个数值。

例如，要估计一批电子产品的平均耐用时间，这批产品的平均耐用时间是未知的，是总体参数，通常用 θ 表示。从中随机抽取一个样本，样本平均耐用时间是一个样本统计量，用样本统计量估计未知的总体产品平均耐用时间，则样本平均耐用时间就是估计量，通常用 $\hat{\theta}$ 表示。若根据样本数据计算出来的样本平均耐用时间为 $\overline{X}$h，则这个 $\overline{X}$h 就是估计量 $\hat{\theta}$ 的具体数值，称为估计值。

点估计的优点在于它能够提供总体参数的具体估计值，可以作为行动决策的数量依据。例如，推销部门对某种产品估计出全年销售额数值，并计算出每月销售额估计值，将估计值传递给生产部门作为制订生产计划的依据，而生产部门又可将每月产量计划传递给采购部门作为制订原材料采购计划的依据等。点估计也有不足之处，它不能提供误差情况如何、误差程度有多大等重要信息。

2. 评价估计量的标准

用样本统计量去估计总体参数，并非只能用一个样本统计量，而可能有多个统计量可供选择。一般来说，衡量估计量有三个基本标准：

（1）无偏性　**无偏性**：没有系统性误差的估计量，即 $E(\hat{\theta})=\theta$。

虽然每个可能样本的估计值不一定恰好等于未知总体参数，但如果多次抽样，应该要求各个估计值的均值等于总体参数，即从平均意义上，估计量的估计是没有偏差的，这一要求称为无偏性。一般来说，这是一个优良的估计量必须具备的性质。例如，样本均值 $\overline{X}$、样本成数 p 和样本方差 S^2 分别满足

$$E(\overline{X})=\mu,\ E(p)=P,\ E(S^2)=\sigma^2 \tag{3-2-1}$$

所以样本均值、样本成数和样本方差分别是总体均值、总体成数和总体方差的无偏估计量。

（2）一致性　**一致性**：样本估计量 $\hat{\theta}$ 依概率收敛于 θ，即对于任意给定的正数 ε，有

$$\lim_{n\to\infty}P\{|\hat{\theta}-\theta|<\varepsilon\}=1 \tag{3-2-2}$$

也就是说，样本容量 n 充分大时，样本估计量充分靠近总体参数，即随着 n 的无限增大，样本估计量与未知的总体参数之间的绝对离差任意小的可能性趋于实际的必然性。

由大数定律可得

$$\lim_{n\to\infty}P\{|\overline{X}-\mu|<\varepsilon\}=1,\lim_{n\to\infty}P\{|p-P|<\varepsilon\}=1$$

所以样本均值和样本成数是总体均值和总体成数的一致估计量。

（3）有效性　**有效性**：若满足 $\sigma(\hat{\theta}_1)\leqslant\sigma(\hat{\theta}_2)$，则称估计量 $\hat{\theta}_1$ 比 $\hat{\theta}_2$ 更有效。有效性要求样本估计量估计总体参数时，作为估计量的标准差比其他估计量的标准差要小。

最小方差无偏估计量：如果一个无偏估计量 $\hat{\theta}_1$ 在所有无偏估计量中标准差最小，即对任意无偏估计量 $\hat{\theta}$，有

$$\sigma(\hat{\theta}_1)\leqslant\sigma(\hat{\theta}) \tag{3-2-3}$$

则称 $\hat{\theta}_1$ 是最小方差无偏估计量，或称为**最优无偏估计量**。

有效估计：称最优无偏估计量 $\hat{\theta}_1$ 为有效估计。

显然，估计量的标准差越小，根据它推导出接近于总体参数估计值的机会越大。如果某总体参数具有两个不同的无偏估计量 $\hat{\theta}_1$ 和 $\hat{\theta}_2$，若满足 $\sigma(\hat{\theta}_1)\leqslant\sigma(\hat{\theta}_2)$，则称无偏估计量 $\hat{\theta}_1$

比 $\hat{\theta}_2$ 更有效。

可以证明，样本均值和成数是总体均值和成数的无偏估计、一致性估计和有效估计。

3.2.2　总体参数点估计

1. 矩估计法

下面介绍几个重要概念。

k 阶样本矩：设 X_1，X_2，…，X_n 为来自于总体 X 的一个样本，称

$$A_k=\frac{1}{n}\sum_{i=1}^{n}X_i^k \tag{3-2-4}$$

为总体 X 的 k 阶样本矩。

总体 k 阶矩：称

$$\mu_k=E(X^k) \tag{3-2-5}$$

为总体 X 的 k 阶矩。

所谓矩估计法，是用样本矩估计总体矩的方法。设总体 X 的概率密度函数中含有 k 个未知参数 θ_1，θ_2，…，θ_k。令 $A_l=\mu_l(l=1,2,\cdots,k)$，即

$$E(X^l)=\frac{1}{n}\sum_{i=1}^{n}X_i^l(l=1,2,\cdots,k) \tag{3-2-6}$$

$E(X^l)(l=1,2,\cdots,k)$ 是未知参数 θ_1，θ_2，…，θ_k 的函数，k 个未知参数可以通过式（3-2-6）的 k 个方程联立所构成的方程组解出，用这个方程组的解 $\hat{\theta}_1$，$\hat{\theta}_2$，…，$\hat{\theta}_k$ 分别作为 θ_1，θ_2，…，θ_k 的估计量。用矩估计法求出的估计量称为**矩估计量**，矩估计量的观察值称为**矩估计值**。

例 3.1　设总体 $X\sim N(\mu,\sigma^2)$，X_1，X_2，$\cdots X_n$ 是来自总体 X 的一个样本，参数 μ，σ^2 是未知的，求 μ，σ^2 的矩估计量。

【解析】　设 $A_1=\overline{X}$，$A_2=\frac{1}{n}\sum_{i=1}^{n}X_i^2$，且

$$\mu_1=E(\overline{X})=E(X)=\mu$$

$$\mu_2=E\left(\frac{1}{n}\sum_{i=1}^{n}X_i^2\right)=E(X^2)=D(X)+[E(X)]^2=\sigma^2+\mu^2$$

令 $\mu_1=A_1$，$\mu_2=A_2$，解上述两个方程，得 μ 和 σ^2 的矩估计量分别为

$$\hat{\mu}=\overline{X},\ \hat{\sigma}^2=\frac{1}{n}\sum_{i=1}^{n}X_i^2-\overline{X}^2=\frac{1}{n}\sum_{i=1}^{n}(X_i-\overline{X})^2$$

因为 $\frac{1}{n}\sum_{i=1}^{n}(X_i-\overline{X})^2=\frac{n-1}{n}\times\frac{1}{n-1}\sum_{i=1}^{n}(X_i-\overline{X})^2=\frac{n-1}{n}S^2$，所以 $\hat{\sigma}^2=\frac{n-1}{n}S^2$。

注意：从上述的解题过程可以看出，对任何总体分布，它的总体均值和方差的矩估计量的表达式都是 $\hat{\mu}=\overline{X}$ 和 $\hat{\sigma}^2=\frac{n-1}{n}S^2$。

例 3.2　一批产品中含有废品，从中随机地抽取 60 件，发现废品 4 件，试用矩估计法估计这批产品的废品率。

【解析】 设 p 为抽得废品的概率，$1-p$ 为抽得正品的概率（放回抽取）。为了估计 p，引入随机变量

$$X_i=\begin{cases}1, & 第\ i\ 次抽取到的是废品\\0, & 第\ i\ 次抽取到的不是废品\end{cases}$$

于是 $P\{X_i=1\}=p$，$P\{X_i=0\}=1-p=q,i=1,2,\cdots,60$，且 $E(X_i)=p$，故对于样本 X_1，X_2，…，X_{60}的一个观察值 x_1，x_2，…，x_{60}，由矩估计法得 p 的估计值为

$$\hat{p}=\frac{1}{60}\sum_{i=1}^{60}x_i=\frac{4}{60}=\frac{1}{15}$$

即这批产品的废品率为$\frac{1}{15}$。

2. 极大似然估计法

若总体 X 是离散型的，它的概率密度函数（分布律）为

$$P\{X=x\}=p(x,\theta) \tag{3-2-7}$$

若总体 X 是连续型的，它的概率密度函数为

$$f(x)=p(x,\theta) \tag{3-2-8}$$

其中，θ 为未知参数，X_1，X_2，…，X_n 为总体 X 的样本，x_1，x_2，…，x_n 为总体 X 的样本观察值。无论总体 X 是离散型的还是连续型的，样本 X_1，X_2，…，X_n 的联合概率密度都为

$$p(x_1,\theta)p(x_2,\theta)\cdots p(x_n,\theta)=\prod_{i=1}^{n}p(x_i,\theta) \tag{3-2-9}$$

极大似然函数：若给定一组样本观察值 x_1，x_2，…，x_n，并代入式（3-2-9），则式（3-2-9）是一个关于 θ 的函数，称式（3-2-9）为极大似然函数，记为 $L(\theta)$，即

$$L(\theta)=\prod_{i=1}^{n}p(x_i,\theta) \tag{3-2-10}$$

极大似然估计法：x_1，x_2，…，x_n 是一组样本观察值，是已经发生了的随机事件，由大概率事件容易发生这一原理，在选取未知参数 θ 的估计时，要使 $L(\theta)$ 达到最大，也就是说使得这样一组样本观察值 x_1，x_2，…，x_n 出现的可能性最大。这种方法称为极大似然估计法，该方法得到的估计量称为极大似然估计量。

我们归纳出求极大似然估计量的步骤为：

1）写出极大似然函数 $L(\theta)=\prod_{i=1}^{n}p(x_i,\theta)$。

2）取对数 $\ln L(\theta)=\sum_{i=1}^{n}\ln p(x_i,\theta)$，这是由于 $\ln L(\theta)$ 与 $L(\theta)$ 是在同一点处取到最大值，所以用 $\ln L(\theta)$ 的最值问题来代替 $L(\theta)$ 的最值问题。

3）解方程

$$\frac{\partial \ln L(\theta)}{\partial\theta}=0 \tag{3-2-11}$$

求出的最大值点 $\hat{\theta}=\theta(x_1,x_2,\cdots,x_n)$ 即为 θ 的极大似然估计值，而相应的估计量 $\hat{\theta}$ 即为 θ 的极大似然估计量。

对于总体 X 含有多个未知参数的情况，也可按上述方法来解决。此时的极大似然函数为

$$L(\theta_1,\theta_2,\cdots,\theta_k)=\prod_{i=1}^{n}p(x_i,\theta_1,\theta_2,\cdots,\theta_k) \tag{3-2-12}$$

令

$$\frac{\partial \ln L(\theta_1,\theta_2,\cdots,\theta_k)}{\partial\theta_i}=0 \quad (i=1,2,\cdots,k) \tag{3-2-13}$$

从联立方程组（3-2-13）解出的 $\hat{\theta}_1$，$\hat{\theta}_2$，…，$\hat{\theta}_k$，即为未知参数 θ_1，θ_2，…，θ_k 的极大似然估计值。

例 3.3　设总体的分布函数为

$$f(x,\theta)=\frac{\theta^x \mathrm{e}^{-\theta}}{x!}(x=1,2,\cdots,0<\theta<+\infty)$$

样本容量为 n，用矩估计法及极大似然估计法求 θ 的估计量 $\hat{\theta}$。

【解析】　方法一：矩估计法。

由已知可得该总体服从泊松分布，所以均值为 θ，因此用矩估计法得到估计量

$$\hat{\theta}=\frac{1}{n}\sum_{i=1}^{n}x_i$$

方法二：极大似然估计法。

似然函数为

$$L(\theta)=\frac{\theta^{n\bar{x}}\mathrm{e}^{-n\theta}}{x_1!\ x_2!\ \cdots x_n!}$$

两边取对数

$$\ln L(\theta)=\left(\sum_{i=1}^{n}x_i\right)\ln\theta-n\theta-\ln(x_1!\ x_2!\ \cdots x_n!)$$

求导得

$$\frac{\mathrm{d}\ln L}{\mathrm{d}\theta}=\frac{1}{\theta}\sum_{i=1}^{n}x_i-n$$

令 $\dfrac{\mathrm{d}\ln L}{\mathrm{d}\theta}=0$，解得 $\theta=\dfrac{1}{n}\sum_{i=1}^{n}x_i$，即极大似然估计量

$$\hat{\theta}=\bar{x}=\frac{1}{n}\sum_{i=1}^{n}x_i$$

例 3.4　设总体分布密度为

$$f(x;\theta,\mu)=\begin{cases}\dfrac{1}{\theta}\exp\left(-\dfrac{x-\mu}{\theta}\right), & \theta<x<+\infty\\ 0, & \text{其他}\end{cases}$$

θ，μ 是未知参数（$0<\theta<+\infty$）。

（1）求出 θ，μ 的矩估计量。

（2）证明 θ，μ 的极大似然估计量 $\hat{\theta}$，$\hat{\mu}$ 分别为

$$\hat{\theta}=\bar{x}-\min_{1\leqslant k\leqslant n}x_k,\ \hat{\mu}=\min_{1\leqslant k\leqslant n}x_k$$

【解析】 1）令

$$\mu_1=\overline{X}=E(X)=\mu$$

$$\mu_2=\frac{1}{n}\sum_{i=1}^{n}X_i^2=E(X^2)=D(X)+[E(X)]^2=\sigma^2+\mu^2$$

解上述两个方程，得μ和σ^2的矩估计量分别为

$$\hat{\mu}=\bar{x},\ \hat{\sigma}^2=\frac{1}{n}\sum_{i=1}^{n}x_i^2-\bar{x}=\frac{1}{n}\sum_{i=1}^{n}(x_i-\bar{x})^2$$

【证明】 2）似然函数

$$L=\begin{cases}\dfrac{1}{\theta^n}\exp\left[\dfrac{n}{\theta}(-\bar{x}+\mu)\right], & \mu<\min\limits_{1\leqslant k\leqslant n}x_k\\ 0, & \text{其他}\end{cases}$$

$$\frac{\partial(\ln L)}{\partial\mu}=\frac{\partial\left(-n\ln\theta-\dfrac{n}{\theta}\bar{x}+\dfrac{n}{\theta}\mu\right)}{\partial\mu}=\frac{n}{\theta}>0$$

函数L关于μ是单调增加的，即$\mu=\min\limits_{1\leqslant k\leqslant n}x_k$时$L$最大。

$$\frac{\partial(\ln L)}{\partial\theta}=\frac{\partial\left(-n\ln\theta-\dfrac{n}{\theta}\bar{x}+\dfrac{n}{\theta}\mu\right)}{\partial\theta}=-\frac{n}{\theta}+(\bar{x}-\mu)\frac{n}{\theta^2}$$

令$\dfrac{\partial(\ln L)}{\partial\theta}=0$，则$\theta=\bar{x}-\mu$，即

$$\mu=\min_{1\leqslant k\leqslant n}x_k,\theta=\bar{x}-\min_{1\leqslant k\leqslant n}x_k$$

时L最大，故得极大似然估计量为

$$\hat{\mu}=\min_{1\leqslant k\leqslant n}x_k,\ \hat{\theta}=\bar{x}-\min_{1\leqslant k\leqslant n}x_k$$

证毕。

注意：从例3.4可以看到，用极大似然估计法和矩估计法求出的估计量不相同，也就是说用不同的方法求出的估计量不一定相等。

3.3 总体参数区间估计

3.3.1 区间估计基本原理

总体参数区间估计的基本原理是根据给定的概率保证程度的要求，利用实际抽样资料，指出总体估计值的上限和下限，即指出总体参数可能存在的区间范围。

由于总体参数是一个确定的常数，而样本估计量会随抽取的样本不同而围绕总体参数上下随机取值。因此，样本估计量与总体参数之间存在一个误差范围。而前面所讨论的抽样平均误差只是衡量误差可能范围的一种尺度，它并不等同于抽样指标与总体指标之间的真实误差。

所谓抽样误差范围就是指变动的样本估计值与确定的总体参数之间离差的可能范围，它可用样本估计值与总体参数的最大绝对误差限Δ来表达。统计上称这一误差限Δ为**抽样极**

限误差或**抽样允许误差**。

置信区间：设总体参数为 θ，θ_L 和 θ_U 是由样本确定的两个统计量，对于给定的显著性水平 $\alpha(0<\alpha<1)$，有

$$P\{\theta_L \leqslant \theta \leqslant \theta_U\} = 1-\alpha \tag{3-3-1}$$

则称（θ_L,θ_U）为参数 θ 的置信度为 $1-\alpha$ 的置信区间。该区间的两个端点 θ_L 和 θ_U 分别称为**置信下限**和**置信上限**。

置信区间的直观意义：若作为多次同样的抽样，将得到多个置信区间，其中有的区间包含了总体参数的真值，有的区间没有包含总体参数的真值。$1-\alpha$ 为置信度，也称为置信水平或置信概率，置信度表达了参数区间估计的可靠性。

置信区间越小，说明估计的精确性越高；置信度越大，估计可靠性就越大。一般说来，在样本容量一定的前提下，精确度与置信度往往是相互矛盾的：若置信度增加，则区间必然增大，降低了精确度；若精确度提高，则区间缩小，置信度必然减小。要同时提高估计的置信度和精确度，就要增加样本容量。

3.3.2 均值抽样极限误差

设 $\Delta_{\bar{X}}$ 和 Δ_p 分别表示样本均值 $\bar{X}$ 和样本成数 p 的抽样极限误差，则有

$$|\bar{X}-\mu| \leqslant \Delta_{\bar{X}},\ |p-P| \leqslant \Delta_p \tag{3-3-2}$$

式（3-3-2）表明，样本均值或样本成数在 $\mu\pm\Delta_{\bar{X}}$ 或 $P\pm\Delta_p$ 之间变动，即 $\mu-\Delta_{\bar{X}} \leqslant \bar{X} \leqslant \mu+\Delta_{\bar{X}}$ 和 $P-\Delta_p \leqslant p \leqslant P+\Delta_p$。

这些不等式表明，样本均值 $\bar{X}$ 是以总体均值 μ 为中心，在 $\mu\pm\Delta_{\bar{X}}$之间变动的；样本成数 p 是以总体成数 P 为中心，在 $P\pm\Delta_p$ 之间变动的。

由于总体参数是未知的常数，而样本估计值是可以通过调查求得的，因此也可以把上面的两个不等式改写成等价的另一种形式，即

$$\bar{X}-\Delta_{\bar{X}} \leqslant \mu \leqslant \bar{X}+\Delta_{\bar{X}},\ p-\Delta_p \leqslant P \leqslant p+\Delta_p \tag{3-3-3}$$

可见，抽样极限误差的实际意义就是希望总体均值落在 $\bar{X}\pm\Delta_{\bar{X}}$ 的范围之内；总体成数落在 $p\pm\Delta_p$ 的范围之内。

对于一个总体来说，当抽样方法以及样本的单位数 n 确定后，抽样平均误差就是一个确定的数值，而抽样极限误差则是根据不同情况和精确程度，由人们来确定其大小的。因此，抽样极限误差常常以抽样平均误差 $\sigma(\bar{X})$ 或 $\sigma(p)$ 为单位来衡量，为此引入概率度的概念。

概率度：把抽样极限误差 $\Delta_{\bar{X}}$ 或 Δ_p 除以抽样平均误差所得的数值叫作**概率度**。若以 U 表示概率度，则有

$$U=\frac{\Delta_{\bar{X}}}{\sigma(\bar{X})} \text{或}\ U=\frac{\Delta_p}{\sigma(p)} \tag{3-3-4}$$

抽样误差的概率度 U 是测量估计可靠程度的重要参数，而抽样估计的置信度 $F(U)=1-\alpha$是表明抽样指标和总体指标的误差不超过一定范围的概率保证程度，通常取 $U=$

$U_{\alpha/2}\left[U_{\alpha/2}=\dfrac{\Delta_{\bar{X}}}{\sigma(\bar{X})}或U_{\alpha/2}=\dfrac{\Delta_p}{\sigma(p)}\right]$，即抽样极限误差为 $U_{\alpha/2}\sigma(\bar{X})$ 或 $U_{\alpha/2}\sigma(p)$，抽样误差范围为 $\pm U_{\alpha/2}\sigma(\bar{X})$ 或 $\pm U_{\alpha/2}\sigma(p)$。抽样误差范围与概率度两者的关系是：当概率度越大时，表明抽样误差范围越大，则概率保证程度越高；反之，当概率度越小时，表明抽样误差范围越小，则概率保证程度越低。

在大样本的条件下，样本均值的分布接近正态分布，这时可根据概率度 U 和置信度 $F(U)$ 的对应函数关系通过《标准正态分布概率表》互相查找，这时 $U_{\alpha/2}$ 为正态分布的上 $\alpha/2$ 分位点。

总体参数区间估计必须同时具备估计值、抽样误差范围和概率保证程度三个要素。抽样误差范围决定估计的准确性，而概率保证程度则决定估计的可靠性。对于一个样本，提高了估计准确性的要求，伴随的必然降低了估计的可靠性。同样，提高了估计可靠性的要求，也必然降低了估计的准确性。因此在抽样估计时，只能对其中的一个提出要求，而推求另一个要素的变动情况。

3.3.3 正态总体均值区间估计

1. 单个总体均值的区间估计

（1）总体服从正态分布且方差已知　当总体服从正态分布且方差已知时，根据正态分布再生定理，样本均值服从正态分布，分布的中心为总体均值，方差为 $\sigma^2(\bar{X})$，即 $\dfrac{\bar{X}-\mu}{\sigma(\bar{X})}\sim N(0,1)$，由于 $\sigma(\bar{X})=\dfrac{\sigma}{\sqrt{n}}$，抽样极限误差为 $Z_{\alpha/2}\dfrac{\sigma}{\sqrt{n}}$。因此可得总体均值 μ 的置信度为 $1-\alpha$ 的置信区间为 $\bar{X}\pm Z_{\alpha/2}\dfrac{\sigma}{\sqrt{n}}$。

（2）总体服从正态分布且方差未知　正态总体而方差未知，且小样本时，需要用样本方差 S^2 代替总体方差 σ^2。由于 $\dfrac{\bar{X}-\mu}{S/\sqrt{n}}\sim t(n-1)$，抽样极限误差为 $t_{\alpha/2}(n-1)\dfrac{S}{\sqrt{n}}$，因此得到总体均值的置信度为 $1-\alpha$ 的置信区间为

$$\bar{X}\pm t_{\alpha/2}(n-1)\frac{S}{\sqrt{n}} \tag{3-3-5}$$

（3）总体分布未知且是大样本　当总体分布未知且是大样本（通常 $n\geqslant30$）时，根据中心极限定理知，样本均值近似服从正态分布。

1）如果总体方差已知，仍可按照上述方法进行估计。

2）若总体方差未知，需要用样本方差 S^2 代替总体方差 σ^2，此时可以近似得到总体均值置信度为 $1-\alpha$ 的置信区间为

$$\bar{X}\pm Z_{\alpha/2}\frac{S}{\sqrt{n}} \tag{3-3-6}$$

表 3-2 是总体均值区间估计。

表 3-2　总体均值区间估计

总体分布	样本容量	σ 已知	σ 未知
正态分布	大样本	$\overline{X}\pm Z_{\alpha/2}\frac{\sigma}{\sqrt{n}}$	$\overline{X}\pm Z_{\alpha/2}\frac{S}{\sqrt{n}}$
	小样本	$\overline{X}\pm Z_{\alpha/2}\frac{\sigma}{\sqrt{n}}$	$\overline{X}\pm t_{\alpha/2}(n-1)\frac{S}{\sqrt{n}}$
非正态分布	大样本	$\overline{X}\pm Z_{\alpha/2}\frac{\sigma}{\sqrt{n}}$	$\overline{X}\pm Z_{\alpha/2}\frac{S}{\sqrt{n}}$

2. 两正态总体均值之差的区间估计

（1）σ_1^2 和 σ_2^2 已知　两总体 $X\sim N(\mu_1,\sigma_1^2)$ 和 $Y\sim N(\mu_2,\sigma_2^2)$，$\sigma_1^2$ 和 σ_2^2 已知，分别在两总体中随机抽取容量为 n_1 和 n_2 的样本，且两样本相互独立，两样本均值为 $\overline{X}$ 和 $\overline{Y}$，则满足

$$(\overline{X}-\overline{Y})\sim N\left(\mu_1-\mu_2,\frac{\sigma_1^2}{n_1}+\frac{\sigma_2^2}{n_2}\right) \tag{3-3-7}$$

由于统计量 $Z=\dfrac{(\overline{X}-\overline{Y})-(\mu_1-\mu_2)}{\sqrt{\dfrac{\sigma_1^2}{n_1}+\dfrac{\sigma_2^2}{n_2}}}\sim N(0,1)$，$(\overline{X}-\overline{Y})-(\mu_1-\mu_2)$ 抽样极限误差为 $Z_{\alpha/2}\sqrt{\dfrac{\sigma_1^2}{n_1}+\dfrac{\sigma_2^2}{n_2}}$，因此可得两总体均值之差 $\mu_1-\mu_2$ 置信度为 $1-\alpha$ 的置信区间为

$$(\overline{X}-\overline{Y})\pm Z_{\alpha/2}\sqrt{\frac{\sigma_1^2}{n_1}+\frac{\sigma_2^2}{n_2}} \tag{3-3-8}$$

（2）$\sigma_1^2=\sigma_2^2=\sigma^2$ 且未知　两总体 $X\sim N(\mu_1,\sigma_1^2)$ 和 $Y\sim N(\mu_2,\sigma_2^2)$，且 $\sigma_1^2=\sigma_2^2=\sigma^2$ 未知，则

$$t=\frac{(\overline{X}-\overline{Y})-(\mu_1-\mu_2)}{S_w\sqrt{\dfrac{1}{n_1}+\dfrac{1}{n_2}}}\sim t(n_1+n_2-2) \tag{3-3-9}$$

其中 $S_w^2=\dfrac{(n_1-1)S_1^2+(n_2-1)S_2^2}{n_1+n_2-2}$。则 $(\overline{X}-\overline{Y})-(\mu_1-\mu_2)$ 抽样极限误差为 $t_{\alpha/2}(n_1+n_2-2)S_w\sqrt{\dfrac{1}{n_1}+\dfrac{1}{n_2}}$，因此可得两总体均值之差 $\mu_1-\mu_2$ 置信度为 $1-\alpha$ 的置信区间为

$$(\overline{X}-\overline{Y})\pm t_{\alpha/2}(n_1+n_2-2)S_w\sqrt{\frac{1}{n_1}+\frac{1}{n_2}} \tag{3-3-10}$$

3.3.4　正态总体方差区间估计

1. 正态总体方差 σ^2 的区间估计

设 S^2 为总体 $X\sim N(\mu,\sigma^2)$ 的样本方差，则统计量

$$\frac{(n-1)S^2}{\sigma^2} \sim \chi^2(n-1) \tag{3-3-11}$$

可得总体方差 σ^2 置信度为 $1-\alpha$ 的置信区间为

$$\left(\frac{(n-1)S^2}{\chi^2_{\alpha/2}(n-1)}, \frac{(n-1)S^2}{\chi^2_{1-\alpha/2}(n-1)}\right) \tag{3-3-12}$$

2. 两正态总体方差比 σ_1^2/σ_2^2 的置信区间

在此仅讨论总体均值 μ_1、μ_2 为未知的情况。

由于

$$\frac{S_1^2/S_2^2}{\sigma_1^2/\sigma_2^2} \sim F(n_1-1, n_2-1)$$

并且 $F(n_1-1, n_2-1)$ 不依赖于任何未知参数。由此可得 σ_1^2/σ_2^2 置信度为 $1-\alpha$ 的置信区间为

$$\left(\frac{S_1^2/S_2^2}{F_{\alpha/2}(n_1-1, n_2-1)}, \frac{S_1^2/S_2^2}{F_{1-\alpha/2}(n_1-1, n_2-1)}\right)$$

3.4 样本容量的确定

在实际抽样调查中，确定一个合适的样本容量是一个重要问题。因为，样本容量过大，必然会增加人力、财力、物力的支出，造成不必要的浪费；而样本容量过小，又会导致抽样误差增大，达不到抽样所要求的准确程度。

为了叙述方便，下面引入必要样本容量的概念。

必要样本容量：即在保证一定的置信区间和置信概率的条件下，至少必须抽选的样本单位数目。

1. 影响必要样本容量的因素

为了确定必要样本容量，首先必须分析影响样本容量的因素。影响必要样本容量的因素主要有：

1）总体各单位标志变异程度，即总体方差的大小，总体标志变异程度越大，要求样本容量要大些，反之则相反。

2）抽样极限误差的大小，抽样极限误差越大，要求样本容量越小，反之则相反。

3）抽样方法，在其他条件相同时，重复抽样比不重复抽样要求样本容量大些。

4）抽样推断的概率保证程度的大小，概率越大，要求样本容量越大，反之则相反。

2. 估计总体均值时样本容量的确定

通常用 n_0 表示重复抽样时的必要样本容量。由 $\Delta_{\bar{X}} = Z_{\alpha/2}\frac{\sigma}{\sqrt{n}}$，可得

$$n_0 = \frac{Z_{\alpha/2}^2 \sigma^2}{\Delta_{\bar{X}}^2} \tag{3-4-1}$$

即当取样本容量为 n_0 时，可以保证抽样误差在 $(-Z_{\alpha/2}\sigma(\bar{X}), Z_{\alpha/2}\sigma(\bar{X}))$ 区间内的概率为 $1-\alpha$。从式（3-4-1）可以看出，如果确定了抽样极限误差、总体标准差以及概率度，就能确定必要样本容量。

3. 估计总体成数时样本容量的确定

由抽样极限误差 $\Delta_p=Z_{\alpha/2}\sigma(\bar{p})=Z_{\alpha/2}\sqrt{\dfrac{P(1-P)}{n}}$ 可得

$$n_0=\frac{Z_{\alpha/2}^2P(1-P)}{\Delta_p^2} \tag{3-4-2}$$

4. 确定样本容量时应注意的问题

1）按照上述公式所计算出的结果是满足给定的精确程度和可靠程度需要的最低样本容量，因此其计算结果应向上进位，而不能采用四舍五入的方法。实际中通常抽取更多一些单位以满足需要。

2）在上述公式中，总体方差通常是未知的，可以用样本方差代替，也可以用历史同类调查的方差数据，或全面调查的方差资料代替。若同时有多个方差数据，应该选取其中最大的，以保证精确程度和可靠程度的需求。在成数的情况下，若资料完全缺乏，可取最保守数值，即取成数总体方差的最大值 0.25。

3）当所研究问题中涉及多个变量，而各个变量对精确程度和可靠程度的需求往往不同，所需必要样本容量也不会相同，此时应取其中最大的样本容量值以满足所有变量的要求。

例 3.5 某食品厂要检验本月生产的 1000 袋产品重量。根据上月资料，这种产品每袋重量的标准差为 25g，要求在 95.45%的概率保证程度下，平均每袋重量的误差范围不超过 5g，问至少应抽取多少袋产品？

【解析】 已知 $N=1000$，$\sigma=25\text{g}$，$\Delta_{\bar{X}}=5\text{g}$，$1-\alpha=95.45\%$，查标准正态分布表可得 $Z_{\alpha/2}=2$，则必要样本容量为

$$n_0=\frac{Z_{\alpha/2}^2\sigma^2}{\Delta_{\bar{X}}^2}=\frac{2^2\times25^2}{5^2}=100$$

例 3.6 某企业对一批产品进行质量检验。这批产品的总数为 5000 件，过去几次同类调查所得产品合格率为 93%、95%、96%，为使合格率容许误差不超过 3%，在 99.73%的概率下应抽取多少件产品？

【解析】 已知 $N=5000$，$\Delta_p=3\%$，$1-\alpha=99.73\%$，查标准正态分布表可得 $Z_{\alpha/2}=3$，取最大的方差值，即取 $p=93\%$时方差最大。则必要样本容量为

$$n_0=\frac{Z_{\alpha/2}^2p(1-p)}{\Delta_p^2}=\frac{3^2\times93\%\times(1-93\%)}{0.03^2}=651$$

练习题

一、填空题

1. 设 X_1，X_2，…，X_n 是来自于总体 $X\sim N(\mu,\sigma^2)$ 的样本，$\bar{X}=\dfrac{1}{n}\sum\limits_{i=1}^{n}X_i$，则 $\bar{X}\sim$ ________，$\dfrac{\bar{X}-\mu}{\sigma/\sqrt{n}}\sim$ ________，$\dfrac{(n-1)S^2}{\sigma^2}\sim$ ________，$\dfrac{\bar{X}-\mu}{S/\sqrt{n}}\sim$ ________。

2. 若$N(\mu_1,\sigma_1^2)$，$Y\sim N(\mu_2,\sigma_2^2)$，且两随机变量相互独立，则$\dfrac{S_1^2/\sigma_1^2}{S_2^2/\sigma_2^2}\sim$________，其中，$S_1^2$和$S_2^2$分别为两样本方差。

3. 总体均值μ的无偏估计为________，总体方差σ^2的无偏估计为________。

4. 总体参数估计的方法有________和________两种。

5. 设随机变量U服从于某一分布，对于给定的$\alpha(0<\alpha<1)$，且满足条件$P\{Z>Z_\alpha\}=\alpha$，则称________为________或上侧临界值，________称为置信度。

6. 设总体参数为θ，θ_L和θ_U是样本确定的两个统计量，对于给定的显著性水平$\alpha(0<\alpha<1)$，有$P\{\theta_L\leqslant\theta\leqslant\theta_U\}=1-\alpha$，则称（$\theta_L,\theta_U$）为参数$\theta$的置信度为________的置信区间。该区间的两个端点θ_L和θ_U分别称为________和________。

7. 若从一总体中抽取一个大样本，样本容量为n，其95%的置信区间为（a,b），则其样本均值为________。若总体方差已知，则该总体方差为________ 。若总体方差未知，且样本量为15，则其样本均值为________，样本方差为__________。

二、选择题

1. 估计量的含义是指（　　）。

A. 估计总体未知参数的统计量　　B. 估计总体参数的统计量的具体数值

C. 总体参数的名称　　D. 总体参数的具体取值

2. 在参数估计中，要求通过样本的统计量来估计总体参数，评价统计量的标准之一是使它与总体参数的离差越小越好。这种评价标准称为（　　）。

A. 无偏性　　B. 有效性

C. 一致性　　D. 充分性。

3. 对一总体均值进行估计，得到95%的置信区间为（24,38），则该总体均值的点估计为（　　）。

A. 24　　B. 48

C. 31　　D. 无法确定

4. 当正态总体的方差未知时，且为小样本条件下，估计总体均值使用的分布是（　　）。

A. 正态分布　　B. t分布

C. χ^2分布　　D. F分布

5. 当正态总体的方差未知时，且为大样本条件下，估计总体均值使用的分布是（　　）。

A. 正态分布　　B. t分布

C. χ^2分布　　D. F分布

6. 当正态总体的方差已知时，且为小样本条件下，估计总体均值使用的分布是（　　）。

A. 正态分布　　B. t分布

C. χ^2分布　　D. F分布

7. 当正态总体的方差已知时，且为大样本条件下，估计总体均值使用的分布是（　　）。

A. 正态分布　　B. t分布

C. χ^2分布　　D. F分布

8. 对于非正态总体，在大样本条件下，估计总体均值使用的分布是（　　）。

A. 正态分布　　　　B. t 分布

C. χ^2 分布　　　　D. F 分布

9. 对于非正态总体而方差已知时，在大样本条件下，总体均值在（1-α）置信度下的置信区间可以写为（　　）。

A. $\bar{X}\pm Z_{\alpha/2}\frac{\sigma^2}{\sqrt{n}}$　　　　B. $\bar{X}\pm Z_{\alpha/2}\frac{S}{n}$

C. $\bar{X}\pm Z_{\alpha/2}\frac{\sigma}{\sqrt{n}}$　　　　D. $\bar{X}\pm Z_{\alpha/2}\frac{S^2}{n}$

10. 当正态总体方差已知时，在小样本条件下，总体均值在（1-α）置信度下的置信区间可以写为（　　）。

A. $\bar{X}\pm Z_{\alpha/2}\frac{\sigma^2}{\sqrt{n}}$　　　　B. $\bar{X}\pm t_{\alpha/2}\frac{S}{\sqrt{n}}$

C. $\bar{X}\pm Z_{\alpha/2}\frac{\sigma}{\sqrt{n}}$　　　　D. $\bar{X}\pm t_{\alpha/2}\frac{S^2}{n}$

11. 当正态总体方差未知时，在小样本条件下，总体均值在（1-α）置信度下的置信区间可以写为（　　）。

A. $\bar{X}\pm Z_{\alpha/2}\frac{\sigma^2}{\sqrt{n}}$　　　　B. $\bar{X}\pm t_{\alpha/2}\frac{S}{\sqrt{n}}$

C. $\bar{X}\pm Z_{\alpha/2}\frac{\sigma}{\sqrt{n}}$　　　　D. $\bar{X}\pm t_{\alpha/2}\frac{S^2}{n}$

12. 当样本容量一定时，置信区间的宽度（　　）。

A. 随着置信度的增大而减小　　　　B. 随着置信度的增大而增大

C. 与置信度的大小无关　　　　D. 与置信度的平方成反比

13. 当置信度一定时，置信区间的宽度（　　）。

A. 随着样本量的增大而减小　　　　B. 随着样本量的增大而增大

C. 与样本量的大小无关　　　　D. 与样本量的平方根成正比

14. 在其他条件相同的条件下，95%的置信区间比90%的置信区间（　　）。

A. 要宽　　　　B. 要窄

C. 相同　　　　D. 可能宽也可能窄

15. 指出下面的说法哪一个是正确的。（　　）

A. 置信度越大，估计的可靠性越大　　　　B. 置信度越大，估计的可靠性越小

C. 置信度越小，估计的可靠性越大　　　　D. 置信度大小与估计的可靠性无关

16. 在条件相同的情况下，指出下面的说法哪一个是正确的。（　　）

A. 样本量越大，样本均值的抽样标准误差就越小

B. 样本量越大，样本均值的抽样标准误差就越大

C. 样本量越小，样本均值的抽样标准误差就越小

D. 样本均值的抽样标准误差与样本量无关

三、计算题

1. 设总体 X 服从二项分布 $B(n,p)$，n 已知，X_1，X_2，…，X_n 为来自 X 的样本，求参数

p 的矩估计。

2. 设总体 X 的密度函数

$$f(x,\theta)=\begin{cases}\dfrac{2}{\theta^2}(\theta-x), & 0<x<\theta\\ 0, & \text{其他}\end{cases}$$

X_1，X_2，…，X_n 为其样本，试求参数 θ 的矩估计。

3. 设总体 X 的密度函数为下面的 $f(x,\theta)$，X_1，X_2，…，X_n 为其样本，试求 θ 的极大似然估计：

(1) $f(x,\theta)=\begin{cases}\theta e^{-\theta x}, & x\geqslant 0\\ 0, & x<0\end{cases}$；

(2) $f(x,\theta)=\begin{cases}\theta x^{\theta-1}, & 0<x<1\\ 0, & \text{其他}\end{cases}$。

4. 设 X_1，X_2 是从正态总体 $N(\mu,\sigma^2)$ 中抽取的相互独立样本，有

$$\hat{\mu}_1=\frac{2}{3}X_1+\frac{1}{3}X_2;\ \hat{\mu}_2=\frac{1}{4}X_1+\frac{3}{4}X_2;\ \hat{\mu}_3=\frac{1}{2}X_1+\frac{1}{2}X_2$$

试证 $\hat{\mu}_1$，$\hat{\mu}_2$，$\hat{\mu}_3$ 都是 μ 的无偏估计量，并求出每一估计量的方差。

5. 为了解某银行营业厅办理某业务的办事效率，调查人员观察并随机记录了 16 名客户办理该业务的时间，测得平均办理时间为 12min，样本标准差为 4. 1min，假定办理该业务的时间服从正态分布。

(1) 试求出此银行办理该业务的平均时间的置信水平为 95%的区间估计；

(2) 若样本容量为 40，而观测数据的样本均值和样本标准差不变，试求出置信度为 95%的置信区间。

6. 一家调查公司进行一项调查，其目的是为了了解某市电信营业厅大客户对该电信服务的满意情况。调查人员随机访问了 30 名去该电信营业厅办理业务的大客户，发现受访的大客户中有 9 名认为营业厅现在的服务质量比两年前好。试在 95%的置信度下对大客户中认为营业厅现在的服务质量比两年前好的比例进行区间估计。

7. 从一批钉子中抽取 16 枚，测得其长度如表 3-3 所示。设钉长分布服从正态分布，试在下列情况下求总体期望值 μ 的置信度为 90%的置信区间：(1) 已知 $\sigma=0.01$；(2) σ 为未知。

表 3-3　钉长数据　　（单位：cm）

序数	1	2	3	4	5	6	7	8
钉长	2. 14	2. 10	2. 13	2. 15	2. 13	2. 12	2. 13	2. 10
序数	9	10	11	12	13	14	15	16
钉长	2. 15	2. 12	2. 14	2. 10	2. 13	2. 11	2. 14	2. 11

8. 为了在正常条件下检验一种杂交作物的两种新处理方案，在同一地区随机挑选 8 块地段，在各个试验地段按两种方案种植作物，这 8 块地段的单位面积产量如表 3-4 所示。

表 3-4 单位面积产量

一号方案产量	86	87	56	93	84	93	75	79
二号方案产量	80	79	58	91	77	82	74	66

假设这两种产量都服从正态分布，试求这两个平均产量之差的置信度为 95%的置信区间。

9. 设两位化验员 A、B 独立地对某种聚合物的含氯量用相同的方法各做了 10 次测定，其测定值的样本方差 $S_A^2=0.5419$，$S_B^2=0.6065$，设 σ_A^2 和 σ_B^2 分别是 A、B 两位化验员测量数据的总体方差，且总体服从正态分布，求方差比 σ_A^2/σ_B^2 的置信度为 90%的置信区间。

10. 某车间生产的螺钉，其直径服从正态分布，由过去的经验知道 $\sigma^2=0.06$，今随机抽取 6 枚，测得其长度（单位：mm）如下：

14.7　15.0　14.8　14.9　15.1　15.2

试求 μ 的置信度为 95%的置信区间。

11. 设某种砖头的抗压强度服从正态分布，今随机抽取 20 块砖头，测得数据如下：

64　69　49　92　55　97　41　84　88　99

84　66　100　98　72　74　87　84　48　81

（1）求 μ 的置信度为 95%的置信区间；

（2）求 σ^2 的置信度为 95%的置信区间。

第4章 假设检验

假设检验是推断统计分析的重要内容，它是利用样本资料计算统计量的取值，以此来检验事先对总体某些数量特征所做的假设是否成立，并做出判断或决策的一种统计方法。假设检验的基本思想是“小概率事件”原理，其统计推断方法是带有某种概率性质的反证法。假设检验中所谓“小概率事件”，并非逻辑中的绝对矛盾，而是基于人们在实践中广泛采用的原则，即小概率事件在一次试验中是几乎不发生的。本章基本内容包括：

参数假设检验和非参数假设检验。参数假设检验包括正态总体均值的假设检验、正态总体方差的假设检验等。非参数假设检验包括分布拟合检验、独立性检验、秩和检验等。

常用的检验方法有 t 检验、Z 检验、F 检验和 χ^2 检验（卡方检验）等。

t 检验主要用于总体标准差 σ 未知的正态分布资料；

Z 检验主要用于总体标准差 σ 已知的正态分布资料；

F 检验主要用于样本均来自正态分布的总体方差齐性检验；

χ^2 检验主要用于对按属性分类的计数资料的分析，对于数据资料本身的分布形态不做任何假设，所以从一定的意义上来讲，它是一种检验计数数据分布状态的最常用的非参数检验方法。χ^2 检验的方法主要用于分布拟合检验和独立性检验等。

学习要点：选定统计方法，由样本观察值按相应的公式计算出统计量的大小，根据资料的类型和特点，选用 t 检验、Z 检验、秩和检验和 χ^2 检验等进行参数和非参数假设检验。

4.1 假设检验原理

4.1.1 假设检验基本原理

1. 假设检验的基本概念

假设检验就是对总体提出关于某种猜测或判断的统计假设进行检验。运用统计推断方法对假设的真伪进行检验进而做出决策，即如果假设为真，就接受它，如果为伪就拒绝它。但是，统计推断方法从逻辑上来说属于归纳推断，而归纳推断的特点是肯定一件事物很困难，而否定一件事物却相对容易。假设检验作为一种统计推断方法，是以否定假设为目标的，而

否定的依据就来自于随机样本所提供的信息。

总之，假设检验是利用样本资料来检验关于总体某个假设的真伪，并做出拒绝或接受该假设的决策统计方法。具体来说，就是利用样本资料计算出有关的检验统计量，再根据该统计量的抽样分布理论来判断样本资料对原假设是否有显著的支持性或排斥性，即在一定的概率下判断原假设是否合理，从而决定应接受或否定原假设。

2. 假设检验基本原理

假设检验的基本原理是小概率事件原理，即小概率事件在一次试验中几乎是不会发生的。在日常生活工作中，人们经常运用小概率事件原理。例如，飞机失事的概率很小，所以人们继续乘飞机出行。又如，某个厂商声称其产品合格率很高，达到99%，那么从一批产品（如100件）中随机抽取1件，这件恰好是次品的概率就非常小，只有1%，是个小概率事件。如果在一次试验中这个小概率事件发生了，我们就有理由怀疑产品合格率为99%的假设不真实，就可以否定该厂商的宣称，做出该厂商的宣称是假的这样一个判断。也就是说，当小概率事件发生时，我们的做法是否定原来的假设。当然，这样做也有可能犯错误，因为这100件产品中确实有1件是次品，有1%的机会被抽到。所以犯这种错误的概率就是1%，这意味着我们在冒1%的风险作为厂商宣称是假的这个推断。在这个例子中，小概率的标准是1%。不同的问题要根据实际情况分别设定小概率的标准，在假设检验中，称为**显著性水平**，用α来表示。实际中，通常取0.05、0.01、0.001等较小的数值。

3. 假设检验的步骤

（1）建立假设　进行假设检验首先要建立假设。假设包括两个部分，一个为原假设，一个为备择假设。通常把研究者想要收集证据予以支持的假设作为备择假设，用H_1表示；将研究者想要收集证据予以否定的假设作为原假设，也称零假设，用H_0表示。原假设和备择假设的设置在假设检验中非常重要，直接关系到检验的结论。

（2）确定适当的检验统计量　在建立具体的假设之后，需要提供可靠的证据来支持所提出的备择假设。这些证据主要来自于所抽取的样本。也就是说，如果样本提供的证据能够指出原假设是不合理的，那么我们就有理由拒绝它，从而选择接受备择假设。如同在参数估计中一样，需要对样本信息进行压缩和提炼，就是根据原假设和备择假设提出某个样本统计量，称为**检验统计量**。在具体的问题中，选择什么统计量作为检验统计量，需要考虑的因素与参数估计中基本相同。例如，样本是大样本还是小样本，总体是否服从正态分布，总体方差是否已知等。在不同的情况下应选择不同的检验统计量。

（3）规定显著性水平α　显著性水平表示原假设为真时拒绝原假设的概率，也就是拒绝原假设所冒的风险，用α表示。给定了显著性水平α，也就确定了原假设的接受区域和拒绝区域。这两个区域的交界点就是临界值。比如取$\alpha=0.05$，则意味着原假设H_0为真时，检验统计量落在其拒绝区域内的概率只有5%，而落入其接受区域内的概率为95%。应当指出，对于同样的显著性水平α，选择不同的检验统计量，得到的临界值是不同的；对于同样的显著性水平α和同样的检验统计量，双侧检验和单侧检验的临界值也是不同的。

（4）依据计算检验统计量值做出统计决策　根据样本数据计算检验统计量的值，并与临界值进行比较。

检验统计量的值如果落入拒绝区域，则拒绝原假设，接受备择假设；若检验统计量的值落入接受区域，则只能接受原假设。

4.1.2 假设检验类型

1. 参数假设检验和非参数假设检验

从假设检验是否涉及总体分布的参数，可分为参数假设检验与非参数假设检验。

参数假设检验：在总体分布形式已知的情况下，通过样本统计量去推断或估计总体参数的方法。如：有关均值、方差等参数检验。参数假设检验的特点是总体通常服从正态分布或近似正态分布。

非参数假设检验：对总体分布不明确，且在总体方差未知或总体信息知道甚少的情况下，利用样本数据对总体分布形态等进行推断的方法。如：分布拟合检验、独立性检验、秩和检验等。由于非参数假设检验方法在推断过程中不涉及有关总体分布的参数，因而得名为“非参数”检验。非参数检验的特点是不需要利用总体的信息（总体分布、总体的一些参数特征如方差等），以样本信息对总体分布做出推断。

2. 双侧检验和单侧检验

根据假设检验的拒绝域类型，可将其分为双侧检验和单侧检验。

双侧检验和单侧检验：拒绝区域是检验统计量取值的小概率区域。将这个小概率区域排在检验统计量分布的两端，称为双侧检验；排在检验统计量分布的一侧，称为单侧检验。单侧检验按照拒绝区域在左侧还是在右侧，又可分为单侧左尾检验和单侧右尾检验两种。

假设检验究竟是使用双侧检验还是单侧检验，单侧检验时是使用单侧左尾检验还是单侧右尾检验，取决于备择假设的性质。

（1）双侧检验问题　当要检验总体均值或总体成数等总体参数是否发生了变化，而不问变化的方向是正还是负、是大还是小时，应该用双侧检验。在双侧检验中，原假设取等式，而备择假设取不等式。例如，

$$H_0: \mu=\mu_0, \ H_1: \mu\neq\mu_0 \tag{4-1-1}$$

或

$$H_0: P=P_0, \ H_1: P\neq P_0 \tag{4-1-2}$$

由于双侧检验不关心变化差异的正负，所以给定的显著性水平 α，须按照对称分布的原理平均分配到左右两侧，每侧概率各 $\alpha/2$，相应的下临界值为 $-Z_{\alpha/2}$，上临界值为 $Z_{\alpha/2}$，如图 4-1 所示。

将根据样本信息计算的统计量 Z 的实际值与事先给定的临界值 $Z_{\alpha/2}$ 做比较。如果 $Z\geqslant Z_{\alpha/2}$，或 $Z\leqslant -Z_{\alpha/2}$，就拒绝原假设 H_0，而接受备择假设 H_1；如果 $-Z_{\alpha/2}<Z<Z_{\alpha/2}$，就不能否定原假设，而只能接受原假设 H_0。

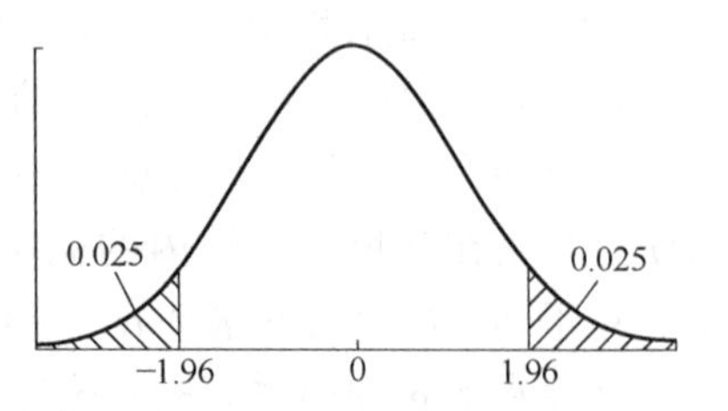

图 4-1　$\alpha/2=0.025$ 的双侧临界值

（2）单侧检验问题　当不仅要检验总体均值或总体成数等总体参数是否发生了变化，而且还关心变化的方向时，就应该采用单侧检验。根据关心的是正差异或负差异，选择单侧左尾检验或单侧右尾检验。

总体均值和成数等总体参数的单侧检验，原假设和备择假设都是以不等式的形式表示的。

当所关心的问题是总体均值或成数等总体参数是否低于预先假设时，应该采用单侧左尾检验。例如，原假设与备择假设为

$$H_0: \mu \geqslant \mu_0,\ H_1: \mu < \mu_0 \tag{4-1-3}$$

或

$$H_0: P \geqslant P_0,\ H_1: P < P_0 \tag{4-1-4}$$

图4-2为Z检验法的左侧临界值。

当所关心的问题是总体均值或成数等总体参数是否高于预先假设，应该采用单侧右尾检验。例如，原假设与备择假设为

$$H_0: \mu \leqslant \mu_0,\ H_1: \mu > \mu_0 \tag{4-1-5}$$

或

$$H_0: P \leqslant P_0,\ H_1: P > P_0 \tag{4-1-6}$$

图4-3为Z检验法的右侧临界值。

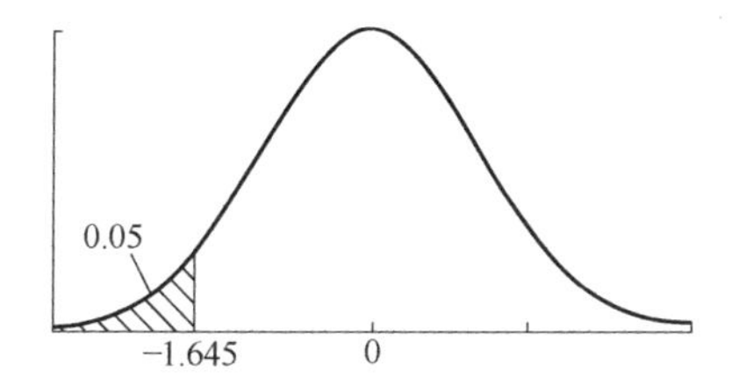

图4-2　$\alpha=0.05$的单（左）侧临界值

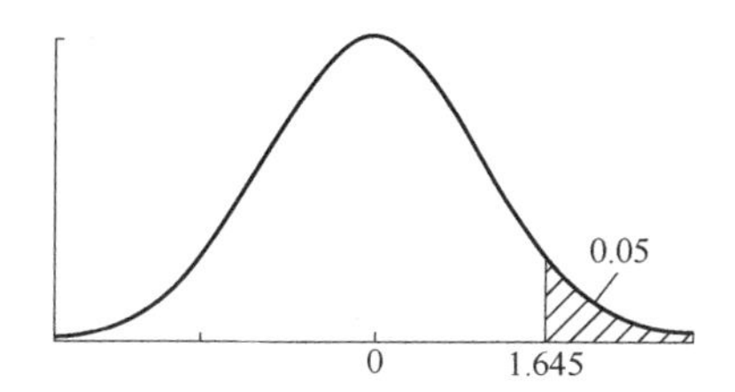

图4-3　$\alpha=0.05$的单（右）侧临界值

单侧左尾检验的左侧临界值为$-Z_\alpha$，单侧右尾检验的右临界值为Z_α。

将根据样本数据求出的检验统计量的值Z与事先给定的Z_α或$-Z_\alpha$做比较，在单侧左尾检验中，若$Z \leqslant -Z_\alpha$，则拒绝原假设，接受备择假设；若$Z > -Z_\alpha$，则接受原假设。在单侧右尾检验中，若$Z \geqslant Z_\alpha$，则拒绝原假设，接受备择假设；若$Z < Z_\alpha$，则接受原假设。

4.1.3　假设检验中的两类错误

在假设检验中，由于拒绝或接受某原假设都是以随机样本的资料为依据的，这就有可能犯如下两类错误。

假设检验第一类错误：当原假设为正确时，却拒绝了原假设，这种错误称为犯第一类错误，也称为“弃真”错误；

假设检验第二类错误：当原假设是错误时，却接受了原假设，这种错误称为犯第二类错误，也称为“取伪”错误。

显然，发生弃真错误是样本观察值落入否定域时造成的，而其发生的概率为α，这说明α越大，则犯弃真错误的可能性就越大。所以为避免弃真错误，就应把显著性水平α控制为很小，一般多为0.01或0.05甚至更小。但是，在缩小α的同时，却扩大了第二类取伪错误的可能，用β表示犯第二类错误的概率，则β越大就越有可能犯第二类错误。可见，α越小β就越大，即越减少弃真的可能就越有可能接受非真的原假设，这是一对很难处理的矛盾。

我们希望犯这两类错误的概率都尽可能小，但是在一定样本容量下，这对矛盾很难解决。要同时减少α和β，就必须增加样本容量。但是，样本容量增加的同时，调查费用（或检验费用）又会相应增大，所以应当综合考虑 α 的水平、样本容量和费用等因素。

一般来说，如果犯第一类错误的后果比犯第二类错误的后果严重，就应当把犯第一类错误的概率减小，即规定 α 值小一些；如果犯第二类错误的后果比犯第一类错误的后果严重得多，就应当设法减小犯第二类错误的概率，把 α 规定得大些，或改变假设形式。例如，在对进口商品进行检验时，如果把不合格产品错误地当作合格产品来接收，那么我们所蒙受的经济损失将很大，就应当尽量减小犯第二类错误的概率，而将 α 设得大一些。

这里需要指出的是，在通常情况下，$\alpha+\beta\neq 1$。

4.2 总体均值假设检验

4.2.1 大样本情形下总体均值假设检验

总体分布的类型和总体方差是否已知，以及样本的大小，都会影响到检验统计量的选择及其分布形式，本节将讨论大样本情况下总体均值的检验。

1. 总体方差已知情形

在大样本情况下，无论总体分布形式如何，样本均值都服从或近似服从正态分布。具体来看，当总体服从正态分布时，根据正态分布再生定理，样本均值服从正态分布；当总体分布未知时，由于样本容量 n 足够大，根据中心极限定理，只要具有有限的总体均值 μ_0 和标准差 σ，则样本均值近似服从正态分布，即 $\overline{X}\sim N\left(\mu,\frac{\sigma^2}{n}\right)$。

构造检验统计量

$$Z=\frac{\overline{X}-\mu_0}{\sigma/\sqrt{n}} \tag{4-2-1}$$

当 $\mu=\mu_0$ 时，检验统计量 Z 服从标准正态分布。给定显著性水平 α，则有下面的假设检验：

1）H_0：$\mu=\mu_0$；H_1：$\mu\neq\mu_0$。检验规则为：当 $|Z|\geqslant Z_{\alpha/2}$ 时，拒绝 H_0；当 $|Z|<Z_{\alpha/2}$ 时，不能拒绝 H_0。

2）H_0：$\mu\leqslant\mu_0$；H_1：$\mu>\mu_0$。检验规则为：当 $Z\geqslant Z_\alpha$ 时，拒绝原假设 H_0；当 $Z<Z_\alpha$ 时，不能拒绝 H_0。

3）H_0：$\mu\geqslant\mu_0$；H_1：$\mu<\mu_0$。检验规则为：当 $Z\leqslant -Z_\alpha$ 时，拒绝原假设 H_0；当 $Z>-Z_\alpha$ 时，不能拒绝 H_0。

例 4.1 某飞机零件加工厂加工某种零件，根据经验知道，该厂加工零件的椭圆度近似服从正态分布，其总体均值为 0.081mm，总体标准差为 0.025mm。今换一种新机器进行零件加工，取 200 个零件进行检测，得到椭圆度均值为 0.076mm。试问在显著性水平 $\alpha=0.05$ 下，新机器加工零件的椭圆度总体均值与旧机器有无显著差异？

【解析】 首先，建立假设。依题意，只关注差异是否存在而不问差异的方向，显然是双侧检验，故原假设和备择假设为

$$H_0: \mu=0.081;\ H_1: \mu\neq 0.081$$

其次，确定适当的检验统计量。总体分布为正态分布，样本容量为200，是大样本，总体方差已知，因此选择 Z 检验统计量。

再次，规定显著性水平。依题意显著性水平 $\alpha=0.05$，查标准正态分布概率表可以得到临界值 $Z_{0.05/2}=1.96$。

然后，根据样本数据计算检验统计量的值，即

$$Z=\frac{\overline{X}-\mu_0}{\sigma/\sqrt{n}}=\frac{0.076-0.081}{0.025/\sqrt{200}}=-2.83$$

最后，做出统计决策。将检验统计量值与临界值进行比较，因为 $|Z|=2.83>Z_{\alpha/2}=1.96$，故样本落入了拒绝区域，因此拒绝 H_0，接受 H_1，即在 $\alpha=0.05$ 的显著性水平下，新机器加工零件的椭圆度总体均值与旧机器有显著差异。

2. 总体方差未知情形

由于总体方差未知，构造检验统计量

$$t=\frac{\overline{X}-\mu_0}{S/\sqrt{n}} \tag{4-2-2}$$

式中，S 为样本标准差；n 为样本容量。

当 $\mu=\mu_0$ 时，根据抽样分布理论，统计量 t 服从自由度为 $n-1$ 的 t 分布。但在大样本情况下，t 分布趋于标准正态分布，因此仍可按标准正态分布进行检验，即检验统计量为

$$Z=\frac{\overline{X}-\mu_0}{S/\sqrt{n}} \tag{4-2-3}$$

例 4.2　某电池厂生产的某种型号电池，历史资料表明平均发光时间为1000h。在最近生产的产品中抽取100个，测得平均发光时间为990h，标准差为80h。给定显著性水平为0.05，问新生产的电池发光时间是否有显著的降低?

【解析】　首先，建立假设。要检验新生产的电池发光时间是否有显著降低，所以是单侧左尾检验。原假设和备择假设为

$$H_0:\ \mu\geqslant 1000;\ H_1:\ \mu<1000$$

其次，确定适当的检验统计量。总体分布未知，总体方差未知，但样本容量为100，是大样本，因此选择 Z 检验统计量。

再次，规定显著性水平。依题意显著性水平 $\alpha=0.05$，查 Z 分布概率表可以得到临界值 $Z_{0.05}=1.645$。

然后，根据样本数据计算检验统计量的值，即

$$Z=\frac{\overline{X}-\mu_0}{S/\sqrt{n}}=\frac{990-1000}{80/\sqrt{100}}=-1.25$$

最后，做出统计决策。将检验统计量值与临界值进行比较，因为 $Z=-1.25>-Z_{\alpha}=-1.645$，故样本落入了接受区域，因此不能拒绝原假设 H_0，即在 $\alpha=0.05$ 的显著性水平下，不能认为新生产的电池发光时间有显著的降低。

4.2.2　小样本情形下总体均值假设检验

在小样本情况下，无法简单地构造服从标准正态分布的检验统计量，因此在本节讨论中

假定总体服从正态分布。

1. 总体方差已知情形

在总体服从正态分布的条件下，根据正态分布再生定理，样本均值也服从正态分布。此时，构造检验统计量

$$Z=\frac{\overline{X}-\mu_0}{\sigma/\sqrt{n}} \tag{4-2-4}$$

当 $\mu=\mu_0$ 时，根据抽样分布理论检验统计量 Z 服从标准正态分布，故可采用 Z 检验。

2. 总体方差未知情形

在总体服从正态分布的条件下，根据正态分布再生定理，样本均值也服从正态分布。由于总体方差未知，构造检验统计量

$$t=\frac{\overline{X}-\mu_0}{S/\sqrt{n}} \tag{4-2-5}$$

当 $\mu=\mu_0$ 时，根据抽样分布理论，统计量 t 服从自由度为 $n-1$ 的 t 分布，故可采用 t 检验。

此时，给定显著性水平 α，则有下面的假设检验：

1）H_0：$\mu=\mu_0$；H_1：$\mu\neq\mu_0$。检验规则为：当 $|t|\geqslant t_{\alpha/2}(n-1)$ 时，拒绝原假设 H_0；当 $|t|<t_{\alpha/2}(n-1)$ 时，不能拒绝 H_0。

2）H_0：$\mu\leqslant\mu_0$；H_1：$\mu>\mu_0$。检验规则为：当 $t\geqslant t_\alpha(n-1)$ 时，拒绝原假设 H_0；当 $t<t_\alpha(n-1)$ 时，不能拒绝 H_0。

3）H_0：$\mu\geqslant\mu_0$；H_1：$\mu<\mu_0$。检验规则为：当 $t\leqslant -t_\alpha(n-1)$ 时，拒绝原假设 H_0；当 $t>-t_\alpha(n-1)$ 时，不能拒绝 H_0。

例 4.3 某汽车轮胎厂声称，该厂一等品轮胎的平均寿命在一定的重量和正常行驶条件下大于 25000km。对一个由 15 个轮胎组成的随机样本进行检验，得到的平均寿命和标准差为 27000km 和 5000km，假定轮胎寿命近似服从正态分布。问是否可以相信该批产品质量好于厂家所说的一等品轮胎标准？这里取 $\alpha=0.05$。

【解析】 首先，建立假设。要检验一等品轮胎的平均寿命大于 25000km，所以采用单侧右尾检验。原假设和备择假设为

$$H_0:\ \mu\leqslant 25000;\quad H_1:\ \mu>25000$$

其次，确定适当的检验统计量。总体服从正态分布，但总体方差未知，样本容量为 15，是小样本，因此选择 t 检验统计量。

再次，规定显著性水平。依题意显著性水平 $\alpha=0.05$，查 t 分布概率表可以得到临界值 $t_{0.05}(14)=1.7613$。

然后，根据样本数据计算检验统计量的值

$$t=\frac{\overline{X}-\mu_0}{S/\sqrt{n}}=\frac{27000-25000}{5000/\sqrt{15}}=1.55$$

最后，做出统计决策。将检验统计量值与临界值进行比较，因为 $t=1.55<t_{0.05}(14)=1.7613$，故样本落入了接受区域，因此不能拒绝原假设 H_0，即在 $\alpha=0.05$ 的显著性水平下，

没有充分的理由相信该批产品质量好于该厂一等品轮胎的平均质量。

4.2.3 两个正态总体均值之差假设检验

设 $\overline{X}$ 和 $\overline{Y}$ 分别是来自正态总体 $N(\mu_1,\sigma_1^2)$ 和正态总体 $N(\mu_2,\sigma_2^2)$ 的样本均值。

1. 两个总体方差 σ_1^2 和 σ_2^2 已知情形

构造检验统计量

$$Z=\frac{\overline{X}-\overline{Y}}{\sqrt{\frac{\sigma_1^2}{n_1}+\frac{\sigma_2^2}{n_2}}} \tag{4-2-6}$$

当 $\mu_1=\mu_2$ 时，$Z\sim N(0,1)$，故可采用 Z 检验。

2. 两个总体方差 σ_1^2 和 σ_2^2 未知且相等情形

构造检验统计量

$$t=\frac{\overline{X}-\overline{Y}}{S_w\sqrt{\frac{1}{n_1}+\frac{1}{n_2}}} \tag{4-2-7}$$

其中

$$S_w=\sqrt{\frac{(n_1-1)S_1^2+(n_2-1)S_2^2}{n_1+n_2-2}} \tag{4-2-8}$$

当 $\mu_1=\mu_2$ 时，$t\sim t(n_1+n_2-2)$，故可采用 t 检验。

例 4.4 某废水中的镉含量服从正态分布，现用新方法与标准方法同时测定该样本中镉含量。其中新方法测定 10 次，平均测定结果为 5.28μg/L，标准差为 1.11μg/L；标准方法测定 9 次，平均测定结果为 4.03μg/L，标准差为 1.04μg/L。问两种测定结果有无显著性差异？

【解析】 首先，提出假设。要测定结果有无显著性差异，故采用双侧检验。原假设和备择假设为

$$H_0:\ \mu_1=\mu_2;\ H_1:\ \mu_1\neq\mu_2$$

其次，确定适当的检验统计量。选择 t 检验统计量

$$t=\frac{\overline{X}-\overline{Y}}{S_w\sqrt{\frac{1}{n_1}+\frac{1}{n_2}}}$$

由题意得

$$S_w=\sqrt{\frac{(n_1-1)S_1^2+(n_2-1)S_2^2}{n_1+n_2-2}}=\sqrt{\frac{9\times1.11^2+8\times1.04^2}{10+9-2}}=\sqrt{1.16}=1.08$$

再次，规定显著性水平。依题意显著性水平 $\alpha=0.05$，查 t 分布概率表可以得到临界值

$$t_{0.025}(17)=2.1098$$

然后，根据样本数据计算检验统计量的值

$$t=\frac{\overline{X}-\overline{Y}}{S_w\sqrt{\frac{1}{n_1}+\frac{1}{n_2}}}=\frac{5.28-4.03}{1.08\sqrt{\frac{1}{10}+\frac{1}{9}}}=2.53$$

最后，做出统计决策。对检验统计量值与临界值比较，因为

$$|t|=2.53>t_{0.025}(17)=2.1098$$

故样本落入了拒绝区域，从而拒绝 H_0，即认为两种测定结果有显著性差异。

4.3 正态总体方差假设检验

4.3.1 单个总体方差假设检验

方差检验的基本思想与均值检验相同，两者区别在于统计量不同。

对于单个正态总体方差的检验，构造检验统计量

$$\chi^2=\frac{(n-1)S^2}{\sigma_0^2} \tag{4-3-1}$$

当 $\sigma^2=\sigma_0^2$ 时，$\chi^2=\frac{(n-1)S^2}{\sigma_0^2}\sim\chi^2(n-1)$，故可采用$\chi^2$ 检验。

此时，给定显著性水平 α，则有下面的假设检验：

1）H_0：$\sigma=\sigma_0$；H_1：$\sigma\neq\sigma_0$。检验规则为：当$\chi^2=\frac{(N-1)S^2}{\sigma_0^2}\leqslant\chi^2_{1-\alpha/2}(n-1)$或$\chi^2=\frac{(N-1)S^2}{\sigma_0^2}\geqslant\chi^2_{\alpha/2}(n-1)$ 时，拒绝原假设 H_0；当$\chi^2_{1-\alpha/2}(n-1)<\chi^2<\chi^2_{\alpha/2}(n-1)$ 时，不能拒绝 H_0。

2）H_0：$\sigma\leqslant\sigma_0$；H_1：$\sigma>\sigma_0$。检验规则为：当$\chi^2\geqslant\chi^2_\alpha(n-1)$ 时，拒绝原假设 H_0；当$\chi^2<\chi^2_\alpha(n-1)$ 时，不能拒绝 H_0。

3）H_0：$\sigma\geqslant\sigma_0$；H_1：$\sigma<\sigma_0$。检验规则为：当$\chi^2\leqslant\chi^2_{1-\alpha}(n-1)$ 时，拒绝原假设 H_0；当$\chi^2>\chi^2_{1-\alpha}(n-1)$ 时，不能拒绝 H_0。

例 4.5 长期以来，某厂生产的某种型号电池，其寿命服从方差 $\sigma_0^2=5000$（单位：h^2）的正态分布，现有一批这种电池，从它的生产情况来看，寿命的波动性有所改变。现随机取 $n=26$ 只电池，测出其寿命的样本方差 $S^2=9200$（单位：h^2）。根据这一数据推断这批电池寿命的波动性较以往的有无显著的变化（取 $\alpha=0.02$）。

【解析】 本题是双侧检验问题，要求在显著性水平 $\alpha=0.02$ 下假设检验。

提出假设

$$H_0:\ \sigma^2=\sigma_0^2=5000,\ H_1:\ \sigma^2\neq\sigma_0^2=5000$$

构造检验统计量

$$\chi^2=\frac{(n-1)S^2}{\sigma_0^2} \tag{4-3-2}$$

由于$\chi^2=\frac{(n-1)S^2}{\sigma_0^2}=\frac{25\times9200}{5000}=46>\chi^2_{0.01}(25)=44.313$，拒绝接受原假设。认为这批电池的寿命的波动性较以往的有显著变化。

4.3.2 两正态总体方差齐性假设检验

所谓方差齐性是指被比较的样本方差相等的性质。方差齐性检验即对两个或两个以上样本方差的一致性检验，通常采用 F 检验法。

设 S_1^2 和 S_2^2 分别是正态总体 $X\sim N(\mu_1,\sigma_1^2)$ 和 $Y\sim N(\mu_2,\sigma_2^2)$ 的样本方差，且两样本是相互独立的，μ_1，μ_2，σ_1^2，σ_2^2 均未知。

提出假设

$$H_0:\ \sigma_1^2=\sigma_2^2,\ H_1:\ \sigma_1^2\neq\sigma_2^2 \tag{4-3-3}$$

构造检验统计量

$$F=\frac{S_1^2/S_2^2}{\sigma_1^2/\sigma_2^2}\sim F(n_1-1,n_2-1) \tag{4-3-4}$$

当 $\sigma_1^2=\sigma_2^2$ 时，

$$F=\frac{S_1^2}{S_2^2}\sim F(n_1-1,n_2-1) \tag{4-3-5}$$

拒绝域为 $F\geqslant F_{\alpha/2}(n_1-1,n_2-1)$ 或 $F\leqslant F_{1-\alpha/2}(n_1-1,n_2-1)$。

例 4.6 在平炉上进行一项试验，以确定改变操作方法的建议是否会增加钢的得率，试验是在同一只平炉上进行的。每炼一炉钢时除操作方法外，其他条件都尽可能做到相同。先采用标准方法炼一炉，然后用建议的新方法炼一炉，以后交替进行，各炼 10 炉，其得率分别为

标准方法：78.1　72.4　76.2　74.3　77.4　78.4　76.0　75.5　76.7　77.3

新方法：　79.1　81.0　77.3　79.1　80.0　79.1　79.1　77.3　80.2　82.1

设两样本相互独立，分别来自正态总体 $X\sim N(\mu_1,\sigma_1^2)$ 和 $Y\sim N(\mu_2,\sigma_2^2)$，$\mu_1$，$\mu_2$，$\sigma_1^2$，$\sigma_2^2$ 均未知，检验两总体方差的齐性。

【解析】 提出假设

$$H_0:\ \sigma_1^2=\sigma_2^2,\ H_1:\ \sigma_1^2\neq\sigma_2^2$$

构造检验统计量

$$F=\frac{S_1^2}{S_2^2}$$

取 $\alpha=0.01$，这里 $n_1=n_2=10$。由于 $S_1^2=3.325$，$S_2^2=2.225$，$\dfrac{S_1^2}{S_2^2}=1.49$，且查表可得 $F_{0.005}(9,9)=6.54$，$F_{0.995}(9,9)=\dfrac{1}{F_{0.005}(9,9)}=\dfrac{1}{6.54}=0.153$，而 $0.153<F=\dfrac{S_1^2}{S_2^2}<6.54$，所以不能拒绝原假设 H_0，即接受原假设。认为两总体方差相等，即认为两总体具有方差齐性。

4.4 分布拟合优度检验

若对总体分布未知，则根据来自总体的样本对总体分布进行推断，以便为下一步的统计决策做准备，这种统计检验是非参数检验。英国统计学家 K. 皮尔逊（K. Pearson）在 1900 年提出的 χ^2 检验法（也称为卡方检验法）是解决这类问题的工具之一。

4.4.1　拟合优度检验

1. 拟合优度检验

拟合优度检验：是依据指定（或可能）的理论分布状况，计算出分类变量中各类别的理论期望频数（或将变量取值分成若干区间段，每区间段期望频数），与实际分布的观察频数进行对比，判断理论期望频数与观察频数是否有显著差异，从而达到从分类变量观测值对总体分布进行分析的目的，这种对未知总体分布的检验称作拟合优度检验。

本节介绍分布拟合优度χ^2检验法。χ^2拟合优度检验是用χ^2统计量进行统计显著性检验的重要内容之一。

χ^2拟合优度检验法是在总体X的分布未知时，根据来自总体的样本，检验总体分布假设的一种检验方法。进行检验时首先提出原假设

$$H_0：总体X的分布函数为F(x)$$

然后根据样本的经验分布和所假设的理论分布之间的吻合程度来决定是否接受原假设。

一般总是根据样本观察值用直方图和经验分布函数，推断出总体可能服从的分布，然后对可能服从的分布进行检验。

2. χ^2拟合优度检验步骤

1）提出原假设

$$H_0：总体X的分布函数为F(x) \tag{4-4-1}$$

如果总体分布为离散型，则原假设为

$$H_0：总体X的分布律为P\{X=x_i\}=p_i, i=1,2,\cdots \tag{4-4-2}$$

如果总体分布为连续型，则原假设为

$$H_0：总体X的概率密度函数f(x) \tag{4-4-3}$$

2）将总体X的取值范围分成k个互不相交的小区间，记为A_1，A_2，…，A_k，如可取为

$$(a_0,a_1],(a_1,a_2],\cdots,(a_{k-2},a_{k-1}],(a_{k-1},a_k)$$

其中a_0可取$-\infty$，a_k可取$+\infty$，区间的划分视具体情况而定，使每个小区间所含样本值个数不小于5，而区间个数k要适当，既不能太大，也不能太小。

3）把落入第i个小区间A_i的样本观察值的个数记作f_i，称为组频数，所有组频数之和$f_1+f_2+\cdots+f_k$等于样本容量n。

4）根据所假设的总体理论分布，可算出总体X的值落入第i个小区间A_i的概率$p_i(i=1,2,\cdots,k)$，于是np_i就是落入第i个小区间A_i样本值的理论频数。

5）当H_0为真时，n次试验中样本值落入第i个小区间A_i的频率f_i/n与概率p_i应很接近；当H_0不为真时，则f_i/n与p_i相差较大，基于这种思想，皮尔逊引进如下检验统计量：

$$\chi^2=\sum_{i=1}^{k}\frac{(f_i-np_i)^2}{np_i} \tag{4-4-4}$$

并证明了下列结论。

定理　当n充分大（$n\geqslant 50$）时，统计量χ^2近似服从$\chi^2(k-1)$分布。

根据该定理，对给定的显著性水平α，查χ^2分布表可得$\chi^2_\alpha(k-1)$值，使

$$P\{\chi^2>\chi^2_\alpha(k-1)\}=\alpha$$

所以拒绝域为

$$\chi^2 > \chi_\alpha^2(k-1) \tag{4-4-5}$$

若由样本观测值计算统计量χ^2的实测值落入拒绝域，则拒绝原假设H_0，否则就认为差异不显著而接受原假设H_0。

4.4.2　总体含未知参数分布的拟合优度检验

在对总体分布的假设检验中，有时只知道总体X的分布函数形式，但其中还含有未知参数，即分布函数为

$$F(x,\theta_1,\theta_2,\cdots,\theta_r)$$

其中θ_1，θ_2，…，θ_r为未知参数。设X_1，X_2，…，X_n是取自总体X的样本，现要用此样本来检验假设

$$H_0：总体X的分布函数为F(x,\theta_1,\theta_2,\cdots,\theta_r) \tag{4-4-6}$$

可按如下步骤进行检验：

1）利用样本X_1，X_2，…，X_n，求出θ_1，θ_2，…，θ_r的极大似然估计$\hat{\theta}_1$，$\hat{\theta}_2$，…，$\hat{\theta}_r$。

2）在$F(x,\theta_1,\theta_2,\cdots,\theta_r)$中，用$\hat{\theta}_i$代替$\theta_i(i=1,2,\cdots,r)$，则$F(x,\theta_1,\theta_2,\cdots,\theta_r)$就变成了完全已知的分布函数$F(x,\hat{\theta}_1,\hat{\theta}_2,\cdots,\hat{\theta}_r)$。

3）利用$F(x,\hat{\theta}_1,\hat{\theta}_2,\cdots,\hat{\theta}_r)$计算$p_i$的估计值$\hat{p}_i(i=1,2,\cdots,k)$。

4）计算要检验的统计量

$$\chi^2 = \frac{\sum_{i=1}^{k}(f_i-n\hat{p}_i)^2}{n\hat{p}_i} \tag{4-4-7}$$

当n充分大时，统计量χ^2近似服从$\chi_\alpha^2(k-r-1)$分布。

5）对给定的显著性水平α，得拒绝域

$$\chi^2 = \frac{\sum_{i=1}^{k}(f_i-n\hat{p}_i)^2}{n\hat{p}_i} > \chi_\alpha^2(k-r-1) \tag{4-4-8}$$

注意：在使用皮尔逊χ^2检验法时，要求$n\geqslant 50$，以及每个理论频数$np_i\geqslant 5(i=1,2,\cdots,k)$，否则应适当地合并相邻的小区间，使$np_i$满足要求。

例4.7　将一颗骰子掷120次，所得数据如表4-1所示。

表4-1　骰子点数与对应出现频数

点数i	1	2	3	4	5	6
出现频数f_i	23	26	21	20	15	15

问这颗骰子是否均匀、对称（取$\alpha=0.05$）？

【解析】　若这颗骰子是均匀的、对称的，则1至6点中每点出现的可能性相同，都为1/6。如果用A_i表示第i点出现（$i=1,2,\cdots,6$），则检验假设H_0：$P(A_i)=1/6(i=1,2,\cdots,6)$。

在H_0成立的条件下，理论概率$p_i=P(A_i)=1/6$，由$n=120$得频率$np_i=20$。

计算结果如表4-2所示。

表 4-2 计算结果

i	f_i	p_i	np_i	$(f_i-np_i)^2/(np_i)$
1	23	1/6	20	9/20
2	26	1/6	20	36/20
3	21	1/6	20	1/20
4	20	1/6	20	0
5	15	1/6	20	25/20
6	15	1/6	20	25/20
合计	120	—	—	4.8

由于分布不含未知参数，又 $k=6$，$\alpha=0.05$，查表得$\chi_{\alpha}^{2}(k-1)=\chi_{0.05}^{2}(5)=11.070$。

由表 4-2，知$\chi^2=\sum\limits_{i=1}^{6}\dfrac{(f_i-np_i)^2}{np_i}=4.8<11.070$，故接受 H_0，认为这颗骰子是均匀对称的。

例 4.8 从一批棉纱中随机抽取 300 条进行拉力试验，数据如表 4-3 所示。试检验棉纱的拉力强度是否服从于正态分布。

表 4-3 棉纱拉力数据

i	X	f_i	i	X	f_i
1	0.5~0.64	1	8	1.48~1.62	53
2	0.64~0.78	2	9	1.62~1.76	25
3	0.78~0.92	9	10	1.76~1.90	19
4	0.92~1.06	25	11	1.90~2.04	16
5	1.06~1.20	37	12	2.04~2.18	3
6	1.20~1.34	53	13	2.18~2.32	1
7	1.34~1.48	56			

【解析】 我们的问题是检验假设

$$H_0: X\sim N(\mu, \sigma^2) \quad (\alpha=0.01)$$

1）将观测值 x_i 分成 13 组：$a_0=-\infty$，$a_1=0.64$，$a_2=0.78$，…，$a_{12}=2.18$，$a_{13}=+\infty$。

但是这样分组后，前两组和最后两组的f_i 比较小，故把它们合并成为一个组。分组数据表如表 4-4 所示。

表 4-4 棉纱拉力数据的分组表

区间序号	区间	f_i	$\hat{p}_i$	$n\hat{p}_i$	$f_i-n\hat{p}_i$
1	≤0.78 或>2.04	7	0.0156	4.68	2.32
2	0.78~0.92	9	0.0223	6.69	2.31
3	0.92~1.06	25	0.0584	17.52	7.48
4	1.06~1.20	37	0.1205	36.15	0.85

（续）

区间序号	区间	f_i	$\hat{p}_i$	$n\hat{p}_i$	$f_i-n\hat{p}_i$
5	1. 20~1. 34	53	0. 1846	55. 38	-2. 38
6	1. 34~1. 48	56	0. 2128	63. 84	-7. 84
7	1. 48~1. 62	53	0. 1846	55. 38	-2. 38
8	1. 62~1. 76	25	0. 1205	36. 15	-11. 15
9	1. 76~1. 90	19	0. 0584	17. 52	1. 48
10	1. 90~2. 04	16	0. 0223	6. 69	9. 31

2）计算每个区间上的理论频数。这里 $F(x)$ 是正态分布 $N(\mu,\sigma^2)$ 的分布函数，含有两个未知数 μ 和 σ^2，它们的极大似然估计量分别为 $\hat{\mu}=\overline{X}$ 和 $\hat{\sigma}^2=\sum_{i=1}^{n}(X_i-\overline{X})^2/n$。我们可认为每个区间内 X_i 都取这个区间的中点，则两未知参数的估计值可计算得到 $\hat{\mu}=1.41$，$\hat{\sigma}^2=0.26^2$。

计算服从 $N(1.41,0.26^2)$ 的随机变量 X 在每个区间上取值的概率 $\hat{p}_i$，如表 4-4 所示。

3）计算 X_1，X_2，…，X_{300} 中落在每个区间的实际频数 f_i，如表 4-4 所示。

4）计算统计量值 $\chi^2=\sum_{i=1}^{10}\dfrac{(f_i-n\hat{p}_i)^2}{n\hat{p}_i}=22.07$，因为 $k=10$，$r=2$，故 χ^2 的自由度为 $10-2-1=7$，查表得 $\chi^2_{0.01}(7)=18.474<\chi^2=22.07$，故拒绝原假设，即认为棉纱拉力强度不服从正态分布。

4.5　独立性检验

4.5.1　独立性等价条件

χ^2 统计量的极限分布除了用来做分布函数的拟合检验外，还能用于列联表的独立性检验。

随机试验的结果常常可用两个（或更多个）不同的指标或特性来分类。例如，随机抽样调查 1000 人，可按性别与是否色盲两个特性分类，并整理如表 4-5 所示。

表 4-5　调查 1000 人的性别和色盲数据集

性别	男	女	合计
正常	442	514	956
色盲	38	6	44
合计	480	520	1000

表 4-5 被称为 2×2 列联表，通过它研究性别和色盲这两个特征是否相互独立。

一般地，考虑二维总体 (X,Y)。设总体 X 的可能取值为 x_1，x_2，…，x_r；总体 Y 的可能取值为 y_1，y_2，…，y_s，先从总体 (X,Y) 中抽取一个容量为 n 的样本 $(X_1,Y_1),(X_2,$

$Y_2),\cdots,(X_n,Y_n)$，其中事件（$X=x_i,Y=y_j$）发生的频数为 $n_{ij}(i=1,2,\cdots,r;j=1,2,\cdots,s)$，且 $\sum_{i=1}^{r}\sum_{j=1}^{s}n_{ij}=n$。又记 $n_{i\cdot}=\sum_{j=1}^{s}n_{ij}$，$n_{\cdot j}=\sum_{i=1}^{r}n_{ij}$。故有

$$\sum_{i=1}^{r}n_{i\cdot}=\sum_{j=1}^{s}n_{\cdot j}=n \tag{4-5-1}$$

将这些数据列于表 4-6。

表 4-6　样本发生频数

	y_1	y_2	$\cdots$	y_s	$n_{i\cdot}=\sum_{j=1}^{s}n_{ij}$
x_1	n_{11}	n_{12}	$\cdots$	n_{1s}	$n_{1\cdot}$
x_2	n_{21}	n_{22}	$\cdots$	n_{2s}	$n_{2\cdot}$
$\vdots$	$\vdots$	$\vdots$	$\vdots$	$\vdots$	$\vdots$
x_r	n_{r1}	n_{r2}	$\cdots$	n_{rs}	$n_{r\cdot}$
$n_{\cdot j}=\sum_{i=1}^{r}n_{ij}$	$n_{\cdot 1}$	$n_{\cdot 2}$	$\cdots$	$n_{\cdot s}$	n

（X,Y）的可能值（x_i,y_j）$(i=1,2,\cdots,r;j=1,2,\cdots,s)$ 是平面上的 $r\times s$ 个点。在平面上做 $r\times s$ 个互不相交的区域 A_{ij}，使得（x_i,y_j）$\in A_{ij}$。以上所说的 n_{ij} 也可以看作样本（$X=x_i,Y=y_j$）落入区域 A_{ij} 的个数。

检验假设

$$H_0:\ X\text{ 与 }Y\text{ 相互独立} \tag{4-5-2}$$

设

$$p_{ij}=P\{X=x_i,Y=y_j\} \tag{4-5-3}$$

$$p_{i\cdot}=P\{X=x_i\}=\sum_{j=1}^{s}p_{ij} \tag{4-5-4}$$

$$p_{\cdot j}=P\{Y=y_i\}=\sum_{i=1}^{r}p_{ij} \tag{4-5-5}$$

易见

$$\sum_{i=1}^{r}p_{i\cdot}=\sum_{j=1}^{s}p_{\cdot j}=1$$

由随机变量相互独立的定义知，$P\{X=x_i,Y=y_j\}=P\{X=x_i\}P\{Y=y_j\}$。即检验假设“$H_0$：$X$ 与 Y 相互独立”等价条件为

$$H_0:\ p_{ij}=p_{i\cdot}\times p_{\cdot j}(i=1,2,\cdots,r;j=1,2,\cdots,s) \tag{4-5-6}$$

4.5.2　独立性卡方检验

由于式（4-5-6）中含有的未知参数中仅有 $r+s-2$ 个未知参数为独立变化，为能使用 χ^2 检验统计量对列联表的独立性进行检验，需要对 $r+s-2$ 个未知参数进行极大似然估计。若假设式（4-5-6）为真的条件下，似然函数为

$$L=\prod_{i=1}^{r}\prod_{j=1}^{s}p_{ij}^{n_{ij}}$$
$$=\left[\prod_{i=1}^{r-1}p_{i\cdot}^{n_{i\cdot}}\left(1-\prod_{i=1}^{r-1}p_{i\cdot}\right)^{n_r}\right]\times\left[\prod_{j=1}^{s-1}p_{\cdot j}^{n_{\cdot j}}\left(1-\prod_{j=1}^{s-1}p_{\cdot j}\right)^{n_s}\right] \tag{4-5-7}$$

取对数，并分别对 $p_{i\cdot}(i=1,2,\cdots,r-1)$ 和 $p_{\cdot j}(j=1,2,\cdots,s-1)$ 求偏导数，并令偏导数为零，可解得这些参数的极大似然估计为

$$\hat{p}_{i\cdot}=\frac{n_{i\cdot}}{n}(i=1,2,\cdots,r),\ \hat{p}_{\cdot j}=\frac{n_{\cdot j}}{n}(j=1,2,\cdots,s) \tag{4-5-8}$$

将它们代入 $\chi^2=\sum_{h=1}^{n}\frac{(f_h-np_h)^2}{np_h}$ 中，这里 $p_h(h=1,2,\cdots,n)$ 代入为 $\hat{p}_{ij}=\hat{p}_{i\cdot}\hat{p}_{\cdot j}$ 的 n 个值。所以 χ^2 检验统计量为

$$\chi^2=n\sum_{i=1}^{r}\sum_{j=1}^{s}\frac{\left(n_{ij}-\frac{n_{i\cdot}n_{\cdot j}}{n}\right)^2}{n_{i\cdot}n_{\cdot j}} \tag{4-5-9}$$

当 $n\to\infty$ 时，检验统计量式（4-5-9）中的 χ^2 极限分布为 χ^2 分布，其自由度为

$$rs-(r+s-2)-1=(r-1)(s-1)$$

其近似拒绝域为 $\chi^2\geqslant\chi_\alpha^2((r-1)\times(s-1))$。

例 4.9 为了研究成年人的胖瘦与高血压是否有关，澳大利亚某地调查了 491 名成年人的情况。计算这些成年人的体重（kg）与身高的二次方（m^2）的比值，该值等于 20 的归于“瘦”，大于 20 但小于 25 的归于“正常”，大于 25 的归于“胖”；又把收缩压大于 140（mmHg）或舒张压大于 90（mmHg）的归于患高血压，其余均归于为未患高血压，调查结果如表 4-7 所示。

表 4-7 被调查的 491 人中各种健康状态的频数

健康状态	瘦	正常	胖	合计
患高血压	32	40	59	131
未患高血压	133	121	106	360
合计	165	161	165	491

试问成年人患高血压与胖瘦是否有关（取 $\alpha=0.05$）？

【解析】 对于调查对象引进随机变量 X 和 Y。随机变量 X 取值为 1 和 2 分别表示调查对象为患高血压和未患高血压；随机变量 Y 取值为 1、2 和 3 分别表示调查对象为瘦、正常和胖。现设显著性水平为 $\alpha=0.05$，提出假设检验

$$H_0:\ X\text{ 与 }Y\text{ 相互独立}$$

由表 4-7 可得 $n=491$，$n_{11}=32$，$n_{12}=40$，$n_{13}=59$，$n_{21}=133$，$n_{22}=121$，$n_{23}=106$，$n_{1\cdot}=131$，$n_{2\cdot}=360$，$n_{\cdot 1}=165$，$n_{\cdot 2}=161$，$n_{\cdot 3}=165$。

代入式（4-5-9）中可得 $\chi^2=11.705$，自由度为 $(r-1)(s-1)=(2-1)\times(3-1)=2$，经查表可得 $\chi_{0.05}^2(2)=5.991$。由于 $\chi^2=11.705>\chi_{0.05}^2(2)=5.991$，故在显著性水平 $\alpha=0.05$ 时拒绝 H_0，即拒绝 X 与 Y 相互独立的假设，认为成年人的胖瘦与患高血压有关。

4.6 秩和检验

在许多实际问题中，经常需要比较两个总体的分布函数是否相等，如果它们是同一种分布函数，则问题转化为检验两总体参数是否相等的参数假设检验问题。但如果总体分布完全未知，则只能用非参数方法进行检验。

本节介绍一种用于比较两总体分布有效且使用方便的非参数检验方法——秩和检验法。

4.6.1 秩与秩和

引进秩的概念。

秩：设 X 为一总体，将容量为 n 的样本观察值按自小到大的次序编号排成

$$x_{(1)},x_{(2)},\cdots,x_{(n)} \tag{4-6-1}$$

称 $x_{(i)}$ 的下标 i 为 $x_{(i)}$ 的秩，$i=1$，2，⋯，n。

例如，34，39，41，28，33 为一列观察值，因为 28<33<34<39<41，所以 33 的秩为 2。

如果在排序时出现相同大小的观察值，如观察值 34，34，39，39，41，28，33，39，因为 $28<33<34=34<39=39=39<41$，则两个 34 的秩为$\frac{3+4}{2}=3.5$，三个 39 的秩都为$\frac{5+6+7}{3}=6$。

秩和：从两个独立总体 X 和 Y 分别抽取容量为 n_1 和 n_2 的两个样本，这里总假定 $n_1 \leqslant n_2$。将这 n_1+n_2 个观察值放在一起，按自小到大的次序排列，求出每个观察值的秩，然后将属于总体 X 的样本观察值的秩相加，其和记为 R_1，称为总体 X 样本的秩和，其余观察值秩的和记为 R_2，称为总体 Y 样本的秩和。R_1 和 R_2 是离散型随机变量，且

$$R_1+R_2=\frac{1}{2}(n_1+n_2)(n_1+n_2+1) \tag{4-6-2}$$

显然 R_1 和 R_2 中的一个确定后，另一个随之确定。故只需考虑统计量 R_1 即可。

秩和检验：又称顺序和检验，它是一种非参数检验，是用秩和作为统计量，对两组数据间是否存在显著性差异的假设检验方法。秩和检验不依赖于总体分布的具体形式，即不考虑被研究对象为何种分布以及分布是否已知。

4.6.2 配对符号秩检验

1. 符号检验

符号检验：是指利用配对样本差值的正号和负号的数目，对某种假设做出判断的非参数检验方法。符号检验虽然是最简单的非参数检验，但它体现了非参数统计的一些基本思路。

符号检验有狭义符号检验和广义符号检验。狭义符号检验也称符号检验，是针对中位数（或二分位点）进行的检验；广义符号检验是对连续变量分位点的检验。

（1）狭义符号检验　以判定两样本来自的总体分布是否存在显著性差异为例，介绍狭义符号检验过程，即判断两配对样本差值的中位数是否为零，对两样本来自于的总体分布差异显著性进行检验。

符号检验原假设为

H_0：两配对样本来自两总体的分布无显著差异

1）假设来自于同一个未知总体的样本 $X=(X_1,X_2,\cdots,X_n)$ 和 $Y=(Y_1,Y_2,\cdots,Y_n)$，设 N_+ 为 $X_i>Y_i$ 的个数，N_- 为 $X_i<Y_i$ 的个数（$X_i=Y_i$ 的情况不参加推断统计）。

2）在满足原假设 H_0 时，N_- 服从于 $B\left(n,\frac{1}{2}\right)$，即检验是否满足 $N_-\sim B\left(n,\frac{1}{2}\right)$，来判断两样本是否来自于同一总体。

（2）广义符号检验　广义符号检验是利用样本值与对原假设的连续变量分位点取值的差值正号和负号的数目，判断分位点取值真伪的检验方法。

设 Q_p 为第 i 个 k 分位点，$p=\frac{i}{k}$；随机变量 N_- 为样本中小于 q_0 的样本点个数，随机变量 N_+ 为样本中大于 q_0 的样本点个数。如果假设 H_{01}：$Q_p=q_0$，则 N_- 应服从二项分布 $B(n,p)$。

假定检验的原假设为 H_0：$Q_p\geqslant q_0$，备择假设为 H_1：$Q_p<q_0$。在原假设 H_0：$Q_p\geqslant q_0$ 为真时，随机变量 N_-（样本中小于 q_0 的样本点个数）大于或等于 n_- 的概率为

$$P_{H_0}(N_-\geqslant n_-)=1-P_{H_0}(N_-\leqslant n_--1)\leqslant 1-P_{H_{01}}(N_-\leqslant n_--1) \tag{4-6-3}$$

当样本数 n 较大时，在假设 H_{01}：$Q_p=q_0$ 下，$\frac{N_--np}{\sqrt{np(1-p)}}\sim N(0,1)$，$p=\frac{i}{k}$ 为随机变量 N_- 小于 Q_p 的概率。

所以可以得出，若原假设 H_0：$Q_p\geqslant q_0$ 为真，则随机变量 N_- 取值大于等于 n_- 的概率为

$$P_{H_0}(N_-\geqslant n_-)\leqslant 1-P_{H_{01}}(N_-\leqslant n_--1)=1-\Phi\left(\frac{n_--1-np}{\sqrt{np(1-p)}}\right) \tag{4-6-4}$$

式中，$\Phi(x)$ 为标准正态分布函数。

如果概率值 $p=1-P_{H_{01}}(N_-\leqslant n_--1)$ 小于给定的显著性水平 α 时，则拒绝原假设，即接受备择假设 H_1：$Q_p<q_0$。

同理，可得不同原假设情况下的概率值 p，如表4-8所示。

表4-8　不同原假设情况下拒绝原假设的概率值

原　假　设	备 择 假 设	p 值
H_0：$Q_p\geqslant q_0$	H_1：$Q_p<q_0$	$1-P_{H_{01}}(N_-\leqslant n_--1)$
H_0：$Q_p\leqslant q_0$	H_1：$Q_p>q_0$	$P_{H_{01}}(N_-\leqslant n_-)$
H_0：$Q_p=q_0$	H_1：$Q_p\neq q_0$	$2\times\min\{P_{H_{01}}(N_-\leqslant n_-),1-P_{H_{01}}(N_-\leqslant n_--1)\}$

例4.10　表4-9是71个大城市的消费指数，若按递增次序排序，问样本第一四分位点是否小于64？

表4-9　71个大城市的消费指数

45.8	66.2	32.2	86.2	55	105
45.2	65.4	29.1	85.7	54.9	104.6
41.9	65.3	27.8	82.6	52.7	104.1
38.8	65.3	27.8	81	51.8	100.6

（续）

37.7	65.3	63.5	80.9	49.9	100.99
37.5	64.6	62.7	79.1	48.2	99.3
36.5	90.3	60.8	77.9	47.6	99.1
36.4	89.5	58.2	77.7	46	98.2
32.7	89.4	55.5	76.8	76.2	97.5
32.7	86.4	55.3	76.6	74.5	95.2
74.3	92.8	71.7	90.8	67.7	109.4
73.9	91.8	71.2	122.4	66.7	

【解析】 不妨假设拒绝域概率取值为 $\alpha=0.01$。

提出原假设 H_0：$Q_{0.25}\geqslant 64$，备择假设 H_0：$Q_{0.25}<64$。

由表 4-9 可得，在 71 个样本点中小于 64 的样本点个数为 $n_-=28$。在原假设 H_0：$Q_{0.25}\geqslant 64$ 为真时，随机变量 N_-大于等于 28 的概率为

$$P_{H_0}(N_-\geqslant 28)\leqslant 1-P_{H_{01}}(N_-\leqslant 27)$$
$$=1-\Phi\left(\frac{27-17.75}{3.65}\right)=1-\Phi(2.54)\approx 0.0055<0.01$$

拒绝原假设 H_0：$Q_{0.25}\geqslant 64$，接受备择假设 H_0：$Q_{0.25}<64$，即样本第一四分位点小于 64。

符号检验的缺点：配对样本的符号检验，注重对变化方向的分析，只考虑数据变化的性质（方向），而未考虑变化大小，因而对数据信息的利用是不充分的。

注意：若假设在所有配对样本差值都不等于 0 时，则 $n=n_++n_-$，而如果有些配对样本差值等于 0，那么这些样本点就不能参加推断（因为它们对判断中位点位置不起作用），应该把它们从样本中除去，这时 n_++n_-就小于样本量 n。

2. Wilcoxon 符号秩检验

当两组配对样本服从正态分布，它们差值的检验可以使用配对 t 检验法。如果配对样本正态分布的假设不成立，就可以使用 Wilcoxon 符号秩检验。Wilcoxon 符号秩检验是由威尔科克森（Wilcoxon）于 1945 年提出的一种非参数检验方法，对配对样本的差值采用符号秩方法来检验。该方法是在成对观测数据的符号检验基础上发展起来的，只要求配对样本差值对称分布即可。

Wilcoxon 符号秩检验：用观测值和原假设分布的中心位置之差绝对值的秩，按差值的正负符号分别求其正秩和和负秩和作为统计量，对原假设的非参数检验方法。

用 Wilcoxon 符号秩检验方法可以对两配对样本来自总体的分布有无显著差异进行检验，也可以对单一样本与原假设总体中位数比较进行检验。

（1）两配对样本总体分布差异显著性检验　符号检验利用了观测值和原假设分布中心位置之差的正负符号数目，对两配对样本总体分布差异显著性进行检验，但是它并没有利用这些差的大小（体现于差的绝对值大小）所包含的信息。因此，在符号检验中，每个观测值点相应的正号或负号仅仅代表了该点在中心位置的哪一边，而并没有表明该点与中心位置的距离。Wilcoxon 符号秩检验是把各观测值与中心距离的信息考虑进去，比仅仅利用正负符号数目的符号检验更有效。

在配对样本中，由于随机误差的存在，对两配对样本差值的影响不可避免。假设两配对样本来自于总体的分布无显著差异，则差值的分布为对称分布，并且差值的总体中位数为0。若此假设成立，样本差值的正秩和与负秩和较接近（均接近 $n(n+1)/4$）；当正负秩和相差悬殊，超出抽样误差可解释的范围时，则有理由怀疑原假设。

Wilcoxon 符号秩检验原假设为

H_0：两配对样本来自于两总体的分布无显著差异

1）首先，按照符号检验的方法，分别用第二组样本的各个观察值减去第一组对应样本的观察值。差值为正即记为正号，为负即记为负号，并同时保存差值数据。

2）将差值变量绝对值按升序排列，并求出差值变量绝对值的秩，分步计算正号差值秩和 T_+ 和负号差值秩和 T_-。

3）构建检验统计量 T（秩和 T_+ 或 T_-），求出检验统计值，根据检验统计量分布的临界值判断两样本是否来自于同一总体。

现以例 4.11 为例介绍该检验方法。

例 4.11　某研究部门用甲、乙两种方法对某地方性砷中毒地区水源中砷含量（mg/L）进行测定，检测 10 处，测量值如表 4-10 所示。问两种方法的测定结果有无差别？

表 4-10　甲、乙两种方法测定某地区 10 处水源中砷含量的结果

测定点序号 ID	水中砷含量/(mg/L)		砷含量差值 d_i/(mg/L)	正差值秩次	负差值秩次
	甲法砷含量	乙法砷含量			
1	0.010	0.015	−0.005	—	2
2	0.060	0.070	−0.010	—	3
3	0.320	0.300	0.020	5.5	—
4	0.150	0.170	−0.020	—	5.5
5	0.005	0.005	0.000	—	—
6	0.700	0.600	0.100	8	—
7	0.011	0.010	0.001	1	—
8	0.240	0.255	−0.015	—	4
9	1.010	1.245	−0.235	—	9
10	0.330	0.305	0.025	7	—
合计	—	—	—	21.5(T_+)	23.5(T_-)

【解析】　本例为定量数据配对设计的小样本资料，其配对差值经正态性检验得出其不服从正态分布，故不宜选用配对 t 检验，而应使用 Wilcoxon 符号秩检验。

1）建立检验假设，确定检验显著性水平。

H_0：两种方法测量结果差值的总体中位数等于 0；

H_1：两种方法测量结果差值的总体中位数不等于 0。

显著性水平取值 $\alpha=0.05$。

2）计算检验统计量 T 值。

① 求差值。见表 4-10 砷含量差值 d_i。

② 编秩。依差值的绝对值由小到大编秩：当差值为0，舍去不计，n 随之减少；当差值绝对值相等，若符号不同，求平均秩次；若符号相同，既可顺次编秩，也可求平均秩次，并将各秩次冠以原差值的正、负号。

如本例中，因5号测定点差值为0，不参与编秩，n 随之减1，即有效配对数为9；编秩时，差值为“0.020”和“-0.020”所占位次为5、6，但由于两个差值符号不同，必须取平均秩次 $(5+6)/2=5.5$。

③ 分别求正、负秩和。计算正差值的秩和 T_+ 和负差值的秩和 T_-。由于总有 $T_++T_-=n(n+1)/2$，故 T_+ 大时，T_- 必然小；反之 T_+ 小时，T_- 必然大。本例中，$T_+=21.5$，$T_-=23.5$，$T_++T_-=9\times(9+1)/2=45$，表明秩和计算无误。

④ 确定检验统计量 T。任取 T_+ 或 T_- 作为检验统计量 T。本例取 $T=T_+=21.5$ 或 $T=T_-=23.5$。

3）确定 p 值，做出统计推断。

① 查表法。

本例的 $n\leqslant50$，根据 n 和 T 查临界值表（配对比较的 Wilcoxon 符号秩检验表）。

由 $n=9$，$T=21.5$ 或 $T=23.5$，查临界值表，得 $p>0.075$，即按照 $p>\alpha=0.05$，不拒绝 H_0，差异无统计学意义，尚不能认为甲、乙两种方法测定水源中砷含量有差别。

② 当 $n\geqslant50$ 时的大样本情况下用正态近似法。

随着 n 的增大，T 值逐渐逼近均值为 $n(n+1)/4$、方差为 $n(n+1)(2n+1)/24$ 的正态分布。计算统计量

$$Z=\frac{|T-n(n+1)/4|-0.5}{\sqrt{n(n+1)(2n+1)/24}}\sim N(0,1) \tag{4-6-5}$$

式中，0.5为连续性校正数，因为 Z 值是连续的，而 T 值不连续。

排序时，出现相同秩次的现象称为**相持**。当相持的情形较多时（如个体数超过25%），按式（4-6-5）计算的 Z 值偏小，可用

$$Z_c=\frac{|T-n(n+1)/4|-0.5}{\sqrt{\frac{n(n+1)(2n+1)}{24}-\frac{\sum(t_j^3-t_j)}{48}}} \tag{4-6-6}$$

计算校正的统计量 Z_c，经校正后，Z_c 适当增大，p 值相应减小。式中，$t_j(j=1,2,\cdots)$ 为第 j 个相同秩次（即平均秩次）的个数，比如有2个差值为“1.5”，3个差值为“6”，5个差值为“13”，则 $t_1=2$，$t_2=3$，$t_3=5$，故有

$$\sum(t_j^3-t_j)=(2^3-2)+(3^3-3)+(5^3-5)=150$$

若无相同秩次，则 $\sum(t_j^3-t_j)=0$，$Z_c=Z$。

注意：1）Wilcoxon 符号秩检验要求样本来自于总体分布是连续并且对称的。

2）当两样本来自正态分布，并且有相同的方差时，可以使用 t 检验是否具有差异性。当不能确定这两个条件时，通常将 t 检验换为 Wilcoxon 符号秩检验。

（2）单一样本与总体中位数比较　推断样本中位数与已知总体中位数（常为标准值或大量观察的稳定值）有无差别，若不满足单样本 t 检验应用条件的资料时，可用 Wilcoxon 符号秩检验。

单样本资料 Wilcoxon 符号秩检验的方法步骤以例 4. 12 为例进行说明。

例 4. 12 某医生从其接诊的不明原因脱发患者中随机抽取 14 名，测得其发铜含量（μg/g）如表 4-11 所示。已知该地健康人群发铜含量的中位数为 11. 2μg/g。问脱发患者发铜含量是否低于健康人群？

表 4-11 14 名不明原因脱发患者发铜含量的测定结果

发铜含量 x_i/(μg/g)	差值 d_i/(μg/g)	正差值秩次	负差值秩次
6. 11	-5. 09	—	14
6. 20	-5. 00	—	13
6. 27	-4. 93	—	12
6. 58	-4. 62	—	11
6. 78	-4. 42	—	10
7. 22	-3. 98	—	9
7. 31	-3. 89	—	8
8. 52	-2. 68	—	7
9. 59	-1. 61	—	6
9. 72	-1. 48	—	5
10. 63	-0. 57	—	4
11. 16	-0. 04	—	2
11. 23	0. 03	1	—
11. 32	0. 12	3	—
合计	—	4(T_+)	101(T_-)

其中 $d_i=x_i-11.2$。

【解析】 根据专业知识可知，发铜含量值呈明显偏态分布，表 4-11 中 d_i 为样本各观察值与已知总体中位数的差值，对 d_i 做正态性检验，不满足单样本 t 检验条件，故选用 Wilcoxon 符号秩检验。

1）建立检验假设，确定检验置信水平。

H_0：差值的总体中位数等于 0，即脱发患者发铜含量与该地健康人群相同；

H_1：差值的总体中位数小于 0，即脱发患者发铜含量低于该地健康人群。

单侧左尾检验，$\alpha=0.05$。

2）计算检验统计量。

① 求差值。$d_i=x_i-11.2$，见表 4-11。

② 编秩。依差值的绝对值由小到大编秩。本例各观察值差值的秩次如表 4-11 所示。

③ 分别求正、负秩和。本例中，$T_+=4$，$T_-=101$，$T_++T_-=\frac{14\times(14+1)}{2}=105$，表明秩和计算无误。

④ 确定检验统计量 T。本例中，$T=T_+=4$ 或 $T=T_-=101$。

3）确定 p 值。

做出统计推断。本例中，由 $n=14$，$T=4$ 或 $T=101$，查配对比较的 Wilcoxon 符号秩检验表，得 $p<0.005$。按照显著性水平 $\alpha=0.05$，拒绝 H_0，接受 H_1，差异有统计学意义，可以认为脱发患者发铜含量低于该地健康人群。

4.6.3 Wilcoxon 秩和检验

Wilcoxon 秩和检验：也称为两样本 Wilcoxon 秩和检验，基于混合样本（两独立样本看成是单一样本）序列的秩和，判定两独立样本是否来自于相同总体的检验法。

Wilcoxon 秩和检验法不用考虑总体分布的具体形式，也不需要满足分布对称的条件，只需假定两总体分布相似。

下面以检验总体分布未知的均值是否相同为例，介绍 Wilcoxon 秩和检验法。

设两个连续型总体 X_1 和 X_2，它们的概率密度函数分别为 $f_1(x)$ 和 $f_2(x)$，均为未知，且满足

$$f_1(x)=f_2(x-a),a \text{ 为未知常数}$$

检验下述各项假设

$$H_0: a=0,H_1: a<0 \tag{4-6-7}$$

$$H_0: a=0,H_1: a>0 \tag{4-6-8}$$

$$H_0: a=0,H_1: a\neq 0 \tag{4-6-9}$$

若两个总体 X_1 和 X_2 均值存在，分别记为 μ_1 和 μ_2，由于概率密度函数满足 $f_1(x)=f_2(x-a)$，则各项假设分别等价于

$$H_0: \mu_1=\mu_2,H_1: \mu_1<\mu_2 \tag{4-6-10}$$

$$H_0: \mu_1=\mu_2,H_1: \mu_1>\mu_2 \tag{4-6-11}$$

$$H_0: \mu_1=\mu_2,H_1: \mu_1\neq\mu_2 \tag{4-6-12}$$

下面仅仅介绍双侧检验问题式（4-6-12），其他两个单侧检验问题类似。

设式（4-6-12）的假设 H_0 为真，即有 $f_1(x)=f_2(x)$，此时样本容量分别为 n_1 和 n_2 的两独立样本实际上来自于同一个总体。设 R_1 为样本容量是 n_1 的混合样本序列秩和，由 R_1 的定义可得

$$\frac{1}{2}n_1(n_1+1)\leqslant R_1\leqslant\frac{1}{2}n_1(n_1+2n_2+1) \tag{4-6-13}$$

当假设 H_0 为真时 R_1 不会过分靠近不等式两端的值，由此分析可得双侧检验问题式（4-6-12）的拒绝域为

$$r_1\leqslant C_U\left(\frac{\alpha}{2}\right) \text{ 或 } r_1\geqslant C_L\left(\frac{\alpha}{2}\right) \tag{4-6-14}$$

这里 r_1 为 R_1 的观察值。其中 $C_U\left(\frac{\alpha}{2}\right)$ 是满足 $P_{a=0}\left\{R_1\leqslant C_U\left(\frac{\alpha}{2}\right)\right\}\leqslant\frac{\alpha}{2}$ 的最大整数，$C_L\left(\frac{\alpha}{2}\right)$ 是满足 $P_{a=0}\left\{R_1\geqslant C_L\left(\frac{\alpha}{2}\right)\right\}\leqslant\frac{\alpha}{2}$ 的最小整数。$C_U\left(\frac{\alpha}{2}\right)$ 和 $C_L\left(\frac{\alpha}{2}\right)$ 称为临界点。

此时犯第一类错误的概率为

$$P_{a=0}\left\{R_1\leqslant C_U\left(\frac{\alpha}{2}\right)\right\}+P_{a=0}\left\{R_1\geqslant C_L\left(\frac{\alpha}{2}\right)\right\}=\alpha \tag{4-6-15}$$

如果知道 R_1 的分布，则临界点 $C_U\left(\frac{\alpha}{2}\right)$ 和 $C_L\left(\frac{\alpha}{2}\right)$ 很容易求得。

4.6.4 Wilcoxon 秩和检验临界点

1. 秩和检验临界点的求法

以 $n_1=3$，$n_2=4$ 为例，总体 X 的样本中各观察值秩的不同取法共有 $C_7^3=35$ 种，如表4-12所示。

表4-12 总体 *X* 样本观察值不同排序及秩和

观察值排序	R_1	观察值排序	R_1	观察值排序	R_1	观察值排序	R_1	观察值排序	R_1
1-2-3	6	1-3-6	10	1-6-7	14	2-4-7	13	3-5-6	14
1-2-4	7	1-3-7	11	2-3-4	9	2-5-6	13	3-5-7	15
1-2-5	8	1-4-5	10	2-3-5	10	2-5-7	14	3-6-7	16
1-2-6	9	1-4-6	11	2-3-6	11	2-6-7	15	4-5-6	15
1-2-7	10	1-4-7	12	2-3-7	12	3-4-5	12	4-5-7	16
1-3-4	8	1-5-6	12	2-4-5	11	3-4-6	13	4-6-7	17
1-3-5	9	1-5-7	13	2-4-6	12	3-4-7	14	5-6-7	18

由于这35种情况是等可能的，由表4-12可求得 R_1 的概率分布律和分布函数。其分布律如表4-13所示。

表4-13 R_1 的分布律

r_1	6	7	8	9	10
$P\{R_1=r_1\}$	$\frac{1}{35}=0.0286$	$\frac{1}{35}=0.0286$	$\frac{2}{35}=0.0571$	$\frac{3}{35}=0.0857$	$\frac{4}{35}=0.1143$
$P\{R_1\leqslant r_1\}$	$\frac{1}{35}=0.0286$	$\frac{2}{35}=0.0571$	$\frac{4}{35}=0.1143$	$\frac{7}{35}=0.2$	$\frac{11}{35}=0.3143$
r_1	11	12	13	14	15
$P\{R_1=r_1\}$	$\frac{4}{35}=0.1143$	$\frac{5}{35}=0.1429$	$\frac{4}{35}=0.1143$	$\frac{4}{35}=0.1143$	$\frac{3}{35}=0.0857$
$P\{R_1\leqslant r_1\}$	$\frac{15}{35}=0.4286$	$\frac{20}{35}=0.5714$	$\frac{24}{35}=0.6857$	$\frac{28}{35}=0.8$	$\frac{31}{35}=0.8857$
r_1	16	17	18		
$P\{R_1=r_1\}$	$\frac{2}{35}=0.0571$	$\frac{1}{35}=0.0286$	$\frac{1}{35}=0.0286$		
$P\{R_1\leqslant r_1\}$	$\frac{33}{35}=0.9429$	$\frac{34}{35}=0.9714$	1		

对不同的 α 值，参照表4-13，可得双侧检验的临界值和拒绝域。如 $\alpha=0.2$，由于

$$P_{a=0}\{R_1\leqslant 7\}=0.057<\frac{\alpha}{2}=0.1$$

$$P_{a=0}\{R_1\geqslant 17\}=0.057<\frac{\alpha}{2}=0.1$$

即得双侧检验的临界值为

$$C_U\left(\frac{\alpha}{2}\right)=7, C_L\left(\frac{\alpha}{2}\right)=17$$

双侧检验的拒绝域为

$$r_1\leqslant 7 \text{ 或 } r_1\geqslant 17$$

此时犯第一类错误的概率为

$$P_{a=0}\{R_1\leqslant 7\}+P_{a=0}\{R_1\geqslant 17\}=0.057+0.057=0.114$$

类似可以求得单侧左尾检验的临界值。由于 $P\{R_1\leqslant C_U(\alpha)\}\leqslant\alpha=0.2$，可得 $C_U(\alpha)=9$，单侧左尾检验的拒绝域为 $r_1\leqslant 9$。

犯第一类错误的概率为 $P_{a=0}\{R_1\leqslant 9\}=0.2$。

同理可以求得单侧右尾检验的临界值。由于 $P\{R_1\geqslant C_L(\alpha)\}\leqslant\alpha$，可得 $C_L(\alpha)=15$，单侧右尾检验的拒绝域为 $r_1\geqslant 15$。

犯第一类错误的概率为 $P_{a=0}\{R_1\geqslant 15\}=0.2$。

2. 大样本情况秩和检验临界点的求法

（1）拒绝域计算方法　可以证明，当假设“H_0：$a=0$”为真时，有

$$\mu_{R_1}=E(R_1)=\frac{1}{2}n_1(n_1+n_2+1), \sigma_{R_1}^2=D(R_1)=\frac{1}{12}n_1n_2(n_1+n_2+1) \tag{4-6-16}$$

并且当 $\min\{n_1,n_2\}\geqslant 10$ 时，近似地 $R_1\sim N(\mu_{R_1},\sigma_{R_1}^2)$。故当 $\min\{n_1,n_2\}\geqslant 10$ 时选取检验统计量为

$$Z=\frac{R_1-\mu_{R_1}}{\sigma_{R_1}} \tag{4-6-17}$$

在显著性水平 α 下，可得双侧检验、单侧左尾检验、单侧右尾检验的拒绝域分别为

$$|Z|\geqslant Z_{\alpha/2}, \ Z\geqslant Z_\alpha, \ Z\leqslant -Z_\alpha \tag{4-6-18}$$

（2）R_1 方差修正的拒绝域计算方法　将两样本 $n_1+n_2=n$ 个元素按自小到大的次序排列。排序时，出现相同秩次的相持现象较多时（如个体数超过 25%），按式（4-6-16）计算的 σ_{R_1}偏大，即统计量 $Z=\frac{R_1-\mu_{R_1}}{\sigma_{R_1}}$的值偏小，可对 σ_{R_1}的计算公式进行修正，即

$$\sigma_{R_1}^2=\frac{n_1n_2\left[n(n^2-1)-\sum_{i=1}^{k}t_i(t_i^2-1)\right]}{12n(n-1)} \tag{4-6-19}$$

用式（4-6-19）计算校正的统计量 Z，经校正后，Z 适当增大，p 值相应减小。

例 4.13　某商店为了确定向公司 A 或 B 购买某种商品，将公司 A、B 以往各次进货的次品率进行比较，数据如表 4-14 所示，设两样本独立。问两公司的商品质量有无明显差异？设两公司商品次品率的密度最多只差一个平移（显著性水平 $\alpha=0.05$）。

表 4-14　公司 A、B 商品的次品率

A（%）	7.0	3.5	9.6	8.1	6.2	5.1	10.4	4.0	2.0	10.5			
B（%）	5.7	3.2	4.2	11.0	9.7	6.9	3.6	4.8	5.6	8.4	10.1	5.5	12.3

【解析】 由于两公司商品次品率的密度最多只差一个平移，则满足 Wilcoxon 秩和检验的条件。分别用 μ_A 和 μ_B 记公司 A、B 的商品次品率总体的均值，需要检验的假设是

$$H_0: \mu_A=\mu_B, \ H_1: \mu_A \neq \mu_B$$

将数据按大小次序排列，得到公司 A、B 的样本秩，如表 4-15 所示。

表 4-15 公司 A、B 商品的次品率秩

A	2.0	3.5	4.0	5.1	6.2	7.0	8.1	9.6	10.4	10.5			
A 的秩	1	3	5	8	12	14	15	17	20	21			
B	3.2	3.6	4.2	4.8	5.5	5.6	5.7	6.9	8.4	9.7	10.1	11.0	12.3
B 的秩	2	4	6	7	9	10	11	13	16	18	19	22	23

得到公司 A 的样本秩和为

$$r_1=1+3+5+8+12+14+15+17+20+21=116$$

当 H_0 为真时，有

$$E(R_1)=\frac{1}{2}n_1(n_1+n_2+1)=120$$

$$D(R_1)=\frac{1}{12}n_1n_2(n_1+n_2+1)=260$$

故当 H_0 为真时，近似地有 $R_1 \sim N(120,260)$。拒绝域为

$$\frac{|r_1-120|}{\sqrt{260}} \geqslant Z_{0.025}=1.96$$

而$\frac{|116-120|}{\sqrt{260}}=0.25<Z_{0.025}=1.96$，故接受原假设，即两公司的商品的次品率无显著差异。

练习题

一、选择题

1. 样本容量也称（　　）。

A. 样本大小　　B. 样本单位

C. 样本可能数目　　D. 样本指标数

2. 抽样推断的目的是（　　）。

A. 以样本指标推断总体指标　　B. 取得样本指标

C. 以总体指标估计样本指标　　D. 以样本的某一指标推断另一指标

3. 假设检验中，显著性水平 α 表示（　　）。

A. H_0 为真时接受 H_0 的概率　　B. H_0 为真时拒绝 H_0 的概率

C. H_0 为不真时接受 H_0 的概率　　D. H_0 为不真时拒绝 H_0 的概率

4. 在假设检验中，犯第一类错误的概率为 α，犯第二类错误的概率为 β，则（　　）。

A. $\alpha+\beta=1$　　B. $\alpha+\beta>1$

C. α 与 β 成正比　　D. $\alpha+\beta \neq 1$

5. 某灯泡厂生产 LG 灯泡，根据历史资料统计结果，平均寿命为 25000h，试提出假设，按 5%的显著性水平判断新批量灯泡的平均寿命与通常的平均寿命有没有显著的差异，或者它们属于同一总体的假设是否成立。下面假设正确的是（　　）。

A. 双侧检验问题，原假设表述为 H_0：$\mu=25000$

B. 单侧检验问题，原假设表述为 H_0：$\mu>25000$

C. 双侧检验问题，原假设表述为 H_0：$\mu\neq25000$

D. 单侧检验问题，原假设表述为 H_0：$\mu<25000$

6. 设总体为正态分布，总体方差未知，显著性水平 $\alpha=0.1$。在小样本条件下，对总体均值进行假设检验：H_0：$\mu=\mu_0$，H_1：$\mu\neq\mu_0$，则下列说法正确的是（　　）。

A. 统计量取值（$-\infty,-Z_{0.1}$）和（$Z_{0.1},+\infty$）为原假设的拒绝区域

B. 统计量取值（$-\infty,-Z_{0.05}$）和（$Z_{0.05},+\infty$）为原假设的拒绝区域

C. 统计量取值（$-\infty,-t_{0.1}$）和（$t_{0.1},+\infty$）为原假设的拒绝区域

D. 统计量取值（$-\infty,-t_{0.05}$）和（$t_{0.0.5},+\infty$）为原假设的拒绝区域

二、计算题

1. 设某产品的指标服从正态分布，它的标准差 σ 已知为 150，今抽了一个容量为 26 的样本，计算得平均值为 1637。问在 5%的显著性水平下，能否认为这批产品的指标期望值 μ 为 1600？

2. 某纺织厂在正常的运转条件下，平均每台织布机每小时经纱断头数为 0.973 根，各台织布机断头数的标准差为 0.162 根。该厂进行工艺改进，减少经纱上浆率，在 200 台织布机上进行试验，结果平均每台每小时经纱断头数为 0.994 根，标准差为 0.16 根。问新工艺上浆率能否推广（$\alpha=0.05$）？

3. 某电器零件的平均电阻一直保持在 2.64Ω，改变加工工艺后，测得 100 个零件的平均电阻为 2.62Ω，如改变工艺前后电阻的标准差保持在 0.06Ω，问新工艺对此零件的电阻有无显著影响（$\alpha=0.05$）？

4. 有一批产品，取 50 个样品，其中含有 4 个次品。试判断假设 H_0：$p\leqslant0.05$ 是否成立（$\alpha=0.05$）？

5. 某产品的次品率为 0.17，现对此产品进行新工艺试验，从中抽取 400 件检验，发现有次品 56 件，能否认为此项新工艺提高了产品的质量（$\alpha=0.05$）？

6. 从某种试验物中取出 24 个样品，测量其发热量，计算得 $\overline{X}=11958$，样本标准差 $S=323$，问以 5%的显著性水平是否可认为发热量的期望值是 12100（假定发热量是服从正态分布的）？

7. 某食品厂用自动装罐机装罐头食品，每罐标准质量为 500g，每隔一定时间需要检查机器工作情况。现抽得 10 罐，测得其质量为：495g、510g、505g、498g、503g、492g、520g、612g、407g、506g。假定质量服从正态分布，试问以 95%的显著性检验机器工作是否正常？

8. 有一种新安眠药，据说在一定剂量下，能比某种旧安眠药平均增加睡眠时间 3h，根据资料用某种旧安眠药时，平均睡眠时间为 20.8h，标准差为 1.6h。为了检验这个说法是否正确，收集到一组使用新安眠药的睡眠时间为 26.7h、22.0h、24.1h、21.0h、27.2h、25.0h、23.4h。试问：假定睡眠时间服从正态分布，从这组数据能否说明新安眠药已达到新的疗效（$\alpha=0.05$）？

9. 为确定肥料的效果，取1000株植物做试验。在没有施肥的100株植物中，有63株长势良好；在已施肥的900株中，则有783株长势良好，问施肥的效果是否显著（$\alpha=0.01$）？

10. 有甲、乙两个试验员，对同样的试样进行分析，各人试验分析结果如表4-16所示（分析结果服从正态分布），试问甲、乙两个试验员试验分析结果之间有无显著性差异（$\alpha=0.05$）？

表4-16 试验数据

试验号码	1	2	3	4	5	6	7	8
甲	4.3	3.2	3.8	3.5	3.5	4.8	3.3	3.9
乙	3.7	4.1	3.8	3.8	4.6	3.9	2.8	4.4

11. 测定某种溶液中的水分，它的10个测定值给出$\overline{X}=0.452\%$，$S=0.037\%$，设测定值总体服从正态分布，μ为总体均值，σ为总体的标准差，试在5%显著性水平下，分别检验假设

（1）H_0：$\mu=0.5\%$；

（2）H_0：$\sigma=0.04\%$。

12. 在10个区域地块上同时试种甲、乙两种品种作物，设每种作物的产量服从正态分布，并计算得$\overline{X}=30.97$，$\overline{Y}=21.79$，$S_X=26.7$，$S_Y=12.1$。问这两种品种的产量有无显著差别（$\alpha=0.01$）？

13. 从甲、乙两店各购买同样重量的豆，在甲店买了13次，计算$\overline{X}=118$颗，$\sum_{i=1}^{13}(X_i-\overline{X})^2=2825$。在乙店买了10次，算得$\overline{Y}=116.1$颗，$\sum_{i=1}^{10}(Y_i-\overline{Y})^2=1442$。如取$\alpha=0.01$，问是否可以认为甲、乙两店的豆是同一种类型的（即同类型的豆的平均颗数应该一样）？

14. 由甲、乙两台机床加工同样产品，从此两台机床加工的产品中随机抽取若干产品，测得产品直径（单位：mm）为

机床甲：20.5，19.8，19.7，20.4，20.1，20.0，19.0，19.9

机床乙：19.7，20.8，20.5，19.8，19.4，20.6，19.2

试比较甲、乙两台机床加工的精度有无显著差异（$\alpha=0.05$）？

15. 某工厂所生产的某种细纱支数的标准差为1.2，现从某日生产的一批产品中，随机抽16缕进行支数测量，求得样本标准差为2.1，问纱的均匀度是否变劣？

16. 2000年5760295名成年中和1596734名儿童群体中严重CDH（先天性心脏病）和其他程度CDH的流行病学患者数如表4-17所示。

表4-17 流行病学患者数

群体	严重损害人数	其他程度损害人数	合计
尚存活的成年人	2205	21358	23563
尚存活的儿童	2316	16663	18979
合计	4521	38021	42542

检验在尚存活的成年人和儿童中受损害的程度差异是否显著？

17. 生物学家孟德尔进行的豌豆实验中发现黄色豌豆为 25 粒，绿色豌豆为 11 粒，试在显著性水平 $\alpha=0.05$ 下，检验豌豆黄色和绿色之比为 3∶1。

18. 某医院一年中出生的婴儿共计 1593 人，其中男婴为 802 人，女婴为 791 人。给定 $\alpha=0.05$，试问男婴和女婴的出生概率是否相同？

19. 交通部门统计事故与星期的关系如表 4-18 所示。

表 4-18　交通部门统计事故数据

星期	一	二	三	四	五	六	日
次数	36	23	29	31	34	60	25

问每天事故发生的可能性是否相同？

20. 卢瑟福在 2608 个相等时间间隔（7.5s）内观测了一放射性物质的粒子数 X，表 4-19 中的 f_i 是观测到的 i 个粒子的时间间隔数（最后一项已经合并），试检验观测数据是否服从泊松分布（$\alpha=0.05$）？

表 4-19　检验观测数据

$X=i$	0	1	2	3	4	5	6	7	8	9	10	≥11
f_i	57	203	383	525	532	408	273	139	45	27	10	6

21. 某县对在职的 71 名数学教师就支持新的数学教材还是支持旧的数学教材做了调查，结果如表 4-20 所示。

表 4-20　调查数据

教龄	支持新教材	支持旧教材	总　　计
教龄在 15 年以上的教师	12	25	37
教龄在 15 年以下的教师	10	24	34
合计	22	49	71

根据数据资料，你是否认为教龄的时间长短与支持新数学教材有关？

22. 表 4-21 所示是某地区的一种传染病与饮用水的调查数据。

表 4-21　传染病与饮用水的调查数据

饮用水	得病	不得病	总计
干净水	52	466	518
不干净水	94	218	312
总计	146	684	830

（1）这种传染病是否与饮用水的卫生程度有关？

（2）若饮用干净水得病 5 人，不得病 50 人；饮用不干净水得病 9 人，不得病 22 人。按此样本数据分析，这种疾病是否与饮用水的卫生程度有关？

（3）比较两种样本在反映总体时的差异。

23. 某地职业病防治欲比较使用二巯丙磺钠与二巯丁二钠的驱汞效果。将 22 例汞中毒患者随机分配到两组，分别测定并计算出两组驱汞的排汞比值，并将结果列于表 4-22 中。

试问两药驱汞效果有无差别？

表 4-22　两种驱汞药物排汞效果比较

二巯丁二钠 排汞比值	二巯丙磺钠 排汞比值
0.93	0.93
1.19	3.34
2.46	4.82
2.60	5.22
2.62	6.11
2.75	6.13
3.50	6.34
3.83	6.80
3.83	7.28
8.50	8.54
—	12.59
—	14.92
$n_1=10$	$n_2=12$

24. 两位化验员各自测得某种液体黏度如表 4-23 所示。

表 4-23　两位化验员各自测得某种液体黏度

化验员 A	82	73	91	84	77	98	81	79	87	85	—
化验员 B	80	76	92	86	74	96	83	79	80	75	79

设数据可以认为来自于仅均值可能有差异的总体样本。试在显著性水平 $\alpha=0.05$ 下检验两总体均值是否相同？

第5章 多元正态分布统计基础

多元统计分析是从经典统计学中发展起来的一个分支，是一种综合分析方法，是研究客观事物中多个变量（或多个因素）之间相互依赖的统计规律，它的重要基础之一是多元正态分析。多元统计分析有狭义与广义之分，当假定总体分布是多元正态分布时，称为狭义的，否则称为广义的。近年来，狭义多元统计分析的许多内容已被推广到更广的数据分布之中。本章基本内容包括：

多元随机向量和多元正态随机向量的基本概念，多元正态分布、多元统计量威沙特（Wishart）分布、霍特林（Hotelling）T^2 分布、威尔克斯（Wilks）分布及其性质，这些不仅是多元统计估计和多元假设检验的基础，也是多元统计分析的理论基础。

多元正态分布参数的常用估计方法，即极大似然估计法；多元正态分布假设检验的统计问题，包括多元正态分布的均值向量检验及协方差检验等。

学习要点：了解多元正态分布的基本性质，掌握多元正态分布参数的极大似然估计及多元正态分布假设检验等统计方法。

5.1 多元统计基本概念

在实践中，常会碰到需要同时观测若干指标的问题。例如，衡量一个地区的经济发展水平，需要观测总产值、利润、效益、劳动生产率等指标；在医学诊断中，需做多项检测，如需要检测血压、体温、心跳、白细胞等指标。如何同时对多个随机变量的观测数据进行有效的分析和处理，有两种做法：分开研究或同时研究，但前者会损失一定的信息量。多元统计分析是研究客观事物中多个随机变量（或多个指标）的统计规律，包括变量之间的相互联系。多元统计分析是一元统计分析的延伸和拓展。

5.1.1 多元随机向量数字特征

1. 随机向量和随机矩阵

（1）概率空间　概率空间 (Ω,F,P) 是一个总测度为 1 的测度空间［即 $P(\Omega)=1$］。

第一项 Ω 是一个非空集合，也称作“样本空间”。Ω 的集合元素称作“样本输出”，可

写作 ω。

第二项 F 是样本空间 Ω 的幂集（由包括空集及 Ω 自身的 Ω 一切子集为元素形成的集合称为 Ω 的**幂集**）的一个非空子集。F 的集合元素称为事件 Σ。事件 Σ 是样本空间 Ω 的子集。集合 F 是一个 σ-代数，即

1）$\varnothing \in F$。

2）若 $A \in F$，则 $\overline{A} \in F$。

3）若 $A_n \in F(n=1,2,\cdots)$，则 $\bigcup\limits_{n=1}^{\infty} A_n \in F$。

(Ω,F) 合起来称为可测空间。事件就是样本输出的集合，在此集合上可定义其概率。

第三项 P 称为概率，或者概率测度。这是一个从集合 F 到实数域 R 的函数，即

$$P:\ F \mapsto R$$

F 中的每个事件都被此函数赋予一个 0~1 之间的概率值。

（2）随机向量和随机矩阵

随机变量：即从样本空间 Ω 映射到另一个集合（通常是实数域 R）的函数。

随机向量：即由定义在同一概率空间 (Ω,F,P) 上的 p 个随机变量 X_1，X_2，…，X_p 构成的 p 维向量

$$\boldsymbol{X}=(X_1,X_2,\cdots,X_p)^{\mathrm{T}} \tag{5-1-1}$$

称为 p 维随机向量，它的概率分布为 p 元分布。

随机矩阵：即由定义在同一概率空间 (Ω,F,P) 上的 $p\times n$ 个随机变量组成的矩阵 $\boldsymbol{X}=(X_{ij})_{p\times n}$ 称为 $p\times n$ 随机矩阵，矩阵中每个元素 X_{ij} 都为一个随机变量，常记为

$$\boldsymbol{X}=(X_{ij})_{p\times n}=\begin{pmatrix} X_{11} & X_{12} & \cdots & X_{1n} \\ X_{21} & X_{22} & \cdots & X_{2n} \\ \vdots & \vdots & & \vdots \\ X_{p1} & X_{p2} & \cdots & X_{pn} \end{pmatrix}_{p\times n} \tag{5-1-2}$$

$\boldsymbol{X}$ 是 $p\times n$ 随机矩阵，它可看成 n 个 p 维（列）随机向量所构成的，也可看成 p 个 n 维（行）向量构成的。$\boldsymbol{X}$ 的概率分布是指按列接排的全体元素（随机变量）X_{11}，…，X_{p1}，X_{12}，…，X_{p2}，…，X_{1n}，…，X_{pn} 组成的 $p\times n$ 元分布。

这里需要说明的是，所称向量都是指列向量。

2. 随机向量和随机矩阵的数字特征

均值向量：设 p 维随机向量 $\boldsymbol{X}=(X_1,X_2,\cdots,X_p)^{\mathrm{T}}$，称

$$E(\boldsymbol{X})=(E(X_1),E(X_2),\cdots,E(X_p))^{\mathrm{T}} \tag{5-1-3}$$

为随机向量 $\boldsymbol{X}=(X_1,X_2,\cdots,X_p)^{\mathrm{T}}$ 的均值向量。

均值矩阵：设 $p\times n$ 随机矩阵

$$\boldsymbol{X}=(X_{ij})_{p\times n}=\begin{pmatrix} X_{11} & X_{12} & \cdots & X_{1n} \\ X_{21} & X_{22} & \cdots & X_{2n} \\ \vdots & \vdots & & \vdots \\ X_{p1} & X_{p2} & \cdots & X_{pn} \end{pmatrix}_{p\times n}$$

称

$$E(\boldsymbol{X})=\begin{pmatrix} E(X_{11}) & E(X_{12}) & \cdots & E(X_{1n}) \\ E(X_{21}) & E(X_{22}) & \cdots & E(X_{2n}) \\ \vdots & \vdots & & \vdots \\ E(X_{p1}) & E(X_{p2}) & \cdots & E(X_{pn}) \end{pmatrix}_{p\times n}=[E(X_{ij})]_{p\times n} \tag{5-1-4}$$

为随机矩阵 $\boldsymbol{X}$ 的均值矩阵。

互协方差阵：设 p 维随机向量 $\boldsymbol{X}=(X_1,X_2,\cdots,X_p)^{\mathrm{T}}$ 及 $\boldsymbol{Y}=(Y_1,Y_2,\cdots,Y_p)^{\mathrm{T}}$，则

$$\mathrm{Cov}(\boldsymbol{X},\boldsymbol{Y})=E\{[\boldsymbol{X}-E(\boldsymbol{X})][\boldsymbol{Y}-E(\boldsymbol{Y})]^{\mathrm{T}}\} \tag{5-1-5}$$

称为 p 维随机向量 $\boldsymbol{X}$ 与 $\boldsymbol{Y}$ 的互协方差阵，简称为 $\boldsymbol{X}$ 与 $\boldsymbol{Y}$ 的**互协差阵**。

自协差阵：称 $\mathrm{Cov}(\boldsymbol{X},\boldsymbol{X})=E\{[\boldsymbol{X}-E(\boldsymbol{X})][\boldsymbol{X}-E(\boldsymbol{X})]^{\mathrm{T}}\}$ 为 $\boldsymbol{X}$ 的自协方差阵，简称为 $\boldsymbol{X}$ 的**自协差阵**。亦记 $\mathrm{Cov}(\boldsymbol{X},\boldsymbol{X})$ 为 $\mathrm{Var}(\boldsymbol{X})$。

广义方差:称 $|\mathrm{Cov}(\boldsymbol{X},\boldsymbol{X})|$ 为 $\boldsymbol{X}$ 的广义方差，它是自协差阵的行列式值。

显而易见

$$\begin{aligned}\mathrm{Cov}(\boldsymbol{X},\boldsymbol{Y})&=E\{[\boldsymbol{X}-E(\boldsymbol{X})][\boldsymbol{Y}-E(\boldsymbol{Y})]^{\mathrm{T}}\}\\&=\{E[\boldsymbol{Y}-E(\boldsymbol{Y})][\boldsymbol{X}-E(\boldsymbol{X})]^{\mathrm{T}}\}^{\mathrm{T}}\\&=[\mathrm{Cov}(\boldsymbol{Y},\boldsymbol{X})]^{\mathrm{T}}\end{aligned}$$

相关矩阵：对于 p 维随机向量 $\boldsymbol{X}=(X_1,X_2,\cdots,X_p)^{\mathrm{T}}$，称

$$\rho_{ij}=\frac{\mathrm{Cov}(X_i,X_j)}{\sqrt{\mathrm{Var}(X_i)}\sqrt{\mathrm{Var}(X_j)}}(i,j=1,2,\cdots,p) \tag{5-1-6}$$

为分量 X_i 与 X_j 之间的相关系数，称 $\boldsymbol{R}=(\rho_{ij})_{p\times p}$ 为相关矩阵。

由上述定义向量、矩阵及有关的基本运算知识，可以证明下述等式成立。

设 $\boldsymbol{A}$，$\boldsymbol{B}$，$\boldsymbol{C}$ 为常数矩阵，$\boldsymbol{X}$，$\boldsymbol{Y}$ 为随机矩阵，则有：

1）$E(\boldsymbol{AX})=\boldsymbol{A}E(\boldsymbol{X})$。

2）$E(\boldsymbol{AXB})=\boldsymbol{A}E(\boldsymbol{X})\boldsymbol{B}$。

3）$E(\boldsymbol{AX}+\boldsymbol{BY})=\boldsymbol{A}E(\boldsymbol{X})+\boldsymbol{B}E(\boldsymbol{Y})$。

4）$D(\boldsymbol{X})\geqslant 0$，$R\geqslant 0$，即 $\boldsymbol{X}$ 的协方差阵及相关矩阵是非负定矩阵。

5）对常数向量 $\boldsymbol{\alpha}$，有 $\mathrm{Var}(\boldsymbol{X}+\boldsymbol{\alpha})=\mathrm{Var}(\boldsymbol{X})$。

6）$\mathrm{Var}(\boldsymbol{AX})=\boldsymbol{A}\mathrm{Var}(\boldsymbol{X})\boldsymbol{A}^{\mathrm{T}}$。

7）$\mathrm{Cov}(\boldsymbol{AX},\boldsymbol{BY})=\boldsymbol{A}\mathrm{Cov}(\boldsymbol{X},\boldsymbol{Y})\boldsymbol{B}^{\mathrm{T}}$。

这里假定上述各式的运算总可以进行（如协方差阵的存在及阶数、维数协调一致等）。

3. 多元样本数字特征

（1）多元样本　从多元总体中随机抽取 n 个个体：$\boldsymbol{X}_{(1)}$，$\boldsymbol{X}_{(2)}$，…，$\boldsymbol{X}_{(n)}$，若它们相互独立且与总体同分布，则称 $\boldsymbol{X}_{(1)}$，$\boldsymbol{X}_{(2)}$，…，$\boldsymbol{X}_{(n)}$ 为该总体的一个**多元随机样本**，简称**样本**。

将 n 个样本对 p 个指标进行观测，结果如下：

$$\begin{pmatrix} X_{11} & X_{12} & \cdots & X_{1n} \\ X_{21} & X_{22} & \cdots & X_{2n} \\ \vdots & \vdots & & \vdots \\ X_{p1} & X_{p2} & \cdots & X_{pn} \end{pmatrix}=(\boldsymbol{X}_{(1)},\boldsymbol{X}_{(2)},\cdots,\boldsymbol{X}_{(n)}) \tag{5-1-7}$$

其中样本 $\boldsymbol{X}_{(i)}=(X_{1i},X_{2i},\cdots,X_{pi})^{\mathrm{T}}(i=1,2,\cdots,n)$看作是一个随机向量，因此

$$\begin{pmatrix} X_{11} & X_{12} & \cdots & X_{1n} \\ X_{21} & X_{22} & \cdots & X_{2n} \\ \vdots & \vdots & & \vdots \\ X_{p1} & X_{p2} & \cdots & X_{pn} \end{pmatrix}$$

就是一个随机矩阵，称为**观测矩阵**或样本矩阵。

注意：多元样本中的每个样本，对 p 个指标的观测值往往有相关关系，但不同样本之间的观测值一定相互独立；多元分析处理的多元数据一般都属于横截面数据（同一时间截面上的数据），如果是时序数据，则属于多元时间序列分析的范畴。

（2）多元样本的数字特征　设 $\boldsymbol{X}_{(1)}$，$\boldsymbol{X}_{(2)}$，…，$\boldsymbol{X}_{(n)}$ 为来自 p 元总体的样本，其中

$$\boldsymbol{X}_{(i)}=(X_{1i},X_{2i},\cdots,X_{pi})^{\mathrm{T}}(i=1,2,\cdots,n)$$

样本均值向量：称

$$\overline{\boldsymbol{X}}=\frac{1}{n}\sum_{i=1}^{n}\boldsymbol{X}_{(i)}=(\overline{X}_1,\overline{X}_2,\cdots,\overline{X}_p)^{\mathrm{T}} \tag{5-1-8}$$

为样本均值向量。这里 $\overline{X}_j=\frac{1}{n}\sum_{i=1}^{n}X_{ji}(j=1,2,\cdots,p)$。

样本离差阵：称

$$\boldsymbol{S}=\sum_{h=1}^{n}\left(\begin{pmatrix} X_{1h}-\overline{X}_1 \\ X_{2h}-\overline{X}_2 \\ \vdots \\ X_{ph}-\overline{X}_p \end{pmatrix}(X_{1h}-\overline{X}_1,X_{2h}-\overline{X}_2,\cdots,X_{ph}-\overline{X}_p)\right) \tag{5-1-9}$$

为样本离差阵，即

$$\boldsymbol{S}=\sum_{h=1}^{n}(\boldsymbol{X}_{(h)}-\overline{\boldsymbol{X}})(\boldsymbol{X}_{(h)}-\overline{\boldsymbol{X}})^{\mathrm{T}}=(S_{ij})_{p\times p}$$

样本协差阵：称

$$\boldsymbol{V}=\frac{1}{n-1}\boldsymbol{S}=\frac{1}{n-1}\sum_{h=1}^{n}(\boldsymbol{X}_{(h)}-\overline{\boldsymbol{X}})(\boldsymbol{X}_{(h)}-\overline{\boldsymbol{X}})^{\mathrm{T}}=(V_{ij})_{p\times p} \tag{5-1-10}$$

为样本协差阵。称 $|V|$ 为广义样本方差。

样本相关阵：称

$$\boldsymbol{R}=(r_{ij})_{p\times p} \tag{5-1-11}$$

为样本相关阵。这里 $r_{ij}=\frac{V_{ij}}{\sqrt{V_{ii}}\sqrt{V_{jj}}}=\frac{S_{ij}}{\sqrt{S_{ii}}\sqrt{S_{jj}}}$是样本相关系数。

5.1.2　随机向量相互独立性

1. 随机向量的联合分布与边缘分布

设 $\boldsymbol{X}=(X_1,X_2,\cdots,X_p)^{\mathrm{T}}$ 是 p 维随机向量。

联合分布函数：称 p 元函数

$$F(x_1,x_2,\cdots,x_p)=P\{X_1\leqslant x_1,X_2\leqslant x_2,\cdots,X_p\leqslant x_p\} \tag{5-1-12}$$

为 $\boldsymbol{X}$ 的联合分布函数。

联合分布密度：若存在非负函数 $f(x_1,x_2,\cdots,x_p)$，使得随机向量 $\boldsymbol{X}$ 的联合分布函数对一切 $(x_1,x_2,\cdots,x_p)\in\mathbf{R}^p$ 均可表示为

$$F(x_1,x_2,\cdots,x_p)=\int_{-\infty}^{x_1}\cdots\int_{-\infty}^{x_p}f(x_1,x_2,\cdots,x_p)\,\mathrm{d}x_1\cdots\mathrm{d}x_p \tag{5-1-13}$$

称 $f(x_1,x_2,\cdots,x_p)$ 为随机向量 $\boldsymbol{X}$ 的联合分布密度。

边缘分布密度：将 p 维随机向量 $\boldsymbol{X}=(X_1,X_2,\cdots,X_p)^{\mathrm{T}}$ 分成两个子向量 $\boldsymbol{X}_{(1)}$，$\boldsymbol{X}_{(2)}$，即

$$\boldsymbol{X}=\begin{pmatrix}\boldsymbol{X}_{(1)}\\ \boldsymbol{X}_{(2)}\end{pmatrix}$$

其中

$$\boldsymbol{X}_{(1)}=\begin{pmatrix}X_1\\ \vdots\\ X_q\end{pmatrix},\quad \boldsymbol{X}_{(2)}=\begin{pmatrix}X_{q+1}\\ \vdots\\ X_p\end{pmatrix}$$

这里 $1\leqslant q<p$。称

$$f(\boldsymbol{x}_{(1)})=f_1(x_1,\cdots,x_q)=\int_{-\infty}^{+\infty}\cdots\int_{-\infty}^{+\infty}f(x_1,\cdots,x_p)\,\mathrm{d}x_{q+1}\cdots\mathrm{d}x_p \tag{5-1-14}$$

为 $\boldsymbol{X}_{(1)}$ 的边缘分布密度。称

$$f(\boldsymbol{x}_{(2)})=f_2(x_{q+1},\cdots,x_p)=\int_{-\infty}^{+\infty}\cdots\int_{-\infty}^{+\infty}f(x_1,\cdots,x_p)\,\mathrm{d}x_1\cdots\mathrm{d}x_q \tag{5-1-15}$$

为 $\boldsymbol{X}_{(2)}$ 的边缘分布密度。

边缘分布函数：称

$$F(x_1,\cdots,x_q)=\int_{-\infty}^{x_1}\cdots\int_{-\infty}^{x_q}f_1(x_1,\cdots,x_q)\,\mathrm{d}x_1\cdots\mathrm{d}x_q \tag{5-1-16}$$

为 $\boldsymbol{X}_{(1)}$ 的边缘分布函数。称

$$F(x_{q+1},\cdots,x_p)=\int_{-\infty}^{x_{q+1}}\cdots\int_{-\infty}^{x_p}f_2(x_{q+1},\cdots,x_p)\,\mathrm{d}x_{q+1}\cdots\mathrm{d}x_p$$

为 $\boldsymbol{X}_{(2)}$ 的边缘分布函数。

类似可定义离散型随机向量的联合分布律及边缘分布律。

2. 随机向量的特征函数

特征函数：设 X 是一个随机变量，称

$$\varphi_X(t)=E(\mathrm{e}^{\mathrm{i}tX}) \tag{5-1-17}$$

为随机变量 X 的特征函数，其中 t 是一个实数，i 是虚数单位，$E(\mathrm{e}^{\mathrm{i}tX})$ 表示 $\mathrm{e}^{\mathrm{i}tX}$ 的均值。

1）对于离散型随机变量 X，其概率分布为 $P\{X=x_k\}=p_k(k=1,2,\cdots)$，则随机变量 X 的特征函数为

$$\varphi_X(t)=\sum_{k=1}^{\infty}\mathrm{e}^{\mathrm{i}tx_k}p_k \tag{5-1-18}$$

对于连续型随机变量 X，其概率分布为 $F_X(x)$，则随机变量 X 的特征函数为

$$\varphi_X(t)=\int_{-\infty}^{+\infty} \mathrm{e}^{\mathrm{i}tx}\mathrm{d}F_X(x) \tag{5-1-19}$$

2）对于离散型随机向量 $\boldsymbol{X}$，其联合概率分布为 $P\{\boldsymbol{X}=\boldsymbol{x}_k\}=p_k(k=1,2,\cdots)$，则随机向量的特征函数为

$$\varphi_{\boldsymbol{X}}(\boldsymbol{t})=\sum_{k=1}^{\infty} \mathrm{e}^{\mathrm{i}\boldsymbol{t}^{\mathrm{T}}\boldsymbol{x}_k}p_k \tag{5-1-20}$$

这里 $\boldsymbol{t}=(t_1,t_2,\cdots,t_p)^{\mathrm{T}}$，$\boldsymbol{x}_k=(x_{1k},x_{2k},\cdots,x_{pk})^{\mathrm{T}}$。

对于连续型随机向量 $\boldsymbol{X}$，其联合分布函数为 $F_{\boldsymbol{X}}(\boldsymbol{x})$，则随机向量的特征函数为

$$\varphi_{\boldsymbol{X}}(\boldsymbol{t})=\int_{-\infty}^{+\infty}\cdots\int_{-\infty}^{+\infty} \mathrm{e}^{\mathrm{i}\boldsymbol{t}^{\mathrm{T}}\boldsymbol{x}}\mathrm{d}F_{\boldsymbol{X}}(\boldsymbol{x}) \tag{5-1-21}$$

对于随机矩阵 $\boldsymbol{X}$，由于 $\boldsymbol{X}$ 的概率分布是指按列接排的全体元素（随机变量）X_{11}，…，X_{p1}，X_{12}，…，X_{p2}，…，X_{1n}，…，X_{pn}组成的 $p\times n$ 元分布，特征函数的计算方法与随机向量的特征函数相同。

3. 随机向量的相互独立性

将 p 维随机向量 $\boldsymbol{X}=(X_1,X_2,\cdots,X_p)^{\mathrm{T}}$ 分成两个子向量 $\boldsymbol{X}_{(1)}$，$\boldsymbol{X}_{(2)}$，即

$$\boldsymbol{X}=\begin{pmatrix}\boldsymbol{X}_{(1)}\\ \boldsymbol{X}_{(2)}\end{pmatrix}$$

其中

$$\boldsymbol{X}_{(1)}=\begin{pmatrix}X_1\\ \vdots\\ X_q\end{pmatrix},\quad \boldsymbol{X}_{(2)}=\begin{pmatrix}X_{q+1}\\ \vdots\\ X_p\end{pmatrix}$$

这里 $1\leqslant q<p$。

若设 $F(x_1,x_2,\cdots,x_p)$ 为 $\boldsymbol{X}$ 的联合分布函数，$F_1(x_1,x_2,\cdots,x_q)$ 和 $F_2(x_{q+1},x_{q+2},\cdots,x_p)$ 分别为随机向量 $\boldsymbol{X}_{(1)}$ 和 $\boldsymbol{X}_{(2)}$ 的边缘分布函数，若

$$F(x_1,x_2,\cdots,x_p)=F_1(x_1,x_2,\cdots,x_q)F_2(x_{q+1},x_{q+2},\cdots,x_p) \tag{5-1-22}$$

则称随机向量 $\boldsymbol{X}_{(1)}$ 与 $\boldsymbol{X}_{(2)}$ **相互独立**。

若设 $\varphi(t)$ 为随机向量 $\boldsymbol{X}$ 的特征函数，$\varphi_1(t_1)$ 和 $\varphi_2(t_2)$ 分别为随机向量 $\boldsymbol{X}_{(1)}$ 和 $\boldsymbol{X}_{(2)}$ 的特征函数，则随机向量 $\boldsymbol{X}_{(1)}$ 与 $\boldsymbol{X}_{(2)}$ 相互独立等价于

$$\varphi(t)=\varphi_1(t_1)\varphi_2(t_2) \tag{5-1-23}$$

条件分布通常是分别就离散型、连续型给出定义。现在就连续型情形讨论条件分布问题，对于离散型情形可类似地推出有关结论，在此不做讨论。

设 $\boldsymbol{X}$ 具有分布密度函数 $f(x_1,x_2,\cdots,x_p)$，随机向量 $\boldsymbol{X}_{(1)}$ 和 $\boldsymbol{X}_{(2)}$ 的边缘分布的密度函数，分别设为 $f_1(x_1,x_2,\cdots,x_q)$ 和 $f_2(x_{q+1},x_{q+2},\cdots,x_p)$，则可以证明随机向量 $\boldsymbol{X}_{(1)}$ 在以随机向量 $\boldsymbol{X}_{(2)}$ 为条件的条件分布密度函数为

$$f_1(x_1,x_2,\cdots,x_q \mid x_{q+1},x_{q+2},\cdots,x_p)=\frac{f(x_1,x_2,\cdots,x_p)}{f_2(x_{q+1},x_{q+2},\cdots,x_p)} \tag{5-1-24}$$

随机向量 $\boldsymbol{X}_{(2)}$ 在以随机向量 $\boldsymbol{X}_{(1)}$ 为条件的条件分布密度函数为

$$f_2(x_{q+1},x_{q+2},\cdots,x_p \mid x_1,x_2,\cdots,x_q)=\frac{f(x_1,x_2,\cdots,x_p)}{f_1(x_1,x_2,\cdots,x_q)} \tag{5-1-25}$$

证明从略。

由此可知随机向量 $\boldsymbol{X}_{(1)}$ 与 $\boldsymbol{X}_{(2)}$ 相互独立等价于

$$f(x_1,x_2,\cdots,x_p)=f_1(x_1,x_2,\cdots,x_q)f_2(x_{q+1},x_{q+2},\cdots,x_p) \tag{5-1-26}$$

或

$$f_1(x_1,x_2,\cdots,x_q \mid x_{q+1},x_{q+2},\cdots,x_p)=f_1(x_1,x_2,\cdots,x_q) \tag{5-1-27}$$

或

$$f_2(x_{q+1},x_{q+2},\cdots,x_p \mid x_1,x_2,\cdots,x_q)=f_2(x_{q+1},x_{q+2},\cdots,x_p) \tag{5-1-28}$$

5.2 多元正态分布

多元正态分布是多元统计分析的基础，是一元正态分布的推广。多元统计中的统计方法很多是基于数据服从多元正态分布的假设。虽然实际的数据通常不一定完全服从于多元正态分布，然而正态分布常常是“真实的”总体分布的一种有效近似。正态分布的重要性在于它的双重作用，既可作为某些自然现象总体模型，又可作为许多统计量近似的抽样分布。

5.2.1 多元正态分布的概念

若 X_1，X_2，$\cdots$，X_p 是相互独立的随机变量，且 $X_i\sim N(0,1),i=1,2,\cdots,p$，则称 $\boldsymbol{X}=(X_1,X_2,\cdots,X_p)^{\mathrm{T}}$ 为服从 p 元**标准正态分布**，记为

$$\boldsymbol{X}\sim N_p(\boldsymbol{0}_p,\boldsymbol{I}_p) \tag{5-2-1}$$

这里 $\boldsymbol{0}_p$，$\boldsymbol{I}_p$ 分别是 p 维零向量和 p 阶单位矩阵。

若 $\boldsymbol{X}=(X_1,X_2,\cdots,X_p)^{\mathrm{T}}$ 服从 p 元标准正态分布，$\boldsymbol{\mu}=(\mu_1,\mu_2,\cdots,\mu_q)^{\mathrm{T}}$ 是 q 维向量，$\boldsymbol{B}$ 是 $q\times p$矩阵，设随机向量 $\boldsymbol{Y}=\boldsymbol{\mu}+\boldsymbol{BX}$，则称 $\boldsymbol{Y}$ 服从 q 元**正态分布**，记为 $\boldsymbol{Y}\sim N_q(\boldsymbol{\mu},\boldsymbol{\Sigma})$，这里 $\boldsymbol{\Sigma}=\boldsymbol{BB}^{\mathrm{T}}$ 为 q 阶非负矩阵。

5.2.2 多元正态分布的基本性质

1）随机向量 $\boldsymbol{X}=(X_1,X_2,\cdots,X_p)^{\mathrm{T}}$，且 $\boldsymbol{X}\sim N_p(\boldsymbol{0}_p, \boldsymbol{I}_p)$，则

$$E(\boldsymbol{X})=\boldsymbol{0}_p,\quad \mathrm{Cov}(\boldsymbol{X},\boldsymbol{X})=\boldsymbol{I}_p$$

$\boldsymbol{X}$ 的概率密度函数为

$$f(\boldsymbol{x})=\frac{1}{\sqrt{(2\pi)^p}}\exp\left(-\frac{1}{2}\boldsymbol{x}^{\mathrm{T}}\boldsymbol{x}\right) \tag{5-2-2}$$

这里 $\boldsymbol{x}=(x_1,x_2,\cdots,x_p)^{\mathrm{T}}$。

【证明】 由已知条件得

$$E(\boldsymbol{X})=(E(X_1),E(X_2),\cdots,E(X_p))^{\mathrm{T}}=(0,0,\cdots,0)^{\mathrm{T}}$$

$$\begin{aligned}\mathrm{Cov}(\boldsymbol{X},\boldsymbol{X})&=E\{[\boldsymbol{X}-E(\boldsymbol{X})]^{\mathrm{T}}[\boldsymbol{X}-E(\boldsymbol{X})]\}\\&=\begin{pmatrix}\mathrm{Var}(X_1)&0&\cdots&0\\0&\mathrm{Var}(X_2)&\cdots&0\\\vdots&\vdots&&\vdots\\0&0&\cdots&\mathrm{Var}(X_p)\end{pmatrix}_{p\times p}=\begin{pmatrix}1&0&\cdots&0\\0&1&\cdots&0\\\vdots&\vdots&&\vdots\\0&0&\cdots&1\end{pmatrix}_{p\times p}\end{aligned}$$

故得证。

由于 X_1，X_2，…，X_p 是相互独立的随机变量，且 $X_i \sim N(0,1), i=1,2,\cdots,p$，则 p 维随机向量 $\boldsymbol{X}=(X_1,X_2,\cdots,X_p)^{\mathrm{T}}$ 的概率密度函数为

$$f(x)=\prod_{i=1}^{p} f_i(x_i)=\prod_{i=1}^{p}\frac{1}{\sqrt{2\pi}}\exp\left(-\frac{1}{2}x_i^2\right)$$
$$=\frac{1}{\sqrt{(2\pi)^p}}\exp\left(-\frac{1}{2}\boldsymbol{x}^{\mathrm{T}}\boldsymbol{x}\right)$$

类似可得下面结论。

2）若 $\boldsymbol{X}\sim N_p(\boldsymbol{\mu},\boldsymbol{\Sigma})$，$\boldsymbol{\mu}=(\mu_1,\mu_2,\cdots,\mu_p)^{\mathrm{T}}$ 是 p 维向量，$\boldsymbol{\Sigma}$ 为正定矩阵，则

$$E(\boldsymbol{X})=\boldsymbol{\mu},\mathrm{Cov}(\boldsymbol{X},\boldsymbol{X})=\boldsymbol{\Sigma}$$

且 $\boldsymbol{X}$ 的概率密度函数为

$$f(x)=\frac{1}{\sqrt{(2\pi)^p}\ |\boldsymbol{\Sigma}|^{\frac{1}{2}}}\exp\left[-\frac{1}{2}(x-\mu)^{\mathrm{T}}\boldsymbol{\Sigma}^{-1}(x-\mu)\right] \tag{5-2-3}$$

3）设 $\boldsymbol{X}$ 为 p 维随机向量，则 $\boldsymbol{X}\sim N_p(\boldsymbol{\mu},\boldsymbol{\Sigma})$ 的充分必要条件是对于任意 p 维向量 $\boldsymbol{\alpha}$，$\boldsymbol{Y}=\boldsymbol{\alpha}^{\mathrm{T}}\boldsymbol{X}$ 服从一元正态分布，即

$$\boldsymbol{\alpha}^{\mathrm{T}}\boldsymbol{X}\sim N_p(\boldsymbol{\alpha}^{\mathrm{T}}\boldsymbol{\mu},\boldsymbol{\alpha}^{\mathrm{T}}\boldsymbol{\Sigma}\boldsymbol{\alpha}) \tag{5-2-4}$$

4）若 $\boldsymbol{X}\sim N_p(\boldsymbol{\mu},\boldsymbol{\Sigma})$，$\boldsymbol{A}_{m\times p}$ 为常数矩阵，$\boldsymbol{d}_m$ 为 m 维常数向量，则

$$\boldsymbol{Y}=\boldsymbol{A}_{m\times p}\boldsymbol{X}_p+\boldsymbol{d}_m\sim N_m(\boldsymbol{A}_{m\times p}\boldsymbol{\mu}+\boldsymbol{d}_m,\boldsymbol{A}_{m\times p}\boldsymbol{\Sigma}\boldsymbol{A}_{m\times p}^{\mathrm{T}})$$

即正态随机向量的线性函数也是正态的。

5）若 $\boldsymbol{X}\sim N_p(\boldsymbol{\mu},\boldsymbol{\Sigma})$，$c$ 为任意实数，则

$$c\boldsymbol{X}\sim N_p(c\boldsymbol{\mu},c^2\boldsymbol{\Sigma}) \tag{5-2-5}$$

6）多元正态分布的边缘分布仍为正态分布。

7）若 $\boldsymbol{X}\sim N_p(\boldsymbol{\mu},\boldsymbol{\Sigma})$，则

$$\boldsymbol{Y}=\boldsymbol{\Sigma}^{-\frac{1}{2}}(\boldsymbol{X}-\boldsymbol{\mu})\sim N_p(\boldsymbol{0},\boldsymbol{I}_p) \tag{5-2-6}$$

8）若 $\boldsymbol{X}\sim N_p(\boldsymbol{\mu},\boldsymbol{\Sigma})$，$\boldsymbol{\Sigma}$ 为正定矩阵，则

$$(\boldsymbol{X}-\boldsymbol{\mu})^{\mathrm{T}}\boldsymbol{\Sigma}^{-1}(\boldsymbol{X}-\boldsymbol{\mu})\sim\chi^2(p) \tag{5-2-7}$$

注意：多元正态分布的任何边缘分布都是正态分布，但反之不真；对于多元正态向量 $\boldsymbol{X}$ 和 $\boldsymbol{Y}$ 来说，若 $\boldsymbol{X}$ 和 $\boldsymbol{Y}$ 的联合分布为多元正态分布时，"$\boldsymbol{X}$ 与 $\boldsymbol{Y}$ 不相关"和"$\boldsymbol{X}$ 与 $\boldsymbol{Y}$ 相互独立"是等价的，所以 $\boldsymbol{X}$ 与 $\boldsymbol{Y}$ 相互独立的充分必要条件是

$$\mathrm{Cov}(\boldsymbol{X},\boldsymbol{Y})=0$$

5.2.3　多元统计量分布及其性质

在一元统计分析中，已经学过了 χ^2 分布、t 分布、F 分布等统计量分布，它们在统计推断中起着非常重要的作用，现在把它们拓广到更一般的情形。

1. 威沙特（Wishart）分布

设随机向量

$$\boldsymbol{X}_{(i)}=(X_{1i},X_{2i},\cdots,X_{pi})^{\mathrm{T}}\sim N_p(\boldsymbol{\mu}_i,\boldsymbol{\Sigma}),i=1,2,\cdots,n$$

且 $\boldsymbol{X}_{(1)}$，$\boldsymbol{X}_{(2)}$，…，$\boldsymbol{X}_{(n)}$ 相互独立，$\boldsymbol{\mu}_i$ 是 p 维向量，$\boldsymbol{\Sigma}$ 为 p 阶正定矩阵，则由 $\boldsymbol{X}_{(1)}$，$\boldsymbol{X}_{(2)}$，…，$\boldsymbol{X}_{(n)}$ 组成的随机矩阵

$$\boldsymbol{W}=\sum_{i=1}^{n}\boldsymbol{X}_{(i)}\boldsymbol{X}_{(i)}^{\mathrm{T}} \tag{5-2-8}$$

的分布称为非中心威沙特（Wishart）分布，记为

$$\boldsymbol{W}\sim W_p(n,\boldsymbol{\Sigma},\boldsymbol{Z}) \tag{5-2-9}$$

式中，n 称为分布 $W_p(n,\boldsymbol{\Sigma},\boldsymbol{Z})$ 的自由度；$\boldsymbol{Z}=\boldsymbol{\mu\mu}^{\mathrm{T}}$ 为分布 $W_p(n,\boldsymbol{\Sigma},\boldsymbol{Z})$ 的非中心参数，且 $\boldsymbol{\mu}=(\boldsymbol{\mu}_1,\boldsymbol{\mu}_2,\cdots,\boldsymbol{\mu}_n)$。

当 $\boldsymbol{Z}=\boldsymbol{0}$ 时，该分布称为中心的威沙特分布，记为

$$\boldsymbol{W}\sim W_p(n,\boldsymbol{\Sigma}) \tag{5-2-10}$$

显然威沙特分布是 χ^2 分布在 p 维正态情况下的推广，因为当 $p=1$ 时，$\boldsymbol{W}\sim W_1(n,\boldsymbol{\Sigma})$ 就是 $\chi^2(n)$。

威沙特分布具有如下性质：

1）若 $W_1\sim W_p(m,\boldsymbol{\Sigma})$，$W_2\sim W_p(n,\boldsymbol{\Sigma})$，且 W_1 与 W_2 相互独立，则

$$W_1+W_2\sim W_p(m+n,\boldsymbol{\Sigma}) \tag{5-2-11}$$

2）若 $\boldsymbol{W}\sim W_p(n,\boldsymbol{\Sigma})$，$\boldsymbol{C}$ 是 $m\times p$ 阶矩阵，则

$$\boldsymbol{CWC}^{\mathrm{T}}\sim W_m(n,\boldsymbol{C\Sigma C}^{\mathrm{T}}) \tag{5-2-12}$$

2. 霍特林（Hotelling）T^2 分布

设 $\boldsymbol{X}\sim N_p(\boldsymbol{\mu},\boldsymbol{\Sigma})$，$\boldsymbol{S}\sim W_p(n,\boldsymbol{\Sigma})$ 且 $\boldsymbol{X}$ 与 $\boldsymbol{S}$ 相互独立，$n\geqslant p$，则称统计量

$$T^2=n\boldsymbol{X}^{\mathrm{T}}\boldsymbol{S}^{-1}\boldsymbol{X} \tag{5-2-13}$$

的分布为非中心霍特林（Hotelling）T^2 分布，记为

$$T^2\sim T^2(p,n,\boldsymbol{\mu}) \tag{5-2-14}$$

当 $\boldsymbol{\mu}=\boldsymbol{0}$ 时，称 T^2 服从（中心）霍特林（Hotelling）T^2 分布，记为

$$T^2\sim T^2(p,n) \tag{5-2-15}$$

显然该分布是一元 t 分布的多元推广。

在一元统计中，若统计量 $t\sim t(n-1)$ 分布，则 $t^2\sim F(1,n-1)$ 分布，即把 t 分布的统计量转化为 F 分布的统计量来处理，在多元统计分析中 T^2 统计量也有类似性质。

设 $\boldsymbol{X}\sim N_p(\boldsymbol{0},\boldsymbol{\Sigma})$，$\boldsymbol{S}\sim W_p(n,\boldsymbol{\Sigma})$，且 $\boldsymbol{X}$ 与 $\boldsymbol{S}$ 相互独立，$n\geqslant p$，令 $T^2=n\boldsymbol{X}^{\mathrm{T}}\boldsymbol{S}^{-1}\boldsymbol{X}$，则

$$\frac{n-p+1}{np}T^2\sim F(p,n-p+1) \tag{5-2-16}$$

3. 威尔克斯（Wilks）分布

设 $\boldsymbol{A}\sim W_p(n,\boldsymbol{\Sigma})(\boldsymbol{\Sigma}>\boldsymbol{0},n\geqslant p)$，$\boldsymbol{B}\sim W_p(l,\boldsymbol{\Sigma})$，且 $\boldsymbol{A}$ 与 $\boldsymbol{B}$ 相互独立，则称随机变量

$$\Lambda=\frac{|\boldsymbol{A}|}{|\boldsymbol{A}+\boldsymbol{B}|} \tag{5-2-17}$$

为威尔克斯（Wilks）Λ 变量，它服从的分布为威尔克斯（Wilks）分布，记为

$$\Lambda\sim\Lambda(p,n,l) \tag{5-2-18}$$

Λ 分布具有如下性质：

1）$\Lambda\sim\Lambda(p,n,l)$ 与 $\Lambda\sim\Lambda(l,n+l-p,p)$ 的分布相同。

2）设 $\Lambda \sim \Lambda(p,n,l)$，则当 $n\to\infty$ 时，有

$$-r\ln\Lambda \sim \chi^2(pl) \tag{5-2-19}$$

式中，$r=n-\dfrac{1}{2}(p-l+1)$。

3）Λ 分布与 F 分布的关系，如表 5-1 所示。

表 5-1　$\Lambda(p,n,l)$ 分布与 F 分布的关系（$n>p$）

p	l	F	自由度
任意	1	$F=\dfrac{(n-p+1)(1-\Lambda)}{p\Lambda}$	$(p,n-p+1)$
任意	2	$F=\dfrac{(n-p)(1-\sqrt{\Lambda})}{p\sqrt{\Lambda}}$	$(2p,2(n-p))$
1	任意	$F=\dfrac{n(1-\Lambda)}{l\Lambda}$	(l,n)
2	任意	$F=\dfrac{(n-1)(1-\sqrt{\Lambda})}{l\sqrt{\Lambda}}$	$(2l,2(n-1))$

5.3　多元正态分布参数估计

在实际应用中，多元正态分布中的均值向量 $\boldsymbol{\mu}$ 和协差阵 $\boldsymbol{\Sigma}$ 通常是未知的，需要由样本数据资料来估计，而参数估计的方法有很多，这里用最常见的极大似然估计法给出估计量。

5.3.1　多元正态分布参数的极大似然估计

设 $\boldsymbol{X}_{(1)}$，$\boldsymbol{X}_{(2)}$，…，$\boldsymbol{X}_{(n)}$ 为来自于总体 $X\sim N_p(\boldsymbol{\mu},\boldsymbol{\Sigma})$ 的样本，其总体均值向量 $\boldsymbol{\mu}$ 和协差阵 $\boldsymbol{\Sigma}$ 未知。

对于一元正态分布的概率密度函数为

$$f(x)=\frac{1}{\sqrt{2\pi}\sigma}\mathrm{e}^{-\frac{(x-\mu)^2}{2\sigma^2}}=(2\pi)^{-\frac{1}{2}}\sigma^{-1}\exp\left[-\frac{1}{2}(x-\mu)(\sigma^2)^{-1}(x-\mu)\right] \tag{5-3-1}$$

类似推广到 p 元正态分布的概率密度函数为

$$f(x)=(2\pi)^{-\frac{p}{2}}|\boldsymbol{\Sigma}|^{-\frac{1}{2}}\exp\left[-\frac{1}{2}(\boldsymbol{x}-\boldsymbol{\mu})^{\mathrm{T}}(\boldsymbol{\Sigma})^{-1}(\boldsymbol{x}-\boldsymbol{\mu})\right] \tag{5-3-2}$$

这里 $\boldsymbol{x}$ 是 p 维向量。

所以，可构建总体均值向量 $\boldsymbol{\mu}$ 和协差阵 $\boldsymbol{\Sigma}$ 的极大似然估计函数

$$L(\boldsymbol{\mu},\boldsymbol{\Sigma})=\prod_{i=1}^{n}\left\{(2\pi)^{-\frac{p}{2}}|\boldsymbol{\Sigma}|^{-\frac{1}{2}}\exp\left[-\frac{1}{2}(\boldsymbol{X}_{(i)}-\boldsymbol{\mu})^{\mathrm{T}}(\boldsymbol{\Sigma})^{-1}(\boldsymbol{X}_{(i)}-\boldsymbol{\mu})\right]\right\} \tag{5-3-3}$$

即

$$L(\boldsymbol{\mu},\boldsymbol{\Sigma})=\frac{1}{(2\pi)^{\frac{pn}{2}}|\boldsymbol{\Sigma}|^{\frac{n}{2}}}\exp\left\{-\frac{1}{2}\sum_{i=1}^{n}\left[(\boldsymbol{X}_{(i)}-\boldsymbol{\mu})^{\mathrm{T}}(\boldsymbol{\Sigma})^{-1}(\boldsymbol{X}_{(i)}-\boldsymbol{\mu})\right]\right\} \tag{5-3-4}$$

对极大似然函数取对数，同时对 $\boldsymbol{\mu}$ 和 $\boldsymbol{\Sigma}$ 求偏导，并令偏导数为零，则可求出 $\boldsymbol{\mu}$ 和 $\boldsymbol{\Sigma}$ 的极大似然估计为

$$\hat{\boldsymbol{\mu}}=\overline{\boldsymbol{X}},\ \hat{\boldsymbol{\Sigma}}=\frac{1}{n}\sum_{i=1}^{n}(\boldsymbol{X}_{(i)}-\overline{\boldsymbol{X}})(\boldsymbol{X}_{(i)}-\overline{\boldsymbol{X}})^{\mathrm{T}}=\boldsymbol{S} \tag{5-3-5}$$

5.3.2 参数估计量的基本性质

$\boldsymbol{\mu}$ 和 $\boldsymbol{\Sigma}$ 的极大似然估计 $\overline{\boldsymbol{X}}$ 和 $\boldsymbol{S}$ 具有如下性质：

1）$E(\overline{\boldsymbol{X}})=\boldsymbol{\mu}$，即 $\overline{\boldsymbol{X}}$ 是 $\boldsymbol{\mu}$ 的无偏估计。由于 $E\left(\frac{1}{n}\boldsymbol{S}\right)=\frac{n-1}{n}\boldsymbol{\Sigma}$，所以可以得出 $\frac{1}{n}\boldsymbol{S}$ 不是 $\boldsymbol{\Sigma}$ 的无偏估计。而 $E\left(\frac{1}{n-1}\boldsymbol{S}\right)=\boldsymbol{\Sigma}$，即 $V=\frac{1}{n-1}\boldsymbol{S}$ 是 $\boldsymbol{\Sigma}$ 的无偏估计。

2）$\overline{\boldsymbol{X}}$ 和 $\frac{1}{n-1}\boldsymbol{S}$ 分别是 $\boldsymbol{\mu}$ 和 $\boldsymbol{\Sigma}$ 的有效估计。

3）$\overline{\boldsymbol{X}}$ 和 $\frac{1}{n-1}\boldsymbol{S}\left(\text{或}\frac{1}{n}\boldsymbol{S}\right)$ 分别是 $\boldsymbol{\mu}$ 和 $\boldsymbol{\Sigma}$ 的一致估计（相合估计）。

4）$\overline{\boldsymbol{X}}\sim N_p\left(\boldsymbol{\mu},\frac{1}{n}\boldsymbol{\Sigma}\right)$。

5）$\overline{\boldsymbol{X}}$ 与 $\boldsymbol{S}$ 相互独立。

5.4 多元正态分布参数假设检验

5.4.1 多元正态分布均值向量检验

设随机向量 $\boldsymbol{X}=(X_1,X_2,\cdots,X_p)^{\mathrm{T}}\sim N_p(\boldsymbol{\mu},\boldsymbol{\Sigma})$。$p$ 维正态随机向量的每一个分量都是一元正态变量，若将 p 维均值向量的检验问题化为 p 个一元正态的均值检验问题，虽然可以使问题简化，但忽略了 p 个分量间的互相依赖关系，常常得不出正确的结论。

1. $\boldsymbol{\Sigma}$ 已知时单个总体均值向量的检验

设随机向量 $\boldsymbol{X}_{(1)}$，$\boldsymbol{X}_{(2)}$，…，$\boldsymbol{X}_{(n)}$ 是来自于总体 $N_p(\boldsymbol{\mu},\boldsymbol{\Sigma})$ 的样本，提出假设

$$H_0:\ \boldsymbol{\mu}=\boldsymbol{\mu}_0,\ H_1:\ \boldsymbol{\mu}\neq\boldsymbol{\mu}_0$$

1）当 $p=1$ 时，统计量

$$Z=\frac{\overline{X}-\mu_0}{\sigma}\sqrt{n}\sim N(0,1) \tag{5-4-1}$$

2）当 $p>1$ 时，设统计量

$$T^2=n\ (\overline{\boldsymbol{X}}-\boldsymbol{\mu}_0)^{\mathrm{T}}\boldsymbol{\Sigma}^{-1}(\overline{\boldsymbol{X}}-\boldsymbol{\mu}_0)$$

在原假设 H_0 下，$\overline{\boldsymbol{X}}\sim N_p\left(\boldsymbol{\mu}_0,\frac{1}{n}\boldsymbol{\Sigma}\right)$，则

$$\boldsymbol{Y}=\sqrt{n}\boldsymbol{\Sigma}^{-\frac{1}{2}}(\overline{\boldsymbol{X}}-\boldsymbol{\mu}_0)\sim N_p(\boldsymbol{0},\boldsymbol{I}_p) \tag{5-4-2}$$

且

$$T^2=n\ (\overline{\boldsymbol{X}}-\boldsymbol{\mu}_0)^{\mathrm{T}}\boldsymbol{\Sigma}^{-1}(\overline{\boldsymbol{X}}-\boldsymbol{\mu}_0)=\boldsymbol{Y}^{\mathrm{T}}\boldsymbol{Y}\sim\chi^2(p) \tag{5-4-3}$$

这里 $(\boldsymbol{\Sigma}^{-\frac{1}{2}})^{\mathrm{T}}(\boldsymbol{\Sigma}^{-\frac{1}{2}})=\boldsymbol{\Sigma}^{-1}$。故得出下面结论。

设随机向量 $\boldsymbol{X}_{(1)}$，$\boldsymbol{X}_{(2)}$，…，$\boldsymbol{X}_{(n)}$是来自于总体 $N_p(\boldsymbol{\mu},\boldsymbol{\Sigma})$ 的样本，且 $\boldsymbol{\Sigma}$ 已知。

提出假设

$$H_0: \boldsymbol{\mu}=\boldsymbol{\mu}_0,\ H_1: \boldsymbol{\mu}\neq\boldsymbol{\mu}_0$$

则

$$T^2=n(\overline{\boldsymbol{X}}-\boldsymbol{\mu}_0)^{\mathrm{T}}\boldsymbol{\Sigma}^{-1}(\overline{\boldsymbol{X}}-\boldsymbol{\mu}_0)=\boldsymbol{Y}^{\mathrm{T}}\boldsymbol{Y}\sim\chi^2(p)$$

原假设的拒绝域为 $T^2>\chi^2_\alpha(p)$。

2. $\boldsymbol{\Sigma}$ 未知时单个总体均值向量的检验

用样本协方差$\dfrac{\boldsymbol{S}}{n-1}$来替换 $\boldsymbol{\Sigma}$，即

$$T^2=n(n-1)(\overline{\boldsymbol{X}}-\boldsymbol{\mu}_0)^{\mathrm{T}}\boldsymbol{S}^{-1}(\overline{\boldsymbol{X}}-\boldsymbol{\mu}_0)$$

提出假设

$$H_0: \boldsymbol{\mu}=\boldsymbol{\mu}_0,\ H_1: \boldsymbol{\mu}\neq\boldsymbol{\mu}_0$$

则

$$\overline{\boldsymbol{X}}\sim N_p\left(\boldsymbol{\mu}_0,\frac{1}{n}\boldsymbol{\Sigma}\right) \tag{5-4-4}$$

$$\overline{\boldsymbol{X}}-\boldsymbol{\mu}_0\sim N_p\left(\boldsymbol{0},\frac{1}{n}\boldsymbol{\Sigma}\right) \tag{5-4-5}$$

$$\boldsymbol{S}=\sum_{i=1}^{n}(\boldsymbol{X}_{(i)}-\overline{\boldsymbol{X}})(\boldsymbol{X}_{(i)}-\overline{\boldsymbol{X}})^{\mathrm{T}}\sim W_p(n-1,\boldsymbol{\Sigma}) \tag{5-4-6}$$

由 T^2 分布定义知

$$\begin{aligned}T^2&=n(n-1)(\overline{\boldsymbol{X}}-\boldsymbol{\mu}_0)^{\mathrm{T}}\boldsymbol{S}^{-1}(\overline{\boldsymbol{X}}-\boldsymbol{\mu}_0)\\&=(n-1)[\sqrt{n}(\overline{\boldsymbol{X}}-\boldsymbol{\mu}_0)]^{\mathrm{T}}\boldsymbol{S}^{-1}[\sqrt{n}(\overline{\boldsymbol{X}}-\boldsymbol{\mu}_0)]\sim T^2(p,n-1)\end{aligned}$$

利用 T^2 与 F 分布的关系，检验统计量取为

$$\frac{n-p}{(n-1)p}T^2\sim F(p,n-p) \tag{5-4-7}$$

原假设的拒绝域为 $F>F_\alpha(p,n-p)$。

例 5.1　某小麦良种的四个主要经济性状的理论值为

$$\boldsymbol{\mu}_0=(22.75,32.75,51.50,61.50)^{\mathrm{T}}$$

现在从外地引进新品种，在 21 个小区种植，取得表 5-2 所示的数据。设新品种的四个性状 $\boldsymbol{X}=(X_1,X_2,X_3,X_4)^{\mathrm{T}}\sim N_4(\boldsymbol{\mu},\boldsymbol{\Sigma})$，试检验假设 H_0：$\mu=\mu_0(\alpha=0.05)$。

表 5-2　某小麦良种的四个主要经济性状

性　状	小　区　号						
	1	2	3	4	5	6	7
X_1	22.88	22.74	22.60	22.93	22.74	22.53	22.67
X_2	32.81	32.56	32.76	32.95	32.74	32.53	32.58
X_3	51.51	51.49	51.50	51.17	51.45	51.36	51.44
X_4	61.53	61.39	61.22	61.91	61.56	61.22	61.30

（续）

性　状	小　区　号						
	8	9	10	11	12	13	14
X_1	22.74	22.62	22.67	22.82	22.67	22.81	22.67
X_2	32.67	32.57	32.67	32.80	32.67	32.67	32.67
X_3	51.44	51.23	51.64	51.32	51.21	51.43	51.43
X_4	60.30	61.39	61.50	61.97	61.49	61.15	61.15
性　状	小　区　号						
	15	16	17	18	19	20	21
X_1	22.81	23.02	23.02	23.15	22.88	23.16	23.13
X_2	33.02	33.05	32.95	33.15	33.06	32.78	32.95
X_3	51.70	51.48	51.55	51.58	51.45	51.48	31.38
X_4	61.49	61.44	61.62	61.65	61.54	61.41	61.58

【解析】 由于

$$\overline{\boldsymbol{X}}=(\overline{X}_1,\overline{X}_2,\overline{X}_3,\overline{X}_4)^{\mathrm{T}}=(22.82,32.79,51.45,61.38)^{\mathrm{T}}$$

$$V=\frac{1}{21-1}\sum_{h=1}^{21}(\boldsymbol{X}_h-\overline{\boldsymbol{X}})(\boldsymbol{X}_h-\overline{\boldsymbol{X}})^{\mathrm{T}}=\begin{pmatrix}70.3076 & & & \\ -52.1469 & 73.5511 & & \\ 3.4462 & -19.3637 & 90.498 & \\ -6.9624 & 1.2022 & -33.6989 & 40.0895\end{pmatrix}$$

$$T^2=21\,(\overline{\boldsymbol{X}}-\boldsymbol{\mu}_0)^{\mathrm{T}}\boldsymbol{V}^{-1}(\overline{\boldsymbol{X}}-\boldsymbol{\mu}_0)=15.2910$$

查表得 $F_{0.05}(4,17)=2.96$，因为

$$F=\frac{n-p}{p(n-1)}T^2=\frac{17}{4\times 20}T^2=3.2493$$

$$F>F_{0.05}(4,17)$$

故拒绝假设 H_0。

3. 单个总体均值向量间结构关系的检验

设 $\boldsymbol{X}$ 是来自于单个总体的随机向量，且 $\boldsymbol{X}\sim N_p(\boldsymbol{\mu},\boldsymbol{\Sigma})$，$\boldsymbol{\mu}=(\mu_1,\mu_2,\cdots,\mu_p)^{\mathrm{T}}$。

我们分析假设 H_0：$\mu_1=\mu_2=\cdots=\mu_p$ 的检验问题。该假设 H_0 等价于 $\boldsymbol{C\mu}=\boldsymbol{0}$ 的假设检验，这里

$$\boldsymbol{C}=\begin{pmatrix}1 & -1 & 0 & \cdots & 0\\ 1 & 0 & -1 & \cdots & 0\\ \vdots & \vdots & \vdots & & \vdots\\ 1 & 0 & 0 & \cdots & -1\end{pmatrix}_{(p-1)\times p}$$

这样就将 H_0：$\mu_1=\mu_2=\cdots=\mu_p$ 的检验问题转化为单个总体均值向量的检验问题。

注意：这里的 C 不是唯一的。例如，C 也可以设为 $C=\begin{pmatrix}1 & -1 & \cdots & 0 & 0\\ 0 & 1 & \cdots & 0 & 0\\ \vdots & \vdots & & \vdots & \vdots\\ 0 & 0 & \cdots & 1 & -1\end{pmatrix}_{(p-1)\times p}$。

类似地，把对单个总体均值分量间结构关系的假设检验转化为对单个总体均值向量的假设检验，即提出假设

$$H_0: \boldsymbol{C\mu}=\boldsymbol{\mu}_0$$

这里矩阵 $\boldsymbol{C}$ 的秩等于 $\boldsymbol{C}$ 的行数。

设 $\boldsymbol{Y}=\boldsymbol{CX}$，则 $\boldsymbol{Y}\sim N_p(\boldsymbol{C\mu},\boldsymbol{C\Sigma C}^{\mathrm{T}})$，即总体均值向量为 $\boldsymbol{\mu}^*=\boldsymbol{C\mu}$，总体协方差矩阵为 $\boldsymbol{\Sigma}^*=\boldsymbol{C\Sigma C}^{\mathrm{T}}$，随机样本离差阵为 $\boldsymbol{S}^*=\boldsymbol{CSC}^{\mathrm{T}}$。

1）当 $\boldsymbol{\Sigma}$ 已知时，可得检验统计量为

$$T^2=n(\overline{\boldsymbol{Y}}-\boldsymbol{\mu}_0)^{\mathrm{T}}(\boldsymbol{\Sigma}^*)^{-1}(\overline{\boldsymbol{Y}}-\boldsymbol{\mu}_0)\sim\chi^2(p) \tag{5-4-8}$$

2）当 $\boldsymbol{\Sigma}$ 未知时，可得检验统计量为

$$T^2=n(n-1)(\overline{\boldsymbol{Y}}-\boldsymbol{\mu}_0)^{\mathrm{T}}(\boldsymbol{S}^*)^{-1}(\overline{\boldsymbol{Y}}-\boldsymbol{\mu}_0) \tag{5-4-9}$$

即

$$\frac{n-p}{(n-1)p}T^2\sim F(p,n-p) \tag{5-4-10}$$

例 5.2　假定人类的体形一般有这样的规律：身高、胸围和上臂围平均比例为 6∶4∶1。现调研某地区农村男婴的体形测量数据如表 5-3 所示。试检验该地区农村男婴身高、胸围和上臂围平均比例是否符合这一规律。($\alpha=0.05$)

表 5-3　某地区农村男婴的体形测量数据

编　号	身高/cm	胸围/cm	上臂围/cm
1	78	60.6	16.5
2	76	58.1	12.5
3	92	63.2	14.4
4	81	59.0	14.0
5	81	60.8	15.5
6	84	59.5	14.0

【解析】　设身高、胸围和上臂围所构成的随机向量为 $\boldsymbol{X}=(X_1,X_2,X_3)^{\mathrm{T}}$。提出假设

$$H_0: \frac{1}{6}\mu_1=\frac{1}{4}\mu_2=\mu_3;\ H_1: \frac{1}{6}\mu_1,\ \frac{1}{4}\mu_2,\ \mu_3 \text{ 至少有两个不相等}$$

设 $\boldsymbol{C}=\begin{pmatrix}2 & -3 & 0\\ 1 & 0 & -6\end{pmatrix}$ 和 $\boldsymbol{Y}=\boldsymbol{CX}$，并设 $\boldsymbol{\mu}^*=(\mu_1^*,\mu_2^*)^{\mathrm{T}}$ 为随机向量 $\boldsymbol{Y}$ 的总体均值向量，则 H_0: $\frac{1}{6}\mu_1=\frac{1}{4}\mu_2=\mu_3$ 可等价于假设

$$H_0^*: \boldsymbol{\mu}^*=\boldsymbol{C\mu}=\boldsymbol{0};\ H_1^*: \boldsymbol{\mu}^*=\boldsymbol{C\mu}\neq\boldsymbol{0}$$

由于 $\boldsymbol{\Sigma}$ 未知，则构建检验统计量

$$T^2=n(n-1)(\overline{\boldsymbol{Y}}-\boldsymbol{\mu}_0)^{\mathrm{T}}(\boldsymbol{S}^*)^{-1}(\overline{\boldsymbol{Y}}-\boldsymbol{\mu}_0)$$
$$=n(\overline{\boldsymbol{Y}}-\boldsymbol{\mu}_0)^{\mathrm{T}}(\boldsymbol{V}^*)^{-1}(\overline{\boldsymbol{Y}}-\boldsymbol{\mu}_0)$$

其中 $n=6$，$p=2$（$\boldsymbol{Y}=\boldsymbol{CX}$ 为二维随机向量），$\boldsymbol{\mu}_0=(0,0)^{\mathrm{T}}$。由表 5-3 的数据可计算得 $T^2=47.143$，则

$$F=\frac{n-p}{(n-1)p}T^2=\frac{6-2}{(6-1)\times 2}\times 47.143=18.8572>F_{0.05}(2,4)=6.94$$

所以拒绝原假设，即认为该地区农村男婴身高、胸围和上臂围平均比例不符合 6∶4∶1 这一规律。

4. 两总体协差阵相等（而 $\boldsymbol{\Sigma}$ 未知）时均值向量的检验

设随机向量 $\boldsymbol{X}_{(1)}$，$\boldsymbol{X}_{(2)}$，…，$\boldsymbol{X}_{(n)}$ 是来自于总体 $N_p(\boldsymbol{\mu}_1,\boldsymbol{\Sigma})$ 的样本，$\boldsymbol{Y}_{(1)}$，$\boldsymbol{Y}_{(2)}$，…，$\boldsymbol{Y}_{(m)}$ 是来自于总体 $N_p(\boldsymbol{\mu}_2,\boldsymbol{\Sigma})$ 的样本，$\boldsymbol{\Sigma}$ 未知，且两总体相互独立，要检验两总体均值是否相等，即

$$H_0:\ \boldsymbol{\mu}_1=\boldsymbol{\mu}_2,\ H_1:\ \boldsymbol{\mu}_1\neq\boldsymbol{\mu}_2$$

1）当 $p=1$ 时，由于 $\overline{X}\sim N_1\left(\mu_1,\dfrac{\sigma^2}{n}\right)$，$\overline{Y}\sim N_1\left(\mu_2,\dfrac{\sigma^2}{m}\right)$，且相互独立，在原假 H_0：$\mu=\mu_0$ 下，有

$$t=\frac{\dfrac{(\overline{X}-\overline{Y})}{\sqrt{\dfrac{1}{n}+\dfrac{1}{m}}}}{\sqrt{\dfrac{\sum\limits_{i=1}^{n}(X_{(i)}-\overline{X})^2+\sum\limits_{j=1}^{m}(Y_{(j)}-\overline{Y})^2}{n+m-2}}}\sim t(n+m-2) \tag{5-4-11}$$

显然

$$t^2=\frac{nm}{n+m}(\overline{X}-\overline{Y})^{\mathrm{T}}\Lambda^{-1}(\overline{X}-\overline{Y})\sim F(1,n+m-2) \tag{5-4-12}$$

其中

$$\Lambda=\frac{\sum\limits_{i=1}^{n}(X_{(i)}-\overline{X})^2+\sum\limits_{j=1}^{m}(Y_{(j)}-\overline{Y})^2}{n+m-2} \tag{5-4-13}$$

2）当 $p>1$ 时，可以得到形式类似的统计量 T^2。

提出假设

$$H_0:\ \boldsymbol{\mu}_1=\boldsymbol{\mu}_2,\ H_1:\ \boldsymbol{\mu}_1\neq\boldsymbol{\mu}_2$$

由于 $(\overline{\boldsymbol{X}}-\overline{\boldsymbol{Y}})\sim N_p\left(\boldsymbol{0},\left(\dfrac{1}{n}+\dfrac{1}{m}\right)\boldsymbol{\Sigma}\right)$，则

$$\sqrt{\frac{nm}{n+m}}(\overline{\boldsymbol{X}}-\overline{\boldsymbol{Y}})\sim N_p(\boldsymbol{0},\boldsymbol{\Sigma}) \tag{5-4-14}$$

$$\boldsymbol{S}_1=\sum_{i=1}^{n}(\boldsymbol{X}_{(i)}-\overline{\boldsymbol{X}})(\boldsymbol{X}_{(i)}-\overline{\boldsymbol{X}})^{\mathrm{T}}\sim W_p(n-1,\boldsymbol{\Sigma}) \tag{5-4-15}$$

$$\boldsymbol{S}_2=\sum_{j=1}^{m}(\boldsymbol{Y}_{(j)}-\overline{\boldsymbol{Y}})(\boldsymbol{Y}_{(j)}-\overline{\boldsymbol{Y}})^{\mathrm{T}}\sim W_p(m-1,\boldsymbol{\Sigma}) \tag{5-4-16}$$

且 $\boldsymbol{S}_1$ 与 $\boldsymbol{S}_2$ 相互独立，由威沙特分布的性质，得

$$\boldsymbol{S}_1+\boldsymbol{S}_2\sim W_p(n+m-2,\boldsymbol{\Sigma}) \tag{5-4-17}$$

由 T^2 统计量定义知

$$T^2=(n+m-2)\frac{nm}{n+m}(\overline{\boldsymbol{X}}-\overline{\boldsymbol{Y}})^{\mathrm{T}}(\boldsymbol{S}_1+\boldsymbol{S}_2)^{-1}(\overline{\boldsymbol{X}}-\overline{\boldsymbol{Y}})\sim T^2(p,n+m-1) \tag{5-4-18}$$

设

$$\boldsymbol{V}_e=\frac{\sum_{i=1}^{n}(\boldsymbol{X}_{(i)}-\overline{\boldsymbol{X}})(\boldsymbol{X}_{(i)}-\overline{\boldsymbol{X}})^{\mathrm{T}}+\sum_{j=1}^{m}(\boldsymbol{Y}_{(j)}-\overline{\boldsymbol{Y}})(\boldsymbol{Y}_{(j)}-\overline{\boldsymbol{Y}})^{\mathrm{T}}}{n+m-2} \tag{5-4-19}$$

即 $\boldsymbol{V}_e=\dfrac{\boldsymbol{S}_1+\boldsymbol{S}_2}{n+m-2}$，则

$$T^2=\frac{nm}{n+m}(\overline{\boldsymbol{X}}-\overline{\boldsymbol{Y}})^{\mathrm{T}}\boldsymbol{V}_e^{-1}(\overline{\boldsymbol{X}}-\overline{\boldsymbol{Y}})\sim T^2(p,n+m-1) \tag{5-4-20}$$

利用 T^2 与 F 分布的关系，检验统计量取为

$$F=\frac{(n+m-2)-p+1}{(n+m-2)p}T^2\sim F(p,n+m-p-1) \tag{5-4-21}$$

原假设的拒绝域为 $F>F_\alpha(p,n+m-p-1)$。

5.4.2　多元正态分布协方差检验

1. 单个 p 元正态总体协方差阵的检验

设随机向量 $\boldsymbol{X}_{(1)}$，$\boldsymbol{X}_{(2)}$，…，$\boldsymbol{X}_{(n)}$ 是来自于总体 $N_p(\boldsymbol{\mu},\boldsymbol{\Sigma})$ 的样本。

提出假设

$$H_0:\ \boldsymbol{\Sigma}=\boldsymbol{\Sigma}_0,\quad H_1:\ \boldsymbol{\Sigma}\neq\boldsymbol{\Sigma}_0$$

1）当 $\boldsymbol{\Sigma}_0=\boldsymbol{I}_p$ 时，构造统计量

$$\lambda=\left(\frac{\mathrm{e}}{n}\right)^{\frac{np}{2}}|\boldsymbol{S}|^{\frac{n}{2}}\exp\left[-\frac{1}{2}\mathrm{tr}(\boldsymbol{S})\right] \tag{5-4-22}$$

其中 $\boldsymbol{S}=\sum_{i=1}^{n}(\boldsymbol{X}_{(i)}-\overline{\boldsymbol{X}})(\boldsymbol{X}_{(i)}-\overline{\boldsymbol{X}})^{\mathrm{T}}$。

当样本容量 n 很大且 H_0 成立时，统计量 $-2\ln\lambda$ 渐近服从 $\chi^2\left(\dfrac{p(p+1)}{2}\right)$ 分布。

2）当 $\boldsymbol{\Sigma}_0\neq\boldsymbol{I}_p$ 时，由 $\boldsymbol{\Sigma}_0$ 的定义式可得出该矩阵是正定的，所以存在可逆阵 $\boldsymbol{D}$，使得 $\boldsymbol{D}\boldsymbol{\Sigma}_0\boldsymbol{D}^{\mathrm{T}}=\boldsymbol{I}_p$。令 $\boldsymbol{Y}_{(i)}=\boldsymbol{D}\boldsymbol{X}_{(i)}$，则 $\boldsymbol{Y}_{(i)}\sim N_p(\boldsymbol{D}\boldsymbol{\mu},\boldsymbol{D}\boldsymbol{\Sigma}_0\boldsymbol{D}^{\mathrm{T}})$，即 $\boldsymbol{Y}_{(i)}\sim N_p(\boldsymbol{\mu}^*,\boldsymbol{I}_p)$。

构造统计量

$$\lambda=\left(\frac{\mathrm{e}}{n}\right)^{\frac{np}{2}}|\boldsymbol{S}^*|^{\frac{n}{2}}\exp\left[-\frac{1}{2}\mathrm{tr}(\boldsymbol{S}^*)\right] \tag{5-4-23}$$

其中 $\boldsymbol{S}^*=\sum_{i=1}^{n}(\boldsymbol{Y}_{(i)}-\overline{\boldsymbol{Y}})(\boldsymbol{Y}_{(i)}-\overline{\boldsymbol{Y}})^{\mathrm{T}}$。

当样本容量 n 很大且 H_0 成立时，统计量 $-2\ln\lambda$ 渐近服从 $\chi^2\left(\frac{p(p+1)}{2}\right)$ 分布。

2. 两个 p 元正态总体协方差阵相等的检验

设随机向量 $\boldsymbol{X}_{(1)}$，$\boldsymbol{X}_{(2)}$，…，$\boldsymbol{X}_{(n)}$ 是来自于总体 $N_p(\boldsymbol{\mu}_1,\boldsymbol{\Sigma}_1)$ 的样本，$\boldsymbol{Y}_{(1)}$，$\boldsymbol{Y}_{(2)}$，…，$\boldsymbol{Y}_{(m)}$ 是来自于总体 $N_p(\boldsymbol{\mu}_2,\boldsymbol{\Sigma}_2)$ 的样本，且两总体相互独立。

提出假设

$$H_0:\ \boldsymbol{\Sigma}_1=\boldsymbol{\Sigma}_2,\ H_1:\ \boldsymbol{\Sigma}_1\neq\boldsymbol{\Sigma}_2$$

构造统计量

$$\lambda=\frac{(n+m-2)^{p(n+m-2)/2}\,|\boldsymbol{S}_1|^{(n-1)/2}\,|\boldsymbol{S}_2|^{(m-1)/2}}{(n-1)^{p(n-1)/2}(m-1)^{p(m-1)/2}\,|\boldsymbol{S}_1+\boldsymbol{S}_2|^{(n+m-2)/2}} \tag{5-4-24}$$

式中，$\boldsymbol{S}_1=\sum\limits_{i=1}^{n}(\boldsymbol{X}_{(i)}-\overline{\boldsymbol{X}})(\boldsymbol{X}_{(i)}-\overline{\boldsymbol{X}})^{\mathrm{T}}$，$\boldsymbol{S}_2=\sum\limits_{i=1}^{m}(\boldsymbol{Y}_{(i)}-\overline{\boldsymbol{Y}})(\boldsymbol{Y}_{(i)}-\overline{\boldsymbol{Y}})^{\mathrm{T}}$。

当样本容量 n 很大且 H_0 成立时，统计量 $-2(1-d)\ln\lambda$ 渐近服从 $\chi^2\left(\frac{p(p+1)}{2}\right)$ 分布，其中，$d=\frac{2p^2+3p-1}{6(p+1)}\left(\frac{1}{n-1}+\frac{1}{m-1}-\frac{1}{n+m-2}\right)$。

练习题

1. 如果正态随机向量 $\boldsymbol{X}=(X_1,X_2,\cdots,X_p)^{\mathrm{T}}$ 的协方差阵 $\boldsymbol{\Sigma}$ 为对角阵，证明 $\boldsymbol{X}$ 的分量是相互独立的随机变量。

2. Y_1 和 Y_2 是相互独立的随机变量，且 $Y_1\sim N(0,1)$，$Y_2\sim N(3,4)$。

（1）试求 Y_1^2 的分布。

（2）如果 $\boldsymbol{Y}=\begin{pmatrix}Y_1\\(Y_2-3)/2\end{pmatrix}$，写出 $\boldsymbol{Y}^{\mathrm{T}}\boldsymbol{Y}$ 关于 Y_1 与 Y_2 的表达式，并写出 $\boldsymbol{Y}^{\mathrm{T}}\boldsymbol{Y}$ 的分布。

3. 设 $\boldsymbol{X}=(X_1,X_2)^{\mathrm{T}}$，其联合概率分布如表 5-4 所示。

表 5-4　概率取值

X_1	X_2	
	0	1
-1	0.24	0.06
0	0.16	0.14
1	0.4	0

求 $E(\boldsymbol{X})$，$\mathrm{Cov}(\boldsymbol{X},\boldsymbol{X})$。

4. 设 $\boldsymbol{X}=(X_1,X_2)^{\mathrm{T}}$，$E(\boldsymbol{X})=\begin{pmatrix}\mu_1\\\mu_2\end{pmatrix}$，$\mathrm{Cov}(\boldsymbol{X},\boldsymbol{X})=\begin{pmatrix}\sigma_{11}&\sigma_{12}\\\sigma_{21}&\sigma_{22}\end{pmatrix}$，$\boldsymbol{Y}=(Y_1,Y_2)^{\mathrm{T}}$，求线性组合 $\boldsymbol{Y}=\begin{pmatrix}1&-1\\1&1\end{pmatrix}\boldsymbol{X}$ 的均值向量和协方差阵。

5. 在企业市场结构研究中，起决定作用的指标有市场份额、企业规模（资产净值总额的自然对数）、资本收益率和总收益增长率。为了研究美国市场的变动，有人抽取了美国 231 个大型企业，调查这些企业某十年的资料。假设以前企业市场结构的均值向量为 $\boldsymbol{\mu}_0=(20,7.5,10,2)^{\mathrm{T}}$，该调查所得的样本均值向量 $\overline{\boldsymbol{X}}=(20.92,8.06,11.78,1.090)^{\mathrm{T}}$ 和样本协方差阵 $\boldsymbol{V}=\begin{pmatrix}0.26 & 0.08 & 1.639 & 0.156\\ 0.08 & 1.513 & -0.222 & -0.019\\ 1.639 & -0.222 & 26.626 & 2.233\\ 0.156 & -0.019 & 2.233 & 1.346\end{pmatrix}$。试问企业的市场结构是否发生了变化？（$\alpha=0.05$）

第6章 方差分析

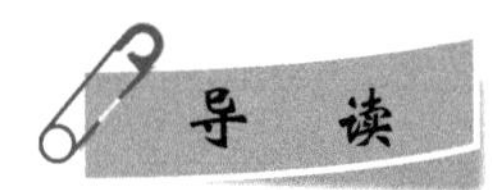

方差分析是总体均值检验问题的推广。方差分析，又称“变异数分析”，是用于两个及两个以上样本均值差别的显著性检验。通过分析研究不同来源的变异对总变异的贡献大小，从而确定可控因素对研究结果影响力的大小。本章基本内容包括：

根据影响试验指标条件的因素或自变量个数可以区分为单因素方差分析、双因素方差分析和多因素方差分析。

根据因变量的个数分为一元方差分析和多元方差分析。多元方差分析是一元方差分析的推广。作为一个多变量的分析过程，可以回答自变量的变化是否对因变量有显著影响，因变量之间的关系，自变量之间的关系。

学习要点：了解方差分析的基本原理，掌握单因素方差分析、无交互作用的双因素方差分析以及多元方差分析的检验统计方法。

6.1 方差分析原理

6.1.1 方差分析的意义

在科学实验和生产实践过程中，人们经常需要对影响观测对象的各种主要因素进行分析，以便寻找出各个因素在什么状态下能够使观测对象达到最佳效果。例如，在农业科学实验和农业生产活动中，影响农作物产量的主要因素有土地、品种、施肥量等。为了提高农作物的产量，就需要在不同的土地上比较不同的品种、施不同种类和不同数量的肥料对农作物产量的影响，并从中找出最适宜于多种类型土地种植的农作物品种、施用肥料的种类和数量，以便因地制宜选择农作物品种和肥料，发展农业生产。又如，在市场研究中，在价格一定条件下，影响商品销售量的因素有商品的包装和促销方式等，这就需要比较商品的不同包装方式和促销方式对商品销售量的影响，找出最佳的包装和促销方式，以提高销售业绩。为了解决此类问题，首先需要在各种主要影响因素的不同状态下对人们所研究的变量的取值进行观测，然后再对观测数据进行比较分析。方差分析就是分析推断各种因素的不同状态对所观测对象（变量）的影响（或变异）效应是否显著的一种统计分析方法。

方差分析起源于对农业田间实验数据的分析研究，它是由著名统计学家费希尔（Fisher）于20世纪20年代创立和发展起来的。方差分析和实验设计现在已经成为统计学中的一个重要分支。目前，方差分析不仅在农业科学实验和农业生产中有着广泛应用，而且在工业产品的试制与配方，以及物理与化学实验乃至生物学和医学等自然科学领域中发挥重要作用。即使在人们对研究对象的影响因素难以控制的社会科学领域和经济管理活动中，如在社会学的研究和市场研究等方面，方差分析的应用也日益广泛。

6.1.2 方差分析的基本原理

前述的 t 检验和 Z 检验适用于两个样本均值的比较，对于 k 个样本均值的比较，如果仍用 t 检验或 Z 检验，需比较 $C_k^2=\frac{k!}{2!(k-2)!}$ 次。如四个样本均值需比较 $C_4^2=\frac{4!}{2!(4-2)!}=\frac{4\times3\times2\times1}{(2\times1)\times(2\times1)}=6$ 次。假设每次比较所确定的检验显著性水平 $\alpha=0.05$，则每次检验拒绝 H_0 不犯第一类错误的概率为 $1-0.05=0.95=95\%$；那么四个样本均值比较所需的6次检验都不犯第一类错误的概率为 $(1-0.05)^6=0.7351$，而犯第一类错误的概率为0.2649。所以用 t 检验法和 Z 检验法检验多个样本均值的比较问题犯第一类错误的概率较大，因而不适用于多个样本均值比较的检验。用方差分析比较多个样本均值，可有效地控制第一类错误。方差分析（analysis of variance，ANOVA）由英国统计学家费希尔首先提出，以 F 命名其统计量，故方差分析又称 F 检验。

下面通过表6-1所示的资料介绍方差分析的基本原理。

例6.1 有四组进食高脂饮食的家兔，接受不同处理后，测定其血清ACE（血管紧张素转化酶）浓度（见表6-1），试比较四组家兔的血清ACE浓度。

表6-1 对照组及各实验组家兔血清ACE浓度 （单位：u/mL）

样本	对照组	实验组		
		A降脂药	B降脂药	C降脂药
1	61.24	82.35	26.23	25.46
2	58.65	56.47	46.87	38.79
3	46.79	61.57	24.36	13.55
4	37.43	48.79	38.54	19.45
5	66.54	62.54	42.16	34.56
6	59.27	60.87	30.33	10.96
7	—	—	20.68	48.23
分组样本和	329.92	372.59	229.17	191.00
分组样本数	6	6	7	7
分组样本均值	54.99	62.10	32.74	27.29
分组样本平方和	18720.97	23758.12	8088.59	6355.43

【解析】 由表6-1的数据信息，可得样本描述性统计参数。如表6-2所示。

表 6-2　样本描述性参数

样本总和	样本总数	样本均值	样本平方和
1122.68	26	43.18	56923.11

由表 6-1 和表 6-2 可见，26 只家兔的血清 ACE 浓度各不相同，称为总变异；四组家兔的血清 ACE 浓度均值也各不相同，称为组间变异；即使同一组内部的家兔血清 ACE 浓度相互间也不相同，称为组内变异。该例的总变异包括组间变异和组内变异两部分，或者说可把总变异分解为组间变异和组内变异。组内变异是由于家兔间的个体差异所致。组间变异可能由两种原因所致，一是抽样误差；二是由于各组家兔所接受的处理不同。在抽样研究中，抽样误差是不可避免的，故导致组间变异的第一种原因肯定存在；第二种原因是否存在，需通过假设检验做出推断。假设检验的方法很多，由于该例为多个样本均值的比较，应选用本章将介绍的方差分析。

方差分析的检验假设 H_0 为各样本来自均值相等的总体，H_1 为各总体均值不等或不全相等。若不拒绝 H_0 时，可认为各样本均值间的差异是由于抽样误差所致，而不是由于处理因素的作用所致。理论上，此时的组间变异与组内变异应相等，两者的比值即统计量 F 为 1。由于存在抽样误差，两者往往不恰好相等，但相差不会太大，统计量 F 应接近于 1。若拒绝 H_0，接受 H_1 时，可认为各样本均值间的差异，不仅是由抽样误差所致，还有处理因素的作用。此时的组间变异远大于组内变异，两者的比值即统计量 F 明显大于 1。在实际应用中，当统计量 F 值远大于 1 且大于某界值时，拒绝 H_0，接受 H_1，即意味着各样本均值间的差异，不仅是由抽样误差所致，还有处理因素的作用。即统计量 F 为

$$F=\frac{MS_A}{MS_E} \tag{6-1-1}$$

式中，MS_A 为组间变异，MS_E 为组内变异。

基于上述分析，方差分析的基本原理就是根据研究目的和设计类型，将总变异中的离差平方和 SST 及其自由度 v 分别分解成相应的若干部分，然后求各相应部分的变异；再用各部分的变异与组内（或误差）变异进行比较，得出统计量 F 值；最后根据 F 值的大小确定概率 p 值，做出统计推断。

例如，完全随机设计的方差分析，是将总变异中的离差平方和 SST 及其自由度 v 分别分解成组间和组内两部分，即组间离差平方和 SSA/组间自由度 v，组内离差平方和 SSE/组内自由度 v，分别记为组间变异 MS_A 和组内变异 MS_E，两者之比即为统计量 F。

注意：方差分析运用的是 F 检验法，所以样本（或观察值）需要三个假设条件：①样本相互独立；②样本来自的总体服从正态分布；③样本来自的总体具有方差齐性。

6.2　单因素方差分析

在方差分析中，影响观测变量的因素也称为因子，因素的多种不同状态称为水平。影响观测变量的因素有许多，如果只就某一个因素进行观测，即在其他条件都保持不变的情况下，对某一个特定因子的各种不同水平的影响作用进行统计分析，就称为单因素方差分析。

6.2.1 单因素方差分析统计假设

1. 数据结构和模型

假设所考察的因素为A，有m个不同的水平，它们是A_1，A_2，…，A_m。对因素A的第j个水平A_j进行了n次独立观测，X_{ij}为水平A_j的第$i(i=1,2,\cdots,n)$次观测值。所有的观测值如表6-3所示。

表6-3 单因素方差分析数据结构

观察序号	因素A的水平			
	A_1	A_2	…	A_m
1	X_{11}	X_{12}	…	X_{1m}
2	X_{21}	X_{22}	…	X_{2m}
⋮	⋮	⋮	⋮	⋮
n	X_{n1}	X_{n2}	…	X_{nm}
合计	T_1	T_2	…	T_m
均值	$\overline{X}_1$	$\overline{X}_2$	…	$\overline{X}_m$

表6-3最后两行中，一行是合计，一行是均值，分别用T_j，$\overline{X}_j$表示，即

$$T_j=\sum_{i=1}^{n}X_{ij},\ \overline{X}_j=\frac{1}{n}\sum_{i=1}^{n}X_{ij}=\frac{T_j}{n} \tag{6-2-1}$$

总共进行了$N=m\times n$次观测，用T表示N个观测值的总和，即

$$T=\sum_{j=1}^{m}T_j=\sum_{j=1}^{m}\sum_{i=1}^{n}X_{ij} \tag{6-2-2}$$

用$\overline{X}$表示N个观测值的总均值，即

$$\overline{X}=\frac{1}{m}\sum_{j=1}^{m}\overline{X}_j=\frac{1}{mn}\sum_{j=1}^{m}\sum_{i=1}^{n}X_{ij}=\frac{T}{N} \tag{6-2-3}$$

表6-3中每列的各个观测值，是在完全相同的条件下取得的，应为来自同一总体的随机变量值，故同列各观测值之间的差异，可视为随机误差。如果因素A的各水平对各列观测值的变异没有影响，各列观测值均可视为来自同一总体，则各列的均值应基本相等，若有差异，也是随机误差。反之，如果因素A的各水平对各列观测值的变异有显著影响，就不能认为是由观测的随机因素作用的结果，而应该是系统性的，即由于因素A的变异而引起了观测结果的数量差异，因素A变动的影响就是显著的。

假定各个水平$A_j(j=1,2,\cdots,m)$下的样本X_{1j}，X_{2j}，…，X_{nj}来自于正态分布$N(\mu_j,\sigma^2)$，各水平A_j下的样本是相互独立且具有相同的方差。由于$X_{ij}\sim N(\mu_j,\sigma^2)$，则$X_{ij}-\mu_j\sim N(0,\sigma^2)$，故$X_{ij}-\mu_j$可以看成是随机误差，记$\varepsilon_{ij}=X_{ij}-\mu_j$，且$\varepsilon_{ij}$相互独立。$X_{ij}$可表示成

$$\begin{cases}X_{ij}=\mu_j+\varepsilon_{ij}\\ \varepsilon_{ij}\sim N(0,\sigma^2)\end{cases} \tag{6-2-4}$$

式中，μ_j和σ^2都是未知的。称式（6-2-4）为**单因素方差分析数学模型**。

为了将问题写成便于讨论的形式，设$\mu=\frac{1}{m}\sum_{j=1}^{m}\mu_j$，并且引入$\delta_j=\mu_j-\mu$。$\delta_j$为水平$A_j$对观

测变量（或试验指标）的影响，称 δ_j 为水平 A_j 的**效应**。单因素方差分析数学模型改写为

$$\begin{cases}X_{ij}=\mu+\delta_j+\varepsilon_{ij}\\ \varepsilon_{ij}\sim N(0,\sigma^2)\end{cases} \tag{6-2-5}$$

当 $\mu_1=\mu_2=\cdots=\mu_m=\mu$ 时，$\delta_j=0(j=1,2,\cdots,m)$。

2. 单因素方差分析统计假设

判断因素 A 对观测变量的影响是否显著可以提出下面的统计假设：

$$H_0：\mu_1=\mu_2=\cdots=\mu_m=\mu$$

$$H_1：\text{各 } \mu_j(j=1,2,\cdots,m) \text{ 至少有两个不相等}$$

原假设 H_0 表示各个样本所来自的总体的均值 μ_j 相等，实际上是假设各列的样本均来自同一正态总体。备择假设 H_1 为各样本并不都是来自同一总体。在一定的显著性水平 α 下检验这个统计假设，以接受 H_0 或接受 H_1。所以，方差分析是检验两个或两个以上总体的均值间差异是否显著的统计方法。虽然方差分析通常用于均值比较，但是因为比较时采用两个方差估计量的比值进行分析，使用 F 统计量进行检验，所以称为方差分析。

6.2.2 构建单因素方差分析检验统计量

单因素方差分析检验统计量构建的方法如下。

1. 分解总离差平方和

所有观测值 X_{ij}对总体均值 $\overline{X}$ 的离差平方和称为**总离差平方和**，用 SST 表示。则

$$SST=\sum_{j=1}^{m}\sum_{i=1}^{n}(X_{ij}-\overline{X})^2=\sum_{j=1}^{m}\sum_{i=1}^{n}X_{ij}^2-N\overline{X}^2 \tag{6-2-6}$$

其中

$$\overline{X}=\frac{1}{m}\sum_{j=1}^{m}\overline{X}_j=\frac{1}{mn}\sum_{j=1}^{m}\sum_{i=1}^{n}X_{ij}=\frac{T}{N}$$

将 SST 进一步分解为

$$\begin{aligned}SST&=\sum_{j=1}^{m}\sum_{i=1}^{n}(X_{ij}-\overline{X}_j+\overline{X}_j-\overline{X})^2\\&=\sum_{j=1}^{m}\sum_{i=1}^{n}(X_{ij}-\overline{X}_j)^2+\sum_{j=1}^{m}\sum_{i=1}^{n}(\overline{X}_j-\overline{X})^2+2\sum_{j=1}^{m}\sum_{i=1}^{n}(\overline{X}_j-\overline{X})(X_{ij}-\overline{X}_j)\end{aligned}$$

而 $\sum_{j=1}^{m}\sum_{i=1}^{n}(\overline{X}_j-\overline{X})(X_{ij}-\overline{X}_j)=0$，故

$$SST=\sum_{j=1}^{m}\sum_{i=1}^{n}(X_{ij}-\overline{X}_j)^2+\sum_{j=1}^{m}\sum_{i=1}^{n}(\overline{X}_j-\overline{X})^2$$

设

$$SSA=\sum_{j=1}^{m}\sum_{i=1}^{n}(\overline{X}_j-\overline{X})^2=n\sum_{j=1}^{m}(\overline{X}_j-\overline{X})^2 \tag{6-2-7}$$

$$SSE=\sum_{j=1}^{m}\sum_{i=1}^{n}(X_{ij}-\overline{X}_j)^2 \tag{6-2-8}$$

并称 SSA 为**组间平方和**，也称为因素 A 的**效应平方和**；称 SSE 为**组内平方和**，也称为**随机**

误差平方和。则

$$SST=SSA+SSE \tag{6-2-9}$$

2. 构造检验统计量及进行 F 检验

总离差平方和 SST 是描述所有样本观测数据 X_{ij} 离散程度的指标。SSE 是每个样本数据与其组内均值 $\overline{X}_j$ 离差的平方和，反映了数据 X_{ij} 的组内误差，是一种随机误差。SSA 是各组均值 $\overline{X}_j(j=1,2,\cdots,m)$ 与总均值离差的平方和，反映了各组样本均值之间的差异程度。若原假设 H_0 成立，即 $\mu_1=\mu_2=\cdots=\mu_m=\mu$ 被接受了，表明没有系统误差，各样本均值 $\overline{X}_j$ 之间的差异是由随机偶然性因素产生的，则 SSA 与 SSE 的差异较接近；若 SSA 显著地大于 SSE，说明各 $\overline{X}_j$ 之间的差异与随机误差显著不同，或者说差异不是随机因素产生的，这时 H_0 就不成立。那么 SSA 与 SSE 的比值大到什么程度才可以拒绝 H_0，这就要构造检验的统计量。为此，将 SSA 与 SSE 分别除以它们各自的自由度，得到组间方差 S_A^2 和组内方差 S_E^2，即

$$S_A^2=\frac{SSA}{m-1},\quad S_E^2=\frac{SSE}{m(n-1)} \tag{6-2-10}$$

由于

$$\frac{S_A^2}{S_E^2}=\frac{SSA/(m-1)}{SSE/m(n-1)}\sim F((m-1),m(n-1)) \tag{6-2-11}$$

所以，可以定义统计量 F 为

$$F=\frac{S_A^2}{S_E^2} \tag{6-2-12}$$

F 就是方差分析中判断 H_0 是否成立的检验统计量。

对于给定的显著性水平 α，在 F 分布表中查找第一自由度为 $m-1$，第二自由度为 $m(n-1)$ 的对应的临界值 $F_\alpha(m-1,mn-m)$，若统计量 $F>F_\alpha$，则拒绝 H_0，即 $\mu_1=\mu_2=\cdots=\mu_m=\mu$ 不成立。若 $F\leqslant F_\alpha$，则不能拒绝 H_0，即不认为各个 μ_j 之间有显著差异。通常取 α 等于 0.05 或 0.01。

6.2.3 单因素方差分析表

为方便起见，给出单因素方差分析表，如表 6-4 所示。

表 6-4 单因素方差分析表

方差来源	离差平方和	自由度	方差	F 值
组间(因素影响)	$SSA=\sum_{j=1}^{m}\sum_{i=1}^{n}(\overline{X}_j-\overline{X})^2$	$m-1$	$S_A^2=\frac{SSA}{m-1}$	$F=\frac{S_A^2}{S_E^2}$
组内(误差)	$SSE=\sum_{j=1}^{m}\sum_{i=1}^{n}(X_{ij}-\overline{X}_j)^2$	$m(n-1)$	$S_E^2=\frac{SSE}{m(n-1)}$	
总和	$SST=\sum_{j=1}^{m}\sum_{i=1}^{n}(X_{ij}-\overline{X})^2$	$N-1$	$S^2=\frac{SST}{N-1}$	

下面通过一个例子来说明单因素方差分析方法的应用。

例 6.2 为扩大产品销售量，某企业拟开展广告促销活动。为此企业拟定了三种广告方

式，即在当地报纸上刊登广告、在当地电视台播出广告和在当地广播中播出广告，并选择了三个人口规模和经济发展水平以及该企业产品过去的销售量都大体相当的地区，然后随机地将每种广告方式安排在其中一个地区进行实验，共实验了五周，各地区每周的销售量资料见表 6-5。试判断各种广告方式的效果是否有显著差异。

表 6-5　各种广告方式的销售量

地区和广告方式	观测序号				
	1	2	3	4	5
甲地区：报纸广告 A_1	53	52	66	62	60
乙地区：电视广告 A_2	61	46	55	49	58
丙地区：电台广告 A_3	50	40	45	55	40

【解析】 考察不同广告方式对销售量的影响是否存在差异，这是单因素方差分析问题。对表 6-5 的数据进行整理得到表 6-6。

表 6-6　方差分析计算表

观测序号	因素（广告方式）A 的状态		
	A_1（报纸广告）	A_2（电视广告）	A_3（电台广告）
1	53	61	50
2	52	46	40
3	66	55	45
4	62	49	55
5	60	58	40
合计	293	269	230
均值	58. 6	53. 8	46. 0

由题意可得 $m=3$，$n=5$，计算得

$$\bar{X}=\frac{293+269+230}{15}=\frac{58.6+53.8+46.0}{3}=52.8$$

分别计算离差平方和 SST 及 SSA，得

$$SST=\sum_{j=1}^{m}\sum_{i=1}^{n}X_{ij}^2-N\bar{X}^2=42690-15\times52.8^2=872.4$$

$$SSA=\sum_{j=1}^{m}\sum_{i=1}^{n}(\bar{X}_i-\bar{X})^2=n\sum_{i=1}^{m}(\bar{X}_i-\bar{X})^2$$

$$=5[(58.6-52.8)^2+(53.8-52.8)^2+(46.0-52.8)^2]=404.4$$

由 $SST=SSA+SSE$，得

$$SSE=SST-SSA=872.4-404.4=468$$

则组间方差 $S_A^2=\frac{SSA}{m-1}=\frac{404.4}{2}=202.2$，组内方差 $S_E^2=\frac{SSE}{m(n-1)}=\frac{468}{3\times(5-1)}=39$，且

$$F=\frac{S_A^2}{S_E^2}=\frac{202.2}{39}=5.18$$

若给定的显著性水平 $\alpha=0.05$，则由 F 分布表可查出临界值为 $F_{0.05}(2,12)=3.89$。因为统计量 $F=5.18>F_{0.05}(2,12)=3.89$，所以拒绝原假设 H_0，即认为不同的广告宣传方式对该产品的销售量有显著影响。

根据以上计算结果列出方差分析表为表 6-7。

表 6-7 各种广告方式的方差分析表

方差来源	平方和	自由度	均方	F 值
组间	$SSA=404.4$	2	202.2	$F=5.18$
组内	$SSE=468$	12	39	—
总和	$SST=872.4$	14	—	—

同时，由表 6-6 知，各种广告方式的销售量均值分别为

$$\overline{X}_1=58.6,\ \overline{X}_2=53.8,\ \overline{X}_3=46.0$$

其中，$\overline{X}_1=58.6$ 为最大，表明采用报纸上刊登广告的形式效果最好。

6.3 无交互作用双因素方差分析

在单因素方差分析中，除去所考察的因素可取不同的水平以外，其他因素都必须保持不变，即必须固定在某种特定水平之上，所考察的因素对观测变量的效应也只有在这种情况下才能成立。但是，在许多实际问题中，往往不能只考虑一个因素的影响，比如对商品销售量的影响不仅有广告方式，还有价格等其他因素的影响。因此，必须同时考虑几个因素的影响作用和效果。如果同时考察的因素有两个，那么就称为双因素方差分析，如果同时考察的因素有三个，那么就称为三因素方差分析，如此等等。两个和两个以上因素的方差分析，可统称为多因素方差分析。

和单因素方差分析不同，在多因素方差分析中，不仅所考察的各个因素单独对观测变量有影响，而且几个因素的不同搭配对观测变量还可能产生影响，这种几个因素的不同水平搭配所产生的影响称为**交互作用**。例如，不同的广告方式和不同的销售价格对于销售量的影响，并不一定刚好等于广告方式和销售价格分别对于销售量的影响之和，也可能出现这样的情况，分别使销售量达到最高的广告方式与销售价格相结合，会使销售量的增加幅度大大高于它们分别作用的增加幅度之和。在单因素方差分析中没有交互作用问题，但是在多因素方差分析中就不能不考虑这一点。当然，多因素方差分析中最简单的情况，就是无交互作用的双因素方差分析。

6.3.1 无交互作用双因素方差分析统计假设

1. 数据结构和模型

设所考察无交互作用的两个因素分别为 A、B，因素 A 有 m 个不同的水平 A_1，A_2，…，A_m，因素 B 有 n 个不同的水平 B_1，B_2，…，B_n。

因素 A 的每一个水平和因素 B 的每一个水平都可以搭配成一组，观察它们对观测变量（或试验指标）的影响，共取得了 $m\times n$ 个观察数据，其数据结构如表 6-8 所示。

表 6-8　无交互作用双因素方差分析数据结构

		因素 B				均值 $\overline{X}_{i\cdot}$
		B_1	B_2	…	B_n	
因素 A	A_1	X_{11}	X_{12}	…	X_{1n}	$\overline{X}_{1\cdot}$
	A_2	X_{21}	X_{22}	…	X_{2n}	$\overline{X}_{2\cdot}$
	⋮	⋮	⋮	⋮	⋮	⋮
	A_m	X_{m1}	X_{m2}	…	X_{mn}	$\overline{X}_{m\cdot}$
均值 $\overline{X}_{\cdot j}$		$\overline{X}_{\cdot 1}$	$\overline{X}_{\cdot 2}$	…	$\overline{X}_{\cdot n}$	$\overline{X}$

在表 6-8 中，$\overline{X}_{i\cdot}$ 为

$$\overline{X}_{i\cdot}=\frac{1}{n}\sum_{j=1}^{n}X_{ij} \tag{6-3-1}$$

如 $\overline{X}_{1\cdot}$ 为

$$\overline{X}_{1\cdot}=\frac{1}{n}\sum_{j=1}^{n}X_{1j}=\frac{X_{11}+X_{12}+\cdots+X_{1n}}{n}$$

同理

$$\overline{X}_{\cdot j}=\frac{1}{m}\sum_{i=1}^{m}X_{ij} \tag{6-3-2}$$

$$\overline{X}=\frac{1}{m\times n}\sum_{i=1}^{m}\sum_{j=1}^{n}X_{ij} \tag{6-3-3}$$

$\overline{X}_{i\cdot}$ 是因素 A 的第 i 个水平下的各观察数据的均值；$\overline{X}_{\cdot j}$ 是因素 B 的第 j 个水平下的各观察数据的均值；$\overline{X}$ 是所有观察数据的均值。

假定因素 A 和因素 B 各个水平下的样本相互独立且是同方差，即

$$X_{ij}\sim N(\mu_{ij},\sigma^2)\,(i=1,2,\cdots,m;j=1,2,\cdots,n)$$

为了方便分析，设

$$\alpha_i=\mu_{i\cdot}-\mu\,(i=1,2,\cdots,m) \tag{6-3-4}$$

$$\beta_j=\mu_{\cdot j}-\mu\,(j=1,2,\cdots,n) \tag{6-3-5}$$

式中，$\mu_{\cdot j}=\frac{1}{m}\sum_{i=1}^{m}\mu_{ij}$，$\mu_{i\cdot}=\frac{1}{n}\sum_{j=1}^{n}\mu_{ij}$，$\mu=\frac{1}{m\times n}\sum_{i=1}^{m}\sum_{j=1}^{n}\mu_{ij}$。显然 $\sum_{i=1}^{m}\alpha_i=0$，$\sum_{j=1}^{n}\beta_j=0$。

α_i 为因素 A 第 i 个水平对观测变量（或试验指标）的影响，也称 **α_i 为水平 A_i 对观测变量的效应**；β_j 为因素 B 第 j 个水平对观测变量（或试验指标）的影响，也称 **β_j 为水平 B_j 对观测变量的效应**。

若将随机误差设为 ε_{ij}，因素 A 和因素 B 无交互作用，则对于每一个观测数据，有下列等式，即

$$\begin{cases}X_{ij}=\mu+\alpha_i+\beta_j+\varepsilon_{ij}\\ \varepsilon_{ij}\sim N(0,\sigma^2)\end{cases} \tag{6-3-6}$$

式中，$\varepsilon_{ij}(i=1,2,\cdots,m;j=1,2,\cdots,n)$ 是相互独立的；μ，α_i，β_j，σ^2 都是未知参数。称

式（6-3-6）为无交互作用的**双因素方差分析数学模型**。

这里假设随机误差服从均值为零、方差为 σ^2 的正态分布。

式（6-3-6）是无交互作用的双因素方差数学模型，它表达了观测变量（或试验指标）的每一个观测值与因素 A 的第 i 个效应和因素 B 的第 j 个效应之间的数量关系。

2. 无交互作用双因素方差分析统计假设

无交互作用的双因素方差分析是检验和判断因素 A 和因素 B 分别对观测变量的影响是否显著的统计方法，其假设检验原理与单因素方差分析相同。

判断因素 A 和因素 B 分别对观测变量的影响是否显著就是检验下列假设是否成立：

$$H_{01}: \alpha_1=\alpha_2=\cdots=\alpha_m=0$$

$$H_{02}: \beta_1=\beta_2=\cdots=\beta_n=0$$

假设 H_{01}用于检验因素 A 的影响，H_{02}用于检验因素 B 的影响。

6.3.2 构建无交互作用双因素方差分析检验统计量

为了检验这些假设，需要确定适当的统计量。与单因素方差分析方法一样，仍然要从总离差平方和 SST 的分解入手。设 $m\times n$ 个样本数据的均值为 $\overline{X}$；因素 A 和因素 B 作用下的每一个样本数据为 $X_{ij}(i=1,2,\cdots,m;j=1,2,\cdots,n)$，$\overline{X}_{i\cdot}$ 是因素 A 的第 i 个水平下的各观察数据的均值，$\overline{X}_{\cdot j}$是因素 B 的第 j 个水平下的各观察数据的均值，则 X_{ij}与所有样本观测数据的均值之间的离差平方和就是总离差平方和 SST。得

$$\begin{aligned} SST &= \sum_{i=1}^{m}\sum_{j=1}^{n}(X_{ij}-\overline{X})^2 \\ &= \sum_{i=1}^{m}\sum_{j=1}^{n}(\overline{X}_{i\cdot}-\overline{X})^2+\sum_{i=1}^{m}\sum_{j=1}^{n}(\overline{X}_{\cdot j}-\overline{X})^2+\sum_{i=1}^{m}\sum_{j=1}^{n}(X_{ij}-\overline{X}_{i\cdot}-\overline{X}_{\cdot j}+\overline{X})^2 \end{aligned} \tag{6-3-7}$$

令

$$SSA=\sum_{i=1}^{m}\sum_{j=1}^{n}(\overline{X}_{i\cdot}-\overline{X})^2=n\sum_{i=1}^{m}(\overline{X}_{i\cdot}-\overline{X})^2 \tag{6-3-8}$$

$$SSB=\sum_{i=1}^{m}\sum_{j=1}^{n}(\overline{X}_{\cdot j}-\overline{X})^2=m\sum_{j=1}^{n}(\overline{X}_{\cdot j}-\overline{X})^2 \tag{6-3-9}$$

$$SSE=\sum_{i=1}^{m}\sum_{j=1}^{n}(X_{ij}-\overline{X}_{i\cdot}-\overline{X}_{\cdot j}+\overline{X})^2 \tag{6-3-10}$$

则

$$SST=SSA+SSB+SSE \tag{6-3-11}$$

由式（6-3-8）~式（6-3-10）可知，SSA 是因素 A 对观测变量发生影响所产生的离差平方和，称为因素 A 的效应平方和；SSB 是因素 B 对观测变量发生影响所产生的离差平方和，称为因素 B 的效应平方和；SSE 是除去因素 A 和因素 B 外的剩余因素影响产生的离差平方和，也称为随机误差平方和。为了判断因素 A 的影响是否显著，即判断 H_{01}：$\alpha_1=\alpha_2=\cdots=\alpha_m=0$ 是否成立，可以构造下列检验统计量：

$$F_A=\frac{SSA/(m-1)}{SSE/(m-1)(n-1)}=\frac{S_A^2}{S_E^2} \tag{6-3-12}$$

同理，为了判断因素 B 的影响是否显著，即判断 H_{02}：$\beta_1=\beta_2=\cdots=\beta_m=0$ 是否成立，检验统计量为

$$F_B=\frac{SSB/(n-1)}{SSE/(m-1)(n-1)}=\frac{S_B^2}{S_E^2} \tag{6-3-13}$$

由于 F_A 服从第一自由度为 $(m-1)$、第二自由度为 $(m-1)(n-1)$ 的 F 分布，F_B 服从第一自由度为 $(n-1)$、第二自由度为 $(m-1)(n-1)$ 的 F 分布，即

$$F_A\sim F((m-1),(m-1)(n-1)),F_B\sim F((n-1),(m-1)(n-1)) \tag{6-3-14}$$

因此，对于给定的显著性水平 α，可以在 F 分布表中查得临界值 F_α（注意：如果 F_A 和 F_B 的两个自由度不同，那么临界值 F_α 也有两个）。若 F_A（或 F_B）大于其临界值，则拒绝 H_{01}（或 H_{02}）；若 F_A（或 F_B）小于 F 其临界值，则接受原假设 H_{01}（或 H_{02}）。

6.3.3 无交互作用双因素方差分析表

和单因素方差分析一样，可以将无交互作用双因素方差分析计算结果列入一张表中，如表 6-9 所示。

表 6-9 无交互作用双因素方差分析表

方差来源	离差平方和	自由度	方差	F 值
A 因素	SSA	$(m-1)$	$S_A^2=\frac{SSA}{m-1}$	$F_A=\frac{S_A^2}{S_E^2}$
B 因素	SSB	$(n-1)$	$S_B^2=\frac{SSB}{n-1}$	$F_B=\frac{S_B^2}{S_E^2}$
误差	SSE	$(m-1)(n-1)$	$S_E^2=\frac{SSE}{(m-1)(n-1)}$	—
总和	SST	$mn-1$	$S^2=\frac{SST}{N-1}$	—

例 6.3 从 5 名工人操作的 3 台机器每小时产量中分别各抽取一个不同时段的产量，观测到的产量如表 6-10 所示。试分析产量是否依赖于机器类型和操作者（工人）。

表 6-10 3 台机器 5 名操作者的产量数据

机器	工人					
	B_1	B_2	B_3	B_4	B_5	$\overline{X}_{i\cdot}$
A_1	53	47	46	50	49	49
A_2	61	55	52	58	54	56
A_3	51	51	49	54	50	51
均值 $\overline{X}_{\cdot j}$	55	51	49	54	51	$\overline{X}=52$

【解析】 设机器类型为因素 A，操作者（工人）为因素 B，假设无交互作用。因素 A 有 3 个不同的水平，分别用 A_1、A_2、A_3 表示；因素 B 有 5 个不同的水平，分别用 B_1、B_2、B_3、B_4、B_5 表示。记因素 A 第 i 个水平对产量的影响（效应）为 $\alpha_i(i=1,2,3)$；因素 B 第 j 个水平对产量的影响（效应）为 $\beta_j(j=1,2,3,4,5)$。原假设为

$$H_{01}:\ \alpha_1=\alpha_2=\alpha_3=0$$

$$H_{02}:\ \beta_1=\beta_2=\beta_3=\beta_4=\beta_5=0$$

机器类型和操作者组合形成15个数据。代表每台机器的平均产量的各行均值$\overline{X}_{i.}$和代表每个操作者平均产量的各列均值$\overline{X}_{.j}$如表6-10所示。所有15个数据的总均值$\overline{X}=52$。现在需要计算SST、SSA、SSB和SSE。由式（6-3-8）~式（6-3-11），可以计算得到

$$\begin{aligned}SST &= \sum_{i=1}^{m}\sum_{j=1}^{n}(X_{ij}-\overline{X})^2\\ &=(53-52)^2+(61-52)^2+\cdots+(50-52)^2+(51-52)^2=224\end{aligned}$$

$$\begin{aligned}SSA &=n\sum_{i=1}^{m}(\overline{X}_{i.}-\overline{X})^2\\ &=3\times[(49-52)^2+(56-52)^2+(51-52)^2]=130\end{aligned}$$

$$\begin{aligned}SSB &=m\sum_{j=1}^{n}(\overline{X}_{j.}-\overline{X})^2\\ &=5\times[(55-52)^2+(51-52)^2+(49-52)^2+(54-52)^2+(51-52)^2]=72\end{aligned}$$

$$SSE=SST-SSA-SSB=224-130-72=22$$

将计算结果列入方差分析表，得到表6-11。若取显著性水平$\alpha=0.05$，根据第一自由度为2，第二自由度为8，查F分布表，得到临界值$F_{0.05}(2,8)=4.46$。又根据第一自由度为4，第二自由度为8，查F分布表，得到临界值$F_{0.05}=(4,8)=3.84$。

表6-11 双因素方差分析表

方差来源	离差平方和	自由度	方差	F值
A因素	$SSA=130$	2	$S_A^2=65$	$F_A=\dfrac{S_A^2}{S_E^2}=23.64$
B因素	$SSB=72$	4	$S_B^2=18$	$F_B=\dfrac{S_B^2}{S_E^2}=6.55$
误差	$SSE=22$	8	$S_E^2=2.75$	—
总和	$SST=224$	14	—	—

由于$F_A=23.64>F_{0.05}(2,8)=4.46$，$F_B=6.55>F_{0.05}(4,8)=3.84$，所以原假设$H_{01}$：$\alpha_1=\alpha_2=\alpha_3=0$和$H_{02}$：$\beta_1=\beta_2=\beta_3=\beta_4=\beta_5=0$都被拒绝了。即根据表6-11的数据资料，有95%的把握可以认为机器类型因素和操作者（工人）因素对于产量有显著影响。

由于机器类型即因素A的各个水平下观察数据的均值$\overline{X}_{i.}$的最大值是$\overline{X}_{2.}=56$，所以机器2的影响作用最大；在反映操作者因素影响的各列均值$\overline{X}_{.j}$中，最大值为$\overline{X}_{.1}=55$，即操作者1的平均产量最高，因此该操作者的水平为本例的最优水平。

6.4 交互作用双因素方差分析

6.4.1 交互作用双因素方差分析统计假设

1. 数据结构和模型

如果在试验观测中有两个可控制因素A和B同时发生变化，而且因素A和因素B的结合

会产生出一种新的效应。例如，若假定不同地区的消费者对某种品牌有与其他地区消费者不同的特殊偏爱，这就是两个因素结合后产生的新效应，即两个可控制因素 A 和 B 有交互作用。

为了研究交互作用双因素方差分析数学模型的构建，在因素 A 的水平 A_i 及因素 B 的水平 B_j 下进行 k 次独立试验，并设 X_{ijt} 为水平 A_i 和水平 B_j 下的第 $t(t=1,2,\cdots,k)$ 次观测值，得到 k 次独立等重复观测值的数据结构表，如表 6-12 所示。

表 6-12　交互作用双因素方差分析数据结构表

因素 A	因素 B				均值 $\overline{X}_{i\cdot\cdot}$
	B_1	B_2	…	B_n	
A_1	X_{11t}	X_{12t}	…	X_{1nt}	$\overline{X}_{1\cdot\cdot}$
A_2	X_{21t}	X_{22t}	…	X_{2nt}	$\overline{X}_{2\cdot\cdot}$
⋮	⋮	⋮	⋮	⋮	⋮
A_m	X_{m1t}	X_{m2t}	…	X_{mnt}	$\overline{X}_{m\cdot\cdot}$
均值 $\overline{X}_{\cdot j\cdot}$	$\overline{X}_{\cdot 1\cdot}$	$\overline{X}_{\cdot 2\cdot}$	…	$\overline{X}_{\cdot n\cdot}$	$\overline{X}$
$t=1,2,\cdots,k$					

水平 A_i 和水平 B_j 下均值 μ_{ij} 可表示为

$$\mu_{ij}=\mu+\alpha_i+\beta_j+(\mu_{ij}-\mu_{i\cdot}-\mu_{\cdot j}+\mu)$$

设 $\gamma_{ij}=\mu_{ij}-\mu_{i\cdot}-\mu_{\cdot j}+\mu$，则 γ_{ij} 为因素 A 和因素 B 对观测变量的交互影响，也称 γ_{ij} 为**水平 A_i 和水平 B_j 对观测变量的交互效应**。显然，$\sum\limits_{i=1}^{m}\gamma_{ij}=0$，$\sum\limits_{j=1}^{n}\gamma_{ij}=0$。

若将试验随机误差记作 ε_{ijt}，那么对于每一个观察数据，有下列等式，即

$$\begin{cases}X_{ijt}=\mu+\alpha_i+\beta_j+\gamma_{ij}+\varepsilon_{ijt}\\ \varepsilon_{ijt}\sim N(0,\sigma^2)\end{cases}\tag{6-4-1}$$

式中，$\varepsilon_{ijt}(i=1,2,\cdots,m;j=1,2,\cdots,n;t=1,2,\cdots,k)$ 是相互独立的；μ，α_i，β_j，γ_{ij}，σ^2 都是未知参数。称式（6-4-1）为**交互作用双因素方差分析数学模型**。

2. 交互作用双因素方差分析统计假设

由交互作用双因素方差分析数学模型，提出交互作用方差分析的统计假设

$$H_{01}:\ \alpha_1=\alpha_2=\cdots=\alpha_m=0$$

$$H_{02}:\ \beta_1=\beta_2=\cdots=\beta_n=0$$

$$H_{03}:\ \gamma_{11}=\gamma_{12}=\cdots=\gamma_{mn}=0$$

假设 H_{01} 用于检验因素 A 对观测变量的影响是否显著；假设 H_{02} 用于检验因素 B 对观测变量的影响是否显著；假设 H_{03} 用于检验因素 A 和因素 B 对观测变量的影响是否有交互作用。

6.4.2　构建交互作用双因素方差分析检验统计量

与无交互作用双因素方差分析一样，需要确定适当的统计量。

对总离差平方和 SST 进行分解，可得

$$SST=\sum_{i=1}^{m}\sum_{j=1}^{n}\sum_{t=1}^{k}(X_{ijt}-\overline{X})^2\tag{6-4-2}$$

$$SST=SSE+SSA+SSB+SSAB \tag{6-4-3}$$

其中

$$SSE=\sum_{i=1}^{m}\sum_{j=1}^{n}\sum_{t=1}^{k}(X_{ijt}-\overline{X}_{ij\cdot})^2 \tag{6-4-4}$$

$$SSA=nk\sum_{i=1}^{m}(\overline{X}_{i\cdot\cdot}-\overline{X})^2 \tag{6-4-5}$$

$$SSB=mk\sum_{j=1}^{n}(\overline{X}_{\cdot j\cdot}-\overline{X})^2 \tag{6-4-6}$$

$$SSAB=k\sum_{i=1}^{m}\sum_{j=1}^{n}(\overline{X}_{ij\cdot}-\overline{X}_{i\cdot\cdot}-\overline{X}_{\cdot j\cdot}+\overline{X})^2 \tag{6-4-7}$$

式中，SSE 为随机误差平方和；SSA 和 SSB 分别为因素 A 和因素 B 的效应平方和；$SSAB$ 为**因素 A 和因素 B 交互效应平方和**。

当假设 H_{01}：$\alpha_1=\alpha_2=\cdots=\alpha_n=0$ 为真时，可以证明

$$F_A=\frac{SSA/(m-1)}{SSE/[mn(k-1)]}\sim F_\alpha(m-1,mn(k-1)) \tag{6-4-8}$$

则取显著性水平为 α，得假设 H_{01}的拒绝域为

$$F_A=\frac{SSA/(m-1)}{SSE/[mn(k-1)]}\geqslant F_\alpha(m-1,mn(k-1)) \tag{6-4-9}$$

类似地，在显著性水平 α 下，假设 H_{02}的拒绝域为

$$F_B=\frac{SSB/(n-1)}{SSE/[mn(k-1)]}\geqslant F_\alpha(n-1,mn(k-1)) \tag{6-4-10}$$

在显著性水平 α 下，假设 H_{03}的拒绝域为

$$F_{A\times B}=\frac{SSAB/(m-1)(n-1)}{SSE/[mn(k-1)]}\geqslant F_\alpha((m-1)(n-1),mn(k-1)) \tag{6-4-11}$$

6.4.3 交互作用双因素方差分析表

将分析结果汇总成方差分析表，如表 6-13 所示。

表 6-13 交互作用双因素方差分析表

方差来源	离差平方和	自由度	方差	F 值
因素 A	SSA	$(m-1)$	$S_A^2=\frac{SSA}{m-1}$	$F=\frac{S_A^2}{S_E^2}$
因素 B	SSB	$(n-1)$	$S_B^2=\frac{SSB}{n-1}$	$F=\frac{S_B^2}{S_E^2}$
交互作用	$SSAB$	$(m-1)(n-1)$	$S_{A\times B}^2=\frac{SSAB}{(m-1)(n-1)}$	$F=\frac{S_{A\times B}^2}{S_E^2}$
误差	SSE	$mn(k-1)$	$S_E^2=\frac{SSE}{mn(k-1)}$	—
总和	SST	$mnk-1$	$S^2=\frac{SST}{mnk-1}$	—

6.5 多元方差分析

6.5.1 多元方差分析统计假设

多元方差分析是一元方差分析（ANOVA）的推广形式，使用检测变量之间的协方差来检验平均差异的统计显著性。

所谓多元方差分析，是在考虑多个响应变量时，分析因素对多个响应变量的整体的影响，发现不同总体的最大组间差异。

在多元方差分析中，观察的如果不是一个指标（性状，即响应变量），而是 m 个指标，记为向量形式 $\boldsymbol{X}=(X_1,X_2,\cdots,X_m)^{\mathrm{T}}(m<n)$，那么因素 A 第 i 水平 A_i 下的第 j 次重复观察值可以表示为

$$\boldsymbol{X}_{ij}=(x_{ij1},x_{ij2},\cdots,x_{ijm})^{\mathrm{T}},i=1,2,\cdots,k;j=1,2,\cdots,n$$

全试验共有 $k\times n\times m$ 个观察数据，并假设 X_{ij}满足线性模型为

$$\begin{cases}X_{ij}=\mu_i+\varepsilon_{ij}\\ \varepsilon_{ij}\sim N(0,\Sigma)\end{cases}\tag{6-5-1}$$

$i=1, 2, \cdots, k$; $j=1, 2, \cdots, n$; μ_i 和 ε_{ij}为 m 维向量，且 ε_{ij}相互独立。构建统计假设为

$$H_0: \mu_1=\mu_2=\cdots=\mu_k$$

或线性模型为

$$\begin{cases}X_{ij}=\overline{X}+\alpha_i+\varepsilon_{ij}\\ \varepsilon_{ij}\sim N(0,\Sigma)\end{cases}\tag{6-5-2}$$

$i=1, 2, \cdots, k$; $j=1, 2, \cdots, n$; $\alpha_i=(\alpha_{i1},\alpha_{i2},\cdots,\alpha_{im})^{\mathrm{T}}$ 为水平 A_i 对观测变量的效应，且随机误差 ε_{ij}相互独立。统计假设为

$$H_0: \alpha_1=\alpha_2=\cdots=\alpha_k=0$$

6.5.2 构建检验统计量

为了构造 H_0 的检验统计量，采用类似于一元方差分析的基本思想，把反映全试验变异的总离差阵 W，按变异来源分解成组间离差阵 H 与组内离差阵 E 之和，即

$$W=\sum_{i=1}^{k}\sum_{j=1}^{n}(X_{ij}-\overline{X})(X_{ij}-\overline{X})^{\mathrm{T}}\tag{6-5-3}$$

$$H=n\sum_{i=1}^{k}(\overline{X}_{i\cdot}-\overline{X})(\overline{X}_{i\cdot}-\overline{X})^{\mathrm{T}}\tag{6-5-4}$$

$$E=\sum_{i=1}^{k}\sum_{j=1}^{n}(X_{ij}-\overline{X}_{i\cdot})(X_{ij}-\overline{X}_{i\cdot})^{\mathrm{T}}\tag{6-5-5}$$

并有

$$W=H+E$$

当假设 H_0 为真时，有：

1）总离差阵 W 服从于自由度为 $df_W=kn-1$ 的 $W_m(kn-1,\Sigma)$ 分布。

2）组内离差阵 E 服从于自由度为 $df_E=kn-k$ 的 $W_m(kn-k,\Sigma)$ 分布。

3）组间离差阵 H 服从于自由度为 $df_H=k-1$ 的 $W_m(k-1,\Sigma)$ 分布，且与 E 相互独立。

按照 Λ 统计量的定义，即

$$\Lambda=\frac{|E|}{|W|}=\frac{|E|}{|H+E|}\sim\Lambda(m,kn-k,k-1) \tag{6-5-6}$$

在多元方差分析中，如果 $\Lambda<\Lambda(m,kn-k,k-1)$，仅仅表现各 μ_i 不全相等，不能排除其中部分总体均值向量相等的情形。因此，有必要检验两两水平的差异，即检测

$$H_{0ih}:\ \mu_i=\mu_h(i,h=1,2,\cdots,k;i\neq h)$$

为此将 k 个样本均值向量 $\overline{X}_1.$，$\overline{X}_2.$，…，$\overline{X}_k.$ 两两配对，分别计算它们的 T^2 值。

构建 T^2 统计量，即

$$T_{ij}^2=(2n-2)\frac{n\times n}{n+n}(\overline{X}_i.-\overline{X}_h.)^{\mathrm{T}}E_{ih}^{-1}(\overline{X}_i.-\overline{X}_h.)$$

$$=n(n-1)(\overline{X}_i.-\overline{X}_h.)^{\mathrm{T}}E_{ih}^{-1}(\overline{X}_i.-\overline{X}_h.)\sim T^2(m,2n-2) \tag{6-5-7}$$

式中，E_{ih}为第 i 水平和第 j 水平的组内离差阵。或用 F 检验法进行检验，构造 F 统计量为

$$F=\frac{2n-m-1}{(2n-2)m}T^2\sim F(m,2n-m-1) \tag{6-5-8}$$

练习题

一、选择题

1. 在方差分析中，（　　）反映的是样本数据与其组均值的差异。

A. 总离差　　B. 组间误差

C. 抽样误差　　D. 组内误差

2. 组内离差平方和是（　　）。

A. $SSE=\sum_{i=1}^{m}\sum_{j=1}^{n}(X_{ij}-\overline{X}_i)^2$

B. $SSA=\sum_{i=1}^{m}\sum_{j=1}^{n}(\overline{X}_i-\overline{X})^2=n\sum_{i=1}^{m}(\overline{X}_i-\overline{X})^2$

C. $SST=\sum_{i=1}^{m}\sum_{j=1}^{n}(X_{ij}-\overline{X})^2=\sum_{i=1}^{m}\sum_{j=1}^{n}X_{ij}^2-N\overline{X}^2$

D. 标准差

3. 总离差平方和是（　　）。

A. $SSE=\sum_{i=1}^{m}\sum_{j=1}^{n}(X_{ij}-\overline{X}_i)^2$

B. $SSA=\sum_{i=1}^{m}\sum_{j=1}^{n}(\overline{X}_i-\overline{X})^2=n\sum_{i=1}^{m}(\overline{X}_i-\overline{X})^2$

C. $SST=\sum_{i=1}^{m}\sum_{j=1}^{n}(X_{ij}-\overline{X})^2=\sum_{i=1}^{m}\sum_{j=1}^{n}X_{ij}^2-N\overline{X}^2$

D. 总方差

4. 方差分析，又称“变异数分析”，是用于两个及两个以上样本（　　）的显著性检验。

A. 方差齐性　　B. 相互独立

C. 来自于同一总体　　D. 均值差别

5. 应用方差分析的前提条件是（　　）。

A. 各个总体均值相等　　B. 各个总体均值不等

C. 各个总体相关　　D. 各个总体相互独立

6. 若检验统计量 F 值接近于1，下面说法不正确的是（　　）。

A. 组间方差中不包含系统因素的影响　　B. 组内方差中不包含系统因素的影响

C. 组间方差中包含系统因素的影响　　D. 方差分析中应拒绝假设

7. 对于单因素方差分析的组内误差，下面说法正确的是（　　）。

A. 其自由度为1　　B. 反映的是随机因素的影响

C. 反映的是随机因素和系统因素的影响　　D. 组内误差一定小于组间误差

8. 为研究溶液温度对植物的影响，将水温控制在三个水平上，则称这种方差分析是（　　）。

A. 单因素方差分析　　B. 双因素方差分析

C. 三因素方差分析　　D. 多因素无交互作用方差分析

9. 双因素无交互作用方差分析检验统计量为 $\dfrac{SSB/(n-1)}{SSE/(m-1)(n-1)}=\dfrac{S_B^2}{S_E^2}$ 服从于（　　）。

A. F 分布　　B. χ^2 分布

C. 正态分布　　D. t 分布

二、计算题

1. 有三台机器生产规格相同的铝合金薄板，为检验三台机器生产薄板的厚度是否相同，随机从每台机器生产的薄板中各抽取了5个样品，测得结果如下：

机器1：0.236，0.238，0.248，0.245，0.243

机器2：0.257，0.253，0.255，0.254，0.261

机器3：0.258，0.264，0.259，0.267，0.262

问：三台机器生产薄板的厚度是否有显著差异？（$\alpha=0.05$）

2. 养鸡场要检验四种饲料配方对小鸡增重是否相同，用每一种饲料分别喂养了6只同一品种同时孵出的小鸡，共饲养了8周，每只鸡增重（以g计）数据如下：

配方：370，420，450，490，500，450

配方：490，380，400，390，500，410

配方：330，340，400，380，470，360

配方：410，480，400，420，380，410

问：四种不同配方的饲料对小鸡增重是否相同？（$\alpha=0.05$）

3. 今有某种型号的电池三批，它们分别为一厂、二厂、三厂三个工厂所生产的。为评比其质量，各随机抽取5只电池为样品，经试验测得其寿命（以h计）如下：

一厂：40，48，38，42，45

二厂：26，34，30，28，32

三厂：39，40，43，50，50

试在显著性水平 $\alpha=0.05$ 下检验电池的平均寿命有无显著差异？

4. 一个年级有三个小班，他们进行了一次数学考试。现从各个班级随机抽取了一些学生，记录其成绩如下：

1班：73，89，82，43，80，73，66，60，45，93，36，77

2班：88，78，48，91，51，85，74，56，77，31，78，62，76，96，80

3班：68，79，56，91，71，71，87，41，59，68，53，79，15

若各班学生成绩服从正态分布，且方差相等，试在显著性水平 $\alpha=0.05$ 下检验各班级的平均分数有无显著差异？

5. 设有三个车间以不同的工艺生产同一种产品，为考察不同工艺对产品产量的影响，现对每个车间各记录5天的日产量，如表6-14所示，问三个车间的日产量是否有显著差异？($\alpha=0.05$)

表6-14 各车间日产量

序　号	A_1	A_2	A_3
1	44	50	47
2	45	51	44
3	47	53	44
4	48	55	50
5	46	51	45

6. 有四种相同型号的电池，分别用 A_1、A_2、A_3、A_4表示，现从中各随机抽取三种电池，每种抽取5只样品，分别测得它们的寿命，如表6-15所示。问这四种电池的寿命是否有显著性差异？($\alpha=0.05$)

表6-15 电池寿命

序　号	A_1	A_2	A_3
1	40	39	39
2	47	40	37
3	42	50	32
4	38	45	33
5	46	50	35

7. 在某材料的配方中可添加两种元素A和B，为考察这两种元素对材料强度的影响，分别取元素A的5个水平和元素B的4个水平进行实验，取得数据如表6-16所示。试在显著性水平 $\alpha=0.05$ 下检验元素A和元素B对材料强度的影响是否显著？

表6-16 材料强度

A	B			
	B_1	B_2	B_3	B_4
A_1	323	332	308	290
A_2	341	336	345	260
A_3	345	365	333	288
A_4	361	345	358	285
A_5	355	364	322	294

8. 有两个实验室分别对三种材料的技术性能进行测试，数据如表6-17所示。试检验实

验室和材料对实验数据是否具有显著影响？实验室和材料因素有无交互作用？($\alpha=0.05$)

表 6-17 实验数据

实验室	材料		
	B_1	B_2	B_3
A_1	4.1	3.1	3.5
	3.9	2.8	3.2
	4.3	3.3	3.6
A_2	2.7	1.9	2.7
	3.1	2.2	2.3
	2.6	2.3	2.5

9. 某种化工过程在三种浓度和四种温度下成品获得率的数据如表 6-18 所示，在显著性水平 $\alpha=0.05$ 下，试检验浓度因素和温度因素对成品获得率影响是否显著？浓度和温度因素有无交互作用？

表 6-18 某种化工过程在三种浓度和四种温度下成品获得率的数据

浓度（%）	温度/℃			
	10	24	38	52
2	14	11	13	10
	10	11	9	12
4	9	10	7	6
	7	8	11	10
6	5	13	12	14
	11	14	13	10

第 7 章　相关分析与回归分析

相关分析和回归分析是对具有相关关系的变量从数据逻辑分析变量之间的联系。相关分析是回归分析的基础和前提，而回归分析则是相关分析的深入和继续，是认识变量之间相关程度的具体形式。当两个或两个以上的变量之间存在高度的相关关系时，进行回归分析寻求其相关的具体形式才有意义。本章基本内容包括：

确定两种或两种以上变量间相互依赖的关系。

相关分析就是对总体中确实具有联系的标志进行分析，其主体是对总体中具有因果关系标志的分析。它是描述客观事物相互间关系的密切程度并用适当的统计指标表示出来的过程。

回归分析是通过对大量统计数据进行数学处理，并确定因变量与某些自变量的相关关系，建立一个相关性较好的回归方程，并加以外推，用于预测未来因变量变化的分析方法。

学习要点：了解相关分析与回归分析的联系与区别，掌握相关分析及回归分析中的一元回归分析、多元回归分析和曲线回归分析的统计方法。

7.1　相关分析与回归分析原理

7.1.1　相关分析基本原理

1. 相关关系基本概念

现实世界里的事物都是相互联系、相互影响和相互依存的，用于描述事物数量特征的变量之间自然也存在一定的关系。统计分析的目的就是要探求事物之间、变量之间的关系，说明关系的性质是什么，这种关系的密切程度如何，并探索其内在规律性，为统计推断和预测提供数学模型和依据。相关分析就是分析研究两个或两个以上变量之间相互关系及其密切程度的一种统计方法。

变量与变量之间的相互关系，可以分为两种类型：函数关系和相关关系。

函数关系：是一种确定性关系，它是指在一个变化过程中，如果有两个变量，对于甲变量的每个值，必有乙变量的一个确定的值按照某种规律与它相对应，也就是说乙变量是甲变量的函数，甲变量与乙变量的关系就称为函数关系。可见函数关系是变量之间确定的数量依存关系。

相关关系：是指变量之间客观存在的不确定的依存关系，即自变量的每一个取值，因变量由于受随机因素影响，与其所对应的数值是不确定的。相关分析中的自变量和因变量没有严格的区别，可以互换。

例如，商品销售额与广告费用支出之间存在着伴随变动关系，广告费用支出多，相应的商品销售额一般也会增大，但是不同企业的相同广告费用支出未必有相同的商品销售额，而是会有多个不同的数值。这是因为商品销售额并不完全是由广告费用支出所决定，它还受到产品性能、价格、收入水平、消费习惯和随机波动等因素的影响。因此，商品销售额与广告费用支出的依存关系是相关关系。再如，从遗传学角度看，子女的身高与其父母的身高有很大的关系，但是子女的身高并不能完全由其父母的身高所决定，还要受到其他一些不确定因素影响，它们之间的关系也是相关关系。类似的诸如劳动生产率与工资水平的关系、投资额和国民收入的关系、商品流转规模与流通费用的关系等都属于相关关系。

函数关系和相关关系虽然是两种不同类型的变量关系，但是它们之间并没有绝对的界限，在一定条件下是可以互相转化的。本来具有函数关系的变量，当存在观测误差时，其函数关系往往以相关的形式表现出来。而具有相关关系的变量之间的联系，如果对它们有了深刻的规律性认识，并且能够把影响因变量变动的因素全部纳入模型进行分析，这时的相关关系也可能转化为函数关系。另外，相关关系也具有某种变动规律性，所以相关关系经常可以用一定的函数形式去近似地描述。客观现象的函数关系可以用数学分析的方法去研究，而研究客观现象的相关关系必须借助于统计学中的相关与回归分析方法。

2. 相关关系分类

相关关系可以按不同的标志加以区分。

1）按相关的程度可分为完全相关、不完全相关和不相关。

当一种现象的数量变化完全由另一个现象的数量变化所确定时，称这两种现象间的关系为**完全相关**。例如，在价格不变的条件下，某种商品的销售额与其销售量总是成正比例关系。在这种场合，相关关系便成为函数关系。因此也可以说函数关系是相关关系的一个特例。当两个现象彼此互不影响，其数量变化各自独立时，称为**不相关**。例如，通常认为股票价格的高低与气温的高低是不相关的。如果两个现象之间的关系介于完全相关和不相关之间，则称为**不完全相关**，一般的相关现象都是指这种不完全相关。

2）按相关的方向可分为正相关和负相关。

当一个现象的数量增加（或减少），另一个现象的数量也随之增加（或减少）时，称为**正相关**。例如，消费水平随收入的增加而提高，于是消费水平与收入水平的相关为正相关。当一个现象的数量增加（或减少），而另一个现象的数量向相反方向变动时，称为**负相关**。例如，商品流转的规模越大，流通费用水平则越低，商品流转额与流通费用率之间就是负相关。

3）按相关的形式可分为线性相关和非线性相关。

当两种相关现象之间的关系大致呈现为线性关系时，称为**线性相关**。例如，人均消费水平与人均收入水平通常呈线性关系。如果两种相关现象之间并不表现为直线的关系，而是近似于某种曲线的形式，则这种相关关系称为**非线性相关**。例如，单位产品成本与产品产量就

是一种非线性相关。

4）按相关关系涉及的变量或因素多少可分为单相关、复相关和偏相关。

两个变量之间的相关关系，称为**单相关**。当研究的是一个变量对两个或两个以上其他变量的相关关系时，称为**复相关**。例如，某种商品的需求量与商品的价格水平以及消费者的收入水平之间的相关关系便是一种复相关。在某一现象与多种现象相关的场合，假定其他变量不变，专门考察其中两个变量的相关关系称为**偏相关**。例如，在假定人们的收入水平不变的条件下，考察某种商品的需求与其价格水平的关系就是一种偏相关。

7.1.2　回归分析基本原理

1. 回归分析基本概念

回归分析：是研究一个被解释变量关于另一个（些）解释变量的具体依赖关系的计算方法和理论。其目的在于通过解释变量的已知或设定值，去估计和预测被解释变量的总体均值（或平均数）。

回归分析的基本思想和方法以及“回归”（Regression）一词的由来归功于英国生物学家、统计学家高尔顿（Galton）和他的学生英国著名统计学家、现代统计学的奠基者之一卡尔·皮尔逊（Karl Pearson）。高尔顿在他的“人体测定实验室”里对人类身高的遗传特征进行了研究。根据实验数据，他发现父子身高之间有显著的相关关系，即个子高的双亲其子女也比较高，但平均地看，却不比他们的双亲高；同样，个子矮的双亲其子女也比较矮，但平均地看，却不如他们的双亲矮。子代的身高有回到同龄人平均身高中去的趋势，使得人类身高在一定时间内相对稳定，没有出现高的更高、矮的更矮的两极分化现象，保持着生物学中“种”的概念的稳定性。高尔顿把这种身材趋向于人类平均高度的现象称为“回归”，并作为统计概念加以应用。后来他又提出“相关”和“相关系数”的概念，由此逐步形成有独特理论和方法体系的回归分析。高尔顿的学生卡尔·皮尔逊深受高尔顿的影响，他把相关和回归的理论发展并普遍化和一般化，将相关和回归理论扩展到了许多领域，“回归”概念也脱离了原来生物学上的特定含义。卡尔·皮尔逊还观察了当时英国的 1078 对夫妇，以每对夫妇的平均身高为 x，以他们的一个成年的儿子的身高为 y，并用一条直线

$$y=33.73+0.516x(\text{in})$$

来描述 x 和 y 的关系，这条直线就是回归线。

具体来说，回归分析主要解决这样几个方面的问题：从一组样本数据出发，确定变量之间的回归方程；对回归方程的可信程度进行各种统计检验，并从影响某一特定变量（因变量或响应变量）的诸多变量中找出哪些变量的影响是显著的，哪些是不显著的；利用所求得的回归方程，根据自变量或解释变量的数值预测因变量的取值，并给出这种预测的精确度。即：

1）确定变量之间是否存在相关关系，若存在，则找出数学表达式。

2）根据一个或几个变量的值，预测或控制另一个或几个变量的值，且估计这种控制和预测可以达到何种精确度。

2. 回归分析分类

1）根据因变量和自变量的个数来分类：一元回归分析和多元回归分析。

2）根据因变量和自变量的函数表达式分类：线性回归分析和非线性回归分析。

回归模型如图 7-1 所示。

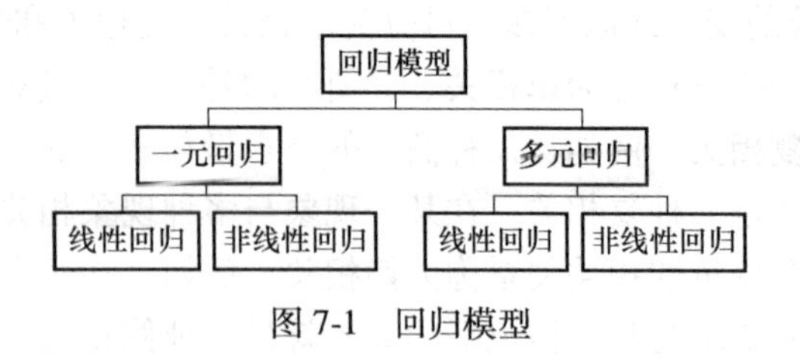

图 7-1　回归模型

7.1.3　相关分析和回归分析的联系与区别

相关分析研究变量之间相关的方向和相关的程度，它所使用的测度工具就是相关系数。但是，相关分析不能指出变量间相互依存关系的具体形式，也不能解决根据一个变量的变化去估计、预测或解释与其相关变量的变化问题。而解释一个变量过去的变化和预测一个变量的未来值都是很重要的，要解决这些问题就需要进行回归分析。

回归分析是对具有相关关系的现象，根据其关系形态，选择一个合适的数学模型（称为回归方程），用来近似地表示变量之间的平均变化关系的一种统计方法。它实际上是相关现象间不确定、不规则的数量依存关系的一般化、规则化。采用的方法是拟合直线或曲线方程，用这条直线或曲线来代表现象之间的一般数量关系。这条直线或曲线叫作**回归线**，它们的方程叫作**直线回归方程**或**曲线回归方程**。回归分析的主要任务是通过回归方程确定一个或几个变量（一般称为自变量或解释变量）的变化对于另一个特定变量（一般称为因变量或响应变量）的影响程度。简言之，就是利用一个或几个自变量的数据预测或解释一个因变量。

1. 相关分析和回归分析的联系

相关分析和回归分析都是对客观事物数量依存关系的分析，它们不仅具有共同的研究对象，而且在具体应用时，常常必须互相补充。相关分析和回归分析在一些统计学的书籍中被合称为相关关系分析。

1）相关分析是回归分析的基础和前提，没有对现象间是否存在相关关系及密切程度做出判断，就不能进行回归分析。

2）回归分析是相关分析的深入和继续，只有进行了回归分析，建立了回归方程，相关分析才有实际意义。

2. 相关分析和回归分析的区别

相关分析与回归分析两者在研究目的和方法等方面有明显区别。

1）研究目的的不同：相关分析研究变量之间相关方向、相关程度及相关形式，而回归分析研究变量之间相互关系的具体形式，即当一个变量发生数量上的变化时，另一个变量平均会发生什么样的变化。

2）研究方法不同：相关分析是通过计算相关系数或相关指数来判断变量之间的相关关系，而回归分析是通过数学模型来确定变量之间具体的数量关系。

3）变量的性质不同：在相关分析中，不用确定哪个是自变量和哪个是因变量，且所有变量都是随机变量。在回归分析中，必须事先确定在具体相关关系的变量中，谁是自变量和

谁是因变量。一般来说，自变量被设定为非随机变量（一般变量），因变量是随机变量。

3. 变量间的关系与回归分析

变量间的关系大体可分为两类，即确定关系和统计依赖关系。

确定关系或函数关系：研究的是确定现象非随机变量间的关系。

统计依赖关系或相关关系：研究的是非确定现象随机变量间的关系，以一定的统计规律呈现出来的关系。

对变量间统计依赖关系的考察主要是通过相关分析或回归分析来完成的。有因果关系由回归分析来完成，无因果关系由相关分析来完成。

注意：在相关性分析中，不相关只是就“线性关系”来说不相关，而相互独立是就一般关系而言的“独立”，即不相关并不意味着一定没有关系或相互独立，而相互独立一定不相关；有相关关系并不意味着一定有因果关系。

回归分析是研究随机变量 Y 的均值对随机变量 X 的依赖关系，作为解释变量 X 通常是可以控制的变量，而只有 X 确定了以后才能有被解释变量 Y 的预测值。所以，一些学者在研究回归分析理论时，为了便于理解，将解释变量 X 称为自变量，并假设解释变量 X 是非随机变量。

7.2　相关关系

7.2.1　相关关系判断

进行相关分析，需要判断变量之间有没有相关关系、是什么类型的相关关系，首先要根据对客观事物的定性认识来判断。任何事物都有质的规定性，它表明了事物自身和其他事物的联系。对事物的这种质的规定性的认识和分析，就是定性分析。按照人们认识的一般顺序，先有对事物和现象的定性判断，然后才能据此进行量的分析和判断。因此，统计研究相关关系时，应当根据有关的科学理论和实践经验，在定性分析基础上，通过实际观测或试验取得可靠的数据，才能进一步判断和测定相关的性质和程度，得到有科学意义的结论。其中相关表和相关图是常见的相关关系直观研究工具。

1. 相关表

将变量之间的相关关系用表格形式反映，这种表格称为**相关表**。通过相关表可以看出相关关系的形式、密切程度和相关方向。例如，根据某市家计调查（居民家庭收支调查）中取得的 20 个家庭月人均收入和食品支出占消费支出比重资料，得到的相关表，如表 7-1 所示。

表 7-1　家庭月人均收入和食品支出占消费支出比重统计表

编号	人均收入/元	食品支出比重（%）	编号	人均收入/元	食品支出比重（%）
1	1156	52.9	5	1201	51.3
2	1167	52.1	6	1250	50.1
3	1187	51.5	7	1289	49.5
4	1192	51	8	1320	48.5

（续）

编号	人均收入/元	食品支出比重（%）	编号	人均收入/元	食品支出比重（%）
9	1400	47.3	15	1810	42.9
10	1560	46.5	16	1880	41.9
11	1613	45.5	17	1978	41.1
12	1650	45.3	18	2120	39.2
13	1689	43.1	19	2318	38.5
14	1780	42.9	20	2567	37.6

从表 7-1 可以看出，随着家庭月人均收入的增加，家庭食品支出占消费支出比重有下降趋势，表明家庭月人均收入与食品支出占消费支出比重呈现负相关关系。

2. 相关图

将变量之间的关系通过图像来表示，这种图像称为**相关图**。它是描述变量之间相关关系的一种直观方法。可以分别用 X 和 Y 来表示两个观测变量，X 与 Y 的 n 对观测值写成（X_i, Y_i）（$i=1,2,\cdots,n$），并用横坐标表示 X，纵坐标表示 Y，每对数据（X_i, Y_i）在坐标系中用一个点表示，n 对观测值在坐标系形成的点称为散点，这种相关图又称为**散点图**或**散布图**，可以直观观察变量之间的相关关系。例如，用 X 代表家庭月人均收入，Y 代表食品支出占消费支出比重，由表 7-1 得到的相关图，如图 7-2 所示。

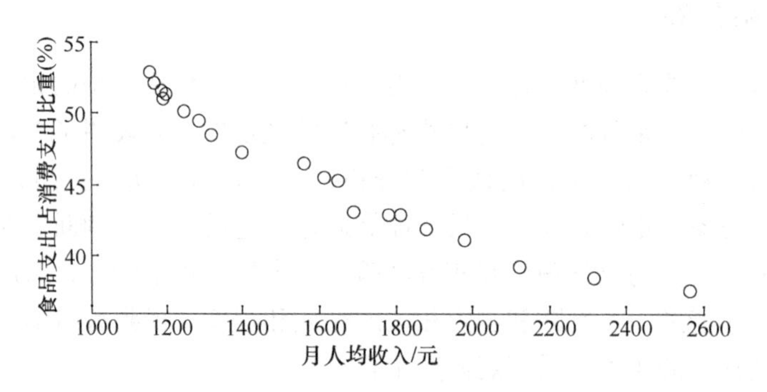

图 7-2　家庭月人均收入与家庭食品支出占消费支出比重散点图

图 7-2 清楚地显示了家庭月人均收入和家庭食品支出占消费支出比重的反向相关关系（负相关）。显然，与相关表比较起来，相关图所反映的变量之间的相关关系的方向和程度更加清晰和直观。又如，抽取 20 个地区调查社会消费品零售额与城镇居民人均可支配收入数据如表 7-2 所示。

表 7-2　社会消费品零售额与城镇居民人均可支配收入数据

地 区 编 号	社会消费品零售额/亿元	城镇居民人均可支配收入/元
1	1313.90	4732.90
2	441.30	4441.40
3	405.30	4523.00

（续）

地 区 编 号	社会消费品零售额/亿元	城镇居民人均可支配收入/元
4	1487. 50	4803. 50
5	852. 80	4385. 50
6	2270. 50	6248. 10
7	2008. 10	8930. 00
8	838. 70	4474. 20
9	1123. 50	6784. 80
10	571. 10	4439. 00
11	2281. 80	5561. 51
12	1483. 20	4594. 50
13	1435. 00	4955. 10
14	1144. 20	5198. 00
15	3506. 60	8397. 70
16	705. 90	5203. 80
17	287. 60	4307. 10
18	1260. 50	4705. 30
19	473. 50	5017. 20
20	495. 50	4540. 00

从表 7-2 难以看出，社会消费品零售额与城镇居民人均可支配收入的关系，如果用纵坐标表示社会消费品零售额，横坐标表示城镇居民人均可支配收入，可以得到散点图 7-3，此图显示了社会消费品零售额与城镇居民人均可支配收入的正向相关关系。

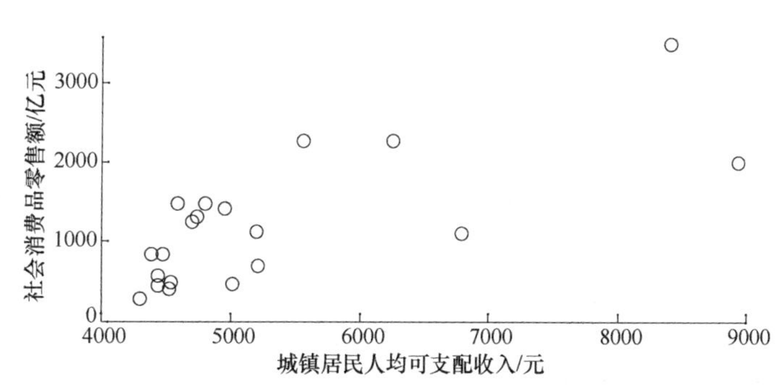

图 7-3　社会消费品零售额与城镇居民人均可支配收入散点图

由于相关图具有清晰和直观的优点，所以它成为判断相关关系和进行相关分析的必要手段和常用工具。一般在进行定量分析之前，可以先利用相关图对现象之间存在的相关关系方向、形式和密切程度做大致的判断。相关关系的各种类型都可以用相关图表示出来，如图 7-4～图 7-8 所示。

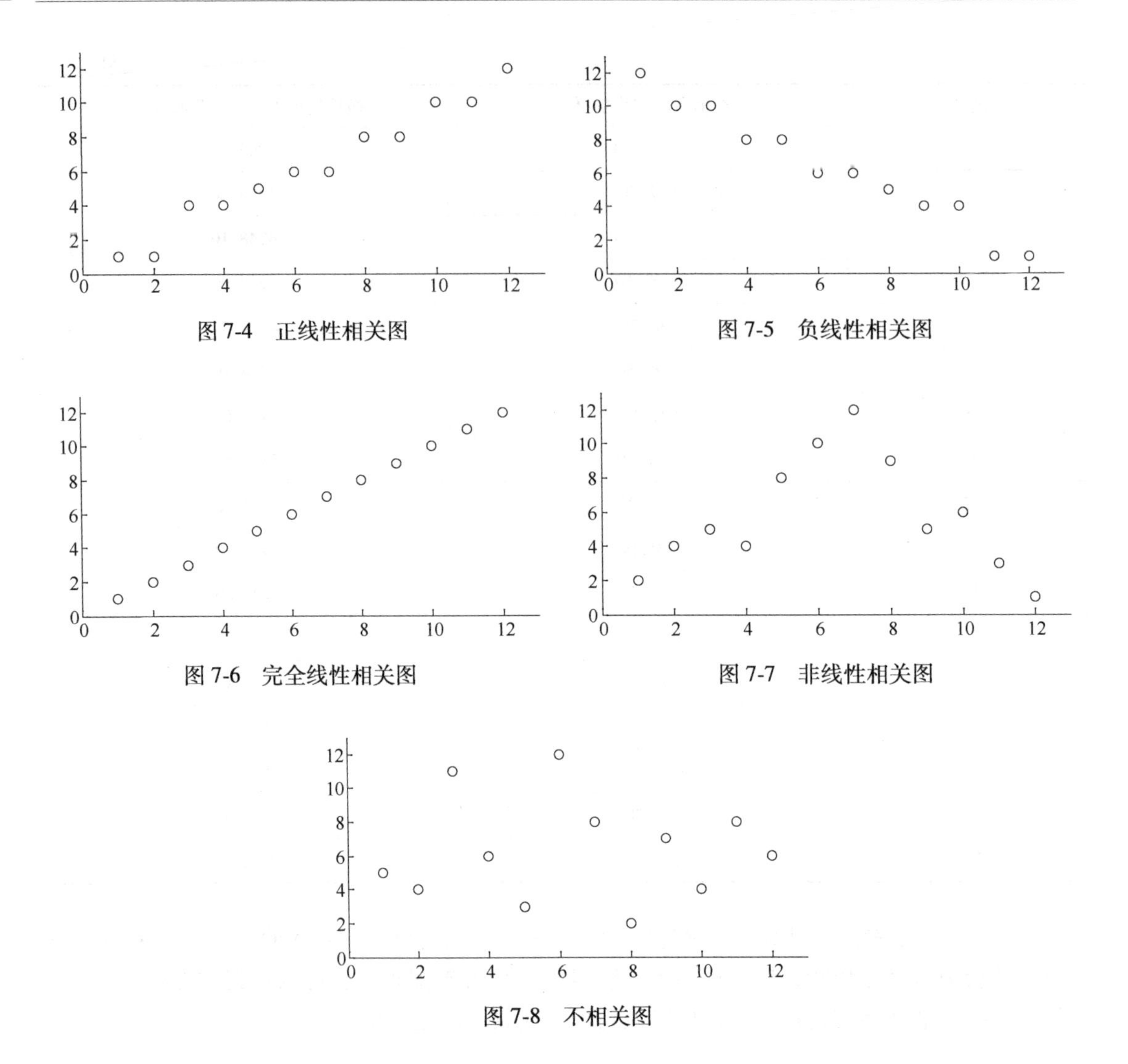

图 7-4　正线性相关图

图 7-5　负线性相关图

图 7-6　完全线性相关图

图 7-7　非线性相关图

图 7-8　不相关图

7.2.2　相关系数矩阵

1. 相关系数

尽管相关图能够直观地反映两个变量之间的相互关系以及相关方向，但是，由于存在视觉误差和图形歪曲可能（如通过压缩或拉伸坐标轴会得到不同的散布图效果），相关图并不能确切地描述变量之间的相关程度。而变量之间的关系密切到何种程度，又是决策者十分关心的问题，所以为了精确地描述变量之间相关关系的密切程度，有必要用一个统计指标来刻画和说明，这个指标就是相关系数。

相关系数：是指刻画和说明变量之间相关关系密切程度的统计分析指标，主要用于对两个变量之间线性相关程度的度量。若相关系数是根据总体全部数据计算得到的，则称为总体相关系数，记为 ρ_{XY}；若是根据样本数据计算得到的，则称为样本相关系数，记为 r。

2. 相关系数计算

19 世纪末，英国著名统计学家卡尔·皮尔逊提出了一个测度两个变量线性相关程度的计算公式，称为**积矩法或动差法相关系数**，已经得到了广泛运用。对于两个相关变量 X 和

Y，积矩法总体相关系数的计算公式如下：

$$\rho_{XY}=\frac{\mathrm{Cov}(X,Y)}{\sqrt{D(X)D(Y)}} \tag{7-2-1}$$

式中，$\mathrm{Cov}(X,Y)$ 是变量 X 和 Y 的协方差；$D(X)$ 和 $D(Y)$ 分别为变量 X 和 Y 的方差。总体相关系数是反映两变量之间线性相关程度的一种特征值，表现为一个常数。由于一般情况下不可能对总体变量 X 和 Y 的全部数值都进行观测，所以总体相关系数一般是未知的。通常需要从总体中随机抽取一定数量的样本，通过 X 和 Y 的样本观测值计算的样本相关系数去估计总体相关系数。样本相关系数 r 的计算公式如下：

$$r=\frac{v_{XY}}{S_XS_Y}=\frac{\sum_{i=1}^{n}(X_i-\overline{X})(Y_i-\overline{Y})}{\sqrt{\sum_{i=1}^{n}(X_i-\overline{X})^2}\sqrt{\sum_{i=1}^{n}(Y_i-\overline{Y})^2}} \tag{7-2-2}$$

式中，$(X_1,X_2,\cdots,X_n)$ 和 $(Y_1,Y_2,\cdots,Y_n)$ 分别为随机变量 X 和 Y 的样本向量；$S_X=\sqrt{v_{XX}}=\sqrt{\frac{1}{n-1}\sum_{i=1}^{n}(X_i-\overline{X})^2}$，$S_Y=\sqrt{v_{YY}}=\sqrt{\frac{1}{n-1}\sum_{i=1}^{n}(Y_i-\overline{Y})^2}$ 分别为随机变量 X 和 Y 的样本标准差；$v_{XY}=\frac{1}{n-1}\sum_{i=1}^{n}(X_i-\overline{X})(Y_i-\overline{Y})$ 为随机变量 X 和 Y 的样本协方差。相关系数的计算公式也可以化简为

$$r=\frac{n\sum_{i=1}^{n}X_iY_i-\sum_{i=1}^{n}X_i\sum_{i=1}^{n}Y_i}{\sqrt{n\sum_{i=1}^{n}X_i^2-\left(\sum_{i=1}^{n}X_i\right)^2}\sqrt{n\sum_{i=1}^{n}Y_i^2-\left(\sum_{i=1}^{n}Y_i\right)^2}} \tag{7-2-3}$$

例 7.1　根据表 7-2 中的数据，计算 20 个地区样本的社会消费品零售额与城镇居民人均可支配收入的相关系数。

【解析】　令 X 代表城镇居民人均可支配收入，Y 代表社会消费品零售额，有关数据结果如表 7-3 所示。

表 7-3　社会消费品零售额与城镇居民人均可支配收入相关系数计算表

编号	Y/亿元	X/百元	Y^2	X^2	XY
1	1313.90	47.33	1726333	2240.13	62186.89
2	441.30	44.41	194745.7	1972.25	19598.13
3	405.30	45.23	164430.3	2045.75	18340.77
4	1487.50	48.04	2212656	2307.36	71452.06
5	852.80	43.86	727267.8	1923.26	37399.54
6	2270.50	62.48	5155170	3903.88	141863.1
7	2008.10	89.30	4032466	7974.49	179323.3
8	838.70	44.74	703417.7	2001.85	37525.12
9	1123.50	67.85	1262252	4603.35	76227.23

（续）

编号	Y/亿元	X/百元	Y^2	X^2	XY
10	571.10	44.39	326155.2	1970.47	25351.13
11	2281.80	55.62	5206611	3093.04	126902.5
12	1483.20	45.95	2199882	2110.94	68145.62
13	1435.00	49.55	2059225	2455.30	71105.69
14	1144.20	51.98	1309194	2701.92	59475.32
15	3506.60	83.98	12296244	7052.14	294473.7
16	705.90	52.04	498294.8	2707.95	36733.62
17	287.60	43.07	82713.76	1855.11	12387.22
18	1260.50	47.05	1588860	2213.98	59310.31
19	473.50	50.17	224202.3	2517.23	23756.44
20	495.50	45.40	245520.3	2061.16	22495.70
合计	24386.50	1062.44	42215640.86	59711.56	1444053.39

由表7-3中的数据信息，可计算得到20个地区样本的城镇居民人均可支配收入和社会消费品零售额的样本标准差及协方差如下：

$$S_X=13.12,\ S_Y=810.48,\ S_{XY}=7820.72$$

由式（7-2-2），则样本相关系数

$$r=\frac{7820.72}{13.12\times 810.48}=0.7353$$

或由式（7-2-3），得样本相关系数 r

$$r=\frac{20\times 1444053.39-1062.44\times 24386.50}{\sqrt{20\times 59711.56-1062.44}\times\sqrt{20\times 42215640.86-24386.50\times 24386.50}}=0.7353$$

3. 相关系数的特点

相关系数 r 有以下特点：

1）r 的取值介于-1与+1之间，即 $-1\leqslant r\leqslant 1$。

2）当 $r=0$ 时，说明 Y 与 X 没有线性相关关系。

3）在大多数情况下，$0<|r|<1$，即 X 与 Y 的样本观测值之间存在着一定的线性相关关系；当 $r>0$ 时，X 与 Y 为正相关，当 $r<0$ 时，X 与 Y 为负相关。

4）如果 $|r|=1$，则表明 X 与 Y 完全线性相关。当 $r=1$ 时，称为完全正相关，而当 $r=-1$ 时，称为完全负相关。

5）r 是对变量之间线性相关关系的度量。$r=0$ 只是表明两个变量之间不存在线性相关关系，但它并不意味着 X 与 Y 之间不存在其他类型的关系，比如它们之间可能存在非线性相关关系。因此，当 $r=0$ 或者很小时，不宜马上推断出变量之间无相关，应结合散布图或利用其他指标进行分析，从而做出合理解释。

4. 相关系数的显著性检验

一般情况下，总体相关系数 ρ_{XY} 是一个未知数，往往用样本相关系数 r 作为 ρ_{XY} 的一个估

计。但是从总体中抽取不同样本计算的 r 值是不同的，因此，样本相关系数 r 是一个随机变量。样本相关系数 r 能否说明总体的相关程度，需要对相关系数进行统计假设检验。这里只介绍在小样本情况下总体相关系数 ρ_{XY} 是否等于零的检验问题。

检验总体相关系数 $\rho_{XY}=0$ 的假设，实际上是判断样本相关系数 r 是否抽自具有零相关的总体。在小样本（一般为 $n<30$）的情况下，通常采用 t 检验法，具体步骤如下：

1）假设样本相关系数 r 是抽自具有零相关的总体，即

$$H_0: \rho_{XY}=0, \quad H_1: \rho_{XY}\neq 0$$

2）计算样本相关系数 r。

3）计算检验假设 H_0 的统计量 t

$$t=\frac{r\sqrt{n-2}}{\sqrt{1-r^2}}\sim t(n-2) \tag{7-2-4}$$

4）确定显著性水平并做出决策。设显著性水平为 α（通常取 $\alpha=0.05$），查自由度为（$n-2$）的 t 分布表，得到检验统计量的临界值 $t_{\alpha/2}(n-2)$。若 $|t|\leqslant t_{\alpha/2}(n-2)$，接受原假设 H_0，表明 r 在统计上是不显著的，即变量 X 与 Y 之间的相关程度不显著；若 $|t|>t_{\alpha/2}(n-2)$，则拒绝原假设 H_0，表明 r 在统计上是显著的，即变量 X 与 Y 之间的相关关系显著。

例 7.2　对表 7-3 中的社会消费品零售额与城镇居民人均可支配收入的相关系数进行显著性检验。

【解析】　建立统计假设

$$H_0: \rho_{XY}=0, \quad H_1: \rho_{XY}\neq 0$$

由样本相关系数 $r=0.7353$ 计算检验统计量

$$t=\frac{r\sqrt{n-2}}{\sqrt{1-r^2}}=\frac{0.7353\sqrt{20-2}}{\sqrt{1-0.7353^2}}=4.60$$

取显著性水平为 $\alpha=0.05$，根据自由度 $n-2=18$ 查 t 分布表得 $t_{0.05/2}(18)=2.1$，由于 $t=4.60>t_{0.05/2}(18)=2.1$，拒绝原假设 H_0，表明相关关系在统计上是显著的。也就是说，社会消费品零售额与城镇居民人均可支配收入的相关关系显著。

5. 协方差矩阵与相关矩阵

（1）样本协方差阵　设 $(X_1,X_2,\cdots,X_p)^{\mathrm{T}}$ 是 p 元总体，其样本数据观测矩阵为

$$\boldsymbol{X}=\begin{pmatrix} X_{11} & X_{12} & \cdots & X_{1n} \\ X_{21} & X_{22} & \cdots & X_{2n} \\ \vdots & \vdots & & \vdots \\ X_{p1} & X_{p2} & \cdots & X_{pn} \end{pmatrix}=(\boldsymbol{X}_{(1)},\boldsymbol{X}_{(2)},\cdots,\boldsymbol{X}_{(n)}) \tag{7-2-5}$$

其中，

$$\boldsymbol{X}_{(i)}=(X_{1i},X_{2i},\cdots,X_{pi})^{\mathrm{T}} \tag{7-2-6}$$

式中，$\boldsymbol{X}$ 为 $p\times n$ 矩阵；$\boldsymbol{X}_{(i)}(i=1,2,\cdots,n)$ 是来自总体的第 i 个样本观测向量。随机变量 X_j 的样本均值为

$$\overline{X}_j=\frac{1}{n}\sum_{i=1}^{n}X_{ji}(j=1,2,\cdots,p) \tag{7-2-7}$$

随机变量 X_j 和 X_k 的样本协方差为

$$v_{jk}=\frac{1}{n-1}\sum_{i=1}^{n}(X_{ji}-\overline{X}_j)(X_{ki}-\overline{X}_k)(j,k=1,2,\cdots,p) \tag{7-2-8}$$

则样本协方差矩阵为

$$\boldsymbol{V}=\begin{pmatrix} v_{11} & v_{12} & \cdots & v_{1p} \\ v_{21} & v_{22} & \cdots & v_{2p} \\ \vdots & \vdots & & \vdots \\ v_{p1} & v_{p2} & \cdots & v_{pp} \end{pmatrix} \tag{7-2-9}$$

式中，$v_{kj}=v_{jk}(j\neq k)$，故样本协方差矩阵为对角阵。

（2）样本相关矩阵　样本相关矩阵是 p 元观测数据的最重要的数字特征，它描述了变量之间线性联系的密切程度。因此建立样本观测数据的皮尔逊相关矩阵，主要是确定随机变量 X_j 和 X_k 的相关系数，即 X_j 和 X_k 的相关程度。

$$r_{jk}=\frac{v_{jk}}{\sqrt{v_{jj}}\sqrt{v_{kk}}}(j,k=1,2,\cdots,p) \tag{7-2-10}$$

显然有 $r_{jj}=1$ 和 $|r_{jk}|\leqslant 1$。得到皮尔逊相关矩阵为

$$\boldsymbol{R}=\begin{pmatrix} 1 & r_{12} & \cdots & r_{1p} \\ r_{21} & 1 & \cdots & r_{2p} \\ \vdots & \vdots & & \vdots \\ r_{p1} & r_{p2} & \cdots & 1 \end{pmatrix} \tag{7-2-11}$$

式中，$r_{jk}=r_{kj}(k\neq j)$，故皮尔逊相关矩阵为对称矩阵。

7.3　一元线性回归

7.3.1　一元线性回归模型及其回归系数

1. 线性回归分析概念

前面介绍了回归分析根据实际资料建立的回归模型有多种形式。按照自变量的多少可分为一元回归模型和多元回归模型；按照变量之间的具体变动形式可以分为线性回归模型和非线性回归模型。

一元线性回归只涉及一个自变量（也称为解释变量）和一个因变量（也称为被解释变量），设 X 为自变量，Y 为因变量，根据成对的两个变量的数据 $(X_i,Y_i)(i=1,2,\cdots,n)$，拟合一条直线方程，由自变量的变动来推算因变量变动的统计方法。

一元线性回归模型：假设对于解释变量 X 的每一个值所对应的被解释变量 Y 的值有

$$Y\sim N(\alpha+\beta X,\sigma^2)$$

式中，α、β、σ^2 都是不依赖于 X 的未知常数。设 $\mathrm{e}=Y-(\alpha+\beta X)$，则 $\mathrm{e}\sim N(0,\sigma^2)$。称

$$Y=\alpha+\beta X+\mathrm{e} \tag{7-3-1}$$

为一元线性回归模型，β 称为**回归系数**。一元线性回归模型又称**简单直线回归模型**，称

$$\mu(x)=\alpha+\beta x \tag{7-3-2}$$

为回归函数。

2. 一元线性样本回归方程

实际上我们只能用 n 组样本数据来寻找一条直线，使得该直线与回归模型拟合度最高。

回归方程：称与回归模型拟合度最高的直线方程

$$\hat{Y}=\hat{\alpha}+\hat{\beta}X \tag{7-3-3}$$

为随机变量 Y 关于 X 的回归方程，其图形称为回归直线。

称

$$\hat{Y}_i=\hat{\alpha}+\hat{\beta}X_i \tag{7-3-4}$$

为样本回归直线方程，其中 $\hat{Y}_i$ 是对总体回归直线的估计值，$\hat{\alpha}$、$\hat{\beta}$ 是总体参数 α、β 的估计，同时 $\hat{\alpha}$ 表示直线在 Y 轴上的截距，$\hat{\beta}$ 表示直线的斜率。

实际样本观测值 Y_i，并不完全等于回归直线的估计值 $\hat{Y}_i$，如果用 e_i 表示两者之差，则有

$$e_i=Y_i-\hat{Y}_i(i=1,2,\cdots,n) \tag{7-3-5}$$

或

$$Y_i=\hat{\alpha}+\hat{\beta}X_i+e_i \tag{7-3-6}$$

式（7-3-6）称为**样本回归模型**。式中，e_i 称为**残差**。

3. 最小二乘法估计回归系数

式（7-3-3）中的 $\hat{\alpha}$、$\hat{\beta}$ 确定了直线的位置，$\hat{\alpha}$、$\hat{\beta}$ 一旦确定，这条直线就唯一确定了。但是由于 X 与 Y 的关系不是函数关系，给定一个 X 的数值，Y 有多个可能的取值，所以用于描述这 n 对数据的直线可以有许多条。根据样本资料确定样本回归方程时，通常希望 Y 的估计值从整体来看尽可能地接近其实际观测值。也就是说，残差 e_i 的总量越小越好。由于 e_i 有正有负，简单的代数和会相互抵消，因此为了便于处理，采用残差平方和 $\sum e_i^2$ 作为衡量总偏差的尺度。利用最小二乘法，通过使残差平方和 $\sum e_i^2$ 最小来估计回归系数。

最小二乘法：又称最小平方法，是一种数学优化方法，通过最小误差的平方和寻找数据的最佳函数匹配。

设

$$Q=\sum_{i=1}^{n}e_i^2=\sum_{i=1}^{n}(Y_i-\hat{Y}_i)^2=\sum_{i=1}^{n}[Y_i-(\hat{\alpha}+\hat{\beta}X_i)]^2 \tag{7-3-7}$$

最小二乘法就是使得 $\sum_{i=1}^{n}[Y_i-(\hat{\alpha}+\hat{\beta}X_i)]^2$ 取最小值。很明显，残差平方和 Q 的大小将依赖于 $\hat{\alpha}$ 和 $\hat{\beta}$ 的取值。根据微积分中求极小值原理，可知 Q 存在极小值。将 Q 对 $\hat{\alpha}$ 和 $\hat{\beta}$ 求偏导数，并令其等于零，可得

$$-2\sum_{i=1}^{n}(Y_i-\hat{\alpha}-\hat{\beta}X_i)=0,\quad -2\sum_{i=1}^{n}X_i(Y_i-\hat{\alpha}-\hat{\beta}X_i)=0 \tag{7-3-8}$$

式（7-3-8）表明，由最小二乘法可以得到两个重要结果

$$\sum_{i=1}^{n}e_i=0,\quad \sum_{i=1}^{n}X_ie_i=0$$

整理得方程组

$$\sum_{i=1}^{n} Y_i = n\hat{\alpha}+\hat{\beta} \sum_{i=1}^{n} X_i \tag{7-3-9}$$

$$\sum_{i=1}^{n} X_i Y_i = =\hat{\alpha} \sum_{i=1}^{n} X_i+\hat{\beta} \sum_{i=1}^{n} X_i^2 \tag{7-3-10}$$

解方程得到

$$\hat{\beta}=\frac{n \sum_{i=1}^{n} X_i Y_i-\sum_{i=1}^{n} X_i \sum_{i=1}^{n} Y_i}{n \sum_{i=1}^{n} X_i^2-\left(\sum_{i=1}^{n} X_i\right)^2}=\frac{\sum_{i=1}^{n}(X_i-\overline{X})(Y_i-\overline{Y})}{\sum_{i=1}^{n}(X_i-\overline{X})^2} \tag{7-3-11}$$

$$\hat{\alpha}=\frac{\sum_{i=1}^{n} Y_i}{n}-\hat{\beta}\frac{\sum_{i=1}^{n} X_i}{n}=\overline{Y}-\hat{\beta}\overline{X} \tag{7-3-12}$$

以上两式是估计总体回归系数 α 和 β 的公式。从公式可以看出，当 $X=\overline{X}$ 时，即回归直线通过点（$\overline{X},\overline{Y}$），这是 n 个散点的重心位置。

例 7.3 根据表 7-3 的数据，拟合社会消费品零售额对城镇居民人均可支配收入的回归直线。

【解析】 根据表 7-3 中的计算结果，由式（7-3-11）和式（7-3-12）得

$$\hat{\beta}=\frac{20\times1444053.39-1062.44\times24386.50}{20\times59711.56-1062.44\times1062.44}=45.41$$

$$\hat{\alpha}=\frac{24386.50}{20}-45.41\times\frac{1062.44}{20}=-1192.68$$

社会消费品零售额对城镇居民人均可支配收入的直线回归方程为

$$\hat{Y}=-1192.68+45.41X$$

7.3.2 回归直线拟合程度

回归方程 $\hat{Y}=\hat{\alpha}+\hat{\beta}X$ 在一定程度上描述了变量 X 和 Y 之间的内在规律，根据这一方程可由自变量 X 的值来估计或推算因变量 Y 的取值，而估计的精度取决于回归直线对观测数据的拟合程度。回归直线与各散点的接近程度，称为直线对观测数据的拟合程度或拟合度。拟合度的大小反映了样本观测值聚集在样本回归直线周围的紧密程度。判断回归模型拟合程度优劣最常用的数量尺度是决定系数（又称判定系数）。

1. 变差的分解

因变量 Y 的取值是不同的，Y 取值的这种波动称为变差。变差的产生来自于两个方面：一方面是由于自变量的取值不同造成的，另一方面是除 X 以外的其他因素的影响。对于某一个具体的观测值 Y_i，其变差的大小可以通过该实际观测值与实际观测均值的离差（$Y_i-\overline{Y}$）来表示。而全部 n 次观测值的总变差（记为 SST）可由这些离差的平方和来表示。下面引入因变量总离差平方和的概念。

因变量总离差平方和：称因变量实际观测值与实际观测均值之差平方和为因变量总离差平方和，简称总离差平方和，记为 SST，即

$$SST=\sum_{i=1}^{n}(Y_i-\overline{Y})^2 \tag{7-3-13}$$

对每个观测值 Y_i 的离差做如下分解：

$$(Y_i-\overline{Y})=(\hat{Y}_i-\overline{Y})+(Y_i-\hat{Y}_i) \tag{7-3-14}$$

式（7-3-14）表明因变量的实际观测值与其样本均值的离差，即总离差（$Y_i-\overline{Y}$），它可以分解为两部分：一部分是因变量的理论回归值与其样本均值的离差（$\hat{Y}_i-\overline{Y}$），它可以看成是能够由回归直线解释的部分，又称为可解释离差；另一部分是实际观测值与理论回归值的离差（$Y_i-\hat{Y}_i$），它是不能由回归直线加以解释的残差 e_i，将式（7-3-14）的左右两边平方，并对所有 n 个点求和，则

$$\sum_{i=1}^{n}(Y_i-\overline{Y})^2=\sum_{i=1}^{n}(\hat{Y}_i-\overline{Y})^2+2\sum_{i=1}^{n}(\hat{Y}_i-\overline{Y})(Y_i-\hat{Y}_i)+\sum_{i=1}^{n}(Y_i-\hat{Y}_i)^2$$

利用残差的定义与式（7-3-8）可以证明 $\sum_{i=1}^{n}(\hat{Y}_i-\overline{Y})(Y_i-\hat{Y}_i)=0$。因此

$$\sum_{i=1}^{n}(Y_i-\overline{Y})^2=\sum_{i=1}^{n}(\hat{Y}_i-\overline{Y})^2+\sum_{i=1}^{n}(Y_i-\hat{Y}_i)^2 \tag{7-3-15}$$

其中 $\sum_{i=1}^{n}(\hat{Y}_i-\overline{Y})^2$ 是回归值 $\hat{Y}_i$ 与 $\overline{Y}$ 均值的离差平方和，根据回归方程，Y_i 的估计值为 $\hat{Y}_i=\hat{\alpha}+\hat{\beta}X_i$，因此把 $\sum_{i=1}^{n}(\hat{Y}_i-\overline{Y})^2$ 看作是由于自变量 X 的变化而引起的 Y 的变化，或者说是能够由回归直线解释的部分。平方和 $\sum_{i=1}^{n}(\hat{Y}_i-\overline{Y})^2$ 反映了 Y 的总离差平方和 SST 中，由于 X 与 Y 的线性关系引起 Y 变化的部分，因为它可由回归直线解释，因而称为**回归平方和**，记为 SSR，即

$$SSR=\sum_{i=1}^{n}(\hat{Y}_i-\overline{Y})^2 \tag{7-3-16}$$

另一部分 $\sum_{i=1}^{n}(Y_i-\hat{Y}_i)^2$ 是各实际观测点的 Y_i 值与回归值 $\hat{Y}_i$ 的差（$Y_i-\hat{Y}_i$）的平方和，它是除了 X 对 Y 的线性影响之外的其他因素对总变差的作用，是不能由回归直线来解释的部分，称为**残差平方和**，或**剩余平方和**，记为 SSE。即

$$SSE=\sum_{i=1}^{n}(Y_i-\hat{Y}_i)^2 \tag{7-3-17}$$

三个平方和的关系为

总离差平方和=回归平方和+残差平方和

即

$$SST=SSR+SSE \tag{7-3-18}$$

将式（7-3-18）左右两边同除以 SST，得

$$1=\frac{SSR}{SST}+\frac{SSE}{SST} \tag{7-3-19}$$

式（7-3-19）表明回归直线拟合的好坏取决于 SSR 或 SSE 的大小。显而易见，各个样本

观测点与样本回归直线靠得越近，SSR 在 SST 中所占的比例就越大（同时残差平方和 SSE 在 SST 中所占的比例就越小），回归直线拟合得越好。下面引入决定系数的定义。

决定系数：用残差平方和与总离差平方和的比值作为判断回归模型拟合程度优劣的数量尺度称为决定系数（又称判定系数），记为 R^2，即

$$R^2=\frac{SSR}{SST}=1-\frac{SSE}{SST}=1-\frac{\sum_{i=1}^{n}(Y_i-\hat{Y}_i)^2}{\sum_{i=1}^{n}(Y_i-\bar{Y})^2} \tag{7-3-20}$$

决定系数是对回归模型拟合程度的综合度量，决定系数越大，模型拟合程度越高，决定系数越小，则模型的拟合程度越差。若所有观测值都落在回归直线上，残差平方和 SSE 等于零，$R^2=1$，拟合是完全的；如果 Y 的变化与 X 无关，X 完全无助于解释 Y 的变动，此时 $R^2=0$。可见，R^2 的取值范围是 $[0,1]$。R^2 越接近于 1，回归平方和 SSR 占总离差平方和 SST 的比例就越大，回归直线与各观测点就越接近，用 X 的变化来解释 Y 值的变差的部分就越多，回归直线的拟合就越好；反之，R^2 越接近于 0，回归直线的拟合就越差。

在一元线性回归中，决定系数 R^2 与式（7-2-2）的样本相关系数 r 的平方是相同的。这是因为 $\sum_{i=1}^{n}e_i=0$，可得 $\sum_{i=1}^{n}(Y_i-\hat{Y}_i)=0$，即

$$\begin{aligned}\sum_{i=1}^{n}(Y_i-\hat{Y}_i)&=\sum_{i=1}^{n}Y_i-\sum_{i=1}^{n}\hat{Y}_i=n\bar{Y}-\sum_{i=1}^{n}(\hat{\alpha}+\hat{\beta}X_i)\\&=n\bar{Y}-n\hat{\alpha}-\hat{\beta}\sum_{i=1}^{n}X_i=n\bar{Y}-n\hat{\alpha}-n\hat{\beta}\bar{X}=0\end{aligned}$$

所以

$$\bar{Y}=\hat{\alpha}+\hat{\beta}\bar{X}$$

则

$$SSR=\sum_{i=1}^{n}(\hat{\alpha}+\hat{\beta}X_i-\hat{\alpha}-\hat{\beta}\bar{X})^2=\hat{\beta}^2\sum_{i=1}^{n}(X_i-\bar{X})^2 \tag{7-3-21}$$

即

$$SSR=\sum_{i=1}^{n}(\hat{Y}_i-\bar{Y})(\hat{\alpha}+\hat{\beta}X_i-\hat{\alpha}-\hat{\beta}\bar{X})=\hat{\beta}\sum_{i=1}^{n}(\hat{Y}_i-\bar{Y})(X_i-\bar{X})$$

所以

$$\hat{\beta}^2\sum_{i=1}^{n}(X_i-\bar{X})^2=\hat{\beta}\sum_{i=1}^{n}(\hat{Y}_i-\bar{Y})(X_i-\bar{X})$$

即

$$\sum_{i=1}^{n}(\hat{Y}_i-\bar{Y})(X_i-\bar{X})=\hat{\beta}\sum_{i=1}^{n}(X_i-\bar{X})^2=\frac{1}{\hat{\beta}}SSR \tag{7-3-22}$$

所以

$$r^2=\frac{\left[\sum_{i=1}^{n}(X_i-\bar{X})(Y_i-\bar{Y})\right]^2}{\sum_{i=1}^{n}(X_i-\bar{X})^2\sum_{i=1}^{n}(Y_i-\bar{Y})^2}$$

$$=\frac{SSR\sum_{i=1}^{n}(X_i-\overline{X})^2}{\sum_{i=1}^{n}(X_i-\overline{X})^2\sum_{i=1}^{n}(Y_i-\overline{Y})^2}$$

即

$$|r|=\sqrt{\frac{SSR}{SST}} \tag{7-3-23}$$

这个结论不仅可以使我们能够由相关系数 r 直接计算决定系数 R^2，也可以使我们进一步理解相关系数的意义。实际上，相关系数 r 与回归系数的正负号是相同的，相关系数 r 可以作为回归直线拟合程度的另一个测度值，$|r|$ 越接近于 1，表明回归直线对观测数据的拟合程度越高。但是用相关系数 r 说明回归直线的拟合程度要慎重，因为 $|r|$ 总是大于 R^2（除非 $|r|=1$ 或 $r=0$）。例如，当 $r=0.5$ 时，$R^2=0.25$，表明回归直线只能解释总变差的 25%。

例 7.4　计算例 7.1 社会消费品零售额对城镇居民人均可支配收入的回归模型决定系数 R^2。

【解析】　因为

$$SST=\sum_{i=1}^{20}(Y_i-\overline{Y})^2=\sum_{i=1}^{20}Y_i^2-\frac{\left(\sum_{i=1}^{20}Y_i\right)^2}{20}$$

$$=42215640.86-\frac{24386.50\times24386.50}{20}=12480571.75$$

$$SSE=\sum_{i=1}^{20}(Y_i-\hat{Y}_i)^2=\sum_{i=1}^{20}Y_i^2-\hat{\alpha}\sum_{i=1}^{20}Y_i-\hat{\beta}\sum_{i=1}^{20}X_iY_i$$

$$=42215640.86-(-1192.68)\times24386.50-45.41\times1444053.39$$

$$=5733658.56$$

所以

$$R^2=\frac{SSR}{SST}=1-\frac{SSE}{SST}=1-\frac{5733658.56}{12480571.75}=0.5406$$

另外，由式（7-2-2）计算得 $r=0.7353$，$r^2=0.5406$，两个计算公式的计算结果相同。

2. 估计标准误差

总离差平方和由回归平方和与残差平方和所组成，而回归平方和 SSR 占总离差平方和 SST 中的比例，即决定系数 R^2，可以用于测度回归直线的拟合程度。而残差平方和则说明实际观测值 Y_i 与回归直线的拟合值 $\hat{Y}_i$ 的差异程度。对于一个变量的诸多观测数值，可以用标准差来测度各观测值在均值周围的分散状况。

类似地，也可以用一个量来测度各实际观测点在回归直线周围的散布状况，这个量称为估计标准误差。

估计标准误差：设因变量数列的实际观察值 Y_i 与根据回归方程求出的估计值 $\hat{Y}_i$，两者的离差平方和平均数的平方根称为估计标准误差，记为 $S_{\hat{Y}}$。一元线性回归方程的估计标准误差计算公式如下：

$$S_{\hat{Y}}=\sqrt{\frac{\sum_{i=1}^{n}(Y_i-\hat{Y}_i)^2}{n-2}}=\sqrt{\frac{\sum_{i=1}^{n}Y_i^2-\hat{\alpha}\sum_{i=1}^{n}Y_i-\hat{\beta}\sum_{i=1}^{n}X_iY_i}{n-2}} \tag{7-3-24}$$

即

$$S_{\hat{Y}}^2=\frac{SSE}{n-2} \tag{7-3-25}$$

估计标准误差 $S_{\hat{Y}}$ 可以看作是在排除了 X 对 Y 的线性影响后，衡量 Y 随机波动大小的一个估计量。若各观测点越靠近回归直线，则 $S_{\hat{Y}}$ 越小，相应地回归直线对各观测点的拟合程度越好；若各观测点全部落在回归直线上，则 $S_{\hat{Y}}=0$。可见，估计标准误差 $S_{\hat{Y}}$ 也从另一个角度说明了回归直线的拟合程度或两个变量之间关系的密切程度。由最小二乘法确定的回归直线是对 n 个观测点进行拟合的所有直线中，估计标准误差最小的一条直线，因为回归直线的确定满足了 $\sum_{i=1}^{n}e_i^2=\sum_{i=1}^{n}(Y_i-\hat{Y}_i)^2$ 最小的要求。

例 7.5 根据例 7.1~例 7.4 的有关结果，计算社会消费品零售额对城镇居民人均可支配收入回归的估计标准误差 $S_{\hat{Y}}$。

【解析】 已知 $SSE=5733658.56$，$n=20$，根据式（7-3-24）得

$$S_{\hat{Y}}=\sqrt{\frac{\sum_{i=1}^{20}Y_i^2-\hat{\alpha}\sum_{i=1}^{20}Y_i-\hat{\beta}\sum_{i=1}^{20}X_iY_i}{20-2}}=\sqrt{\frac{5733658.56}{18}}=564.39$$

7.3.3 回归分析统计检验

前面已经讨论了如何根据样本数据拟合回归方程 $\hat{Y}_i=\hat{\alpha}+\hat{\beta}X_i$，并讨论了如何判断拟合程度的度量问题。下面讨论回归分析中的统计检验问题，这也是统计模型区别于其他模型的重要特征。

1. 统计检验意义

对回归方程进行统计检验主要基于以下两点：第一，当我们根据取得的数据（一般视为是从某个总体中抽取的样本数据）拟合直线回归方程时，首先是假设变量 X 和 Y 之间存在着线性关系，也就是说，无论变量 X 和 Y 之间是否是线性关系，都可以求出一个线性回归方程。但是这种假设是否成立，必须通过统计检验才能确认。第二，样本回归直线 $\hat{Y}_i=\hat{\alpha}+\hat{\beta}X_i$ 中的两个系数 $\hat{\alpha}$ 和 $\hat{\beta}$ 分别是对总体参数 α 和 β 的最小二乘估计，能否作为总体参数的估计也需要进行检验。

也就是说，回归分析中的统计检验包括两方面的内容：一是对整个回归方程的显著性检验；二是对回归系数的显著性检验。

2. 直线回归方程的显著性检验

在线性回归分析中，回归方程的检验就是检验自变量和因变量之间的线性关系是否显著，它们之间能否用一个线性模型来表示。回归模型总体函数的线性关系是否显著，其实质就是判断回归平方和 SSR 与残差平方和 SSE 的比值的大小问题。由于回归平方和与残差平方和的数值会随观测值的样本容量和自变量个数的不同而变化，因此不宜直接比较，而是将

其分别与各自的自由度相除以后比较得到一个统计量 F，然后应用 F 检验进行回归方程显著性检验。

一元线性回归分析中回归方程的显著性检验的具体步骤如下。

第一步：提出假设 H_0：回归方程中 X 与 Y 的线性关系不显著。

该假设等价于 H_0：$\beta=0$。

第二步：根据总变差分解结果，计算检验的统计量

$$F=\frac{SSR/1}{SSE/(n-2)}=\frac{\sum_{i=1}^{n}(\hat{Y}_i-\overline{Y})^2}{\frac{1}{n-2}\sum_{i=1}^{n}(Y_i-\hat{Y}_i)^2} \tag{7-3-26}$$

数学上可以证明，在随机误差项服从正态分布同时原假设成立的条件下，F 服从于第一自由度为 1、第二自由度为 $n-2$ 的 F 分布，即 $F\sim F(1,n-2)$。

第三步：确定显著性水平 α（一般取 $\alpha=0.05$），并根据其自由度 $df_1=1$，$df_2=n-2$ 查 F 分布表，找到相应的临界值 F_α。

第四步：做出决策。若 $F>F_\alpha$，则拒绝假设 H_0，说明回归方程中 X 与 Y 的线性关系是显著的，即回归方程是显著的；若 $F<F_\alpha$，则接受 H_0，说明回归方程中 X 与 Y 的线性关系不显著，即回归方程不显著。

例 7.6　对例 7.1 建立的回归方程进行显著性检验。

【解析】　提出假设 H_0：回归方程中 X 与 Y 的线性关系不显著。

根据前面有关计算结果，得到

$$F=\frac{SSR/1}{SSE/(n-2)}=\frac{\sum_{i=1}^{n}(\hat{Y}_i-\overline{Y})^2}{\frac{1}{n-2}\sum_{i=1}^{n}(Y_i-\hat{Y}_i)^2}=\frac{6746913.18}{5733658.56/18}=21.18$$

取显著性水平 $\alpha=0.05$，根据自由度 $df_1=1$ 及 $df_2=18$ 查 F 分布表，得到相应的临界值 $F_\alpha=4.41$。

显然 $F=21.18>F_\alpha=4.41$，所以，拒绝原假设 H_0，说明社会消费品零售额与城镇居民人均可支配收入之间的线性关系是显著的。

3. 回归系数的显著性检验

一元线性回归方程的显著性检验原假设为：$\beta=0$，即回归系数与零无显著差异。当回归系数为零时，不论 X 取值如何变化都不会引起 Y 的变化，即 X 无法解释 Y 的变化，两者之间不存在线性关系。

回归系数的显著性检验是围绕回归系数估计值的抽样分布展开的，由此构造服从某种理论分布的检验统计量，并进行检验。

一元线性回归模型中回归系数估计值 $\hat{\beta}$ 的抽验分布服从于

$$\hat{\beta}\sim N\left(\beta,\frac{\sigma^2}{\sum_{i=1}^{n}(X_i-\overline{X})^2}\right) \tag{7-3-27}$$

于是 $S_{\hat{\beta}}=S_{\hat{Y}}\Big/\sqrt{\sum_{i=1}^{n}(X_i-\overline{X})^2}$ 为 $\hat{\beta}$ 标准差的样本估计量，所以在原假设 $\beta=0$ 成立时，可构造检验统计量

$$t=\frac{\hat{\beta}}{S_{\hat{Y}}\Big/\sqrt{\sum_{i=1}^{n}(X_i-\overline{X})^2}}\sim t(n-2)$$

一元线性回归分析中，回归系数 $\hat{\beta}$ 的显著性检验步骤如下。

第一步：提出假设 H_0：$\beta=0$，H_1：$\beta\neq 0$。

第二步：根据回归分析结果，计算检验的统计量

$$t=\frac{\hat{\beta}}{S_{\hat{\beta}}} \tag{7-3-28}$$

可以证明，在随机误差项服从正态分布，同时原假设成立的条件下，t 服从自由度为 $n-2$ 的 t 分布，即 $t\sim t(n-2)$。

第三步：确定显著性水平 α（一般取 $\alpha=0.05$），并根据自由度 $n-2$ 查 t 分布表，得到相应的临界值 $t_{\alpha/2}(n-2)$。

第四步：做出决策。若 $|t|\leqslant t_{\alpha/2}(n-2)$，接受原假设 H_0，表明 X 对 Y 的影响是不显著的，变量 X 与 Y 之间不存在显著的线性关系；若 $|t|>t_{\alpha/2}(n-2)$，则拒绝原假设 H_0，说明 X 对 Y 的影响是显著的，变量 X 与 Y 存在线性关系。

例 7.7　根据例 7.3 建立的回归方程，对回归系数进行显著性检验。

【解析】　提出假设，假设城镇居民人均可支配收入对社会消费品零售额的影响不显著，两者不存在线性关系，即

提出假设：H_0：$\beta=0$；H_1：$\beta\neq 0$。

根据前面有关计算的结果和式（7-3-24），得

$$\sum_{i=1}^{n}(X_i-\overline{X})^2=59711.56-\frac{1062.44\times 1062.44}{20}=3272.62$$

$$S_{\hat{\beta}}=564.39\sqrt{\frac{1}{3272.62}}=9.8658$$

$$t=\frac{\hat{\beta}}{S_{\hat{\beta}}}=\frac{45.41}{9.8658}=4.60$$

取显著性水平为 $\alpha=0.05$，根据自由度 $n-2=18$ 查 t 分布表得 $t_{0.025}(18)=2.1$。

由于 $t=4.60>t_{0.025}(18)=2.1$，拒绝原假设 H_0，即回归系数 β 显著地不等于零，X 与 Y 的线性关系在统计上是显著的，也就是说城镇居民人均可支配收入对社会消费品零售额的影响显著。

在一元线性回归模型中，由于只有一个解释变量 X，对回归系数 $\beta=0$ 的检验与对整个回归方程的显著性检验是等价的，即一元线性回归分析中的 F 检验和 t 检验结果完全一致，如果回归方程中自变量与因变量的线性关系是显著的，那么回归系数 $\beta\neq 0$ 也会是显著的。也就是说，如果假设 H_0：$\beta=0$ 被 t 检验所接受（或拒绝），那么它也将被 F 检验所接受（或拒绝）。但是，在多元回归分析中，回归系数的显著性检验与回归方程的显著性检验的意义是不同的，F 检验，即回归方程的显著性检验，是检验所有自变量（2 个以上）与因变量形

成的回归关系的显著性；而 t 检验，即回归系数的显著性检验，则是检验回归方程中各个回归系数的显著性。

7.3.4　回归预测

建立回归模型的目的是为了应用，而预测是回归分析最重要的应用之一。如果所拟合的回归方程经过统计检验，同时被认为具有实际意义和被证明有较高的拟合程度，就可以利用其来进行预测。

1. 回归预测的基本公式

一元线性回归预测的基本公式为

$$\hat{Y}_0=\hat{\alpha}+\hat{\beta}X_0 \tag{7-3-29}$$

式中，X_0 是给定的自变量 X 的具体数值；$\hat{Y}_0$ 是 X 给定时因变量 Y 的预测值；$\hat{\alpha}$ 和 $\hat{\beta}$ 是参数估计值。回归预测是一种有条件的预测，在进行回归预测时，必须先给出自变量 X 的具体数值。当给出的 X_0 值在样本数据 X 的取值范围之内时，利用式（7-3-29）去计算 $\hat{Y}_0$ 称为内插预测，而当给出的 X_0 值在样本数据 X 的取值范围之外时，利用式（7-3-29）去计算 $\hat{Y}_0$ 称为外推预测。一般来说，内插预测的效果比外推预测好，特别是对于小样本，外推预测可能会产生很大的误差。

2. 预测误差

$\hat{Y}_0$ 是根据回归方程 $\hat{Y}_0=\hat{\alpha}+\hat{\beta}X_0$ 计算的，它是样本观测值的函数，因而也是一个随机变量。$\hat{Y}_0$ 与所要预测的 Y 的真值之间必然存在一定的误差。在实际的回归模型预测中，发生预测误差的原因可以概括为以下四个方面：

1）模型本身中的误差因素所造成的误差。由于回归方程并未将所有影响 Y 的因素都纳入模型，同时其具体的函数形式也只是实际变量之间数量联系的近似反映，因此必然存在误差。这一误差可以用总体随机误差项的方差来评价。

2）由于回归系数的估计值同其真值不一致所造成的误差。回归系数是根据样本数据估计的，它与总体参数之间总是有一定的误差。这一误差可以用回归系数的最小二乘估计量的方差来评价。

3）由于自变量 X 的设定值同其实际值的偏离所造成的误差，当给出的 X_0 在样本数据 X 的取值范围之外时，其本身也需要利用某种方法去进行预测。如果给出的 X_0 与未来时期 X 的实际值不符，将其代入式（7-3-29）求得的预测值当然也会与其实际值有所不同。

4）由于未来时期回归系数发生变化所造成的误差。

在以上造成预测误差的原因中，3）和 4）两项不属于回归方程本身的问题，而且也难以事先予以估计和控制。一般假定只存在 1）和 2）两种误差，即随机误差和系统误差。

3. 区间预测

式（7-3-29）给出了 Y 的单值预测或点估计，但是在许多场合，人们更关心的是对 Y 的区间预测或区间估计，也就是给出一个预测值的可能范围。给一个预测值的可能范围比只给出单个 $\hat{Y}_0$ 值更可信。区间预测问题就是对于给定的显著性水平 α，找一个置信区间（T_1,T_2），使得对应于某特定的 X，实际值 Y 以 $1-\alpha$ 的概率被区间（T_1,T_2）所包含，即

$$P\{T_1\leqslant Y\leqslant T_2\}=1-\alpha \tag{7-3-30}$$

其中 T_1 称为置信下限，T_2 称为置信上限。在小样本情况下，通常用 t 分布建立置信区间（T_1,T_2），Y 值在 $1-\alpha$ 的置信概率下的置信区间（T_1,T_2）的计算公式分别为：

置信上限

$$T_2=\hat{Y}_0+t_{\alpha/2}S_{\hat{Y}}\sqrt{1+\frac{1}{n}+\frac{(X_0-\overline{X})^2}{\sum\limits_{i=1}^{n}(X_i-\overline{X})^2}} \tag{7-3-31}$$

置信下限

$$T_1=\hat{Y}_0-t_{\alpha/2}S_{\hat{Y}}\sqrt{1+\frac{1}{n}+\frac{(X_0-\overline{X})^2}{\sum\limits_{i=1}^{n}(X_i-\overline{X})^2}} \tag{7-3-32}$$

式中，$t_{\alpha/2}$是置信概率为 $1-\alpha$ 且自由度为 $n-2$ 的 t 分布临界值，又称为概率度；$S_{\hat{Y}}$ 是回归直线的估计标准误差。

在样本容量 n 足够大的情况下，可以根据正态分布原理建立 Y 值的置信区间。例如，

$$P\{\hat{Y}_0-S_{\hat{Y}}\leqslant Y\leqslant\hat{Y}_0+S_{\hat{Y}}\}=68.27\%$$
$$P\{\hat{Y}_0-2S_{\hat{Y}}\leqslant Y\leqslant\hat{Y}_0+2S_{\hat{Y}}\}=95.45\%$$
$$P\{\hat{Y}_0-3S_{\hat{Y}}\leqslant Y\leqslant\hat{Y}_0+3S_{\hat{Y}}\}=99.73\%$$

例 7.8 根据例 7.3 建立的回归方程，令 $X=80$（百元），求社会消费品零售额 Y 的 95%置信区间。

【解析】 由 $\hat{Y}=-1192.68+45.41X$，得

$$\hat{Y}_0=-1192.68+45.41\times80=2439.72(\text{亿元})$$

由已知

$$\sum_{i=1}^{n}(X_i-\overline{X})^2=3272.62$$

$$(X_0-\overline{X})^2=\left(80-\frac{1062.44}{20}\right)^2=722.43$$

$S_{\hat{Y}}=564.39$，$1-\alpha=0.95$，$\alpha=0.05$，自由度为 $20-2=18$，查 t 分布表得 $t_{\alpha/2}=t_{0.025}=2.1$，于是社会消费品零售额 Y 的 95%置信区间的置信上限 T_2 和置信下限 T_1 分别计算如下。

置信上限：

$$\begin{aligned}T_2&=2439.72+2.1\times564.39\times\sqrt{1+\frac{1}{20}+\frac{722.43}{3272.62}}\\&=3775.79(\text{亿元})\end{aligned}$$

置信下限：

$$\begin{aligned}T_1&=2439.72-2.1\times564.39\times\sqrt{1+\frac{1}{20}+\frac{722.43}{3272.62}}\\&=1103.65(\text{亿元})\end{aligned}$$

即社会消费品零售额 Y 的 95%置信区间是（1103.65，3775.79），也就是说在置信概率为 95%的条件下，当城镇居民人均可支配收入为 8000 元时，社会消费品零售额在 1103.65 亿元到 3775.79 亿元之间。显然，由于回归直线的估计标准误差 $S_{\hat{Y}}$ 的数字比较大，置信区间

也比较大，预测的作用和实际指导意义受到影响。这一点也可以由 $r^2=0.5406$ 来说明，该值表明回归直线只能解释总变差的 54.06%，还有 45.94%没有得到解释，这 45.94%包括了一些没有纳入回归模型的其他影响因素，如生产水平、人口数量、消费习惯和以往消费等。这也说明了一元线性回归模型的局限性。

7.4　多元线性回归

上一节介绍的一元线性回归分析所反映的是一个因变量与一个自变量之间的关系。但是，在现实世界里，影响因变量往往有多个因素。例如，社会消费品零售额除了受居民人均可支配收入的影响外，还会受生产水平、人口数量、消费习惯和以往消费等多种因素的影响，如果不考虑这些因素的影响，就会产生比较大的误差，模型的解释能力也比较差。为了全面揭示这种复杂的多变量之间依存关系，就要建立多元回归模型，这样才能获得比较满意的结果。多元回归分析解决的就是一个因变量与多个自变量的回归问题。将研究线性相关条件下的两个或两个以上自变量对一个因变量的数量变化关系，称为**多元线性回归分析**，将表现这一数量关系的数学公式，称为**多元线性回归模型**。多元线性回归是一元线性回归的扩展，其基本原理与一元线性回归相类似，只是在计算上比较复杂而已，一般需要借助计算机来完成，已经有专门的统计软件可以应用。

7.4.1　多元线性回归模型及其回归系数

1. 多元线性回归模型

设因变量 Y 与 X_1，X_2，…，X_p p 个自变量具有线性关系，**多元线性回归方程**的一般形式为

$$\hat{Y}=\hat{\beta}_0+\hat{\beta}_1X_1+\hat{\beta}_2X_2+\cdots+\hat{\beta}_pX_p \tag{7-4-1}$$

其中 $\hat{\beta}_0$ 为常数项，$\hat{\beta}_1$，$\hat{\beta}_2$，…，$\hat{\beta}_p$ 称为偏回归系数，它们分别是总体参数 β_0，β_1，β_2，…，β_p 的估计量，又分别表示在其他变量不变的情况下，X_1，X_2，…，X_p 变动一个单位引起的因变量 Y 的平均变动数。式（7-4-1）一般是根据样本数据求出的，所以也称为 p **元经验线性回归方程**。

2. 偏回归系数估计

偏回归系数的确定仍然采用最小二乘法，就是使残差平方和最小来估计回归系数。设（$X_{i1},X_{i2},\cdots,X_{ip},Y_i$）为 n 个样本数据中的第 i 个数据，设多元线性回归方程为 $\hat{Y}_i=\hat{\beta}_0+\hat{\beta}_1X_{i1}+\hat{\beta}_2X_{i2}+\cdots+\hat{\beta}_pX_{ip}$，则残差平方和为 $Q=\sum_{i=1}^{n}e_i^2=\sum_{i=1}^{n}(Y_i-\hat{Y}_i)^2$，即

$$Q=\sum_{i=1}^{n}[Y_i-(\hat{\beta}_0+\hat{\beta}_1X_{i1}+\hat{\beta}_2X_{i2}+\cdots+\hat{\beta}_pX_{ip})]^2 \tag{7-4-2}$$

最小二乘法就是使得 $Q=\sum_{i=1}^{n}e_i^2$ 最小。

很明显，残差平方和 Q 的大小将依赖于 $\hat{\beta}_0$，$\hat{\beta}_1$，$\hat{\beta}_2$，…，$\hat{\beta}_p$ 的取值。根据微积分中的费马引理，可知 Q 存在极小值，同时欲使 Q 达到最小，Q 对 $\hat{\beta}_1$，$\hat{\beta}_2$，…，$\hat{\beta}_p$ 的偏导数等于零。

例如，假设因变量 Y 与自变量 X_1 和 X_2 具有线性关系，则二元线性回归模型为

$$\hat{Y}=\hat{\beta}_0+\hat{\beta}_1X_1+\hat{\beta}_2X_2$$

由最小二乘法，满足 $Q=\sum_{i=1}^{n}e_i^2$ 达到最小，根据费马引理，将 Q 分别对 $\hat{\beta}_0$ 和 $\hat{\beta}_1$，$\hat{\beta}_2$ 求偏导数，并令其等于零，即令 $\frac{\partial Q}{\partial \hat{\beta}_j}=0(j=0,1,2)$，可求得 $\hat{\beta}_0$，$\hat{\beta}_1$，$\hat{\beta}_2$ 的方程

$$-2\sum_{i=1}^{n}[Y_i-(\hat{\beta}_0+\hat{\beta}_1X_{i1}+\hat{\beta}_2X_{i2})]=0$$

$$-2\sum_{i=1}^{n}[Y_i-(\hat{\beta}_0+\hat{\beta}_1X_{i1}+\hat{\beta}_2X_{i2})]X_{i1}=0$$

$$-2\sum_{i=1}^{n}[Y_i-(\hat{\beta}_0+\hat{\beta}_1X_{i1}+\hat{\beta}_2X_{i2})]X_{i2}=0$$

解方程组，可以得到最小二乘估计量 $\hat{\beta}_0$，$\hat{\beta}_1$，$\hat{\beta}_2$ 的值。

7.4.2 多元线性回归模型误差估计

1. 多元线性回归模型拟合程度

用判定系数和估计标准误差来测定多元线性回归模型对数据的拟合程度，其原理与一元线性回归分析相同。

在多元线性回归分析中，仍然可以证明总离差平方和等于回归平方和与残差平方和的和，即 $SST=SSR+SSE$。与一元线性回归模型类似，多元线性回归模型的判定系数 R^2 可定义为

$$R^2=\frac{SSR}{SST}=1-\frac{SSE}{SST}=1-\frac{\sum_{i=1}^{n}(Y_i-\hat{Y}_i)^2}{\sum_{i=1}^{n}(Y_i-\bar{Y})^2} \tag{7-4-3}$$

多元线性回归模型拟合度取决于 SSR 或 SSE 的大小，或者说取决于回归平方和 SSR 在总离差平方和 SST 中的比例 $\frac{SSR}{SST}$ 的大小。SSR 在 SST 中所占的比例越大（同时残差平方和 SSE 在 SST 中所占的比例越小），多元线性回归模型拟合的效果越好。

多元线性回归模型的判定系数 R^2 是对回归模型拟合程度的综合度量，判定系数 R^2 越大，模型拟合程度越高，判定系数 R^2 越小，则模型的拟合程度越差。若 Y 的变化与自变量 X_1，X_2，…，X_p 完全相关，则 $R^2=1$，拟合是完全的；如果 Y 的变化与自变量 X_1，X_2，…，X_p 无关，则 X_1，X_2，…，X_p 完全无助于解释 Y 的变动，此时 $R^2=0$。可见，R^2 的取值范围是在 $[0,1]$ 区间内。R^2 越接近于 1，回归拟合就越好；反之，R^2 越接近于 0，回归拟合就越差。判定系数 R^2 清楚直观地反映了回归拟合的程度和效果。

判定系数 R^2 的平方根 R 称为复相关系数，即

$$R=\sqrt{R^2}=\sqrt{\frac{SSR}{SST}} \tag{7-4-4}$$

在两个变量的简单相关系数 r 中，相关系数 r 有正负之分，而复相关系数 R 表示的是因

变量 Y 与全体自变量之间的线性关系，它的符号不能由某一个自变量的回归系数的符号来确定，因此，复相关系数都取正号。在多元线性回归的实际应用中，人们可以用复相关系数 R 来表示回归方程对原有数据的拟合程度，它衡量作为一个整体的 X_1，X_2，…，X_p 与 Y 的线性关系的大小。

2. 标准误差估计

与一元线性回归分析类似，多元线性回归模型的估计标准误差 $S_{\hat{Y}}$ 定义为

$$S_{\hat{Y}}=\sqrt{\frac{\sum_{i=1}^{n}(Y_i-\hat{Y}_i)^2}{n-p-1}} \tag{7-4-5}$$

式中，p 是自变量的个数。估计标准误差 $S_{\hat{Y}}$ 可以看作是在排除了 X_1，X_2，…，X_p 对 Y 的线性影响后，衡量 Y 随机波动大小的一个估计量。Y 的变化与自变量 X_1，X_2，…，X_p 相关程度越高，则 $S_{\hat{Y}}$ 越小，相应地回归模型的拟合就越好；若完全相关，则 $S_{\hat{Y}}=0$。可见，估计标准误差 $S_{\hat{Y}}$ 也从另一个角度说明了回归的拟合程度。

7.4.3　多元线性回归的统计检验

在实际问题的研究中，我们事先并不能肯定因变量 Y 与自变量 X_1，X_2，…，X_p 之间存在线性关系，当用多元线性回归方程去拟合 Y 与 X_1，X_2，…，X_p 之间的关系时，只是根据一些定性分析所做出的一种假设。因此，在采用最小二乘法得到线性回归方程后，还需要进行统计假设检验。多元线性回归分析的检验与一元线性回归分析的检验有相同之处，即包括两个方面的内容：对整个回归方程的显著性检验和对回归系数的显著性检验。回归方程的显著性检验一般采用 F 检验法，回归系数的显著性检验一般采用 t 检验法。但是，也有不同之处，在上一节中已进行了论述，即在一元线性回归模型中，由于只有一个解释变量 X，对回归系数 $\beta=0$ 的检验与对整个回归方程的显著性检验是等价的。而在多元回归分析中，回归系数的显著性检验与回归方程的显著性检验的意义是不等价的，F 检验显著，是说明 Y 对自变量 X_1，X_2，…，X_p 整体的线性回归效果显著，但是不等于 Y 对每一个自变量 X_i 的回归效果都显著；反之，某个或某几个自变量的回归系数不显著，多元线性回归方程的显著性 F 检验仍有可能显著。

1. 回归方程的显著性检验

对多元线性回归方程的显著性检验就是要看自变量 X_1，X_2，…，X_p 从整体上对因变量 Y 是否有明显影响。为此，提出原假设

$$H_0:\beta_1=\beta_2=\cdots=\beta_p=0 \tag{7-4-6}$$

如果 H_0 被接受，则表明 Y 与 X_1，X_2，…，X_p 之间的关系由线性回归模型表示不合适。类似一元线性回归模型的检验，为了建立对 H_0 进行检验的 F 统计量，需要利用总离差平方和 SST 的分解式 $SST=SSR+SSE$，即

$$\sum_{i=1}^{n}(Y_i-\bar{Y})^2=\sum_{i=1}^{n}(\hat{Y}_i-\bar{Y})^2+\sum_{i=1}^{n}(Y_i-\hat{Y}_i)^2$$

构造的 F 统计量

$$F=\frac{SSR/p}{SSE/(n-p-1)}\sim F(p,n-p-1) \tag{7-4-7}$$

式中，p 是自变量的个数；$SSR=\sum_{i=1}^{n}(\hat{Y}_i-\overline{Y})^2$；$SSE=\sum_{i=1}^{n}(Y_i-\hat{Y}_i)^2$。

在正态分布假设下，当原假设 H_0：$\beta_1=\beta_2=\cdots=\beta_p=0$ 成立时，F 服从第一自由度为 p 及第二自由度为 $n-p-1$ 的 F 分布，即 $F\sim F(p,n-p-1)$。于是，可以利用 F 统计量对回归方程的总体显著性进行检验。由样本数据（$X_{1i},X_{2i},\cdots,X_{pi},Y_i$）$(i=1,2,\cdots,n)$ 得到回归系数的最小二乘估计和回归方程，计算出 SSR 和 SSE，代入式（7-4-7），得到 F 统计量的数值，再由给定的显著性水平 α，查 F 分布表，得临界值 $F_\alpha(p,n-p-1)$。

当 $F>F_\alpha(p,n-p-1)$ 时，拒绝原假设 H_0：$\beta_1=\beta_2=\cdots=\beta_p=0$，认为在给定的显著性水平为 α 时，Y 与 X_1，X_2，…，X_p 有显著的线性关系，即回归方程是显著的。更通俗一些说，就是接受“自变量全体对因变量 Y 产生线性影响”这个结论犯错误的概率不超过 α；反之，当 $F\leqslant F_\alpha(p,n-p-1)$ 时，则接受原假设 H_0，即回归方程不显著。

2. 回归系数的显著性检验

在多元线性回归中，回归方程显著并不表示每个自变量对 Y 的影响都是显著的，因此总是想从回归方程中剔除那些次要的、可有可无的变量，建立更为简洁的回归方程。所以需要对每个自变量进行显著性检验。如果第 j 个自变量 $X_j(j=1,2,\cdots,p)$ 对 Y 的影响作用不显著，那么在回归模型中，它的系数 β_j 就应该取值为零。因此，回归系数的显著性检验就是检验下列假设

$$H_{j0}:\beta_j=0,j=1,2,\cdots,p$$

如果接受原假设 H_{j0}，表示第 j 个自变量 $X_j(j=1,2,\cdots,p)$ 对 Y 的影响作用不显著，或者说 β_j 的取值与零比较没有显著差异。如果原假设 H_{j0} 被拒绝，则有相反的结论，表示第 j 个自变量 $X_j(j=1,2,\cdots,p)$ 对 Y 的影响作用显著，或者说 β_j 的取值与零比较有显著差异。

与一元线性回归类似，多元线性回归模型回归系数的显著性检验也是采用 t 检验，其统计量 t 的计算公式是

$$t_j=\frac{\hat{\beta}_j}{S_{\hat{\beta}_j}}(j=1,2,\cdots,p) \tag{7-4-8}$$

式中，$\hat{\beta}_j$ 是对应于第 j 个自变量的回归系数，是参数 β_j 的最小二乘估计量，$S_{\hat{\beta}_j}$是回归系数 $\hat{\beta}_j$ 的样本标准差，即

$$S_{\hat{\beta}j}=\sqrt{c_{jj}\frac{SSE}{n-p-1}}$$

这里 c_{jj}为（$\boldsymbol{X}^{\mathrm{T}}\boldsymbol{X}$）$^{-1}$主对角线上第 j 个元素。

可以证明，在随机误差项服从正态分布同时原假设成立的条件下，t_j 服从自由度为 $n-p-1$ 的 t 分布，即 $t_j\sim t(n-p-1)$。对于给定的显著性水平 α，根据自由度 $n-p-1$ 查 t 分布表，得双侧检验的临界值 $t_{\alpha/2}(n-p-1)$。

当 $|t_j|>t_{\alpha/2}(n-p-1)$ 时，则拒绝原假设 H_{j0}：$\beta_j=0$，认为 β_j 显著不为零，自变量 X_j 对因变量 Y 的线性效果显著；

当 $|t_j|\leqslant t_{\alpha/2}(n-p-1)$ 时，则接受原假设 H_{j0}：$\beta_j=0$，认为 β_j 为零，自变量 X_j 对因变量 Y 的线性效果不显著。

例 7.9 考虑到社会消费品零售额除了受居民人均可支配收入的影响外，还受到生产水

平、人口数量等多种因素的影响，为此，增加了地区生产总值数据信息，将生产水平与居民人均可支配收入一起来解释各地区的社会消费品零售额的差异，数据如表 7-4 所示。表中 Y 为社会消费品零售额，X_1 为城镇居民人均可支配收入，X_2 为地区生产总值。试确定社会消费品零售额 Y 对城镇居民人均可支配收入 X_1 和地区生产总值 X_2 的二元线性回归方程，并分析回归方程的拟合程度，进行统计检验。

表 7-4　抽样地区的社会消费品零售额与城镇居民人均可支配收入及地区生产总值数据表

地区编号	Y/亿元	X_1/百元	X_2/亿元
1	1313.90	47.33	6122.53
2	441.30	44.41	2017.54
3	405.30	45.23	1734.31
4	1487.50	48.04	5458.22
5	852.80	43.86	3882.16
6	2270.50	62.48	10631.75
7	2008.10	89.30	7796.00
8	838.70	44.74	3569.10
9	1123.50	67.85	4682.01
10	571.10	44.39	2459.48
11	2281.80	55.62	10552.06
12	1483.20	45.95	6168.73
13	1435.00	49.55	4975.63
14	1144.20	51.98	4340.94
15	3506.60	83.98	11796.73
16	705.90	52.04	2455.36
17	287.60	43.07	1161.43
18	1260.50	47.05	4875.12
19	473.50	50.17	2232.32
20	495.50	45.40	2035.96

【解析】 该问题是将原来的一元线性回归方程扩展为二元线性回归方程，即

$$\hat{Y}=\hat{\beta}_0+\hat{\beta}_1X_1+\hat{\beta}_2X_2$$

残差平方和为

$$Q=\sum_{i=1}^{20}(Y_i-\hat{\beta}_0-\hat{\beta}_1X_{i1}-\hat{\beta}_2X_{i2})^2$$

由最小二乘法，即令 $\dfrac{\partial Q}{\partial\hat{\beta}_j}=0(j=0,1,2)$，得

$$-2\sum_{i=1}^{20}[Y_i-(\hat{\beta}_0+\hat{\beta}_1X_{i1}+\hat{\beta}_2X_{i2})]=0$$

$$-2\sum_{i=1}^{20}[Y_i-(\hat{\beta}_0+\hat{\beta}_1X_{i1}+\hat{\beta}_2X_{i2})]X_{i1}=0$$

$$-2\sum_{i=1}^{20}[Y_i-(\hat{\beta}_0+\hat{\beta}_1X_{i1}+\hat{\beta}_2X_{i2})]X_{i2}=0$$

根据表7-4的数据资料，求解$\hat{\beta}_0$，$\hat{\beta}_1$和$\hat{\beta}_2$。可求得社会消费品零售额Y对城镇居民人均可支配收入X_1和地区生产总值X_2的线性回归方程为

$$\hat{Y}=-387.125+9.343X_1+0.224X_2$$

由式（7-4-4）和式（7-4-5）可求得回归模型的判定系数$R^2=0.954$，复相关系数$R=0.977$，估计标准误差$S_{\hat{Y}}=184.22$。

这里回归模型的判定系数达到95.4%，表明二元线性回归方程对样本数据的拟合程度很高，将二元线性回归方程与前面例7.1建立的社会消费品零售额对城镇居民人均可支配收入的一元线性回归方程进行比较，二元线性回归模型的判定系数增大，而估计标准误差减小，这说明二元线性回归模型的解释能力大幅度提高了。

由式（7-4-7）可计算F统计量的值为175.37，取$\alpha=0.05$，查自由度为$(k,n-k-1)=(2,17)$的F分布表得临界值

$$F_{0.05}(k,n-k-1)=F_{0.05}(2,17)=3.59$$

因为$F=175.37>F_{0.05}(2,17)=3.59$，表明社会消费品零售额与城镇居民人均可支配收入和地区生产总值之间存在显著的线性关系，回归方程是显著的。

由表7-4数据可计算得$S_{\hat{\beta}_1}=4.348$，$S_{\hat{\beta}_2}=0.018$。则由式（7-4-8）得$t_1=2.149$，$t_2=12.329$。取$\alpha=0.05$，查自由度为$n-k-1=17$的t分布表得临界值$t_{\alpha/2}(17)=t_{0.025}(17)=2.1098$。因为

$$t_1=2.149>t_{0.025}(17)=2.1098, t_2=12.329>t_{0.025}(17)=2.1098$$

表明城镇居民人均可支配收入和地区生产总值是影响社会消费品零售额的显著因素。

如果所拟合的多元线性回归方程经过统计检验，同时被认为具有实际意义和有较高的拟合程度，可以利用其进行预测。同一元线性回归一样，可以利用式（7-4-1）给出Y的单值预测或点估计，也可以建立Y的置信区间。

7.5 非线性回归

在实际问题中，有许多回归模型的因变量Y与自变量X之间的关系不是线性形式，而是某种曲线，这时就需要拟合适当类型的曲线方程，在统计上称之为非线性回归或曲线回归。非线性回归按自变量的个数也分为一元非线性回归和多元非线性回归。曲线的形式有双曲线、指数曲线、对数曲线、多项式曲线、S形曲线等。拟合何种曲线为宜，有的可以根据理论分析或过去积累的经验事先确定，有的则必须根据实际数据的散布图来确定，也可以先拟合多种不同形式的曲线回归方程，然后再根据某个原则来取舍，如通过比较估计标准误差的大小等。

若对于因变量Y与自变量X之间的关系是非线性的，但因变量Y与模型参数之间的关系却是线性的情形，统计上通常采用变量代换法把非线性形式转化为线性形式来处理，使线性回归分析的方法也能够应用于非线性回归问题的研究。

下面通过一个例子来说明非线性模型的线性化处理方法。

例7.10 在管理会计里，按照成本变动与产量之间的依存关系，将成本分为固定成本与变动成本。固定成本，是指在一定的产量范围内与产量增减变化没有直接联系的费用。其

特点是在相关范围内，成本总额不受产量增减变动的影响，但是从单位产品分摊的固定成本来看，它却随着产量的增加而相应地减少。变动成本，是指在相关范围内，其成本总额随着产量增减成比例变化，但是从产品的单位成本来看，它却不受产量变动的影响。假设用因变量 Y 代表单位产品成本，用 X 代表产品产量，那么有

$$Y=b+c\frac{1}{X}$$

这是双曲线方程，其中，b 是单位产品变动成本，c 是固定成本。设某型号手机生产产量与单位产品成本数据如表 7-5 所示。试求回归曲线方程。

表 7-5　某型号手机生产产量与单位产品成本数据计算表

编　号	单位成本 Y/元	产量 X/百部	$\widetilde{X}=\frac{1}{X}$	$(\widetilde{X})^2$	$Y\widetilde{X}$
1	2200.00	10.00	0.1000	0.010000	220.00
2	2100.00	20.00	0.0500	0.002500	105.00
3	2000.00	30.00	0.0333	0.001111	66.67
4	1800.00	50.00	0.0200	0.004000	36.00
5	1780.00	60.00	0.0167	0.000278	29.67
6	1500.00	100.00	0.0100	0.000100	15.00
7	1470.00	120.00	0.0083	0.000069	12.25
8	1450.00	130.00	0.0077	0.000059	11.15
9	1430.00	140.00	0.0071	0.000051	10.21
10	1400.00	150.00	0.0067	0.000044	9.33
11	1350.00	200.00	0.0050	0.000025	6.75
12	1300.00	220.00	0.0045	0.000021	5.91
13	1250.00	250.00	0.0040	0.000016	5.00
14	1230.00	280.00	0.0036	0.000013	4.39
15	1200.00	300.00	0.0033	0.000011	4.00
合计	23460	2060	0.2803	0.014698	541.34

解： 手机生产产量与单位产品成本的散点图如图 7-9 所示。

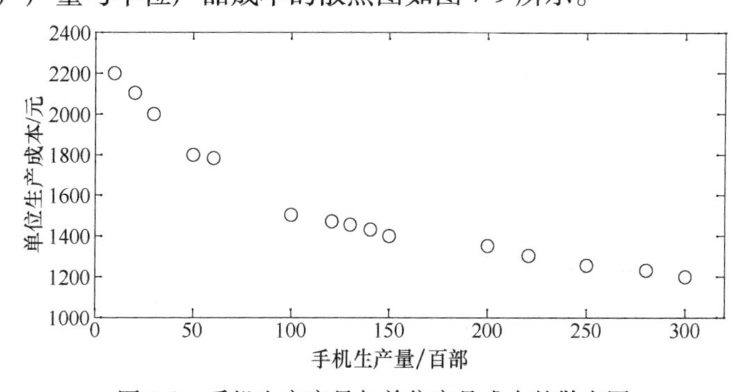

图 7-9　手机生产产量与单位产品成本的散点图

手机生产产量与单位产品成本的散点图显示两者之间的关系为一条下降的曲线，结合前面的理论分析，拟合一个以手机生产产量为自变量 X，以单位产品成本为因变量 Y 的双曲线回归模型，即

$$\hat{Y}=\hat{b}+\hat{c}\frac{1}{X}$$

为了求模型中的系数 $\hat{b}$ 和 $\hat{c}$，令 $\widetilde{X}=\frac{1}{X}$，使得上述模型转化为线性模型

$$\hat{Y}=\hat{b}+\hat{c}\widetilde{X}$$

用最小二乘法求 $\hat{b}$ 和 $\hat{c}$，将表 7-5 有关数据代入标准线性方程组，有

$$\sum_{i=1}^{n} Y_i = n\hat{b}+\hat{c}\sum_{i=1}^{n}\widetilde{X}_i$$

$$\sum_{i=1}^{n}\widetilde{X}_i Y_i=\hat{b}\sum_{i=1}^{n}\widetilde{X}_i+\hat{c}\sum_{i=1}^{n}\widetilde{X}_i^2$$

$$23460=15\times\hat{b}+0.2803\times\hat{c}$$

$$541.34=0.2803\times\hat{b}+0.014698\times\hat{c}$$

解此联立方程，得到

$$\hat{b}=1360.64，\hat{c}=10882.6$$

回归方程为

$$\hat{Y}=1360.64+10882.6\widetilde{X}$$

或者

$$\hat{Y}=1360.64+10882.6\frac{1}{X}$$

类似地，对于其他一些可化为线性形式的非线性模型，如指数曲线、对数曲线、多项式曲线和 S 形曲线等也可以通过变量代换法把非线性形式转化为线性形式来处理。

相关与回归分析是处理变量与变量之间关系的一种统计方法。近年来，这种统计方法已经被广泛应用于生物学、医学、心理学、教育学、社会学、经济学、管理学等诸多领域，并取得了一定成效。

练习题

一、填空题

1. 研究现象之间相关关系________称作相关分析。
2. 从变量之间相互关系的方向来看，相关关系可以分为_______和_______。
3. 从变量之间相互关系的表现形式不同，相关关系可以分为_______和_______。
4. 从变量之间相互关系的密切程度不同，相关关系可以分为______、______和______。
5. 完全相关的关系实质上就是_______，其相关系数为_______。
6. 相关关系按相关变量的多少可以分为_______和_______。
7. 当变量 X 的数值增大时，变量 Y 的数值也明显增大，相关点分布比较集中，表明这

两个变量之间呈__________。

8. 说明两个现象之间相关关系密切程度的统计分析指标称为____________。

9. 回归直线方程 $\hat{y}=a+bx$ 中的参数 b 称为___________________。

10. 求直线回归方程最常用的方法是____________，其基本要求是使____________达到最小。

11. 估计标准误差是用来说明_________________代表性大小的统计分析指标。

二、选择题

1. 相关分析是研究变量之间的（　　）。

A. 数量关系　　B. 变动关系

C. 因果关系　　D. 相互关系的密切程度

2. 相关分析是研究两个变量（　　）。

A. 不完全确定依赖关系

B. 不确定依赖关系，且一个是因变量，另一个是自变量

C. 完全确定依赖关系

D. 确定依赖关系，且一个是因变量，另一个是自变量

3. 下列现象之间的关系属于相关关系的是（　　）。

A. 播种量与粮食收获量之间的关系　　B. 圆半径与圆周长之间的关系

C. 圆半径与圆面积之间的关系　　D. 单位产品成本与总成本之间的关系

4. 正相关的特点是（　　）。

A. 两个变量之间的变化方向相反　　B. 两个变量变化方向不定

C. 两个变量之间的变化方向一致　　D. 两个变量必须是同时增加

5. 当变量 X 值增加时，变量 Y 值随之下降，则变量 X 和 Y 之间存在着（　　）。

A. 正相关关系　　B. 直线相关关系

C. 负相关关系　　D. 曲线相关关系

6. 判定现象之间相关关系密切程度的最主要统计方法是（　　）。

A. 对现象进行定性分析　　B. 计算相关系数

C. 编制相关表　　D. 绘制相关图

7. 相关系数（　　）。

A. 既适用于直线相关，又适用于曲线相关

B. 只适用于直线相关

C. 既不适用于直线相关，又不适用于曲线相关

D. 只适用于曲线相关

8. 两个变量之间的相关关系称为（　　）。

A. 单相关　　B. 复相关

C. 不相关　　D. 负相关

9. 相关系数的取值范围是（　　）。

A. $-1\leqslant r\leqslant 1$　　B. $-1\leqslant r\leqslant 0$

C. $0\leqslant r\leqslant 1$　　D. $r=0$

10. 两变量之间相关程度越强，则相关系数绝对值（　　）。

A. 越趋近于1　　B. 越趋近于0

C. 越大于1　　D. 越小于1

11. 两变量之间相关程度越弱，则相关系数（　　）。

A. 越趋近于1　　B. 越趋近于0

C. 越大于1　　D. 越小于1

12. 相关系数越接近于-1，表明两变量间（　　）。

A. 没有相关关系　　B. 有曲线相关关系

C. 负相关关系越强　　D. 负相关关系越弱

13. 当相关系数 $r=0$ 时，（　　）。

A. 现象之间完全无关　　B. 相关程度较小

C. 现象之间完全相关　　D. 无直线相关关系

14. 物价上涨，销售量下降，则物价与销售量之间属于（　　）。

A. 无相关　　B. 负相关

C. 正相关　　D. 无法判断

15. 拟合回归直线最合理的方法是（　　）。

A. 随手画线法　　B. 半数平均法

C. 最小二乘法　　D. 指数平滑法

16. 在回归直线方程 $\hat{Y}=a+bX$ 中 b 表示（　　）。

A. 当 X 增加一个单位时，Y 增加 a 的数量

B. 当 Y 增加一个单位时，X 增加 b 的数量

C. 当 X 增加一个单位时，Y 的平均增加量

D. 当 Y 增加一个单位时，X 的平均增加量

17. 计算估计标准误差的依据是（　　）。

A. 因变量的数列　　B. 因变量的总变差

C. 因变量的回归变差　　D. 因变量的剩余变差

18. 年劳动生产率（千元）和工人工资（元）之间存在回归方程 $\hat{Y}=10+70X$，这意味着年劳动生产率每提高1000元时，工人工资平均（　　）。

A. 增加70元　　B. 减少70元

C. 增加80元　　D. 减少80元

三、计算题

1. 已知 $n=5$，$\sum X=20$，$\sum Y=420$，$\sum X^2=100$，$\sum Y^2=36125$，$\sum XY=1560$。试据此：（1）计算相关系数；（2）建立回归直线方程；（3）计算估计标准误差。

2. 某企业上半年产品产量与单位成本资料如表7-6所示。

表7-6　产品产量与单位成本

月　份	产量/千件	单位成本/(元/件)
1	2	73
2	3	72
3	4	71

（续）

月　　份	产量/千件	单位成本/(元/件)
4	3	73
5	4	69
6	5	68

试据此：(1) 建立直线回归方程，指出产量每增加 1000 件时，单位成本平均下降多少？(2) 假定产量为 6000 件时，单位成本为多少元？(3) 若单位成本为 70 元/件，估计产量应为多少？

3. 已知 X，Y 两变量的相关系数 $r=0.8$，$\overline{X}=20$，$\overline{Y}=50$，$\sigma_X=2\sigma_Y$，求 Y 关于 X 的线性回归方程。

4. 已知 X，Y 两变量 $\overline{X}=15$，$\overline{Y}=41$，在直线回归方程中，当自变量 $X=0$ 时，$Y=5$，又已知 $\sigma_X=1.5$，$\sigma_Y=6$。试求估计标准误差。

5. 已知 $\frac{\sum XY}{n}=146.5$，$\overline{X}=12.6$，$\overline{Y}=11.3$，$\frac{\sum X^2}{n}=164.2$，$\frac{\sum Y^2}{n}=134.1$，$a=1.7575$。试据此建立回归直线方程并求出相关系数。

6. 在 X，Y 两变量中，$\sigma_X=2\sigma_Y$，而 $\sigma_Y=2S_Y$。试据此求回归系数的估计值。

7. 已知 X，Y 两变量 $\frac{\sum Y^2}{n}=2600$，$\frac{\sum Y}{n}=50$，$r=0.9$。试求估计标准误差 $S_{\hat{Y}}$。

8. 有 10 个同类企业的生产性固定资产年平均价值和工业总产值资料如表 7-7 所示。

表 7-7　固定资产年平均价值和工业总产值

企 业 编 号	生产性固定资产价值/万元	工业总产值/万元
1	318	524
2	910	1019
3	200	632
4	409	815
5	415	913
6	502	928
7	314	605
8	1210	1516
9	1022	1219
10	1025	1624
合计	6325	9795

试据此：(1) 计算相关系数；(2) 建立回归直线方程；(3) 计算估计标准误差；(4) 估计生产性固定资产（自变量）为 1100 万元时的工业总产值。

第 8 章 主成分分析与因子分析

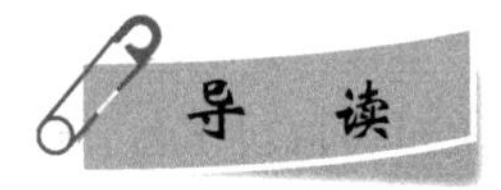

在实际问题的研究中，必须考虑许多指标，但这些指标某种程度上存在信息的重叠。人们希望利用这种相关性对这些变量加以“改造”，用维数较少的新变量来反映原始变量所提供的大部分信息，通过对新变量的分析达到解决问题的目的。主成分分析和因子分析便是在这种降维的思维下产生的处理高维数据的统计方法。本章基本内容包括：

主成分分析方法进行降维。主成分分析就是由统计方法寻找几个互不相关且由原始变量线性表示的综合变量，来反映原始变量的大部分信息特征。有几个变量就有几个成分，一般只提取能解释80%以上信息的成分。主成分分析能解释所有变异（如果提取了所有成分）。

因子分析方法进行降维。因子分析就是由统计方法寻找几个综合因子，且线性表示原始变量，使得原始变量的信息特征丢失尽量小。特别是旋转后的因子变量之间所反映原始变量的信息特征得到了最大的分离，这样更便于对因子变量的物理意义解释。因子分析只能解释部分变异，变量个数不一定与公共因子个数相等。这里的因子是公因子，潜在地存在于每一个变量中，需要从每一个变量中去分解，无法解释的部分是特殊因子。

学习要点：主成分分析在于对原始变量的线性变换，注意是转换、变换；而因子分析在于对原始变量的剖析和分解，分解为公共因子和特殊因子。了解主成分分析与因子分析的基本原理，以及两种降维分析方法的区别与联系。

8.1 主成分分析与因子分析原理

8.1.1 主成分分析基本原理

主成分分析是通过构造原始变量适当的线性组合，以产生一系列互不相关的新变量，同时从中选出少数几个新变量并使它们含有尽可能多的原始变量带有的信息，从而使得用这几个新变量代替原始变量分析问题和解决问题成为可能。当研究的问题确定之后，变量中所含“信息”的大小通常用该变量的方差或样本方差来度量。

主成分分析：概括地说，就是一种通过降维技术把多个指标化简为少数几个相互无关综合指标的统计分析方法，而这些综合指标能够反映原始指标的绝大部分信息，它们通常表现

为原始几个指标的线性组合。主成分分析主要起着降维和简化数据结构的作用。

将具有一定相关性的众多指标重新组合成新的无相互关系的综合指标来代替，通常数学上的处理就是将这 p 个指标 X_1，X_2，…，X_p 进行线性组合作为新的综合指标，即 p 个随机变量进行变换，得到一组新的随机变量 Z_1，Z_2，…，$Z_m(m\leqslant p)$，即

$$Z_i=a_{1i}X_1+a_{2i}X_2+\cdots+a_{pi}X_p(i=1,2,\cdots,m)$$

这里（$a_{1i},a_{2i},\cdots,a_{pi}$）是单位向量。

主成分分析的基本思想是首先选取一个线性组合，即第一个综合指标记为 Z_1，希望它能尽可能多地反映原来指标的信息。由于 $\mathrm{Var}(Z_1)$ 越大，Z_1 所包含的原指标信息就越多，所以选取使 $\mathrm{Var}(Z_1)$ 达到最大的综合指标为 Z_1，称 Z_1 为第一主成分。如果第一主成分 Z_1 不足以代表原来 p 个指标的信息，再考虑选取 Z_2，即选择第二个线性组合。为了有效地反映原来的数据信息，Z_1 中已包含的信息无须出现在 Z_2 中，即 $\mathrm{Cov}(Z_1,Z_2)=0$，且使 $\mathrm{Var}(Z_2)$ 达到最大的综合指标为 Z_2，称 Z_2 为第二主成分。依此可以得到 p 个主成分。

我们可以发现这些主成分之间互不相关且方差递减，即数据的绝大部分信息包含在前若干个主成分中，因而只需选取前几个主成分就基本上反映了原始指标的信息。

主成分分析的特点为：

1）线性变换的系数向量（$a_{1i},a_{2i},\cdots,a_{pi}$）是单位向量。

2）不同的主成分不相关。

3）各主成分的方差递减。

也就是说，主成分分析试图在力保数据信息丢失最少的原则下，对高维变量空间进行降维处理。

8.1.2　因子分析基本原理

在大多数情况下，许多变量之间存在一定的相关关系。因此，有可能用较少的综合指标代表存在于各变量中的各类信息，而各综合指标之间彼此是不相关的。

因子分析：是指研究从变量群中提取共性因子的统计技术，它通过研究众多变量之间的内部依赖关系，探求观测数据中的基本结构，并用少数几个假想变量来表示其基本的数据结构，该假想变量被称为因子。这少数几个因子变量能够反映原来众多变量的主要信息。原始变量是可观测的显变量，而因子变量是不可观测的潜变量。通常因子分析假设原始变量具有一定的相关性。

因子分析的特点为：

1）因子变量的数量远少于原有的指标变量的数量，对因子变量的分析能够减少分析中的计算工作量。

2）因子变量不是对原始变量的取舍，而是根据原始变量的信息进行重新组构。

3）因子变量之间不存在线性相关关系，对变量的分析比较方便。

4）因子变量具有可命名解释性，即因子变量是对某些原始各变量重叠信息的综合和反映。

对多变量的平面数据进行最佳综合和简化，即在保证数据信息丢失最少的原则下，对高维变量空间进行降维处理。显然，在一个低维空间解释系统，要比在一个高维系统空间容易得多。例如，一个著名的因子分析研究是美国统计学家 Stone 在 1947 年关于国民经济的研

究，他根据美国1927到1938年的数据，得到17个反映国民收入与支出的变量要素，经过因子分析，得到了3个新的变量，可以解释17个原始变量97.4%的信息。根据这3个因子变量和17个原始变量的关系，Stone将这3个变量命名为：

Z_1 为总收入；

Z_2 为总收入率；

Z_3 为经济发展或衰退的趋势（时间 t 的线性部分）。

根据这3个变量的命名含义，可以看出这3个新的变量是可以测量的。Stone把实际测量3个变量的值（C_1：实际测量总收入；C_2：实际测量总收入率；C_3：时间因素）和因子分析得到的3个变量值进行相关性分析，得到的结果如表8-1所示。

表8-1　相关性表

	Z_1	Z_2	Z_3	C_1	C_2	C_3
Z_1	1					
Z_2	0	1				
Z_3	0	0	1			
C_1	0.995	0.041	0.057	1		
C_2	0.056	0.948	0.124	0.102	1	
C_3	0.369	0.282	0.836	0.414	0.112	1

可以看出，Z_1 和 C_1、Z_2 和 C_2、Z_3 和 C_3 之间的相关性较高。因而可以得出结论，可以通过测量3个新的变量来取代17个变量的测量，这样使得问题得到极大的简化。

因子分析的基本思想是根据相关性大小把原始变量分组，使得同组内的变量之间相关性较高，而不同组的变量间的相关性则较低。每组变量代表一个基本结构，并用一个不可观测的综合变量表示，这个基本结构就称为公共因子。对于所研究的某一具体问题，原始变量就可以分解成两部分之和的形式，一部分是少数几个不可测的所谓公共因子的线性函数，另一部分是与公共因子无关的特殊因子。

8.1.3　主成分分析和因子分析的区别与联系

主成分分析可以通过矩阵变换了解原始数据能够浓缩成几个主成分，以及每个主成分与原始变量之间线性组合关系式。但是每个原始变量在主成分中都占有一定的分量，这些分量（载荷）之间的大小分布没有清晰的分界线，这就造成无法明确表述哪个主成分代表哪些原始变量，也就是说提取出来的主成分无法清晰地解释其代表的含义。

鉴于主成分分析现实含义的解释缺陷，英国心理学家斯皮尔曼提出的因子分析是对主成分分析进行扩展。因子分析在提取公因子时，不仅注意变量之间是否相关，而且考虑相关关系的强弱，使得提取出来的公因子不仅起到降维的作用，而且能够被很好地解释。因子分析与主成分分析是包含与扩展的关系。

因子分析解决主成分分析解释障碍的方法是通过因子轴旋转。因子轴旋转可以使原始变量在公因子（主成分）上的载荷重新分布，从而使原始变量在公因子上的载荷两极分化，这样使公因子（主成分）能够清晰显示用哪些载荷大的原始变量来解释。以上过程就解决

了主成分分析的现实含义解释障碍。

（1）两者联系

1）主成分分析和因子分析是基于利用降维（线性变换）的思想，在损失很少信息的前提下，用较少的变量尽可能多地反映原始变量信息。

2）因子分析是主成分分析的推广，相对于主成分分析，更倾向于描述原始变量之间的相关关系。

（2）两者区别

1）线性表示方向不同。主成分分析中是把主成分表示成各变量的线性组合；因子分析则是把变量表示成各公因子的线性组合。

2）假设条件不同。主成分分析不需要有假设；因子分析需要假设原始各变量具有一定的相关关系。

3）主成分数量与因子数量有差异。主成分的数量是一定的，一般有几个原始变量就有几个主成分（只是主成分所解释的信息量不等），实际应用时会根据碎石图提取前几个主要的主成分；因子分析中，因子个数一般少于原始变量的个数，在实际应用时通常需要分析者根据实际情况确定因子个数，指定的因子数量不同则结果也不同。

4）解释重点不同。主成分分析重点在于解释各变量的总方差；因子分析则把重点放在解释各变量之间的协方差。

8.2　主成分分析

本节只介绍从相关矩阵出发求主成分的方法，对相关矩阵进行分解，称其为R型主成分分析法。在实际应用中，有时用协方差矩阵代替相关矩阵，从协方差矩阵出发求主成分，称其为S型主成分分析法。在各变量的变化范围差异不大时，这种求法还是有效的，当涉及的各变量的变化范围差异较大时，这种求法就有些不够合理，而是从相关矩阵出发求主成分更合理。

8.2.1　主成分分析的数学模型

假设X_1，X_2，…，X_p为p个指标，按照保留主要信息量的原则，构建线性变换模型，使产生的新变量Z_1，Z_2，…，$Z_m(m\leqslant p)$充分反映原指标的信息，并且不相关。

1. 数据标准化处理

设有n个样本，每个样本观测p个指标值x_{1i}，x_{2i}，…，$x_{pi}(i=1,2,\cdots,n)$，得到原始数据资料阵

$$\boldsymbol{x}=\begin{pmatrix} x_{11} & x_{12} & \cdots & x_{1n} \\ x_{21} & x_{22} & \cdots & x_{2n} \\ \vdots & \vdots & & \vdots \\ x_{p1} & x_{p2} & \cdots & x_{pn} \end{pmatrix}=\begin{pmatrix} \boldsymbol{x}_1^{\mathrm{T}} \\ \boldsymbol{x}_2^{\mathrm{T}} \\ \vdots \\ \boldsymbol{x}_p^{\mathrm{T}} \end{pmatrix}$$

其中

$$\boldsymbol{x}_j=(x_{j1},x_{j2},\cdots,x_{jn})^{\mathrm{T}}(j=1,2,\cdots,p)$$

设 $x_{ji0}=\dfrac{x_{ji}-\bar{x}_j}{S_j}(i=1,2,\cdots,n;j=1,2,\cdots,p)$ 是中心标准化处理观测数据，其中 $\bar{x}_j=\dfrac{1}{n}\sum\limits_{i=1}^{n}x_{ji}$ 是变量 X_j 的样本均值，$S_j=\sqrt{\dfrac{1}{n-1}\sum\limits_{i=1}^{n}(x_{ji}-\bar{x}_j)^2}$ 是变量 X_j 的样本标准差，且 $\bar{x}_{j0}=\dfrac{1}{n}\sum\limits_{i=1}^{n}x_{ji0}=0$。变换后的 $x_{ji0}(i=1,2,\cdots,n;j=1,2,\cdots,p)$ 组成的矩阵

$$\boldsymbol{x}_0=(x_{ji0})_{p\times n}=\begin{pmatrix}x_{110} & x_{120} & \cdots & x_{1n0}\\ x_{210} & x_{220} & \cdots & x_{2n0}\\ \vdots & \vdots & & \vdots\\ x_{p10} & x_{p20} & \cdots & x_{pn0}\end{pmatrix}=\begin{pmatrix}\boldsymbol{x}_{10}^{\mathrm{T}}\\ \boldsymbol{x}_{20}^{\mathrm{T}}\\ \vdots\\ \boldsymbol{x}_{p0}^{\mathrm{T}}\end{pmatrix}$$

是中心标准化的观测数据矩阵，其中

$$\boldsymbol{x}_{j0}=(x_{j10},x_{j20},\cdots,x_{jn0})^{\mathrm{T}}(j=1,2,\cdots,p)$$

类似于上述观测数据的分析方法，对指标变量进行中心标准化处理，即

$$X_{j0}=\frac{X_j-E(X_j)}{\sqrt{\mathrm{Var}(X_j)}} \tag{8-2-1}$$

可得 $E(X_{j0})=0$，$\mathrm{Var}(X_{j0})=1$。

为方便讨论问题，不妨仍然用 X_1，X_2，…，X_p 表示经过中心标准化后得到的随机变量 X_{10}，X_{20}，…，X_{p0}。在本节后面的论述中，随机变量 X_1，X_2，…，X_p 都为中心标准化变量。

2. 相关矩阵

由于

$$\begin{aligned}\sum_{i=1}^{n}(x_{ki0}-\bar{x}_{k0})(x_{ji0}-\bar{x}_{j0}) &= \sum_{i=1}^{n}x_{ki0}x_{ji0}\\ &=\sum_{i=1}^{n}\frac{(x_{ki}-\bar{x}_k)(x_{ji}-\bar{x}_j)}{s_k \qquad s_j}\\ &=\frac{(n-1)\sum\limits_{i=1}^{n}(x_{ki}-\bar{x}_k)(x_{ji}-\bar{x}_j)}{\sqrt{\sum\limits_{i=1}^{n}(x_{ki}-\bar{x}_k)^2\sum\limits_{i=1}^{n}(x_{ji}-\bar{x}_j)^2}}\end{aligned}$$

所以

$$r_{kj}=\frac{\sum\limits_{i=1}^{n}(x_{ki}-\bar{x}_k)(x_{ji}-\bar{x}_j)}{\sqrt{\sum\limits_{i=1}^{n}(x_{ki}-\bar{x}_k)^2\sum\limits_{i=1}^{n}(x_{ji}-\bar{x}_j)^2}}=\frac{1}{n-1}\sum_{i=1}^{n}x_{ki0}x_{ji0}$$

由此可得随机向量 $\boldsymbol{X}=(X_1,X_2,\cdots,X_p)^{\mathrm{T}}$ 的样本相关阵为

$$R=\frac{1}{n-1}\boldsymbol{x}_0^{\mathrm{T}}\boldsymbol{x}_0=(r_{kj})_{p\times p} \tag{8-2-2}$$

因为 $\sqrt{\dfrac{1}{n-1}\sum\limits_{i=1}^{n}(x_{ki0}-\bar{x}_{k0})^2}=1$，所以中心标准化（也称为 Z-score 标准化）的随机向量

$\boldsymbol{X}=(X_1,X_2,\cdots,X_p)^{\mathrm{T}}$ 的样本相关阵与其自协方差阵相等，即 $\boldsymbol{R}=\frac{1}{n-1}\boldsymbol{x}_0^{\mathrm{T}}\boldsymbol{x}_0=\mathrm{Cov}(\boldsymbol{x}_0,\boldsymbol{x}_0)$。

矩阵 $\boldsymbol{R}=(r_{kj})_{p\times p}$ 中的元素满足 $0\leqslant r_{kj}\leqslant 1$。

当 $r_{kj}=1$ 时，表示变量 X_k 与变量 X_j 正线性相关；

当 $r_{kj}=0$ 时，表示变量 X_k 与变量 X_j 不相关；

当 $r_{kj}=-1$ 时，表示变量 X_k 与变量 X_j 负线性相关。

3. 主成分分析数学模型

自协方差矩阵是一个 p 阶半正定对称矩阵，所以可对样本相关阵做特征分解，得到 $\boldsymbol{R}=\boldsymbol{U\Lambda U}^{\mathrm{T}}$，其中 $\boldsymbol{\Lambda}=\begin{pmatrix}\lambda_1 & & \\ & \ddots & \\ & & \lambda_p\end{pmatrix}$ 是由 $\boldsymbol{R}$ 的特征值 $\lambda_1\geqslant\lambda_2\geqslant\cdots\geqslant\lambda_p\geqslant 0$ 组成的对角阵，$\boldsymbol{U}=\begin{pmatrix}u_{11} & \cdots & u_{1p}\\ \vdots & & \vdots \\ u_{p1} & \cdots & u_{pp}\end{pmatrix}$ 是由 $\boldsymbol{R}$ 的标准正交化特征向量为列向量，并按对应特征值的顺序排列的正交阵。

设线性变换

$$\begin{cases}X_1=u_{11}Z_1+u_{12}Z_2+\cdots+u_{1p}Z_p\\ \quad\vdots\\ X_p=u_{p1}Z_1+u_{p2}Z_2+\cdots+u_{pp}Z_p\end{cases}\tag{8-2-3}$$

用矩阵形式表示，就是

$$(X_1,X_2,\cdots,X_p)^{\mathrm{T}}=\boldsymbol{U}\,(Z_1,Z_2,\cdots,Z_p)^{\mathrm{T}}$$

若设 $\boldsymbol{X}=(X_1,X_2,\cdots,X_p)^{\mathrm{T}}$，$\boldsymbol{Z}=(Z_1,Z_2,\cdots,Z_p)^{\mathrm{T}}$，即

$$\boldsymbol{X}=\boldsymbol{UZ}$$

由于 $\boldsymbol{U}$ 是正交矩阵，满足 $\boldsymbol{U}^{-1}=\boldsymbol{U}^{\mathrm{T}}$，所以又有 $\boldsymbol{U}^{\mathrm{T}}\boldsymbol{X}=\boldsymbol{Z}$，即得到数学模型

$$\begin{cases}Z_1=u_{11}X_1+u_{21}X_2+\cdots+u_{p1}X_p\\ \quad\vdots\\ Z_p=u_{1p}X_1+u_{2p}X_2+\cdots+u_{pp}X_p\end{cases}\tag{8-2-4}$$

称式（8-2-4）为**主成分分析数学模型**。

8.2.2　主成分载荷阵

用样本自协方差阵估计总体随机变量的自协方差阵，即设 $\mathrm{Cov}(X,X)=\boldsymbol{R}$，则

$$\begin{aligned}\mathrm{Cov}(Z,Z)&=\boldsymbol{U}^{\mathrm{T}}\mathrm{Cov}(\boldsymbol{X},\boldsymbol{X})\boldsymbol{U}=\boldsymbol{U}^{\mathrm{T}}\boldsymbol{RU}\\ &=\boldsymbol{U}^{\mathrm{T}}(\boldsymbol{U\Lambda U}^{\mathrm{T}})\boldsymbol{U}=\boldsymbol{\Lambda}\end{aligned}\tag{8-2-5}$$

当 $k\neq j$ 时，$\mathrm{Cov}(Z_k,Z_j)=0$；

当 $k=j$ 时，$\mathrm{Cov}(Z_j,Z_j)=\mathrm{Var}(Z_j)=\lambda_j$。

$(k,j=1,2,\cdots,p)$

由于

$$\mathrm{Cov}(X_k,Z_j)=\mathrm{Cov}\left(\sum_{h=1}^{p}u_{kh}Z_h,Z_j\right)=\sum_{h=1}^{p}u_{kh}\mathrm{Cov}(Z_h,Z_j)=u_{kj}\lambda_j$$

$$\sum_{k=1}^{p}[\mathrm{Cov}(X_k,Z_j)]^2=\left(\sum_{k=1}^{p}u_{kj}^2\right)\lambda_j^2=\lambda_j^2=[\mathrm{Var}(Z_j)]^2$$

也就是说 λ_j 表示了随机向量（$X_1,X_2,\cdots,X_p$）对变量 Z_j 的依赖程度。

而由 $\lambda_1 \geqslant \lambda_2 \geqslant \cdots \geqslant \lambda_p \geqslant 0$，得

$$\mathrm{Var}(Z_1)\geqslant \mathrm{Var}(Z_2)\geqslant \cdots \geqslant \mathrm{Var}(Z_p)\geqslant 0 \tag{8-2-6}$$

也就是说随机变量 Z_1，Z_2，…，Z_p 是不相关的，且有效反映原来信息量是由大到小排列的。可见，$\boldsymbol{U}$ 的转置 $\boldsymbol{U}^{\mathrm{T}}$ 是用原始变量 X_1，X_2，…，X_p 表示主成分 Z_1，Z_2，…，Z_p 时的系数矩阵，称 $\boldsymbol{U}$ 为**主成分载荷阵**。

8.2.3 主成分方差贡献率

1. 主成分累计贡献率

由于 $\mathrm{Cov}(Z_j,Z_j)=\mathrm{Var}(Z_j)=\lambda_j(j=1,2,\cdots,p)$，所以特征值 $\lambda_1 \geqslant \lambda_2 \geqslant \cdots \geqslant \lambda_p$ 的大小反映了主成分 Z_1，Z_2，…，Z_p 对原始变量贡献的大小。

贡献率：称

$$\frac{\lambda_j}{\lambda_1+\cdots+\lambda_p}$$

为第 j 个主成分 Z_j 的贡献率（即 Z_j 的变化在 p 个原始变量变化中所占的百分比）。

累计贡献率：称

$$\frac{\lambda_1+\cdots+\lambda_m}{\lambda_1+\cdots+\lambda_p}$$

为前 m 个主成分的累计贡献率。

当前 m 个主成分的累计贡献率 $\frac{\lambda_1+\cdots+\lambda_m}{\lambda_1+\cdots+\lambda_p}\geqslant k\%$ 时，即表示指标 Z_1，Z_2，…，Z_p 的前 m 个指标能够反映原来指标的信息量大于 $k\%$，并且各个指标之间不相关，就是把原有的 p 个指标转化成少数 m（通常 $m<p$）个代表性较好的综合指标，这少数几个指标能够反映原来指标大部分的信息，避免出现重叠信息。

2. 主成分得分模型

由上述分析，可得主成分方程组，即

$$\begin{cases} Z_1=u_{11}X_1+u_{21}X_2+\cdots+u_{p1}X_p \\ \qquad\vdots \\ Z_m=u_{1m}X_1+u_{2m}X_2+\cdots+u_{pm}X_p \end{cases} \tag{8-2-7}$$

将样本观察值代入主成分方程组中，得到主成分得分计算公式，即

$$\begin{cases} F_1=u_{11}x_1+u_{21}x_2+\cdots+u_{p1}x_p \\ \qquad\vdots \\ F_m=u_{1m}x_1+u_{2m}x_2+\cdots+u_{pm}x_p \end{cases} \tag{8-2-8}$$

式中，F_j 值称为样本在第 j 个**主成分上的得分**。

3. 主成分个数选取规则

主成分分析的根本目的是把复杂的高维空间的样本降至低维空间进行处理分析，这种降维要在尽量不损失原 p 维空间信息的基础上进行，而信息总量的多少已经通过数据的正交变换集中反映在新变量 Z_1，Z_2，…，Z_p 的总方差上，即 $\sum_{j=1}^{p}\mathrm{Var}(Z_j)=\sum_{j=1}^{p}\lambda_j$。而根据特征根的性质知道，前面的特征根取值较大，因此，在实际研究过程中只取 p 个主成分中的前 m 个 Z_1，Z_2，…，Z_m 进行讨论，因为它集中了信息总量的绝大部分。到底选择多少进行分析合适，需要确定相应的准则。

1）85%原则。记方差的累计贡献率为

$$\varphi(m)=\frac{\sum_{k=1}^{m}\lambda_k}{\sum_{j=1}^{p}\lambda_j} \tag{8-2-9}$$

根据主成分分析的实践来看，$\varphi(m)\geqslant 85\%$通常可以保证分析结果的可靠性。

2）$\lambda_j>\bar{\lambda}$ 的原则。先计算 $\bar{\lambda}=\frac{1}{p}\sum_{j=1}^{p}\lambda_j$，然后将 λ_k 与之进行比较，选取 $\lambda_k>\bar{\lambda}$ 的前 m 个变量的主成分。

$\boldsymbol{R}=\mathrm{Var}(X)$ 的对角线元素都为 1，所以特征方程 $|\mathrm{Var}(X)-\lambda\boldsymbol{I}|=0$ 关于 λ 的 $p-1$ 次幂的系数等于 $\mathrm{Var}(X)$ 对角线元素之和，即 $\sum_{j=1}^{p}\lambda_j=p$。

由于 λ_j 是样本相关矩阵 $\boldsymbol{R}$ 的特征值，所以 $\bar{\lambda}=\frac{1}{p}\sum_{j=1}^{p}\lambda_j=1$，故只要选取 $\lambda_{m+1}\leqslant 1$ 的前 m 个新变量作为主成分即可。

3）斯格理（Screet）原则。具体做法：计算特征根的差 $\Delta\lambda_j=\lambda_{j+1}-\lambda_j$，如果前 m 个特征根的差 $\Delta\lambda_j$ 比较接近，即出现了较为稳定的差值，则后 $p-m$ 个变量 Z_{m+1}，Z_{m+2}，…，Z_p 可以确定为非主成分。

4. 主成分几何意义

从代数学观点看主成分就是 X_1，X_2，…，X_p 的一些特殊的线性组合，而在几何上这些线性组合正是把 X_1，X_2，…，X_p 构成的坐标系旋转产生的新的坐标系，新坐标系使之通过样本方差最大化方向。下面以二元正态变量为例说明主成分的几何意义。

当 $p=2$ 时，原始变量是 X_1，X_2，设 $\boldsymbol{X}=(X_1,X_2)^{\mathrm{T}}\sim N_2(\boldsymbol{\mu},\boldsymbol{\Sigma})$，它们有图 8-1 所示的相关关系。

对于二元正态变量，n 个点的散布图大致是一个椭圆，在其长轴方向取坐标轴 Z_1，在其短轴方向取坐标轴 Z_2。这相当于在平面上做一坐标变换，即按逆时针方向旋转 θ 角度，得

$$\begin{cases}Z_1=\cos\theta X_1+\sin\theta X_2\\ Z_2=-\sin\theta X_2+\cos\theta X_2\end{cases} \tag{8-2-10}$$

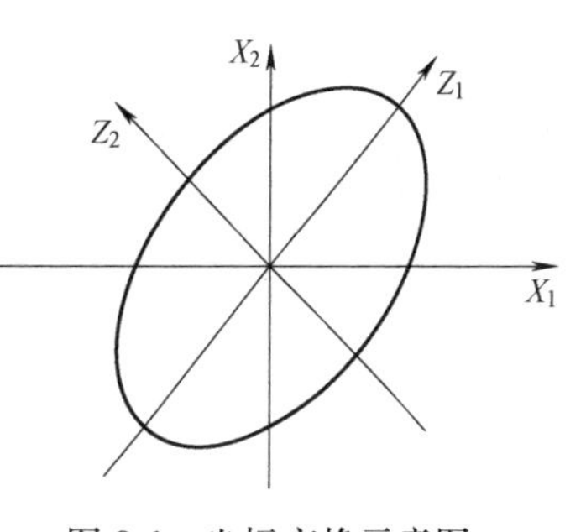

图 8-1　坐标变换示意图

或

$$\begin{pmatrix} Z_1 \\ Z_2 \end{pmatrix} = \begin{pmatrix} \cos\theta & \sin\theta \\ -\sin\theta & \cos\theta \end{pmatrix} \begin{pmatrix} X_1 \\ X_2 \end{pmatrix} = \boldsymbol{UX} \tag{8-2-11}$$

式中，$\boldsymbol{U}$ 为正交矩阵，即 $\boldsymbol{U}^{\mathrm{T}}\boldsymbol{U}=\boldsymbol{I}$。因此，在 OZ_1Z_2 坐标系中有如下性质：

1）Z_1 和 Z_2 为 X_1 和 X_2 的线性组合。

2）Z_1 与 Z_2 不相关。

3）X_1 与 X_2 的总方差大部分归结为 Z_1 轴上，而 Z_2 轴上很少。

几何意义：一般情况下，p 个变量组成 p 维空间，n 个样本点就是 p 维空间的 n 个点，对服从正态分布的 p 元随机变量来说，找主成分的问题就是找 p 维空间中椭球体的主轴问题。

8.2.4 主成分分析步骤

主成分分析的计算步骤：

1）输入样本观测值：$x=(x_{ji})_{p\times n}$。

2）计算各指标的样本均值和样本标准差

$$\bar{x}_j=\frac{1}{n}\sum_{i=1}^{n}x_{ji},\ S_j=\sqrt{\frac{1}{n-1}\sum_{i=1}^{n}(x_{ji}-\bar{x}_j)^2}\,(j=1,2,\cdots,p)$$

3）对 x_{ji} 标准化，计算样本相关阵。

令

$$x_{ji0}=\frac{x_{ji}-\bar{x}_j}{S_j}(i=1,2,\cdots,n;j=1,2,\cdots,p)$$

得标准化数据阵

$$\boldsymbol{x}_0=(x_{ji0})_{p\times n}$$

样本相关阵为

$$r_{kj}=\frac{1}{n-1}\sum_{i=1}^{p}x_{ki0}\sum_{h=1}^{p}x_{jh0}$$

相关矩阵 $\boldsymbol{R}=(r_{kj})_{p\times p}$ 为对称阵，对角线上的元素都为 1。

4）求相关矩阵 $\boldsymbol{R}$ 的特征值及单位正交特征向量。

不妨设特征值 $\lambda_1\geqslant\lambda_2\geqslant\cdots\geqslant\lambda_p$，对应的单位正交特征向量为 $\boldsymbol{U}_1$，$\boldsymbol{U}_2$，…，$\boldsymbol{U}_p$，且满足

$$\boldsymbol{U}_k^{\mathrm{T}}\boldsymbol{U}_j=\begin{cases}1, & k=j\\ 0, & k\neq j\end{cases}$$

的正交矩阵

$$\boldsymbol{U}=(\boldsymbol{U}_1,\boldsymbol{U}_2,\cdots,\boldsymbol{U}_p)$$

得到主成分方程组 $\boldsymbol{Z}=\boldsymbol{U}^{\mathrm{T}}\boldsymbol{X}$。

5）确定主成分个数。

按累计方差贡献率

$$\varphi(m)=\frac{\sum_{k=1}^{m}\lambda_k}{\sum_{j=1}^{p}\lambda_j}\geqslant 85\%$$

依据 85%原则确定 m，从而建立前 m 个主成分。

也可按其他主成分个数选取规则确定 m。

6）主成分得分计算公式。

将样本观察值代入主成分得分方程组（8-2-7）中，得到样本在主成分上的得分。

7）分析前 m 个主成分所代表的实际意义。

最后一步是十分重要的工作，如果不能对主成分所代表的意义给予正确分析，整个主成分分析的数学运算将失去应有的价值。这一步工作虽然没有什么复杂的计算，但是要明确主成分所体现的实际意义也有一定难度，它要求分析者不仅理解主成分分析的数学原理，还必须对实际问题有一定的了解。只要能够把数学理论与实际问题结合在一起，就不难理解主成分所代表的意义。

上述步骤是就 R 型主成分分析而言的，对于 S 型主成分分析，只需跳过标准化即可，在此不做介绍。

注意：*本节中讲述的 R 型主成分分析中的原始变量都是经过中心标准化处理后的变量，然后才能进行 R 型主成分分析，这也是与 S 型主成分分析的区别所在。*

例 8.1　以人参属部分种的数据为例。表 8-2 列出了人参属数据 13 个性状之间的相关系数。从相关系数矩阵 $\boldsymbol{R}$ 计算特征值、特征向量、贡献率和累计贡献率，并解释主成分的实际意义。

表 8-2　人参属数据 13 个性状之间的相关系数

r_{ij}	1	2	3	4	5	6	7	8	9	10	11	12	13
1	1.00	0.10	−0.45	−0.01	−0.84	0.17	−0.64	−0.29	−0.15	0.56	−0.50	0.88	−0.56
2	0.10	1.00	−0.46	−0.01	−0.84	0.12	−0.67	−0.32	−0.21	0.53	−0.50	0.88	−0.53
3	−0.45	−0.46	1.00	−0.63	0.08	−0.41	0.77	−0.37	0.80	−0.91	0.98	−0.66	0.91
4	−0.01	−0.00	−0.63	1.00	0.52	0.68	−0.67	0.70	−0.52	0.56	−0.69	0.29	−0.56
5	−0.84	−0.83	0.08	0.52	1.00	0.25	0.15	0.62	−0.15	−0.23	0.08	−0.58	0.23
6	0.17	0.12	−0.41	0.68	0.25	1.00	−0.49	0.85	−0.01	0.60	−0.54	0.43	−0.60
7	−0.64	−0.66	0.79	−0.67	0.15	−0.49	1.00	−0.28	0.65	−0.70	0.84	−0.83	0.70
8	−0.29	−0.32	−0.37	0.70	0.64	0.85	−0.28	1.00	−0.19	0.40	−0.43	0.028	−0.40
9	−0.15	−0.21	0.80	−0.52	−0.15	−0.01	0.65	−0.19	1.00	−0.47	0.710	−0.30	0.44
10	0.56	0.53	−0.91	0.56	−0.23	0.60	−0.70	0.40	−0.47	1.00	−0.95	0.76	-1.00
11	−0.50	−0.50	0.98	−0.69	0.08	−0.54	0.84	−0.43	0.71	−0.95	1.00	−0.74	0.95
12	0.88	0.88	−0.66	0.29	−0.58	0.43	−0.83	0.28	−0.30	0.76	−0.74	1.00	−0.76
13	−0.56	−0.53	0.91	−0.57	0.23	−0.60	0.70	−0.40	0.47	-1.00	0.95	−0.76	1.00

表中的性状分别代表为：性状 1 为根状茎节距；性状 2 为根状茎节距标准差；性状 3 为圆锥状肉质根；性状 4 为株高；性状 5 为中央小叶长；性状 6 为中央小叶长/宽；性状 7 为叶缘 10 齿宽；性状 8 为柱头数；性状 9 为花柱合生；性状 10 为成熟果具黑点；性状 11 为种宽；性状 12 为分布海拔；性状 13 为人参醇含量。

【解析】（1）由表 8-2 可求解相关矩阵 $\boldsymbol{R}$ 的特征值及单位正交特征向量。如表 8-3 和表 8-4 所示。

表 8-3 人参属数据的特征值、贡献率和累计贡献率

次序	1	2	3	4	5	6	7	…
特征值 λ_j	7.30	3.53	1.29	0.60	0.20	0.09	0.00	…
贡献率	0.57	0.28	0.10	0.05	0.02	0.00	0.00	…
累计贡献率 $\varphi(j)$	0.56	0.83	0.93	0.98	0.99	1.00	1.00	…

表 8-4 对应 13 个特征值的 13 个单位正交特征向量

$\boldsymbol{U}_1$	$\boldsymbol{U}_2$	$\boldsymbol{U}_3$	$\boldsymbol{U}_4$	$\boldsymbol{U}_5$	$\boldsymbol{U}_6$	$\boldsymbol{U}_7$	$\boldsymbol{U}_8$	$\boldsymbol{U}_9$	$\boldsymbol{U}_{10}$	$\boldsymbol{U}_{11}$	$\boldsymbol{U}_{12}$	$\boldsymbol{U}_{13}$
0.25	0.25	-0.34	0.23	-0.09	0.22	-0.33	0.13	-0.22	0.35	-0.36	0.32	-0.35
-0.37	-0.38	-0.08	0.35	0.50	0.26	0.00	0.44	-0.12	0.03	-0.08	-0.21	-0.03
0.13	0.07	0.26	-0.03	-0.11	0.56	0.10	0.30	0.66	0.08	0.17	0.15	-0.08
-0.18	-0.22	-0.24	-0.35	-0.19	-0.12	0.53	0.04	0.08	0.42	-0.16	-0.16	-0.42
0.04	0.08	-0.06	-0.63	-0.11	0.19	-0.06	0.55	-0.40	-0.19	0.03	0.02	0.19
-0.36	-0.31	0.06	-0.30	0.21	-0.14	-0.22	-0.11	0.14	0.02	-0.09	0.73	-0.02
0.22	0.21	-0.36	-0.33	0.67	0.27	0.09	-0.35	0.10	-0.02	0.06	-0.08	-0.01
-0.26	-0.26	-0.19	0.02	-0.39	0.61	-0.03	-0.45	-0.19	-0.24	0.02	-0.02	0.00
0.09	0.09	-0.12	0.29	0.04	0.01	0.65	0.09	-0.27	-0.19	0.29	0.51	-0.00
-0.07	-0.07	-0.24	0.01	-0.06	-0.03	-0.27	0.03	-0.04	0.44	0.81	-0.01	0.02
-0.70	0.71	0.00	0.02	-0.01	0.03	0.03	0.00	0.04	0.03	0.00	-0.02	-0.02
0.03	0.03	0.66	-0.08	0.16	0.24	0.12	-0.22	-0.43	0.48	-0.01	0.02	0.03
-0.01	-0.02	-0.26	0.07	-0.10	0.04	0.15	-0.00	0.13	0.39	-0.25	0.07	0.81

特征值为 λ_1，λ_2，…，λ_{13}，对应的单位正交特征向量为 $\boldsymbol{U}_1$，$\boldsymbol{U}_2$，…，$\boldsymbol{U}_{13}$，且满足

$$\lambda_1 \geqslant \lambda_2 \geqslant \cdots \geqslant \lambda_{13}$$

$$\boldsymbol{U}_k^{\mathrm{T}}\boldsymbol{U}_j=\begin{cases}1, & k=j\\0, & k\neq j\end{cases}$$

得正交矩阵

$$\boldsymbol{U}=(\boldsymbol{U}_1,\boldsymbol{U}_2,\cdots,\boldsymbol{U}_{13})$$

主成分分析数学模型为 $\boldsymbol{Z}=\boldsymbol{U}^{\mathrm{T}}\boldsymbol{X}$。

（2）确定主成分个数 m。

按累计方差贡献率

$$\varphi(m)=\frac{\sum_{k=1}^{m}\lambda_k}{\sum_{j=1}^{p}\lambda_j}\geqslant 85\%$$

依据 85%原则，确定 $m=3$，从而确定前 3 个为主成分。

（3）分析前 3 个主成分所代表的实际意义。

表 8-3 给出了特征值、贡献率和累计贡献率，由于特征值很快就趋向于 0，所以表中仅

列出了前 7 个数值，后 6 个特征值都接近于零或为零。

将特征值按大小次序排列，根据前面已经讨论过的有关特征值性质，所有特征值都应该大于或等于 0，并且总和等于 13（性状个数 13），否则表明运算有误。

从表 8-3 中可以看出主成分十分突出，m 只需取 2，就已经使累计贡献率达到 83%。而且第 1 主成分十分高，竟达到 56%。

其次对主成分进行分析。前两个主成分累计贡献率达 83%，所以前两个主成分已经反映人参属 13 个性状指标的基本数据信息。列出前两个主成分相对应的特征向量，以及每个分量所对应的性状，见表 8-5。

表 8-5　前两个主成分相对应的特征向量

性状	1	2	3	4	5	6	7	8	9	10	11	12	13
主成分 1	0. 25	0. 25	−0. 34	0. 24	−0. 09	0. 22	−0. 33	0. 13	−0. 22	0. 35	−0. 36	0. 32	−0. 35
主成分 2	−0. 38	−0. 38	−0. 08	0. 36	0. 51	0. 26	0. 01	0. 44	−0. 12	0. 03	−0. 08	−0. 22	−0. 03

由于第一个主成分的贡献率较高（56%），第一主成分在全部性状中处于举足轻重的地位，它是认识人参属性最重要的方面。前面列出了第一主成分特征向量各性状分量的值，依绝对值的大小选出 8 个性状，如表 8-6 所示。

表 8-6　第一主成分特征向量各性状分量的值依绝对值的大小排序

序　数	性　状　名	分　量　值	序　数	性　状　名	分　量　值
11	种宽	−0. 3585	10	成熟果具黑点	0. 3468
13	人参醇含量	−0. 3468	12	分布海拔	0. 3194
7	叶缘 10 齿宽	−0. 3340	1	根状茎节距	0. 2485
3	圆锥状肉质根	−0. 3416	2	根状茎节距标准差	0. 2477

对这些分量绝对值较大的性状与实际现象进行分析比较，可以看出整个人参属性状的变化表现为两个不同的倾向性：一个方向表现为根状茎节距长、标准差大、成熟果具黑点，同时叶缘锯齿细密、种子较小、不具显著肉质根、人参醇含量低等，多分布于 1500m 以上高海拔，它包括羽叶三七、珠子参、竹节参和狭叶竹节参；另一个方面表现为具有肥厚的肉质根、种子较宽大、人参醇含量较高、叶缘锯齿疏，同时根状茎节距短、标准差小、成熟果不具黑点等，多生长在 2000m 以下，它包括西洋参、人参和三七。性状在这两个对立的方向上把整个人参属分为两大类群：一类是分布于高海拔、人参醇含量低、药用价值较小的类群；另一类是具有肥厚肉质根、人参醇含量高、药用价值高的类群。

因为第一主成分的贡献率很高，掌握人参属向这两个方向上的分化是认识人参属的关键。

人参属向两个不同方向分化为两大类群，这是第一主成分所体现的生物学意义。实际问题是比较复杂的，体现的意义不是由某一两个性状简单构成，而主要是由那些在第一主成分特征向量分量绝对值较大的性状综合产生的效果。主成分分析运算可以帮助人们更好地揭示复杂事物内在的联系。

例 8.2　设 $\boldsymbol{X}=(X_1,X_2)^{\mathrm{T}}$ 的协方差矩阵和对应的相关矩阵分别为

$$\boldsymbol{\Sigma}=\begin{pmatrix}1 & 4\\4 & 100\end{pmatrix},\boldsymbol{R}=\begin{pmatrix}1 & 0.4\\0.4 & 1\end{pmatrix}$$

分别采用 S 型主成分分析法和 R 型主成分分析法求主成分分析数学模型。

【解析】 方法一，采用 S 型主成分分析法，即从 $\boldsymbol{\Sigma}$ 出发做主成分分析。

求得其特征值和相应的单位正交化特征向量为：特征值 $\lambda_1=100.16$，对应单位正交化特征向量为 $\boldsymbol{U}_1=(0.040,0.999)^{\mathrm{T}}$；特征值 $\lambda_2=0.84$，对应单位正交化特征向量为 $\boldsymbol{U}_2=(0.999,-0.040)^{\mathrm{T}}$。

则 $\boldsymbol{X}=(X_1,X_2)^{\mathrm{T}}$ 的两个主成分分析数学模型为

$$\begin{cases}Z_1=0.040X_1+0.999X_2\\Z_2=0.999X_1-0.040X_2\end{cases}$$

第一主成分的贡献率为

$$\frac{\lambda_1}{\lambda_1+\lambda_2}=\frac{100.16}{100.16+0.84}=99.2\%$$

由于 X_2 的方差很大，它完全控制了提取信息量占 99.2%的第一主成分 Z_1（X_2 在 Z_1 中的系数为 0.999），掩盖了变量 X_1 的作用。

方法二，采用 R 型主成分分析法，即从相关矩阵 $\boldsymbol{R}$ 出发求主成分。

对变量进行标准化处理，即设 $X_{10}=\dfrac{X_1-\mu_1}{\sigma_1}$，$X_{20}=\dfrac{X_2-\mu_2}{\sigma_2}$。

可求得其特征值和相应的单位正交化特征向量为：特征值 $\lambda_1^*=1.4$，对应单位正交化特征向量为 $\boldsymbol{U}_1^*=(0.707,0.707)^{\mathrm{T}}$；特征值 $\lambda_2^*=0.6$，对应单位正交化特征向量为 $\boldsymbol{U}_2^*=(0.707,-0.707)^{\mathrm{T}}$。则 $\boldsymbol{X}=(X_1,X_2)^{\mathrm{T}}$ 的两个主成分分别为

$$\begin{cases}Z_1=0.707X_{10}+0.707X_{20}\\Z_2=0.707X_{10}-0.707X_{20}\end{cases}$$

第一主成分的贡献率为

$$\frac{\lambda_1}{\lambda_1+\lambda_2}=\frac{1.4}{1.4+0.6}=70\%$$

此时，第一个主成分的贡献率有所下降。

由此看到，原始变量在第一主成分中的相对重要性由于标准化而有很大的变化。在由 $\boldsymbol{\Sigma}$ 所求得的第一主成分中，X_1 和 X_2 的权重系数分别为 0.040 和 0.999，主要由大方差的变量控制。而在由 R 所求得的第一主成分中，X_1 和 X_2 的权重系数为 0.707 和 0.707，即 X_1 的相对重要性得到提升。此例也表明，由 $\boldsymbol{\Sigma}$ 和 $\boldsymbol{R}$ 求得的主成分一般是不相同的。

8.3 因子分析

8.3.1 因子分析数学模型

因子分析的出发点是用较少的不相关的因子变量来代替原来变量的大部分信息，可以通过下面的数学模型来表示：

$$\begin{cases}X_1=a_{11}F_1+a_{12}F_2+\cdots+a_{1m}F_m+\varepsilon_1\\ \quad\vdots\\ X_p=a_{p1}F_1+a_{p2}F_2+\cdots+a_{pm}F_m+\varepsilon_p\end{cases} \tag{8-3-1}$$

其中 X_1，X_2，…，X_p 为 p 个原始变量，是均值为零且标准差为 1 的标准化变量，F_1，F_2，…，F_m 为 m（$m\leqslant p$）个因子变量，表示成矩阵形式为

$$\boldsymbol{X}=\boldsymbol{AF}+\boldsymbol{\varepsilon} \tag{8-3-2}$$

其中 $\boldsymbol{X}=(X_1,X_2,\cdots,X_p)^{\mathrm{T}}$，$\boldsymbol{A}=\begin{pmatrix}a_{11} & a_{12} & \cdots & a_{1m}\\ a_{21} & a_{22} & \cdots & a_{2m}\\ \vdots & \vdots & & \vdots\\ a_{p1} & a_{p2} & \cdots & a_{pm}\end{pmatrix}$，$\boldsymbol{\varepsilon}=\begin{pmatrix}\varepsilon_1\\ \varepsilon_2\\ \vdots\\ \varepsilon_p\end{pmatrix}$。称式（8-3-2）为**因子分析数学模型**。$\boldsymbol{F}=(F_1,F_2,\cdots,F_m)^{\mathrm{T}}$ 为**因子变量**或**公共因子**，可以将它们理解为在 m 维空间中互相垂直的 m 个坐标轴。$\boldsymbol{\varepsilon}=(\varepsilon_1,\varepsilon_2,\cdots,\varepsilon_p)^{\mathrm{T}}$ 为**特殊因子**。

因子分析中因子变量必须满足下面条件：

1）$m\leqslant p$。

2）Cov（$\boldsymbol{F}$，$\boldsymbol{\varepsilon}$）=0。

3）当 $k\neq j$ 时，$\mathrm{Cov}(F_k,F_j)=0$；当 $k=j$ 时，$\mathrm{Cov}(F_j,F_j)=\mathrm{Var}(F_j)=1$。

8.3.2 因子载荷阵

1. 因子载荷

因子分析数学模型 $\boldsymbol{X}=\boldsymbol{AF}+\boldsymbol{\varepsilon}$ 中的系数矩阵 $\boldsymbol{A}$ 称为**因子载荷矩阵**，a_{kj}称为**因子载荷**，是第 k 个原始变量在第 j 个因子变量上的负荷。如果把变量 X_k 看成是 m 维因子空间中的一个向量，则 a_{kj}为 X_k 在坐标轴 F_j 上的投影，相当于多元回归中的标准回归系数。ε_k 表示原始变量 X_k 不能被因子变量所解释的部分，相当于多元回归分析中的残差部分。

X_k 与因子变量 F_j 的相关系数为

$$\begin{aligned}\frac{\mathrm{Cov}(X_k,F_j)}{\sqrt{\mathrm{Var}(X_k)}\sqrt{\mathrm{Var}(F_j)}}&=\mathrm{Cov}\left(\sum_{l=1}^{p}a_{kl}F_l+\varepsilon_k,F_j\right)\\ &=\sum_{l=1}^{p}\left[a_{kl}\mathrm{Cov}(F_l,F_j)\right]+\mathrm{Cov}(\varepsilon_k,F_j)=a_{kj}\end{aligned}$$

所以因子载荷 a_{kj}的统计意义就是第 k 个变量与第 j 个公共因子的相关系数，即表示 X_k 与 F_j 的相关程度，或称为权，心理学家将它叫作载荷，即表示第 k 个变量在第 j 个公共因子上的负荷，它反映了第 k 个变量在第 j 个公共因子上的相对重要性。因子载荷 a_{kj}越大，则公共因子变量 F_j 和原始变量 X_k 关系越强。

2. 因子载荷阵不唯一

若 $\boldsymbol{X}=\boldsymbol{AF}+\boldsymbol{\varepsilon}$ 为因子分析数学模型，$\boldsymbol{A}$ 为因子载荷。设 $\boldsymbol{\Gamma}$ 为正交矩阵，即 $\boldsymbol{\Gamma}^{\mathrm{T}}=\boldsymbol{\Gamma}^{-1}$。则有

$$\boldsymbol{X}=(\boldsymbol{A\Gamma})(\boldsymbol{\Gamma}^{\mathrm{T}}\boldsymbol{F})+\boldsymbol{\varepsilon} \tag{8-3-3}$$

设 $\boldsymbol{Y}=\boldsymbol{\Gamma}^{\mathrm{T}}\boldsymbol{F}$，$\boldsymbol{B}=\boldsymbol{A\Gamma}$，则 $\boldsymbol{X}=\boldsymbol{BY}+\boldsymbol{\varepsilon}$，且满足 $\mathrm{Cov}(\boldsymbol{\Gamma}^{\mathrm{T}}F_j,\boldsymbol{\varepsilon})=\boldsymbol{\Gamma}^{\mathrm{T}}\mathrm{Cov}(F_j,\boldsymbol{\varepsilon})=0$，$\mathrm{Cov}(\boldsymbol{\Gamma}^{\mathrm{T}}F_k,\boldsymbol{\Gamma}^{\mathrm{T}}F_j)=\boldsymbol{\Gamma}^{\mathrm{T}}\mathrm{Cov}(F_k,F_j)\boldsymbol{\Gamma}$，所以 $\boldsymbol{X}=\boldsymbol{BY}+\boldsymbol{\varepsilon}$ 中 $\boldsymbol{B}$ 也是因子载荷阵。

3. 因子载荷阵的估计方法

因子分析有两个核心问题：一个是如何构造因子变量；一个是如何对因子变量进行命名解释。

（1）确定待分析的原有若干变量是否适合于因子分析　因子分析是从众多的原始变量中构造出少数几个具有代表意义的因子变量，这里面有一个潜在的要求，即原始变量之间要有比较强的相关性。如果原始变量之间不存在较强的相关关系，那么就无法从中综合反映某些变量共同特性的少数公共因子变量来。因此，在进行因子分析时，需要对原始变量做相关分析。

最简单的方法就是计算变量之间的相关系数矩阵。如果相关系数矩阵在进行统计检验中，大部分相关系数都小于 0.3 并且未通过统计检验，那么这些变量就不适合于进行因子分析。

（2）基于主成分分析法确定因子变量　因子分析中有多种确定因子变量的方法，如基于主成分分析模型的主成分分析法和基于因子分析模型的主轴因子法、极大似然法、最小二乘法等。其中基于主成分分析模型的主成分分析法是使用最多的因子分析方法之一。下面以该方法为例进行讨论。

主成分分析法通过坐标变换手段，将原有的 p 个相关变量 X_k 做线性变化，转换为另外一组不相关的变量 Z_j，可以表示为

$$\begin{cases} Z_1 = u_{11}X_1 + u_{21}X_2 + \cdots + u_{p1}X_p \\ \qquad\vdots \\ Z_m = u_{1m}X_1 + u_{2m}X_2 + \cdots + u_{pm}X_p \end{cases} \tag{8-3-4}$$

其中 $u_{1j}^2+u_{2j}^2+\cdots+u_{pj}^2=1(j=1,2,3,\cdots,m)$。

Z_1，Z_2，…，Z_m 为原始变量的第一，第二，第三，…，第 m 个主成分。其中 Z_1 在总方差中占的比例最大，综合原始变量的能力也最强，其余主成分在总方差中占的比例逐渐减少，也就是综合原始变量的能力依次减弱。主成分分析法就是选取前面几个方差最大的主成分，这样达到了因子分析较少变量个数的目的，同时又能以较少的变量反映原始变量的绝大部分信息。

主成分分析法放在一个多维坐标轴中看，就是对 X_1，X_2，…，X_p 组成的坐标系进行旋转变换，使得新的坐标系原点和数据群点的重心重合，新坐标系的第一个轴与数据变化最大方向对应（占得方差最大，解释原始变量的能力也最强），新坐标系的第二个轴与第一个轴正交（不相关），并且对应数据除第一个轴方向以外的变化最大方向，以此类推，建立第 m 个轴方向。因此称这些新轴为第一主轴 u_1，第二主轴 u_2，…，第 m 主轴 u_m。若经过舍弃少量信息后，原来的 p 维空间降成 m 维，仍能够十分有效地表示原数据的变化情况。生成的空间 $L(u_1,u_2,\cdots,u_m)$ 称为“m 维主超平面”。用原样本点在主超平面上的投影近似地表示原来的样本点。

主成分分析法的步骤如下：

1）数据的标准化处理。

$$x_{ji0}=\frac{x_{ji}-x_j}{S_j}$$

其中 $i=1$，2，…，n，n 为样本点数；$j=1$，2，…，p，p 为样本原始变量数目。

为了方便，仍然记为

$$(x_{ji}^*)_{p\times n}=(x_{ji0})_{p\times n}$$

2）计算数据$(x_{ji})_{p\times n}$的协方差矩阵 $\boldsymbol{R}$。

3）求 $\boldsymbol{R}$ 的前 m 个特征值：$\lambda_1\geqslant\lambda_2\geqslant\cdots\geqslant\lambda_m$，以及对应的标准正交化特征向量 $\boldsymbol{u}_1$，$\boldsymbol{u}_2$，…，$\boldsymbol{u}_m$。

4）求 m 个变量的因子载荷矩阵。

因子载荷矩阵 $\boldsymbol{A}=\boldsymbol{U}$ 中第 k 行元素的平方和，即

$$h_k^2=\sum_{j=1}^{m}a_{kj}^2 \tag{8-3-5}$$

称为变量 X_k 的**共同度**，也称为**公共方差**。

由于矩阵 $\boldsymbol{U}$ 的列向量是单位正交化特征向量，对因子载荷矩阵 $\boldsymbol{A}=\boldsymbol{U}$ 中第 k 行元素求平方和 $h_k^2=\sum\limits_{j=1}^{m}a_{kj}^2=\sum\limits_{j=1}^{m}u_{kj}^2$得到的共同度之间的差异造成的不平衡，需要对因子载荷 a_{kj}进行规格化处理，即修正因子载荷为

$$a_{kj}=u_{kj}\sqrt{\lambda_j}\,(k=1,2,\cdots,p;j=1,2,\cdots,m) \tag{8-3-6}$$

这里满足 $\lambda_1\geqslant\lambda_2\geqslant\cdots\geqslant\lambda_m>0$，且

$$F_j=\frac{1}{\sqrt{\lambda_j}}Z_j=\frac{1}{\sqrt{\lambda_j}}(u_{1j}X_1+u_{2j}X_2+\cdots+u_{pj}X_p)\,(j=1,2,\cdots,m) \tag{8-3-7}$$

对因子载荷 a_{kj}进行规格化处理后变量 F_j 与变量 Z_j 方向相同，没有改变变量 F_j 与随机向量 $\boldsymbol{X}=(X_1,X_2,\cdots,X_p)^{\mathrm{T}}$ 各分量的相关度的比例。

由于

$$\begin{aligned}\mathrm{Cov}(X_k,F_j)&=\mathrm{Cov}\left(X_k,\sum_{l=1}^{p}a_{lj}X_j\right)\\&=\sum_{l=1}^{p}a_{lj}[\mathrm{Cov}(X_k,X_l)]=a_{kj}=u_{kj}\sqrt{\lambda_j}\end{aligned}$$

则

$$\begin{aligned}\mathrm{Var}(F_j)=\mathrm{Cov}(F_j,F_j)&=\mathrm{Cov}\left(\sum_{l=1}^{p}\frac{1}{\sqrt{\lambda_j}}u_{lj}X_l,F_j\right)\\&=\sum_{l=1}^{p}\left[\frac{1}{\sqrt{\lambda_j}}u_{lj}\mathrm{Cov}(X_l,F_j)\right]=\sum_{l=1}^{p}u_{lj}^2=1\end{aligned}$$

可得下面结论：

1）当 $k\neq j$ 时，$\mathrm{Cov}(F_k,F_j)=0$，F_k 和 F_j 不相关。

2）当 $k=j$ 时，$\mathrm{Var}(\boldsymbol{F})=\mathrm{Cov}(F_j,F_j)=1$。

由上述分析可得因子载荷阵为

$$\boldsymbol{A}=\begin{pmatrix}a_{11}&a_{12}&\cdots&a_{1m}\\a_{21}&a_{22}&\cdots&a_{2m}\\\vdots&\vdots&&\vdots\\a_{p1}&a_{p2}&\cdots&a_{pm}\end{pmatrix}=\begin{pmatrix}u_{11}\sqrt{\lambda_1}&u_{12}\sqrt{\lambda_2}&\cdots&u_{1m}\sqrt{\lambda_m}\\u_{21}\sqrt{\lambda_1}&u_{22}\sqrt{\lambda_2}&\cdots&u_{2m}\sqrt{\lambda_m}\\\vdots&\vdots&&\vdots\\u_{p1}\sqrt{\lambda_1}&u_{p2}\sqrt{\lambda_2}&\cdots&u_{pm}\sqrt{\lambda_m}\end{pmatrix} \tag{8-3-8}$$

8.3.3 公共因子方差贡献

1. 变量共同度及其统计意义

变量 X_k 的共同度即变量方差，是原始变量 X_k 每个公共因子载荷的平方和，也就是指原始变量 X_k 方差中由公共因子所决定的部分。变量的方差由共同度和特殊因子方差组成。共同度表明了原始变量方差中能被公共因子解释的部分，共同度越大，变量能被因子说明的程度越高，即因子可解释该变量的方差越多。共同度的意义在于说明如果用公共因子替代原始变量后，原始变量的信息被保留的程度。即原始变量 X_k 的方差可以表示成

$$\begin{aligned}\mathrm{Var}(X_k) &= \sum_{j=1}^{m} a_{kj}^2 \mathrm{Var}(F_j) + \mathrm{Var}(\varepsilon_k)\\ &= \sum_{j=1}^{m} a_{kj}^2 + \mathrm{Var}(\varepsilon_k) = h_k^2 + \sigma_k^2\end{aligned}$$

第一部分 h_k^2 为变量 X_k 的共同度，反映全部公共因子变量对原始变量 X_k 总方差的解释比例。第二部分 σ_k^2 称为变量 X_k 的剩余误差（即特殊因子方差），反映原始变量方差中无法被公共因子解释的部分。因此，第一部分 h_k^2 越接近 1（原始变量 X_k 标准化前提下，总方差为 1），说明公共因子解释原有变量越多的信息。可以通过该值掌握原始变量 X_k 的信息有多少被丢失。如果大部分原始变量的共同度都高于 0.8，则说明提取出的公共因子已经基本反映了各原始变量 80%以上的信息，仅有较少的信息丢失，因子分析效果较好。可以说，各个变量的共同度是衡量因子分析效果的一个指标。

2. 公共因子 F_j 的方差贡献

因子载荷矩阵 $\boldsymbol{A}$ 中第 j 列各元素的平方和，即

$$q_j^2 = \sum_{k=1}^{p} a_{kj}^2 (j=1,2,\cdots,m) \tag{8-3-9}$$

称为公共因子 F_j 的**方差贡献**，它反映了该因子 F_j 对所有原始变量总方差的解释能力，其值越高，说明因子重要程度越高。若满足 $q_1^2 \geqslant q_2^2 \geqslant \cdots \geqslant q_m^2$，则因子变量对原始变量的贡献从大到小排序为 F_1，F_2，…，F_m。

3. 确定 m 的方法

1）根据特征值的大小确定，一般取大于 1 的特征值。

2）根据因子的累计方差贡献率来确定。一般方差的累计贡献率应在 80%以上。

8.3.4 因子变量命名解释

1. 命名解释

因子变量的命名解释是因子分析的另外一个核心问题。经过主成分分析得到的 F_1，F_2，…，F_m 是对原始变量的综合，原始变量都是有物理含义的变量。对它们进行线性变换后，得到的新综合变量有何物理含义，对于因子变量的解释，可以进一步说明影响原始变量系统构成的主要因素和系统特征。

在实际分析工作中，主要是通过对载荷矩阵 $\boldsymbol{A}$ 的值进行分析，得到因子变量和原始变

量的关系，从而对新的因子变量进行命名。

载荷矩阵 $\boldsymbol{A}$ 中某一行可能有多个 a_{kj} 比较大，说明某个原始变量 X_k 可能同时与几个因子有比较大的相关关系。载荷矩阵 $\boldsymbol{A}$ 的某一列中也可能有多个 a_{kj} 比较大，说明某个因子变量可能解释多个原始变量的信息，但它只能解释某个变量一小部分信息，不是任何一个变量的典型代表，且使某个因子变量的含义模糊不清。

在因子分析中，可以通过因子矩阵的旋转使得因子变量的物理含义变得清晰。旋转的方法有正交旋转、斜交旋转、方差极大法，其中最常用的是方差极大法。

不管用何种方法确定因子载荷矩阵 $\boldsymbol{A}$，它们都不是唯一的，可以由任意一组初始公共因子做线性组合，得到新的一组公共因子，使得新的公共因子彼此之间不相关，同时也能很好地解释原始变量之间的相关关系。这样的线性组合可以找到无数组，由此引出了因子旋转的问题，即通过对因子旋转找到实际意义更明确的公共因子。

因子旋转不改变变量的共同度，只改变公共因子的方差贡献。

2. 因子矩阵的旋转

下面介绍方差极大化法正交旋转因子矩阵的基本思想。

对因子进行旋转，因子旋转后，使得每个因子上的载荷尽可能拉开距离，一部分趋近于 1，一部分趋于 0，使各个因子的实际意义能更清楚地显示出来。

若 $\boldsymbol{X}=\boldsymbol{AF}+\boldsymbol{\varepsilon}$ 为因子分析数学模型，旋转后的因子分析数学模型变为 $\boldsymbol{X}=(\boldsymbol{A\Gamma})(\boldsymbol{\Gamma}^{\mathrm{T}}\boldsymbol{F})+\boldsymbol{\varepsilon}$，其中 $\boldsymbol{\Gamma}$ 为正交矩阵。若设 $\boldsymbol{F}^*=\boldsymbol{\Gamma}^{\mathrm{T}}\boldsymbol{F}$，$\boldsymbol{A}^*=\boldsymbol{A\Gamma}$，则 $\boldsymbol{X}=\boldsymbol{A}^*\boldsymbol{F}^*+\boldsymbol{\varepsilon}$。寻找正交矩阵 $\boldsymbol{\Gamma}$，使得旋转后的因子载荷阵 $\boldsymbol{A}^*=(a_{kj}^*)_{p\times m}$ 的各列向量的方差达到最大。

由式（8-3-5），变量 X_k 的共同度或公共方差为

$$h_k^2=\sum_{j=1}^{m}(a_{kj}^*)^2=(a_{k1}^*,a_{k2}^*,\cdots,a_{km}^*)(a_{k1}^*,a_{k2}^*,\cdots,a_{km}^*)^{\mathrm{T}}=\sum_{j=1}^{m}a_{kj}^2$$

给出因子载荷阵 $\boldsymbol{A}^*$ 的总方差概念。

因子载荷阵 $\boldsymbol{A}^*$ 的总方差：称 $V(\boldsymbol{A}^*)=\sum_{j=1}^{m}V_j=\sum_{j=1}^{m}\sum_{k=1}^{p}(d_{kj}^2-\bar{d}_j^2)^2$ 为因子载荷阵 $\boldsymbol{A}^*$ 的总方差。

其中 $d_{kj}=\dfrac{a_{kj}^*}{h_k}(k=1,2,\cdots,p)$，$\bar{d}_j^2=\dfrac{1}{p}\sum_{k=1}^{p}d_{kj}^2(j=1,2,\cdots,m)$。当因子载荷阵 $\boldsymbol{A}^*$ 的每一个载荷的绝对值为接近于 0 或接近于 1 时，因子载荷阵 $\boldsymbol{A}^*$ 的总方差 $V(\boldsymbol{A}^*)$ 最大。

所谓方差极大正交旋转即为选择正交矩阵 $\boldsymbol{\Gamma}$，使 $V(\boldsymbol{A}^*)$ 最大。

当 $m=2$ 时，选取 $\boldsymbol{\Gamma}$ 为

$$\boldsymbol{\Gamma}=\begin{pmatrix}\cos\varphi & -\sin\varphi\\ \sin\varphi & \cos\varphi\end{pmatrix}$$

适当地旋转角度 φ，可使 $V(A^*)$ 最大。

当 $m>2$ 时，可逐次对每两个因子进行旋转，即 m 个公因子两两配对旋转，共需旋转 C_m^2 次。全部旋转完成称为一轮（旋转）。一轮完成后再继续下一轮旋转。每一轮旋转后因子载荷阵 $\boldsymbol{A}^*$ 的总方差单调不减且有界，因此该算法一定收敛。在实际计算中，当 $V(\boldsymbol{A}^*)$ 变化不大时可停止旋转。

注意：①做变量变换 $d_{kj}=\dfrac{a_{kj}^{*}}{h_k}$ 是为了消除每个原始变量 X_k 对公因子依赖程度不同的影响；②选择 d_{kj}^2 是为了消除 d_{kj} 正负号不同的影响。

3. 因子得分估计

因子分析数学模型是将变量表示为公共因子的线性组合。由于公共因子能反映原始变量的相关关系，用公共因子表示原始变量的线性组合时，有时更有利于描述研究对象的特征，因而往往需要反过来将公因子表示成为原始变量的线性组合。即

$$F_j=b_{1j}X_1+b_{2j}X_2+\cdots+b_{pj}X_p(j=1,2,\cdots,m) \tag{8-3-10}$$

式（8-3-10）称为**因子得分函数**。

估计因子得分函数的方法，有最小二乘法或回归法等，在此不再介绍。

例 8.3 现有某高中 9 名学生的数学、物理、化学、语文、历史、英语期末考试成绩，如表 8-7 所示。

表 8-7 某高中 9 名学生的期末考试成绩

学生	数学	物理	化学	语文	历史	英语
1	65	61	72	84	81	79
2	77	77	76	64	70	55
3	67	63	49	65	67	57
4	80	69	75	74	74	63
5	74	70	80	84	81	74
6	78	84	75	62	71	64
7	66	71	67	52	65	57
8	77	71	57	72	86	71
9	83	100	79	41	67	50

请分别用主成分分析和因子分析对学生在文理科方面学习的特点进行解释。

【**解析**】 对学生学习成绩数据进行 Z-score 标准化处理，如表 8-8 所示。

表 8-8 经过 Z-score 标准化处理的某高中 9 名学生成绩

学生	数学	物理	化学	语文	历史	英语
1	-1.39	-1.09	0.19	1.25	1.00	1.62
2	0.44	0.25	0.57	-0.17	-0.48	-0.86
3	-1.08	-0.92	-1.99	-0.10	-0.88	-0.66
4	0.90	-0.42	0.47	0.54	0.06	-0.03
5	-0.02	-0.34	0.95	1.25	1.00	1.10
6	0.59	0.84	0.47	-0.32	-0.34	0.07
7	-1.23	-0.25	-0.28	-1.02	-1.15	-0.66
8	0.44	-0.25	-1.23	0.39	1.67	0.79
9	1.35	2.18	0.85	-1.81	-0.88	-1.38

（1）主成分分析

1）求相关矩阵。有

$$
\boldsymbol{R}=\begin{pmatrix}
1 & 0.738 & 0.472 & -0.306 & 0.018 & -0.329 \\
0.738 & 1 & 0.485 & -0.753 & -0.388 & -0.591 \\
0.472 & 0.485 & 1 & -0.013 & 0.01 & 0.029 \\
-0.306 & -0.753 & -0.013 & 1 & 0.777 & 0.881 \\
0.018 & -0.388 & 0.01 & 0.777 & 1 & 0.873 \\
-0.329 & -0.591 & 0.029 & 0.881 & 0.873 & 1
\end{pmatrix}
$$

从相关系数来看，理科成绩之间都是正相关，文科成绩之间都是正相关；

数学成绩与文科成绩相关性不显著；

物理成绩与文科成绩负相关性显著；

化学成绩与文科成绩相关性不显著。

2）求相关矩阵的特征值及所对应的特征向量，如表 8-9 及表 8-10 所示。

表 8-9　相关矩阵的特征值

第 i 主成分	1	2	3	4	5	6
特征值 λ_i	3. 3975	1. 6912	0. 6007	0. 2510	0. 0399	0. 0196

表 8-10　相关矩阵的特征值及所对应的特征向量

$\boldsymbol{U}_1$	$\boldsymbol{U}_2$	$\boldsymbol{U}_3$	$\boldsymbol{U}_4$	$\boldsymbol{U}_5$	$\boldsymbol{U}_6$
−0. 3026	0. 5321	−0. 4924	0. 4942	−0. 1516	0. 3402
−0. 4695	0. 3124	−0. 1302	−0. 5089	−0. 3686	−0. 5197
−0. 1512	0. 5905	0. 7403	0. 0432	0. 2711	0. 0714
0. 5018	0. 2007	0. 0981	0. 4847	−0. 3484	−0. 5848
0. 4151	0. 4000	−0. 4238	−0. 2876	0. 6108	−0. 1799
0. 4910	0. 2653	0. 0579	−0. 4211	−0. 5227	0. 4844

3）主成分载荷阵。

由于特征值满足 $\lambda_1>\lambda_2>\cdots>\lambda_6$，对应的正交单位特征向量所构成的正交矩阵为主成分载荷阵，即

$$
\boldsymbol{U}=\begin{pmatrix}
-0.3026 & 0.5321 & -0.4924 & 0.4942 & -0.1516 & 0.3402 \\
-0.4695 & 0.3124 & -0.1302 & -0.5089 & -0.3686 & -0.5197 \\
-0.1512 & 0.5905 & 0.7403 & 0.0432 & 0.2711 & 0.0714 \\
0.5018 & 0.2007 & 0.0981 & 0.4847 & -0.3484 & -0.5848 \\
0.4151 & 0.4000 & -0.4238 & -0.2876 & 0.6108 & -0.1799 \\
0.4910 & 0.2653 & 0.0579 & -0.4211 & -0.5227 & 0.4844
\end{pmatrix}
$$

若设

$$
\boldsymbol{\Lambda}=\begin{pmatrix}
3.3975 & 0 & 0 & 0 & 0 & 0 \\
0 & 1.6912 & 0 & 0 & 0 & 0 \\
0 & 0 & 0.6007 & 0 & 0 & 0 \\
0 & 0 & 0 & 0.2510 & 0 & 0 \\
0 & 0 & 0 & 0 & 0.0399 & 0 \\
0 & 0 & 0 & 0 & 0 & 0.0196
\end{pmatrix}
$$

则相关矩阵为 $\boldsymbol{R}=\boldsymbol{U\Lambda U}^{\mathrm{T}}$。

4）主成分累计贡献率。

由于第一主成分贡献率为 0.5663，第一和第二主成分累计贡献率为 0.8482，且特征值大于 1 的只有 λ_1 和 λ_2。故选取两个主成分，主成分模型为

$$\begin{cases}Z_1=0.3026X_1-0.4695X_2-0.1512X_3+0.5018X_4+0.4151X_5+0.4910X_6\\ Z_2=0.5321X_1+0.3124X_2+0.5905X_3+0.2007X_4+0.4000X_5+0.2653X_6\end{cases}$$

（2）因子分析

1）由上述的主成分分析可得相关矩阵及其特征值和特征向量，故可得修改后的因子载荷阵为

$$\boldsymbol{A}=\boldsymbol{U\Lambda}^{\frac{1}{2}}=(a_{ij})_{6\times 2}$$

即
$$a_{kj}=u_{kj}\sqrt{\lambda_j}\ (k=1,2,\cdots,6;j=1,2)$$

2）由于 2 个因子的累计方差贡献率计算方法为

$$Q=\frac{\sum_{i=1}^{2}\lambda_i}{\sum_{i=1}^{6}\lambda_i}=84.82\%$$

所以 $m=2$，选取公共因子 F_1，F_2。

3）因子变量的命名解释。

因子载荷阵为

$$\boldsymbol{U\Lambda}^{\frac{1}{2}}=\begin{pmatrix}-0.5510 & 0.7119\\ -0.8550 & 0.4180\\ -0.2753 & 0.7901\\ 0.9138 & 0.2685\\ 0.7559 & 0.5352\\ 0.8941 & 0.3550\end{pmatrix}$$

得因子分析模型为

$$\begin{cases}X_1=-0.5510F_1+0.7119F_2+\varepsilon_1\\ X_2=-0.8550F_1+0.4180F_2+\varepsilon_2\\ X_3=-0.2753F_1+0.7901F_2+\varepsilon_3\\ X_4=0.9138F_1+0.2685F_2+\varepsilon_4\\ X_5=0.7559F_1+0.5352F_2+\varepsilon_5\\ X_6=0.8941F_1+0.3550F_2+\varepsilon_6\end{cases}$$

用最大方差法对因子进行旋转，得到旋转后的载荷阵为

$$\boldsymbol{B}=\begin{pmatrix}-0.154 & 0.875\\ -0.561 & 0.740\\ 0.128 & 0.807\\ 0.936 & -0.219\\ 0.921 & 0.085\\ 0.959 & -0.136\end{pmatrix}$$

旋转后的因子分析模型为

$$
\begin{cases}
X_1 = -0.154Y_1 + 0.875Y_2 + \varepsilon_1 \\
X_2 = -0.561Y_1 + 0.740Y_2 + \varepsilon_2 \\
X_3 = 0.128Y_1 + 0.807Y_2 + \varepsilon_3 \\
X_4 = 0.936Y_1 - 0.219Y_2 + \varepsilon_4 \\
X_5 = 0.921Y_1 + 0.085Y_2 + \varepsilon_5 \\
X_6 = 0.959Y_1 - 0.136Y_2 + \varepsilon_6
\end{cases}
$$

通过旋转后可以对因子进行解释：即因子 1 与理科成绩关系紧密，因子 2 与文科成绩关系紧密。

文科和理科学习最大的区别是学习的思维方式不同。

理科学习，所接触的是规律性很强的公式定理，在学习的思维方式上，则是以过程为重，认为过程决定结果，因此在学习上，强调的是消化、理解才能融会贯通，最后才能考出理想的成绩。理科学习逻辑性较强，习惯于用严密的推理方法来解决问题，此种思维称为理性思维。其思维方式以逻辑思维为主。

文科学习，所接触的是文字性很强的结果，在学习的思维方式上，是以结果为主，所谓结果就是以记忆、归纳将一些枯燥的知识点记住、记牢，便能考出理想的成绩。文科学习是用事件去评价人物，用意义去评价事件，由人的感情做主导，此种思维称为感性思维。其思维方式以形象思维为主。

由上述分析可以看出，因子 1 与逻辑思维关系紧密，而因子 2 与形象思维关系紧密。

由例 8.3 分析过程可以看出，主成分分析可以将多维原始变量综合为少数的几个不相关的主成分变量，起到了降维的作用，但几个主成分对原始变量的信息特征分离作用还不够优化。因子分析将多维原始变量综合为少数的几个不相关的因子变量，不仅起到了降维的作用，在经过因子旋转后的因子分析模型将原始变量的信息特征分离作用较明确，每个因子对原始变量的信息提取更精确，更便于对因子的物理意义进行解释及因子命名。

练习题

一、填空题

1. 主成分分析就是通过________技术把多个指标约化为少数几个不相关的综合指标的统计分析方法，而这些综合指标通常表现为原始变量的________。

2. 主成分的协方差矩阵为________对称矩阵。

3. 主成分表达式的系数向量是________________________特征向量。

4. 原始变量协方差矩阵特征根的统计含义是________________________。

5. 原始数据经过标准化处理，转化为均值为________，方差为________的标准化值，且其________矩阵与相关系数矩阵相等。

6. 主成分的总方差和等于________。

7. 从________出发求主成分的方法，称其为 R 型主成分分析法；从________出发求主成分的方法，称其为 S 型主成分分析法。

8. 主成分分析一般原始变量个数与主成分个数________，而因子分析中原始变量个数________公共因子个数。

9. 因子分析数学模型 $\boldsymbol{X}=\boldsymbol{AF}+\boldsymbol{\varepsilon}$ 中的系数矩阵 $\boldsymbol{A}$ 称为________，a_{kj}称为________，是第 k 个原始变量在第 j 个因子变量上的________。

10. 因子分析中，原始变量 X_k 的方差称为________，是每个原始变量 X_k 在每个公共因子的负荷量的平方和，也就是指原始变量 X_k 方差中由公共因子所决定的部分。

11. 因子分析把每个原始变量分解为两部分因素，一部分是________，另一部分为________。

二、选择题

1. 下面说法正确的是（　　）。

A. 主成分 Z_1 的方差 $\mathrm{Var}(Z_1)$ 越大，Z_1 所包含的原指标信息就越多

B. 主成分 Z_1 的方差 $\mathrm{Var}(Z_1)$ 越大，Z_1 所包含的原指标信息就越少

C. 主成分 Z_1 和 Z_2 的协方差 $\mathrm{Cov}(Z_1,Z_2)=1$

D. 主成分 Z_1 和 Z_2 的协方差 $\mathrm{Cov}(Z_1,Z_2)>0$

2. 主成分分析的特点为（　　）。

A. 一般主成分个数比原始指标变量个数少

B. 不同主成分之间的协方差不等于零

C. 各主成分的方差递减

D. 各主成分的方差递增

3. 因子分析的特点为（　　）。

A. 因子变量的数量等于原始指标变量的数量

B. 因子变量是对原始变量的取舍，而不是根据原始变量的信息进行重新组构

C. 因子变量之间存在线性相关关系，对变量的分析比较方便

D. 因子变量具有可命名解释性，即因子变量是对某些原始变量信息的综合和反映

4. 下列关于主成分分析的表述正确的是（　　）。

A. 主成分分析的目的是找出少数几个主成分代表原来的多个变量

B. 用于主成分分析的多个原始变量之间应有较强的相关性

C. 用于主成分分析的多个原始变量之间必须是独立的

D. 所找出的主成分之间是不相关的

5. 在主成分分析中，各主成分与原始变量的关系是（　　）。

A. 任何一个主成分都等于所有原始变量的总和

B. 任何一个主成分都是所有原始变量的线性组合

C. 任何一个变量都是所有主成分的总和

D. 主成分与原始变量线性无关

6. 在主成分分析中，选择主成分的标准通常是要求所选的累计方差总和占全部方差的（　　）。

A. 50%　　B. 60%　　C. 70%　　D. 80%以上

7. 主成分载荷阵的某个特征根占特征根之和的比例为对应主成分的（　　）。

A. 主成分贡献率　　B. 方差累积贡献率

C. 载荷系数　　D. 因子

8. 从特征根数值的大小角度看，通常要求所选择的主成分所对应的特征根应该（　　）。

A. 等于 0　　B. 等于 1　　C. 大于 1　　D. 大于 0

9. 用于因子分析的原始变量必须是（　　）。

A. 独立的　　B. 相关的　　C. 等方差的　　D. 等均值的

10. 在因子分析中，选择因子的标准通常是要求所选因子的累计方差占全部方差的（　　）。

A. 50%　　B. 60%　　C. 70%　　D. 80%以上

11. 从特征根数值的大小角度看，通常要求所选的因子所对应的特征根应该（　　）。

A. 等于 0　　B. 等于 1　　C. 大于 1　　D. 大于 0

12. 因子得分函数是将（　　）。

A. 因子表达为原始变量的总和　　B. 原始变量表达为因子的总和

C. 原始变量表达为因子的线性组合　　D. 因子表达为标准化原始变量的线性组合

三、计算题

1. 设三个 Z-score 标准化变量 X_1，X_2，X_3 的样本协方差矩阵为

$$\begin{pmatrix} s^2 & s^2r & 0 \\ s^2r & s^2 & s^2r \\ 0 & s^2r & s^2 \end{pmatrix},\ -\frac{1}{\sqrt{2}}<r<\frac{1}{\sqrt{2}}$$

试求主成分分析的每个主成分累计方差贡献率。

2. 设随机变量 $\boldsymbol{X}=(X_1,X_2)^{\mathrm{T}}$ 的协方差矩阵为 $\boldsymbol{\Sigma}=\begin{pmatrix} 2 & 1 \\ 1 & 2 \end{pmatrix}$，试求协方差矩阵的特征根和特征向量，并写出主成分。

3. 设随机变量 $\boldsymbol{X}=(X_1,X_2,X_3)^{\mathrm{T}}$ 的协方差矩阵为 $\boldsymbol{\Sigma}=\begin{pmatrix} 1 & -2 & 0 \\ -2 & 5 & 0 \\ 0 & 0 & 2 \end{pmatrix}$，试求主成分对变量 $\boldsymbol{X}$ 的贡献率及主成分分析数学模型。

4. 在一项对杨树的性状研究中，测试了 20 株杨树树叶，每个叶片测定了四个变量：叶长、2/3 处宽、1/3 处宽、1/2 处宽，分别用 X_1，X_2，X_3，X_4 表示，这四个变量的相关系数矩阵的特征根和标准正交特征向量分别为

$$\begin{pmatrix} \lambda_1 \\ \lambda_2 \\ \lambda_3 \\ \lambda_4 \end{pmatrix}=\begin{pmatrix} 2.920 \\ 1.024 \\ 0.049 \\ 0.007 \end{pmatrix},\ \begin{pmatrix} \boldsymbol{U}_1^{\mathrm{T}} \\ \boldsymbol{U}_2^{\mathrm{T}} \\ \boldsymbol{U}_3^{\mathrm{T}} \\ \boldsymbol{U}_4^{\mathrm{T}} \end{pmatrix}=\begin{pmatrix} 0.1485 & -0.5735 & -0.5577 & -0.5814 \\ 0.9544 & -0.0984 & 0.2695 & 0.0824 \\ 0.2516 & 0.7733 & -0.5589 & -0.1624 \\ -0.0612 & 0.2519 & 0.5513 & -0.7930 \end{pmatrix}$$

（1）写出四个主成分，计算特征根大于 1 的主成分贡献率；

（2）写出特征根大于 1 的主成分得分模型。

5. 设 $\boldsymbol{X}=(X_1,X_2,X_3,X_4)\sim N(\boldsymbol{0},\boldsymbol{\Sigma})$，协方差矩阵 $\boldsymbol{\Sigma}=\begin{pmatrix} 1 & \rho & \rho & \rho \\ \rho & 1 & \rho & \rho \\ \rho & \rho & 1 & \rho \\ \rho & \rho & \rho & 1 \end{pmatrix}$，$0<\rho\leqslant 1$。

（1）试从 $\boldsymbol{\Sigma}$ 出发求 $\boldsymbol{X}$ 的第一主成分；

（2）试问当ρ取多大时才能使第一主成分的贡献率达95%以上？

6. 设随机变量$\boldsymbol{X}=(X_1,X_2)^{\mathrm{T}}$的协方差矩阵为$\boldsymbol{\Sigma}=\begin{pmatrix}1 & 4\\ 4 & 100\end{pmatrix}$，试从$\boldsymbol{\Sigma}$和相关矩阵$\boldsymbol{R}$出发求出主成分，并加以比较。

7. 已知某年30家能源类上市公司的有关经营数据。其中X_1，X_2，…，X_8分别表示为主营业务利润、净资产收益率、每股收益、总资产负债率、资产负债率、流动比率、总营业务收入增长率、资本累积率。进行因子分析，并确定公共因子的数量及因子得分公式。如表8-11所示。

表8-11　30家能源类上市公司的有关经营数据

股票简称	X_1	X_2	X_3	X_4	X_5	X_6	X_7	X_8
G_1	19.751	27.01	1.132	0.922	50.469	1.237	25.495	10.62
G_2	33.733	12.99	0.498	0.51	25.398	3.378	46.99	-1.576
G_3	13.079	18.26	0.634	1.835	54.584	0.674	55.043	43.677
G_4	33.441	19.9	0.735	0.923	28.068	1.043	42.682	45.593
G_5	6.79	15.65	0.441	1.188	13.257	3.602	38.446	17.262
G_6	5.315	0.5	0.011	1.879	52.593	1.222	207.373	33.721
G_7	3.357	15.48	0.538	0.626	48.83	0.807	33.438	54.972
G_8	29.332	10.34	0.299	0.662	53.14	1.218	16.579	7.622
G_9	29.961	16.04	0.255	0.662	36.596	0.7	20.902	-3.682
G_{10}	23.342	18.58	0.497	0.923	60.963	0.992	1.271	12.128
G_{11}	26.042	42.5	1.64	0.99	69.776	0.51	50.138	52.066
G_{12}	35.022	15.73	0.725	0.944	39.267	0.953	9.002	-3.877
G_{13}	25.809	14.98	0.677	0.928	45.768	0.949	-3.851	24.881
G_{14}	39.506	17.82	0.868	0.703	45.45	1.525	9.162	-85.43
G_{15}	29.895	22.45	0.709	0.8	40.977	1.321	3.31	4.369
G_{16}	18.16	12.74	0.299	1.374	52.962	1.24	-100	85.688
G_{17}	41.402	20.07	1.414	0.617	52.916	1.06	6.789	14.259
G_{18}	8.783	1.43	0.033	0.753	48.061	0.545	-11.659	6.856
G_{19}	45.592	13.73	0.548	0.688	22.35	2.158	21.199	21.953
G_{20}	16.061	14.92	1.03	1.623	48.386	0.973	15.342	20.86
G_{21}	11.003	6.66	0.26	1.187	30.201	1.682	41.657	75.804
G_{22}	24.876	17.95	0.709	0.968	48.674	0.51	20.548	14.526
G_{23}	12.825	4.45	0.331	0.849	48.476	1.417	43.676	29.419
G_{24}	32.228	17.82	1.07	0.449	72.079	0.515	9.872	149.837
G_{25}	24.423	20.67	1.102	0.845	54.198	1.102	73.285	26.542
G_{26}	44.005	12.99	0.597	0.667	47.554	1.843	30.621	15.668
G_{27}	48.18	15.4	0.994	0.408	37.687	2.097	27.813	46.229
G_{28}	28.567	21.71	1.534	1.023	54.261	1.59	48.315	29.61
G_{29}	41.214	16.68	0.441	0.669	40.932	2.058	29.903	11.35
G_{30}	30.015	9.68	0.222	0.35	64.471	0.63	24.278	36.437

第9章 聚类分析与判别分析

聚类分析和判别分析是统计学中非常重要的分类统计方法。聚类分析是一种探索性分析，是根据“物以类聚”的道理，对样本或指标进行分类，没有任何模式可供参考或依循，是典型的无监督学习，即在没有先验知识的情况下进行的分类。判别分析是一种在已知研究对象用某种方法已经分成若干类的情况下，寻找分类的判别函数或分类器，属于有监督学习范畴。

简单地说，聚类分析是指事先没有“分类标签”，而通过某种规定的相似距离定义，找出事物之间存在的聚集性过程。判别分析是按照某种标准事先给对象贴“分类标签”，再根据标签来寻找判断分类规则（即判别函数或分类器）以区分归类。本章基本内容包括：

将没有类别的样本通过给定的相似性定义聚集成不同的类，并且对每一个这样的类进行描述的过程。为此本章介绍了衡量各种相似性的统计定义，并基于相似性统计描述，介绍相应的系统聚类方法。

判别分类分析方法有很多，本章介绍适用于定量指标或计量资料的费希尔二类判别、贝叶斯多类判别以及逐步判别分类方法。

学习要点：理解无监督学习和有监督学习的聚类与判别分析方法，了解基于各种衡量相似性定义的系统聚类方法适用的条件；掌握费希尔二类判别、贝叶斯多类判别以及逐步判别的分类基本思想。

9.1 聚类分析原理

1. 聚类分析

聚类分析是一种研究分类问题的多元统计方法，由于它能够解决许多实际问题，因此这个方法受到人们的重视，特别是与其他方法联合起来使用往往效果更好。例如，对一批观测对象先使用聚类分析进行分类，然后用判别分析的方法建立判别准则，用以对新的观测对象判别归类。

聚类分析：指将物理或抽象对象的集合分组为由类似的对象组成的多个类的分析过程，它是一种重要的分类行为。聚类分析的目标就是在相似的基础上收集数据来分类。

聚类源于很多领域，包括数学、计算机科学、统计学、生物学和经济学等。在不同的应用领域，很多聚类技术都得到了发展，这些技术方法被用作描述数据、衡量不同数据源间的相似性以及把数据源分类到不同的簇中。

从机器学习的角度讲，簇相当于隐藏模式。聚类是搜索簇的无监督学习过程。与分类不同，无监督学习不依赖预先定义的类或带类标记的训练实例，需要由聚类学习算法自动确定标记，而分类学习的实例或数据对象有类别标记。聚类是观察式学习，而不是示例式的学习。

从实际应用的角度看，聚类分析是数据挖掘的主要任务之一，而且聚类能够作为一个独立的工具获得数据的分布状况，观察每一簇数据的特征，集中对特定的聚簇集合做进一步的分析。聚类分析还可以作为其他算法（如分类和定性归纳算法）的预处理步骤。

2. 聚类分析基本思想

聚类分析是从一批样本的多个指标变量中，定义能度量样本间或变量间相似程度（或亲疏关系）的统计量，在此基础上求出各样本（或变量）之间的相似程度度量值，按相似程度的大小，把样本（或变量）逐一分类，关系密切的类聚集到一个小的分类单位，关系疏远的类聚集到一个大的分类单位，直到所有的样本或变量都聚集完毕，把不同的类型一一划分出来，形成一个亲疏关系谱系图，用以更直观地显示分类对象（样本或变量）的差异和联系。

也就是说，聚类是指根据“物以类聚”原理，将本身没有类别的样本聚集成不同的组，这样的一组数据对象的集合叫作簇或类，并且对每一个这样的簇进行描述的过程。它的目的是使得属于同一个簇的样本之间应该彼此相似，而不同簇的样本应该足够不相似，旨在发现空间实体的属性间的函数关系，挖掘的知识用以属性名为变量的数学方程来表示。

3. 聚类方法类别

目前存在大量的聚类分析方法，方法的选择取决于数据的类型、聚类的目的和具体应用。聚类方法主要分为五大类：基于划分的聚类方法、基于层次的聚类方法、基于密度的聚类方法、基于网格的聚类方法和基于模型的聚类方法。

本章以层次聚类法的系统聚类分析方法为例，介绍聚类分析理论与方法。

基于层次的聚类方法是指对给定的数据进行层次分解，直到满足某种条件为止。该方法根据层次分解的顺序分为自底向上法和自顶向下法，即凝聚式层次聚类方法和分裂式层次聚类方法。

（1）凝聚式层次聚类方法　首先，每个数据对象都是一个类，计算数据对象之间的距离，每次将距离最近的点合并到同一个类。然后，计算类与类之间的距离，将距离最近的簇合并为一个大类。不停地合并，直到合成为一类，或者达到某个终止条件为止。

（2）分裂式层次聚类方法　该方法在一开始所有个体都属于一个类，然后逐渐细分为更小的类，直到最终每个数据对象都在不同的类中，或者达到某个终止条件为止。

系统聚类分析方法属于凝聚式层次聚类方法。

9.2 系统聚类分析

9.2.1 系统聚类

1. 系统聚类分析基本思想

系统聚类是将每个样品分成若干类的方法，其基本思想是：先将各个样品各看成一类，

计算 n 个样本两两之间的距离，得到初始距离阵。选择距离最小的一对样本合并成新的一类，然后根据规定的类与类之间的距离，计算新类与其他类之间的距离，得到合并类后的距离阵。继续将距离最近的两类合并为新的一类，并根据规定的类与类之间的距离计算新类与其他类之间的距离，得到合并类后的距离阵。这样每次减少一类，直至所有的样品合为一类为止。这种聚类方法称为系统聚类法。根据并类过程所做的样本并类过程图称为聚类谱系图。

系统聚类法也称为多层次聚类法，分类的单位由高到低呈树状结构，且所处的位置越低，其包含的样本点就越少，共同特征越多。

系统聚类分析常使用计算样本或变量相似性的有距离系数、相似系数等。计算类与类之间的距离也有很多定义的方法，主要有：最短距离法、最长距离法、中间距离法、重心法、类平均法、可变类平均法、可变法、离差平方和法等。

系统聚类分析的前提是计算和确定类间距离，因此类间距离的计算方法不同，系统聚类法也不同。

2. 系统聚类的优缺点

在实际的聚类分析工作中，系统聚类是使用最多的一种聚类方法，它既可以对样品聚类，也可以对变量聚类，变量可以是连续型变量也可以是分类型变量。此外，它的类间距离计算和结果表示方法也十分丰富，因此得到很多使用者的青睐。其缺陷与其分析过程相关，由于每一步聚类都需要计算类间距离，当变量较多或样本量较大时，运算速度较慢。

9.2.2　统计相似性度量

定义样本间距离或变量间相似性的方法，常用的有以下几种。

1. 距离系数

设考虑事物的 p 个特征，把 n 个样本看成 p 维空间中 n 个点，得矩阵

$$\boldsymbol{X}=\begin{pmatrix} X_{11} & X_{12} & \cdots & X_{1n} \\ X_{21} & X_{22} & \cdots & X_{2n} \\ \vdots & \vdots & & \vdots \\ X_{p1} & X_{p2} & \cdots & X_{pn} \end{pmatrix}$$

第 $i(i\leqslant n)$ 个样本的样本向量为 $\boldsymbol{X}_i=(X_{1i},X_{2i},\cdots,X_{pi})^{\mathrm{T}}$，则两个样本间相似程度可用 p 维空间中两点的距离来度量。令 d_{ij}表示样本 X_i 与 X_j 的距离，常用的有如下几种距离定义。

（1）**明氏距离**

$$d_{ij}(q)=\left(\sum_{k=1}^{p}\left|X_{ki}-X_{kj}\right|^{q}\right)^{\frac{1}{q}} \tag{9-2-1}$$

当 $q=1$ 时，$d_{ij}(1)=\sum_{k=1}^{p}\left|X_{ki}-X_{kj}\right|$，即**绝对距离**；

当 $q=2$ 时，$d_{ij}(2)=\left(\sum_{k=1}^{p}(X_{ki}-X_{kj})^{2}\right)^{\frac{1}{2}}$，即**欧氏距离**；

当 $q=\infty$ 时，$d_{ij}(\infty)=\max\limits_{1\leqslant k\leqslant p}\left|X_{ki}-X_{kj}\right|$，即**切比雪夫距离**。

当各样本的测量值相差悬殊时，要用明氏距离并不合理，常需要先对数据标准化，然后

用标准化后的数据计算距离。

明氏距离，特别是其中的欧氏距离，是人们较为熟悉也是使用最多的距离，但明氏距离存在不足之处，主要表现在两个方面：第一，它与各指标的量纲有关；第二，它没有考虑指标之间的相关性。除此之外，从统计的角度上看，使用欧氏距离要求一个向量的 p 个分量是不相关的且具有相同的方差，或者说各坐标对欧氏距离的贡献是同等的且变差大小也是相同的，这时使用欧氏距离才合适，效果也较好，否则就有可能不如实反映情况，甚至导致错误结论。因此一个合理的改进做法就是对坐标加权，这就产生了“统计距离”。例如，设 $\boldsymbol{Q}=(X_1,X_2,\cdots,X_p)^{\mathrm{T}}$，$\boldsymbol{Q}_0=(Y_1,Y_2,\cdots,Y_p)^{\mathrm{T}}$，且 $\boldsymbol{Q}_0$ 的坐标是固定的，点 $\boldsymbol{Q}$ 的 p 个坐标相互独立地变化。取 $(X_1,X_2,\cdots,X_p)^{\mathrm{T}}$ 的 n 个样本观察值，即 $(X_{1i},X_{2i},\cdots,X_{pi})^{\mathrm{T}}(i=1,2,\cdots,n)$，设 $S_j^2=\frac{1}{n-1}\sum_{i=1}^{n}(X_{ji}-\overline{X}_j)^2$，$\overline{X}_j=\frac{1}{n}\sum_{i=1}^{n}X_{ji}$，则可以定义 $\boldsymbol{Q}$ 到 $\boldsymbol{Q}_0$ 的**统计距离**为

$$d(\boldsymbol{Q}_0,\boldsymbol{Q})=\sqrt{\frac{(X_1-Y_1)^2}{S_1^2}+\frac{(X_2-Y_2)^2}{S_2^2}+\cdots+\frac{(X_p-Y_p)^2}{S_p^2}} \tag{9-2-2}$$

所加的权是 $k_1=\frac{1}{S_1^2}$，$k_2=\frac{1}{S_2^2}$，…，$k_p=\frac{1}{S_p^2}$。当取 $Y_1=Y_2=\cdots=Y_p=0$ 时，就是点 Q 到原点 O 的距离。若 $S_1^2=S_2^2=\cdots=S_p^2=1$ 时，就是欧氏距离。

（2）**马氏距离**　马氏距离是由印度统计学家马哈拉诺比斯于 1936 年引入的，故称为马氏距离。这一距离在多元统计分析中起着十分重要的作用，下面给出定义。

设 $\boldsymbol{\Sigma}$ 表示指标的协方差阵，即 $\boldsymbol{\Sigma}=(\sigma_{ij})_{p\times p}$，其中

$$\sigma_{ij}=\frac{1}{n-1}\sum_{k=1}^{n}(X_{ik}-\overline{X}_i)(X_{jk}-\overline{X}_j),i,j=1,2,\cdots,p \tag{9-2-3}$$

$$\overline{X}_i=\frac{1}{n}\sum_{k=1}^{n}X_{ik},\overline{X}_j=\frac{1}{n}\sum_{k=1}^{n}X_{jk}$$

如果 $\boldsymbol{\Sigma}^{-1}$ 存在，则两个样本之间的**马氏距离**定义为

$$d_{ij}(M)=\sqrt{(\boldsymbol{X}_i-\boldsymbol{X}_j)^{\mathrm{T}}\boldsymbol{\Sigma}^{-1}(\boldsymbol{X}_i-\boldsymbol{X}_j)} \tag{9-2-4}$$

这里 $\boldsymbol{X}_i$ 为样本 i 的 p 个指标组成的向量，$\boldsymbol{X}_i=(X_{1i},X_{2i},\cdots,X_{pi})^{\mathrm{T}}$，$\boldsymbol{X}_j$ 为样本 j 的 p 个指标组成的向量，$\boldsymbol{X}_j=(X_{1j},X_{2j},\cdots,X_{pj})^{\mathrm{T}}$。

给出样本 X 到总体 $\boldsymbol{G}$ 均值的**马氏距离**平方定义为

$$[d(\boldsymbol{X},\boldsymbol{G})]^2=(\boldsymbol{X}-\boldsymbol{\mu})^{\mathrm{T}}\boldsymbol{\Sigma}^{-1}(\boldsymbol{X}-\boldsymbol{\mu}) \tag{9-2-5}$$

其中 $\boldsymbol{\mu}$ 为总体的均值向量，$\boldsymbol{\Sigma}$ 为协方差阵。

马氏距离既排除了各指标之间相关性的干扰，而且还不受各指标量纲的影响。除此之外，它还有一些优点，如可以证明将原数据做线性变换后，马氏距离仍不变等。

（3）**兰氏距离**　它是由 Lance 和 Williams 最早提出的，故称**兰氏距离**。其表达式为

$$d_{ij}(L)=\frac{1}{p}\sum_{k=1}^{p}\frac{|X_{ki}-X_{kj}|}{X_{ki}+X_{kj}},i,j=1,2,\cdots,n \tag{9-2-6}$$

此距离仅适用于一切 $X_{ij}>0$ 的情况，这个距离有助于克服各指标之间量纲的影响，但没有考虑指标之间的相关性。

以上三种距离的定义也是适用于间隔尺度变量的，如果样本是有序尺度或名义尺度时，

也有一些定义距离的方法，在此不做介绍。

对于计算任意两个样本 $\boldsymbol{X}_i$ 与 $\boldsymbol{X}_j$ 之间的距离 d_{ij}，其值越小表示两个样本接近程度越大，其值越大表示两个样本接近程度越小。如果把任意两个样本的距离都算出来后，可排成距离阵

$$\boldsymbol{D}=\begin{pmatrix} d_{11} & d_{12} & \cdots & d_{1n} \\ d_{21} & d_{22} & \cdots & d_{2n} \\ \vdots & \vdots & & \vdots \\ d_{n1} & d_{n2} & \cdots & d_{nn} \end{pmatrix}$$

其中 $d_{11}=d_{22}=\cdots=d_{nn}=0$。$\boldsymbol{D}$ 是一个实对称阵，所以只需计算上三角形部分或下三角形部分即可。根据 $\boldsymbol{D}$ 可对 n 个点进行分类，距离近的点归为一类，距离远的点归为不同的类。

2. 相似系数

研究样本之间的关系，除了用距离表示外，还有相似系数。顾名思义，相似系数是描写样本之间相似程度的一个量，常用的相似系数有如下几种。

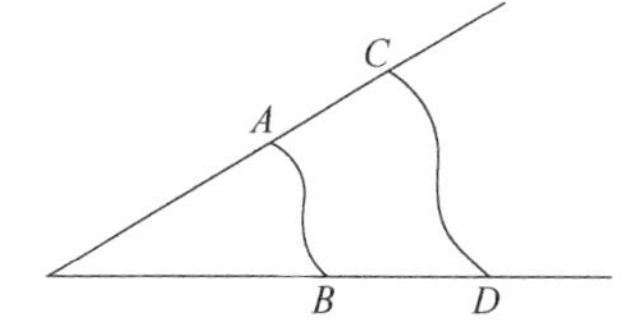

图 9-1 曲线 AB 和 CD 形状相似

（1）**夹角余弦** 这是受相似形的启发而来的，图 9-1 所示曲线 AB 和 CD，尽管长度不一，但形状相似。

当长度不是主要矛盾时，要定义一种相似系数，使 AB 和 CD 呈现出比较密切的关系，则夹角余弦就适合这个要求。

所谓夹角余弦是指将任意两个 $\boldsymbol{X}_i$ 与 $\boldsymbol{X}_j$ 看成 p 维空间的向量，这两个向量的夹角余弦用 $\cos\theta_{ij}$表示，即

$$\cos\theta_{ij}=\frac{\sum_{k=1}^{p} X_{ki}X_{kj}}{\sqrt{\sum_{k=1}^{p} X_{ki}^2 \sum_{k=1}^{p} X_{kj}^2}}(-1\leqslant\cos\theta_{ij}\leqslant 1) \tag{9-2-7}$$

当 $\cos\theta_{ij}=1$ 时，说明两个样本 $\boldsymbol{X}_i$ 与 $\boldsymbol{X}_j$ 完全相似；

当 $\cos\theta_{ij}$接近 1 时，说明 $\boldsymbol{X}_i$ 与 $\boldsymbol{X}_j$ 相似密切；

当 $\cos\theta_{ij}=0$ 时，说明 $\boldsymbol{X}_i$ 与 $\boldsymbol{X}_j$ 完全不一样；

当 $\cos\theta_{ij}$接近 0 时，说明 $\boldsymbol{X}_i$ 与 $\boldsymbol{X}_j$ 差别大；

当 $\cos\theta_{ij}=-1$ 时，说明 $\boldsymbol{X}_i$ 与 $\boldsymbol{X}_j$ 完全相反。

当把所有两两样本的相似系数都算出，可排成相似系数矩阵

$$\boldsymbol{H}=\begin{pmatrix} \cos\theta_{11} & \cos\theta_{12} & \cdots & \cos\theta_{1n} \\ \cos\theta_{21} & \cos\theta_{22} & \cdots & \cos\theta_{2n} \\ \vdots & \vdots & & \vdots \\ \cos\theta_{n1} & \cos\theta_{n2} & \cdots & \cos\theta_{nn} \end{pmatrix}_{n\times n}$$

其中 $\cos\theta_{11}=\cos\theta_{22}=\cdots=\cos\theta_{nn}=1$。$\boldsymbol{H}$ 是一个实对称阵，所以只需计算上三角形部分或下三角形部分，根据 $\boldsymbol{H}$ 可对 n 个样本进行分类，把比较相似的样本归为一类，相似度不高的样本归为不同的类。

（2）**相关系数** 通常所说的相关系数，一般指样本间的相关系数，作为刻画样本间的

相似关系也可类似给出定义，即第 i 个样本与第 j 个样本之间的相关系数定义为

$$r_{ij}=\frac{\sum_{k=1}^{p}(X_{ki}-\overline{X}_i)(X_{kj}-\overline{X}_j)}{\sqrt{\sum_{k=1}^{p}(X_{ki}-\overline{X}_i)^2\sum_{k=1}^{p}(X_{kj}-\overline{X}_j)^2}},-1\leqslant r_{ij}\leqslant 1 \tag{9-2-8}$$

其中

$$\overline{X}_i=\frac{1}{p}\sum_{k=1}^{p}X_{ki},\overline{X}_j=\frac{1}{p}\sum_{k=1}^{p}X_{kj}$$

若设向量 $\boldsymbol{Y}_i=(X_{1i}-\overline{X}_i,X_{2i}-\overline{X}_i,\cdots,X_{pi}-\overline{X}_i)^{\mathrm{T}}$，$\boldsymbol{Y}_j=(X_{1j}-\overline{X}_j,X_{2j}-\overline{X}_j,\cdots,X_{pj}-\overline{X}_j)^{\mathrm{T}}$，$r_{ij}$就是两个向量 $\boldsymbol{Y}_i$ 与 $\boldsymbol{Y}_j$ 的夹角余弦。有

$$\boldsymbol{R}=(r_{ij})_{n\times n}$$

其中 $r_{11}=r_{22}=\cdots=r_{nn}=1$，可根据 $\boldsymbol{R}$ 对 n 个样本进行分类。

由于样本分类和变量分类从方法上看基本上是一样的，所以两者就不严格分开说明了。

9.2.3 系统聚类分析方法

正如样本（变量）之间的距离（相似）可以有不同的定义方法一样，类与类之间的距离也有各种定义。例如，可以定义类与类之间的距离为两类之间最近样本的距离，或者定义为两类之间最远样本的距离，也可以定义为两类重心之间的距离等。本节介绍常用的八种系统聚类方法，即最短距离法、最长距离法、中间距离法、重心法、类平均法、可变类平均法、可变法、离差平方和法。系统聚类分析尽管方法很多，但归类的步骤基本上是一样的，所不同的仅是类与类之间的距离有不同的定义方法，从而得到不同的计算距离的公式，产生了不同的系统聚类方法。这些公式在形式上不大一样，但最后可将它们统一为一个公式，对利用计算机编程进行计算带来很大的方便。

以下用 d_{ij}表示样本 X_i 与 X_j 之间的距离，用 D_{ij}表示类 G_i 与 G_j 之间的距离。

1. 最短距离法

定义类 G_i 与 G_j 之间的距离为两类最近样本的距离，即

$$D_{ij}=\min_{\substack{X_i\in G_i\\X_j\in G_j}}d_{ij} \tag{9-2-9}$$

设类 G_p 与 G_q 合并成一个新类，记为 G_r，则任一类 G_k 与 G_r 的距离是

$$D_{kr}=\min_{\substack{X_k\in G_k\\X_r\in G_r}}d_{kr}=\min\left\{\min_{\substack{X_k\in G_k\\X_p\in G_p}}d_{kp},\min_{\substack{X_k\in G_k\\X_q\in G_q}}d_{kq}\right\}=\min\{D_{kp},D_{kq}\} \tag{9-2-10}$$

最短距离法聚类的步骤如下所述：

第一步，定义样本之间的距离，计算样本两两距离，得一距离阵记为 $\boldsymbol{D}_{(0)}$，开始时每个样本自成一类，显然这时 $D_{ij}=d_{ij}$。

第二步，找出 $\boldsymbol{D}_{(0)}$的非对角线最小元素，设为 D_{pq}，则将 G_p 与 G_q 合并成一个新类，记为 G_r，即 $G_r=\{G_p,G_q\}$。

第三步，给出计算新类与其他类的距离公式

$$D_{kr}=\min\{D_{kp},D_{kq}\}$$

将 $\boldsymbol{D}_{(0)}$ 中第 p、q 行及 p、q 列用上面公式并成一个新行新列，新行新列对应 G_r，所得到的矩阵记为 $\boldsymbol{D}_{(1)}$。

第四步，对 $\boldsymbol{D}_{(1)}$ 重复上述对 $\boldsymbol{D}_{(0)}$ 的第二步和第三步两步得 $\boldsymbol{D}_{(2)}$，如此下去，直到所有的元素并成一类为止。

如果某一步 $\boldsymbol{D}_{(k)}$ 中非对角线最小的元素不止一个，则对应这些最小元素的类可以同时合并。

最短距离法也可用于指标（变量）分类，分类时可以用距离，也可以用相似系数，但用相似系数时应找最大的元素并类，也就是把公式 $D_{pq}=\min\limits_{\substack{X_p\in G_p\\X_q\in G_q}}d_{pq}$ 中的 min 换成 max。

2. 最长距离法

定义类 G_i 与类 G_j 之间的距离为两类最远样本的距离，即

$$D_{pq}=\max_{\substack{X_p\in G_p\\X_q\in G_q}}d_{pq} \tag{9-2-11}$$

最长距离法与最短距离法的并类步骤完全一样，也是将各样本先自成一类，然后将非对角线上最小元素对应的两类合并。设某一步将类 G_p 与 G_q 合并为 G_r，则任一类 G_k 与 G_r 的距离用最长距离公式

$$D_{kr}=\max_{\substack{X_k\in G_k\\X_r\in G_r}}d_{kr}=\max\left\{\max_{\substack{X_k\in G_k\\X_p\in G_p}}d_{kp},\max_{\substack{X_k\in G_k\\X_q\in G_q}}d_{kq}\right\}=\max\{D_{kp},D_{kq}\} \tag{9-2-12}$$

进行计算，再找非对角线最小元素的两类并类，直至所有的样本全归为一类为止。

很显然，最长距离法与最短距离法只有两点不同：一方面是类与类之间的距离定义不同；另一方面是计算新类与其他类的距离所用的公式不同。其他系统聚类法之间的不同点也表现在这两个方面，而并类步骤完全一样，所以下面介绍其他系统聚类方法时，主要指出定义和公式。

3. 中间距离法

定义类与类之间的距离既不采用两类之间最近的距离，也不采用两类之间最远的距离，而是采用介于两者之间的距离，故称为中间距离法。

如果在某一步将类 G_p 与类 G_q 合并为 G_r，任一类 G_k 和 G_r 的距离公式为

$$D_{kr}^2=\frac{1}{2}D_{kp}^2+\frac{1}{2}D_{kq}^2+\beta D_{pq}^2,-\frac{1}{4}\leqslant\beta\leqslant0 \tag{9-2-13}$$

当 $\beta=-\dfrac{1}{4}$ 时，由初等几何知 D_{kr} 就是上面三角形的中线，如图 9-2 所示。

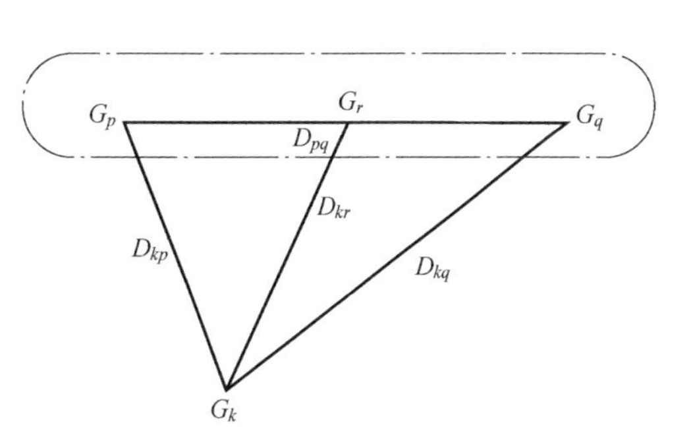

图 9-2　中间距离法

假设 G_k 和 G_p 的几何距离小于 G_k 和 G_q 的几何距离，如果采用最短距离法，则 $D_{kr}=D_{kp}$；如果采用最长距离法，则 $D_{kr}=D_{kq}$；如果取夹

在这两边的中线作为 D_{kr}，则 $D_{kr}=\sqrt{\frac{1}{2}D_{kp}^2+\frac{1}{2}D_{kq}^2-\frac{1}{4}D_{pq}^2}$。

由于距离公式中的量都是距离的平方，为了方便在计算机上计算，可将距离阵 $\boldsymbol{D}_{(0)}$，$\boldsymbol{D}_{(1)}$，$\boldsymbol{D}_{(2)}$，…中类与类之间的距离元素换成相应距离元素的平方，即距离阵变为 $\boldsymbol{D}_{(0)}^2$，$\boldsymbol{D}_{(1)}^2$，$\boldsymbol{D}_{(2)}^2$，…。

4. 重心法

定义类与类之间的距离时，为了体现出每类包含的样本个数，给出重心法。

重心法定义两类之间的距离就是两类重心之间的距离。设 G_p 和 G_q 的重心（即该类样本的均值）分别是 $\overline{\boldsymbol{X}}_p$ 和 $\overline{\boldsymbol{X}}_q$，则 G_p 和 G_q 之间的距离是

$$D_{pq}=d_{\overline{X}_p\overline{X}_q} \tag{9-2-14}$$

设聚类到某一步，G_p 和 G_q 分别有样本 n_p，n_q 个，将 G_p 和 G_q 合并为 G_r，则 G_r 内样本个数为 $n_r=n_p+n_q$，它的重心是 $\overline{\boldsymbol{X}}_r=\frac{1}{n_r}(n_p\overline{\boldsymbol{X}}_p+n_q\overline{\boldsymbol{X}}_q)$。若某一类 G_k 的重心是 $\overline{\boldsymbol{X}}_k$，如果最初样本之间的距离采用欧氏距离，则它与新类 G_r 的距离为

$$\begin{aligned}
D_{kr}^2=d_{X_kX_r}^2&=(\overline{\boldsymbol{X}}_k-\overline{\boldsymbol{X}}_r)^{\mathrm{T}}(\overline{\boldsymbol{X}}_k-\overline{\boldsymbol{X}}_r)\\
&=\left[\overline{\boldsymbol{X}}_k-\frac{1}{n_r}(n_p\overline{\boldsymbol{X}}_p+n_q\overline{\boldsymbol{X}}_q)\right]^{\mathrm{T}}\left[\overline{\boldsymbol{X}}_k-\frac{1}{n_r}(n_p\overline{\boldsymbol{X}}_p+n_q\overline{\boldsymbol{X}}_q)\right]\\
&=\overline{\boldsymbol{X}}_k^{\mathrm{T}}\overline{\boldsymbol{X}}_k-2\frac{n_p}{n_r}\overline{\boldsymbol{X}}_k^{\mathrm{T}}\overline{\boldsymbol{X}}_p-2\frac{n_q}{n_r}\overline{\boldsymbol{X}}_k^{\mathrm{T}}\overline{\boldsymbol{X}}_q+\frac{1}{n_r^2}(n_p^2\overline{\boldsymbol{X}}_p^{\mathrm{T}}\overline{\boldsymbol{X}}_p+2n_pn_q\overline{\boldsymbol{X}}_p^{\mathrm{T}}\overline{\boldsymbol{X}}_q+n_q^2\overline{\boldsymbol{X}}_q^{\mathrm{T}}\overline{\boldsymbol{X}}_q)
\end{aligned}$$

利用

$$\overline{\boldsymbol{X}}_k^{\mathrm{T}}\overline{\boldsymbol{X}}_k=\frac{1}{n_r}(n_p\overline{\boldsymbol{X}}_k^{\mathrm{T}}\overline{\boldsymbol{X}}_k+n_q\overline{\boldsymbol{X}}_k^{\mathrm{T}}\overline{\boldsymbol{X}}_k)$$

代入上式得

$$\begin{aligned}
D_{kr}^2=&\frac{n_p}{n_r}\overline{\boldsymbol{X}}_k^{\mathrm{T}}\overline{\boldsymbol{X}}_k+\frac{n_q}{n_r}\overline{\boldsymbol{X}}_k^{\mathrm{T}}\overline{\boldsymbol{X}}_k-2\frac{n_p}{n_r}\overline{\boldsymbol{X}}_k^{\mathrm{T}}\overline{\boldsymbol{X}}_p-2\frac{n_q}{n_r}\overline{\boldsymbol{X}}_k^{\mathrm{T}}\overline{\boldsymbol{X}}_q+\\
&\frac{1}{n_r^2}(n_p^2\overline{\boldsymbol{X}}_p^{\mathrm{T}}\overline{\boldsymbol{X}}_p+2n_pn_q\overline{\boldsymbol{X}}_p^{\mathrm{T}}\overline{\boldsymbol{X}}_q+n_q^2\overline{\boldsymbol{X}}_q^{\mathrm{T}}\overline{\boldsymbol{X}}_q)\\
=&\frac{n_p}{n_r}(\overline{\boldsymbol{X}}_k^{\mathrm{T}}\overline{\boldsymbol{X}}_k-2\overline{\boldsymbol{X}}_k^{\mathrm{T}}\overline{\boldsymbol{X}}_p+\overline{\boldsymbol{X}}_p^{\mathrm{T}}\overline{\boldsymbol{X}}_p)+\frac{n_q}{n_r}(\overline{\boldsymbol{X}}_k^{\mathrm{T}}\overline{\boldsymbol{X}}_k-2\overline{\boldsymbol{X}}_k^{\mathrm{T}}\overline{\boldsymbol{X}}_q+\overline{\boldsymbol{X}}_q^{\mathrm{T}}\overline{\boldsymbol{X}}_q)-\\
&\frac{n_pn_q}{n_r^2}(\overline{\boldsymbol{X}}_p^{\mathrm{T}}\overline{\boldsymbol{X}}_p-2\overline{\boldsymbol{X}}_p^{\mathrm{T}}\overline{\boldsymbol{X}}_q+\overline{\boldsymbol{X}}_q^{\mathrm{T}}\overline{\boldsymbol{X}}_q)\\
=&\frac{n_p}{n_r}D_{kp}^2+\frac{n_q}{n_r}D_{kq}^2-\frac{n_p\,n_q}{n_r\,n_r}D_{pq}^2
\end{aligned}$$

显然，当 $n_p=n_q$ 时即为中间距离法的公式。

如果样本之间的距离不是欧氏距离，可根据不同情况给出不同的距离公式。

重心法的归类步骤与前三种方法基本上一样，所不同的是每合并一次类，就要重新计算新类的重心及各类与新类的距离。

5. 类平均法

重心法虽然有很好的代表性，但并未充分利用各样本的信息，因此给出类平均法。类平均法定义两类之间的距离平方为这两类元素两两之间距离平方的平均值，即

$$D_{pq}^2=\frac{1}{n_p n_q}\sum_{X_i\in G_p}\sum_{X_j\in G_q}d_{ij}^2 \tag{9-2-15}$$

设聚类到某一步将 G_p 和 G_q 合并为 G_r，则任一类 G_k 与 G_r 的距离为

$$\begin{aligned}D_{kr}^2&=\frac{1}{n_k n_r}\sum_{X_i\in G_k}\sum_{X_j\in G_r}d_{ij}^2\\&=\frac{1}{n_k n_r}\left(\sum_{X_i\in G_k}\sum_{X_j\in G_p}d_{ij}^2+\sum_{X_i\in G_k}\sum_{X_j\in G_q}d_{ij}^2\right)\\&=\frac{n_p}{n_r}D_{kp}^2+\frac{n_q}{n_r}D_{kq}^2\end{aligned}$$

类平均法的聚类步骤与上述方法完全类似，就不赘述了。

6. 可变类平均法

由于类平均法公式中没有反映 G_p 和 G_q 之间距离 D_{pq} 的影响，所以给出可变类平均法。此法定义两类之间的距离同上，只是将任一类 G_k 与新类 G_r 的距离改为如下形式：

$$D_{kr}^2=\frac{1}{n_r}[n_p(1-\beta)D_{kp}^2+n_p(1-\beta)D_{kq}^2]+\beta D_{pq}^2 \tag{9-2-16}$$

其中 β 是可变的，且 $\beta<1$。

7. 可变法

可变法定义两类之间的距离仍同上，而新类 G_r 与任一类 G_k 的距离公式为

$$D_{kr}^2=\frac{1-\beta}{2}(D_{kp}^2+D_{kq}^2)+\beta D_{pq}^2 \tag{9-2-17}$$

其中 β 是可变的，且 $\beta<1$。

显然，在可变类平均法中取 $\frac{n_p}{n_r}=\frac{n_q}{n_r}=\frac{1}{2}$，即为可变法中定义的两类之间的距离。

可变类平均法与可变法的分类效果与 β 的选择关系极大，β 如果接近 1，一般分类效果不好。在实际应用中 β 常取负值。

8. 离差平方和法

离差平方和法是 Ward 提出来的，故又称为 Ward 法。

设将 n 个样本分成 k 类，即 G_1，G_2，…，G_k，用 $\boldsymbol{X}_i^{(t)}$ 表示 G_t 中的第 i 个样本（注意：$\boldsymbol{X}_i^{(t)}$ 是 p 维向量），n_t 表示 G_t 中的样本个数，$\overline{\boldsymbol{X}}^{(t)}$ 是 G_t 的重心，则 G_t 中样本的离差平方和为

$$S_t=\sum_{i=1}^{n_t}(\boldsymbol{X}_i^{(t)}-\overline{\boldsymbol{X}}^{(t)})^{\mathrm{T}}(\boldsymbol{X}_i^{(t)}-\overline{\boldsymbol{X}}^{(t)}) \tag{9-2-18}$$

k 个类的类内离差平方和为

$$S=\sum_{t=1}^{k}S_t=\sum_{t=1}^{k}\sum_{i=1}^{n_t}(\boldsymbol{X}_i^{(t)}-\overline{\boldsymbol{X}}^{(t)})^{\mathrm{T}}(\boldsymbol{X}_i^{(t)}-\overline{\boldsymbol{X}}^{(t)}) \tag{9-2-19}$$

Ward 法的基本思想来自于方差分析，如果分类正确，同类样本的离差平方和应当较小，类与类的离差平方和应当较大。具体做法是先将 n 个样本各自成一类，然后每次缩小一类，每缩小一类离差平方和就要增大，选择使 S 增加最小的两类合并（因为如果分类正确，同类样本的离差平方和应当较小），直到所有的样本归为一类为止。

表面上看，Ward 法与前七种方法有较大的差异，但是如果将 G_p 与 G_q 的距离定义为

$$D_{pq}^2=S_r-S_p-S_q \tag{9-2-20}$$

其中 $G_r=G_p\cup G_q$，就可使 Ward 法和前七种系统聚类方法统一起来，且可以证明 Ward 法合并类 G_r 与任一类 G_k 的距离公式为

$$D_{kr}^2=\frac{n_k+n_p}{n_r+n_k}D_{kp}^2+\frac{n_k+n_q}{n_r+n_k}D_{kq}^2-\frac{n_k}{n_r+n_k}D_{pq}^2 \tag{9-2-21}$$

例 9.1 给出六个五维模式样本，如表 9-1 所示。按最小距离准则进行系统聚类分析（直到分为三类为止）。

表 9-1 五维模式样本数据

	X_1	X_2	X_3	X_4	X_5	X_6
1	0	1	3	1	3	4
2	3	3	3	1	2	1
3	1	0	0	0	1	1
4	2	1	0	2	2	1
5	0	0	1	0	1	0

【解析】（1）将每个样本单独看成一类，分成六组数据，即

$$G_1^{(0)}=\{X_1\},\ G_2^{(0)}=\{X_2\},\ G_3^{(0)}=\{X_3\}$$

$$G_4^{(0)}=\{X_4\},\ G_5^{(0)}=\{X_5\},\ G_6^{(0)}=\{X_6\}$$

计算各类之间的距离，得距离矩阵 $\boldsymbol{D}_{(0)}$。如表 9-2 所示。

表 9-2 距离矩阵 $\boldsymbol{D}_{(0)}$ 各元素

距离	$G_1^{(0)}$	$G_2^{(0)}$	$G_3^{(0)}$	$G_4^{(0)}$	$G_5^{(0)}$	$G_6^{(0)}$
$G_1^{(0)}$	0					
$G_2^{(0)}$	$\sqrt{3}$	0				
$G_3^{(0)}$	$\sqrt{15}$	$\sqrt{6}$	0			
$G_4^{(0)}$	$\sqrt{6}$	$\sqrt{5}$	$\sqrt{13}$	0		
$G_5^{(0)}$	$\sqrt{11}$	$\sqrt{8}$	$\sqrt{6}$	$\sqrt{7}$	0	
$G_6^{(0)}$	$\sqrt{21}$	$\sqrt{14}$	$\sqrt{8}$	$\sqrt{11}$	$\sqrt{4}$	0

（2）矩阵 $\boldsymbol{D}_{(0)}$ 中最小距离元素为$\sqrt{3}$，它是类 $G_1^{(0)}$ 和 $G_2^{(0)}$ 之间的距离，将它们合并为一类，得新的分类

$$G_1^{(1)}=\{G_1^{(0)},G_2^{(0)}\},\ G_2^{(1)}=\{G_3^{(0)}\},\ G_3^{(1)}=\{G_4^{(0)}\}$$

$$G_4^{(1)} = \{ G_5^{(0)} \} ,\quad G_5^{(1)} = \{ G_6^{(0)} \}$$

计算聚类后的距离矩阵 $\boldsymbol{D}_{(1)}$。因 $G_1^{(1)}$ 为 $G_1^{(0)}$ 和 $G_2^{(0)}$ 两类合并而成，按最小距离准则，可分别计算 $G_1^{(1)}$ 与 $G_2^{(1)} \sim G_5^{(1)}$ 之间的两两距离，并选用其最小者。如表 9-3 所示。

表 9-3　距离矩阵 $\boldsymbol{D}_{(1)}$ 各元素

距离	$G_1^{(1)}$	$G_2^{(1)}$	$G_3^{(1)}$	$G_4^{(1)}$	$G_5^{(1)}$
$G_1^{(1)}$	0				
$G_2^{(1)}$	$\sqrt{6}$	0			
$G_3^{(1)}$	$\sqrt{5}$	$\sqrt{13}$	0		
$G_4^{(1)}$	$\sqrt{8}$	$\sqrt{6}$	$\sqrt{7}$	0	
$G_5^{(1)}$	$\sqrt{14}$	$\sqrt{8}$	$\sqrt{11}$	$\sqrt{4}$	0

（3）矩阵 $\boldsymbol{D}_{(1)}$ 中最小距离元素为 $\sqrt{4}$，它是 $G_4^{(1)}$ 和 $G_5^{(1)}$ 之间的距离，将它们合并为一类，得到新的分类为

$$G_1^{(2)} = \{ G_1^{(1)} \} = \{ G_1^{(0)}, G_2^{(0)} \} ,\quad G_2^{(2)} = \{ G_2^{(1)} \} = \{ G_2^{(0)} \}$$
$$G_3^{(2)} = \{ G_3^{(1)} \} = \{ G_3^{(0)} \} ,\quad G_4^{(2)} = \{ G_4^{(1)}, G_5^{(1)} \} = \{ G_4^{(0)}, G_5^{(0)} \}$$

同样，按最小距离准则计算距离矩阵 $\boldsymbol{D}_{(2)}$。如表 9-4 所示。

表 9-4　距离矩阵 $\boldsymbol{D}_{(2)}$ 各元素

距离	$G_1^{(2)}$	$G_2^{(2)}$	$G_3^{(2)}$	$G_4^{(2)}$
$G_1^{(2)}$	0			
$G_2^{(2)}$	$\sqrt{6}$	0		
$G_3^{(2)}$	$\sqrt{5}$	$\sqrt{13}$	0	
$G_4^{(2)}$	$\sqrt{8}$	$\sqrt{6}$	$\sqrt{7}$	0

（4）同理，得

$$G_1^{(3)} = \{ G_1^{(2)}, G_3^{(2)} \} = \{ G_1^{(0)}, G_2^{(0)}, G_3^{(0)} \} ,\quad G_2^{(3)} = \{ G_2^{(2)} \} = \{ G_2^{(0)} \} ,\quad G_3^{(3)} = \{ G_4^{(2)} \} = \{ G_4^{(0)}, G_5^{(0)} \}$$

求得距离矩阵 $\boldsymbol{D}_{(3)}$。如表 9-5 所示。

表 9-5　距离矩阵 $\boldsymbol{D}_{(3)}$ 各元素

距离	$G_1^{(3)}$	$G_2^{(3)}$	$G_3^{(3)}$
$G_1^{(3)}$	0		
$G_2^{(3)}$	$\sqrt{6}$	0	
$G_3^{(3)}$	$\sqrt{7}$	$\sqrt{6}$	0

此时得到最终分类结果，即

$$G_1^{(3)} = \{ X_1, X_2, X_3 \} ,\quad G_2^{(3)} = \{ X_2 \} ,\quad G_3^{(3)} = \{ X_4, X_5 \}$$

例 9.2　假定对 A、B、C、D 四个样本分别测量两个变量而得到结果，如表 9-6 所示。

表 9-6　样本测量结果

样　本	变　量	
	X_1	X_2
A	5	3
B	−1	1
C	1	−2
D	−3	−2

采用重心法，试对样本 A、B、C、D 进行系统聚类分析，直至将其分为一类。

【解析】 1）将 A、B、C、D 四个样本各成一类，即

$$G_1^{(0)}=\{A\},\ G_2^{(0)}=\{B\},\ G_3^{(0)}=\{C\},\ G_4^{(0)}=\{D\}$$

用欧氏距离计算各样本之间的距离，得到初始距离阵。为了计算方便，本例题采用各样本之间距离平方来替代初等距离阵中的元素，替换后的初始距离阵为 $D_{(0)}^2$。如表 9-7 所示。

表 9-7　距离阵 $D_{(0)}^2$ 各元素

欧氏距离	$G_1^{(0)}$	$G_2^{(0)}$	$G_3^{(0)}$	$G_4^{(0)}$
$G_1^{(0)}$	0			
$G_2^{(0)}$	20	0		
$G_3^{(0)}$	41	9	0	
$G_4^{(0)}$	89	25	16	0

2）由 $D_{(0)}^2$ 可得类 $G_2^{(0)}=\{B\}$ 与类 $G_4^{(0)}=\{C\}$ 的类间距最小，所以合并成一类，得

$$G_1^{(1)}=\{B,C\},\ G_2^{(1)}=\{A\},\ G_3^{(1)}=\{D\}$$

$G_1^{(1)}$，$G_2^{(1)}$，$G_3^{(1)}$ 各类重心如表 9-8 所示。

表 9-8　各类重心

欧氏距离	$G_1^{(1)}$	$G_2^{(1)}$	$G_3^{(1)}$
重心	(1,-0.5)	(5,3)	(-3,-2)

用重心法定义各类间的距离，并计算各类间距，得到距离阵 $D_{(1)}^2$。如表 9-9 所示。

表 9-9　距离阵 $D_{(1)}^2$ 各元素

欧氏距离	$G_1^{(1)}$	$G_2^{(1)}$	$G_3^{(1)}$
$G_1^{(1)}$	0		
$G_2^{(1)}$	28.25	0	
$G_3^{(1)}$	18.25	89	0

由 $D_{(1)}^2$ 可得，类 $G_1^{(1)}=\{B,C\}$ 和类 $G_3^{(1)}=\{D\}$ 的类间距最小，所以合并成一类，得到

$$G_1^{(2)}=\{B,C,D\},\ G_2^{(2)}=\{A\}$$

3）最后将 A、B、C、D 合并为一类 $G=\{A,B,C,D\}$，聚类分析结束。

9.3　判别分析原理

1. 判别分析

判别分析是统计学中一种非常重要的统计方法，是一种在已知研究对象用某种方法已经确定分成若干类的情况下，基于各类特征构建一个分类函数或构造出一个分类模型（即通常所说的分类器）。该函数或模型能够把各类中的样本映射到给定的类别中，从而可以应用于数据预测。

判别分析：是根据已知 K 个类别中取出的 K 组样本的观测值，建立类与样本变量之间的定量关系（即判别函数），并据此判别未知类属样本类别的一种多元统计方法。

为叙述方便，将已知明确类别的样本称为训练样本，样本所属的类也称为总体。

判别分析方法处理问题时，通常要给出用来衡量新样本与各已知类别的接近程度的指标，即判别函数，同时也指定一种判别准则，借以判定新样本的归属。

判别准则：指对样本的判别函数值进行分类的法则，用于衡量新样本与各已知类别接近程度的理论依据和方法。常用的有：距离准则、费希尔准则、贝叶斯准则等。判别准则可以是统计性的，如决定新样本所属类别时用到数理统计的显著性检验；也可以是确定性的，如决定样本归属时，只考虑判别函数值的大小。

判别函数：基于一定的判别准则用于衡量新样本与各已知类别接近程度的函数或描述指标。每一个样本在指标变量上的观察值代入判别函数后可以得到一个确定的函数值。构建判别函数的原则是将已知类别的所有样本按其判别函数值的大小和事先规定的判别原则分到不同的类后，使其分类与原样本归属吻合度最高。

2. 判别分析基本思想

判别分析的基本思想是根据一批有分类标签的样本在若干指标上的观察值及其各类样本信息的特征，建立一个关于指标的判别函数和判别准则，然后根据一个判别函数和判别准则对新样本进行分类的过程。回代样本后比较新分类结果与原样本标签类别进行差异分析，并确定判别函数的效能，根据回代判别的准确率评估它的真实性。

3. 判别分析方法

判别问题又称识别或者归类问题。判别分析的方法有很多，常用的有：适用于定性指标或计数资料的极大似然法、训练迭代法等；适用于定量指标或计量资料的费希尔两类判别、贝叶斯多类判别以及逐步判别等。半定量指标介于两者之间，可根据不同情况分别采用以上方法。本节将介绍费希尔两类判别、贝叶斯多类判别以及逐步判别法。

4. 聚类分析与判别分析的区别与联系

聚类分析和判别分析都是研究分类问题，分类准则都是在规定“距离”或“相似度”定义后，构建一个判断“距离”或“相似度”的准则，让同一类别的样本“距离”尽可能小或“相似度”尽可能大，而不同类别的样本“距离”尽可能大或“相似度”尽可能小。

聚类分析和判别分析有本质的区别：

1）聚类分析可以对样本或指标进行分类；判别分析只对样本分类。

2）聚类分析事先不知道样本的类别，也不知道应分几类；判别分析必须事先知道样本的类别，也知道分几类。

3）聚类分析不需要分类的历史信息，能直接对样本进行分类；判别分析需要历史信息构建分类函数，然后才能对新样本进行分类。

9.4 判别分析

9.4.1 费希尔判别法

费希尔判别法是一种投影方法，把高维空间的点向低维空间投影。在原来的坐标系下，很难把样本分开成类，而投影后各类差异明显。一般来说，可以先投影到一维空间（直线）上，如果效果不理想，再投影到另一条直线上（从而构成二维空间），以此类推。每个投影可以建立一个判别函数。

本节以费希尔两类判别为例介绍费希尔判别法。

简单来说，两类判别就是确定样本 X 是属于 A 类还是属于 B 类的统计分析方法。判别函数一般是线性判别函数。

1. 训练样本的观测值

从两类 A、B 中，取 $n=n_1+n_2$ 个训练样本，其中 n_1 个样本来自于 A 类，n_2 个样本来自于 B 类。每个样本有 p 个性状，依次用 X_1，X_2，…，X_p 表示。观测值如表 9-10 和表 9-11 所示。

表 9-10 *A* 类训练样本

编　号	X_1	X_2	…	X_p
1	$X_{11}^{(1)}$	$X_{21}^{(1)}$	…	$X_{p1}^{(1)}$
2	$X_{12}^{(1)}$	$X_{22}^{(1)}$	…	$X_{p2}^{(1)}$
⋮	⋮	⋮	⋮	⋮
n_1	$X_{1n_1}^{(1)}$	$X_{2n_1}^{(1)}$	…	$X_{pn_1}^{(1)}$
均值	$\bar{X}_1^{(1)}$	$\bar{X}_2^{(1)}$	…	$\bar{X}_p^{(1)}$

表 9-11 *B* 类训练样本

编　号	X_1	X_2	…	X_p
1	$X_{11}^{(2)}$	$X_{21}^{(2)}$	…	$X_{p1}^{(2)}$
2	$X_{12}^{(2)}$	$X_{22}^{(2)}$	…	$X_{p2}^{(2)}$
⋮	⋮	⋮	⋮	⋮
n_2	$X_{1n_2}^{(2)}$	$X_{2n_2}^{(2)}$	…	$X_{pn_2}^{(2)}$
均值	$\bar{X}_1^{(2)}$	$\bar{X}_2^{(2)}$	…	$\bar{X}_p^{(2)}$

其中 $\overline{X}_i^{(1)}=\frac{1}{n_1}\sum_{k=1}^{n_1}X_{ik}^{(1)}, \overline{X}_i^{(2)}=\frac{1}{n_2}\sum_{k=1}^{n_2}X_{ik}^{(2)}$。得训练样本观测值矩阵

$$\boldsymbol{A}=\begin{pmatrix} X_{11}^{(1)} & X_{21}^{(1)} & \cdots & X_{p1}^{(1)} \\ X_{12}^{(1)} & X_{22}^{(1)} & \cdots & X_{p2}^{(1)} \\ \vdots & \vdots & & \vdots \\ X_{1n_1}^{(1)} & X_{2n_1}^{(1)} & \cdots & X_{pn_1}^{(1)} \end{pmatrix}^{\mathrm{T}},\quad \boldsymbol{B}=\begin{pmatrix} X_{11}^{(2)} & X_{21}^{(2)} & \cdots & X_{p1}^{(2)} \\ X_{12}^{(2)} & X_{22}^{(2)} & \cdots & X_{p2}^{(2)} \\ \vdots & \vdots & & \vdots \\ X_{1n_2}^{(2)} & X_{2n_2}^{(2)} & \cdots & X_{pn_2}^{(2)} \end{pmatrix}^{\mathrm{T}}$$

令 $Y_{ik}^{(g)}=X_{ik}^{(g)}-\overline{X}_i^{(g)}(g=1,2)$，得标准化训练样本观测值矩阵

$$\boldsymbol{A}_0=\begin{pmatrix} Y_{11}^{(1)} & Y_{21}^{(1)} & \cdots & Y_{p1}^{(1)} \\ Y_{12}^{(1)} & Y_{22}^{(1)} & \cdots & Y_{p2}^{(1)} \\ \vdots & \vdots & & \vdots \\ Y_{1n_1}^{(1)} & Y_{2n_1}^{(1)} & \cdots & Y_{pn_1}^{(1)} \end{pmatrix}^{\mathrm{T}},\quad \boldsymbol{B}_0=\begin{pmatrix} Y_{11}^{(2)} & Y_{21}^{(2)} & \cdots & Y_{p1}^{(2)} \\ Y_{12}^{(2)} & Y_{22}^{(2)} & \cdots & Y_{p2}^{(2)} \\ \vdots & \vdots & & \vdots \\ Y_{1n_2}^{(2)} & Y_{2n_2}^{(2)} & \cdots & Y_{pn_2}^{(2)} \end{pmatrix}^{\mathrm{T}}$$

2. 建立判别函数

（1）类内离差阵

设

$$\boldsymbol{S}^{(1)}=\boldsymbol{A}_0^{\mathrm{T}}\boldsymbol{A}_0=(S_{ij}^{(1)})_{p\times p},\quad \boldsymbol{S}^{(2)}=\boldsymbol{B}_0^{\mathrm{T}}\boldsymbol{B}_0=(S_{ij}^{(2)})_{p\times p} \tag{9-4-1}$$

其中

$$S_{ij}^{(1)}=\sum_{k=1}^{n_1}Y_{ik}^{(1)}Y_{jk}^{(1)},\quad S_{ij}^{(2)}=\sum_{k=1}^{n_1}Y_{ik}^{(2)}Y_{jk}^{(2)}$$

定义类内离差阵为

$$\boldsymbol{W}=\boldsymbol{S}^{(1)}+\boldsymbol{S}^{(2)}=(w_{ij})_{p\times p} \tag{9-4-2}$$

其中

$$w_{ij}=\sum_{k=1}^{n_1}(X_{ik}^{(1)}-\overline{X}_i^{(1)})(X_{jk}^{(1)}-\overline{X}_j^{(1)})+\sum_{k=1}^{n_2}(X_{ik}^{(2)}-\overline{X}_i^{(2)})(X_{jk}^{(2)}-\overline{X}_j^{(2)})\quad(i,j=1,2,\cdots,p)$$

（2）构建判别函数

构建函数 $u=f(X_1,X_2,\cdots,X_p)$，作为 p 个性状综合性指标的函数，用来判别样本归属类别。

设

$$u=\lambda_1X_1+\lambda_2X_2+\cdots+\lambda_pX_p \tag{9-4-3}$$

称式（9-4-3）为线性判别函数，称 λ_1，λ_2，⋯，λ_p 为判别系数。

将第 g 类中第 k 个训练样本代入线性判别函数中，并记为 $u_k^{(g)}$，即

$$u_k^{(g)}=\lambda_1X_{1k}^{(g)}+\lambda_2X_{2k}^{(g)}+\cdots+\lambda_pX_{pk}^{(g)}(g=1,2;k=1,2,\cdots,n_g) \tag{9-4-4}$$

定义类内离差平方和为

$$\omega(u)=\sum_{g=1}^{2}\sum_{k=1}^{n_g}(u_k^{(g)}-\overline{u}_g)^2 \tag{9-4-5}$$

类间离差平方和为

$$\beta(u)=n_1(\overline{u}_1-\overline{u})^2+n_2(\overline{u}_2-\overline{u})^2 \tag{9-4-6}$$

式中，$\bar{u}_g=\frac{1}{n_g}\sum_{k=1}^{n_g}u_k^{(g)}$，$\bar{u}=\frac{1}{n_1+n_2}\sum_{g=1}^{2}\sum_{k=1}^{n_g}u_k^{(g)}$。

费希尔准则是使 $\omega(u)$ 达到最小及 $\beta(u)$ 达到最大。$\omega(u)$ 达到最小，表明判别函数点的分布最集中；$\beta(u)$ 达到最大，表明两组判别函数点的中心距最大。满足以上条件的判别函数可最大限度地把 A 和 B 两类区分开。

引入变量 $I=\frac{\omega(u)}{\beta(u)}$，满足 $\omega(u)$ 达到最小及 $\beta(u)$ 达到最大，即选取 λ_1，λ_2，…，λ_p，使得变量 $I=\frac{\omega(u)}{\beta(u)}$ 达到最小。下面讨论如何选取判别系数 λ_1，λ_2，…，λ_p。

为求 λ_1，λ_2，…，λ_p 的值，使得 $I=\frac{\omega(u)}{\beta(u)}$ 达到最小，令

$$\frac{\partial I}{\partial \lambda_i}=0(i=1,2,\cdots,p) \tag{9-4-7}$$

由于 $\frac{\partial I}{\partial \lambda_i}=0\Leftrightarrow\frac{\partial(\ln I)}{\partial \lambda_i}=0$，则

$$\frac{\partial(\ln I)}{\partial \lambda_i}=\frac{\partial(\ln\omega(u))}{\partial \lambda_i}-\frac{\partial(\ln\beta(u))}{\partial \lambda_i}=0 \tag{9-4-8}$$

可以证明，由式（9-4-8）得出的 λ_1，λ_2，…，λ_p 满足线性方程组

$$\begin{cases} w_{11}\lambda_1+w_{12}\lambda_2+\cdots+w_{1p}\lambda_p=cd_1 \\ w_{21}\lambda_1+w_{22}\lambda_2+\cdots+w_{2p}\lambda_p=cd_2 \\ \qquad\vdots \\ w_{p1}\lambda_1+w_{p2}\lambda_2+\cdots+w_{pp}\lambda_p=cd_p \end{cases} \tag{9-4-9}$$

这里 $d_i=\bar{X}_i^{(1)}-\bar{X}_i^{(2)}(i=1,2,\cdots,p)$，方程组的系数矩阵为类内离差阵 $\boldsymbol{W}$。

由于式（9-4-9）中的 c 值对所求的 λ_1，λ_2，…，λ_p 仅起同时放大或同时缩小的作用，所以不妨设为 $c=1$。

3. *u* 值的判别界值

分别将 $\bar{X}_1^{(1)}$，$\bar{X}_2^{(1)}$，…，$\bar{X}_p^{(1)}$ 和 $\bar{X}_1^{(2)}$，$\bar{X}_2^{(2)}$，…，$\bar{X}_p^{(2)}$ 两组值代入判别函数

$$u=\lambda_1X_1+\lambda_2X_2+\cdots+\lambda_pX_p$$

得到相应 $\bar{u}_1$ 和 $\bar{u}_2$ 的值，则取两类的判别界值为

$$u^*=\frac{1}{2}\sum_{g=1}^{2}\bar{u}_g \tag{9-4-10}$$

当两类的样本容量相差较多时应加权，其表达式为

$$u^*=\frac{n_1\bar{u}_1+n_2\bar{u}_2}{n_1+n_2} \tag{9-4-11}$$

根据判别界值 u^* 判别归类有以下两种情况。

第一种情况：当 $\bar{u}_1<\bar{u}_2$ 时，$u\leqslant u^*$ 判断样本为 A 类，$u>u^*$ 判断样本为 B 类；

第二种情况：当 $\bar{u}_1>\bar{u}_2$ 时，$u\geqslant u^*$ 判断样本为 A 类，$u<u^*$ 判断样本为 B 类。

4. 对判别函数检验

令

$$D=\lambda_1 d_1+\lambda_2 d_2+\cdots+\lambda_p d_p \tag{9-4-12}$$

$$F=\frac{n_1 n_2}{n_1+n_2}\times\frac{n_1+n_2-p-1}{p}D \tag{9-4-13}$$

可以证明，当两类对应各特征指标间无显著差异时，$F\sim F(p,n_1+n_2-p-1)$，于是可根据由训练样本的数据计算出来的 F 值来判断这 p 个性状能否作为两类间判别的依据。

例 9.3　已知医院 A 类 11 所，B 类 9 所。设 X_1 为床位使用率，X_2 为治愈率，X_3 为诊断指数。判别指标样本观测值如表 9-12 和表 9-13 所示。试对两类医院进行判别分析，并说明基于三个特征指标两类医院之间差异是否显著，给出判别函数的误判率。

表 9-12　A 类医院训练样本观测值

编　　号	X_1	X_2	X_3
1	98.82	85.49	93.18
2	85.37	79.10	99.65
3	86.64	80.64	96.94
4	73.08	86.82	98.70
5	78.73	80.44	97.61
6	103.44	80.40	93.75
7	91.99	80.77	93.93
8	87.50	82.50	94.10
9	81.82	88.45	97.90
10	73.16	82.94	92.12
11	86.19	83.55	93.30
均值	86.06727	82.82727	95.56182

表 9-13　B 类医院训练样本观测值

编　　号	X_1	X_2	X_3
1	72.48	78.12	82.38
2	58.81	86.20	73.46
3	72.48	84.87	74.09
4	90.56	82.07	77.15
5	73.73	66.63	93.98
6	72.79	87.59	77.15
7	74.27	93.91	85.54
8	93.62	85.89	79.80
9	78.69	77.01	86.79
均值	76.38111	82.47667	81.14889

【**解析**】 由式（9-4-1）可得

$$S^{(1)}=\begin{pmatrix}909.5462 & -79.1048 & -97.2398\\ & 89.7890 & 2.4036\\ & & 68.8404\end{pmatrix}$$

$$S^{(2)}=\begin{pmatrix}867.1137 & -17.7982 & 61.9823\\ & 488.2566 & -258.2757\\ & & 360.0057\end{pmatrix}$$

则类内离差阵为

$$W=S^{(1)}+S^{(2)}=(w_{ij})_{3\times3}$$

$$=\begin{pmatrix}909.5462 & -79.1048 & -97.2398\\ & 89.7890 & 2.4036\\ & & 68.8404\end{pmatrix}+\begin{pmatrix}867.1137 & -17.7982 & 61.9823\\ & 488.2566 & -258.2757\\ & & 360.0057\end{pmatrix}$$

$$=\begin{pmatrix}1776.66 & -96.9029 & -35.2575\\ & 578.0456 & -255.8721\\ & & 428.8461\end{pmatrix}$$

$$d_1=\overline{X}_1^{(1)}-\overline{X}_1^{(2)}=86.0673-76.3811=9.6862$$

$$d_2=\overline{X}_2^{(1)}-\overline{X}_2^{(2)}=82.8273-82.4767=0.3506$$

$$d_3=\overline{X}_3^{(1)}-\overline{X}_3^{(2)}=95.5618-81.1489=14.4129$$

其中 $c=1$。解下列方程组

$$\begin{cases}1776.66\lambda_1-96.9029\lambda_2-35.2575\lambda_3=9.6862\\ -96.9029\lambda_1+578.0456\lambda_2-255.8721\lambda_3=0.3506\\ -35.2575\lambda_1-255.8721\lambda_2+428.8461\lambda_3=14.4129\end{cases}$$

得 $\lambda_1=0.00767$，$\lambda_2=0.02332$，$\lambda_3=0.04813$，判别函数为

$$u=0.00767X_1+0.02332X_2+0.04813X_3$$

计算 $u_i^{(1)}$，$u_i^{(2)}$ 的值如表 9-14 所示。

表 9-14　$u_i^{(1)}$，$u_i^{(2)}$ 的值

A 类	$u_i^{(1)}$	分类	B 类	$u_i^{(2)}$	分类
1	7.2359	1	1	6.3422	2
2	7.2952	1	2	5.9965	2
3	7.2104	1	3	6.1006	2
4	7.3351	1	4	6.3213	2
5	7.1772	1	5	6.6422	2
6	7.1800	1	6	6.314	2
7	7.10957	1	7	6.8762	1
8	7.1236	1	8	6.5614	2
9	7.40170	1	9	6.5762	2

（续）

A 类	$u_i^{(1)}$	分类	B 类	$u_i^{(2)}$	分类
10	6.9286	1	均值 $\bar{u}_2$	6.4145	
11	7.0996	1	$u^*=\frac{\bar{u}_1+\bar{u}_2}{2}$	6.8026	
均值 $\bar{u}_1$	7.1906		$u^*=\frac{n_1\bar{u}_1+n_2\bar{u}_2}{n_1+n_2}$	6.8414	

由此得

$$D=\lambda_1 d_1+\lambda_2 d_2+\lambda_3 d_3=0.77616$$

$$F=\frac{n_1 n_2}{n_1+n_2}\times\frac{n_1+n_2-p-1}{p}D=20.490624$$

因为 $F=20.490624>F_{0.01}(3,16)=5.29$，所以判别函数的判别效果高度显著，上述三个性状可以作为分类的依据。判别结果如表 9-15 所示。

表 9-15　判别结果

原　分　类	判别函数的判别归类	
	A	B
A	10	0
B	1	9

A 正确率=100%；B 正确率=90%；总正确率（符合率）=95%；A 误判率=0%；B 误判率=10%；总误判率=5%。

9.4.2　贝叶斯多类判别法

本节将介绍贝叶斯判别方法，适用于多类判别的情况。

1. 贝叶斯判别的基本思想

（1）训练样本的观测值　已知训练样本容量为 n，来自于 K 个（$K\geqslant 2$）类总体，并从第 g 类中抽得 $n_g(g=1,2,\cdots,K)$ 个训练样本，$n=n_1+n_2+\cdots+n_K$，p 个性状依次用 X_1，X_2，…，X_p 表示。观测值如表 9-16 所示。

表 9-16　g 类训练样本观测值

编　号	X_1	X_2	…	X_p
1	$X_{11}^{(g)}$	$X_{21}^{(g)}$	…	$X_{p1}^{(g)}$
2	$X_{12}^{(g)}$	$X_{22}^{(g)}$	…	$X_{p2}^{(g)}$
⋮	⋮	⋮	⋮	⋮
n_g	$X_{1n_g}^{(g)}$	$X_{2n_g}^{(g)}$	…	$X_{pn_g}^{(g)}$
均值	$\bar{X}_1^{(g)}$	$\bar{X}_2^{(g)}$	…	$\bar{X}_p^{(g)}$

其中 $\overline{X}_i^{(g)}=\frac{1}{n_g}\sum_{h=1}^{n_g}X_{ih}^{(g)}$。得训练样本观测值矩阵

$$\boldsymbol{A}^{(g)}=\begin{pmatrix}X_{11}^{(g)} & X_{21}^{(g)} & \cdots & X_{p1}^{(g)}\\ X_{12}^{(g)} & X_{22}^{(g)} & \cdots & X_{p2}^{(g)}\\ \vdots & \vdots & & \vdots\\ X_{1n_g}^{(g)} & X_{2n_g}^{(g)} & \cdots & X_{pn_g}^{(g)}\end{pmatrix}^{\mathrm{T}}=(X_1^{(g)},X_2^{(g)},\cdots,X_{n_g}^{(g)})^{\mathrm{T}}$$

其中 $\boldsymbol{X}_h^{(g)}=(X_{1h}^{(g)},X_{2h}^{(g)},\cdots,X_{ph}^{(g)})^{\mathrm{T}}(g=1,2,\cdots,K;h=1,2,\cdots,n_g)$。

从训练样本分析，依据这 p 个分类指标进行分类，判断各类之间的差异是否显著；如果差异是显著的，则求出判别函数，以便利用判别函数对其新样本进行判别分类。

（2）贝叶斯判别的基本思想　设 G_1，G_2，…，G_K 为 p 维的 K 个类总体，密度函数为 $f_g(X)(g=1,2,\cdots,K)$，各类总体的先验概率为 $p_g=P(G_g)$，且 $\sum_{g=1}^{K}p_g=1$，判断样本 $\boldsymbol{X}=(X_1,X_2,\cdots,X_p)^{\mathrm{T}}$ 所属类别。

由全概率公式可得待判断样本 $\boldsymbol{X}=(X_1,X_2,\cdots,X_p)^{\mathrm{T}}$ 的先验概率为

$$P(X)=\sum_{g=1}^{K}P(G_g)P(X\mid G_g)$$

则样本 $\boldsymbol{X}=(X_1,X_2,\cdots,X_p)^{\mathrm{T}}$ 所属类 G_g（第 g 类）的后验概率为

$$P(G_g\mid X)=\frac{P(G_g)P(X\mid G_g)}{\sum_{g=1}^{K}P(G_g)P(X\mid G_g)}$$

即

$$P(G_g\mid X)=\frac{p_g f_g(X)}{\sum_{g=1}^{K}p_g f_g(X)} \tag{9-4-14}$$

$$P(G_{g^*}\mid X)=\max_g P(G_g\mid X)=\max_g p_g f_g(X) \tag{9-4-15}$$

由贝叶斯最大后验概率准则可以判断样本 X 归属于第 g^* 类，即 $X\in G_{g^*}$。

2. 两正态总体贝叶斯判别法分析

（1）分类判别准则　设两类总体 G_1，G_2 服从于 p 维正态分布，即 $G_g\sim N(\boldsymbol{\mu}_g,\boldsymbol{\Sigma}_g)(g=1,2)$，概率密度为

$$f_g(\boldsymbol{X})=\frac{1}{(2\pi)^{p/2}\mid\boldsymbol{\Sigma}_g\mid^{1/2}}\exp\left\{-\frac{1}{2}(\boldsymbol{X}-\boldsymbol{\mu}_g)^{\mathrm{T}}\boldsymbol{\Sigma}_g^{-1}(\boldsymbol{X}-\boldsymbol{\mu}_g)\right\}(g=1,2)$$

即

$$\begin{aligned}p_g f_g(\boldsymbol{X})&=\exp\{\ln[p_g f_g(X)]\}\\&=\exp\{\ln p_g+\ln f_g(X)\}\\&=\frac{\exp\left\{\left(-\frac{1}{2}\right)[-2\ln p_g+\ln\mid\boldsymbol{\Sigma}_g\mid+(\boldsymbol{X}-\boldsymbol{\mu}_g)^{\mathrm{T}}\boldsymbol{\Sigma}_g^{-1}(\boldsymbol{X}-\boldsymbol{\mu}_g)]\right\}}{(2\pi)^{p/2}}\end{aligned}$$

引入广义平方距离定义为

$$d_g^2(\boldsymbol{X})=-2\ln p_g+\ln|\boldsymbol{\Sigma}_g|+(\boldsymbol{X}-\boldsymbol{\mu}_g)^{\mathrm{T}}\boldsymbol{\Sigma}_g^{-1}(\boldsymbol{X}-\boldsymbol{\mu}_g) \tag{9-4-16}$$

即

$$d_g^2(\boldsymbol{X})=-2\ln p_g+\ln|\boldsymbol{\Sigma}_g|+\boldsymbol{X}^{\mathrm{T}}\boldsymbol{\Sigma}_g^{-1}\boldsymbol{X}+\boldsymbol{\mu}_g^{\mathrm{T}}\boldsymbol{\Sigma}_g^{-1}\boldsymbol{\mu}_g-2\boldsymbol{X}^{\mathrm{T}}\boldsymbol{\Sigma}_g^{-1}\boldsymbol{\mu}_g$$

则

$$\max_g\{p_g f_g(X)\}=\min_g\{d_g^2\} \tag{9-4-17}$$

1）协方差不相等情形。贝叶斯最大后验概率分类判别准则等价于

$$\begin{cases}d_1^2(\boldsymbol{X})\leqslant d_2^2(\boldsymbol{X})\Rightarrow \boldsymbol{X}\in G_1\\ d_1^2(\boldsymbol{X})>d_2^2(\boldsymbol{X})\Rightarrow \boldsymbol{X}\in G_2\end{cases}$$

2）协方差相等情形。令

$$w_g(\boldsymbol{X})=\ln p_g+\boldsymbol{\mu}_g^{\mathrm{T}}\boldsymbol{\Sigma}_g^{-1}\boldsymbol{X}-\frac{1}{2}\boldsymbol{\mu}_g^{\mathrm{T}}\boldsymbol{\Sigma}_g^{-1}\boldsymbol{\mu}_g \tag{9-4-18}$$

贝叶斯最大后验概率分类判别准则等价于

$$\begin{cases}w_1(\boldsymbol{X})\geqslant w_2(\boldsymbol{X})\Rightarrow \boldsymbol{X}\in G_1\\ w_1(\boldsymbol{X})<w_2(\boldsymbol{X})\Rightarrow \boldsymbol{X}\in G_2\end{cases}$$

（2）误判率　设样本 $X_1^{(g)},X_2^{(g)},\cdots,X_{n_g}^{(g)}(g=1,2)$ 来自于类总体 G_g 的训练样本，n_{10}，n_{20} 分别为类总体 G_1，G_2 中训练样本类别的误判个数。则回代误判率为

$$p\approx\hat{p}=\frac{n_{10}+n_{20}}{n_1+n_2} \tag{9-4-19}$$

（3）类总体先验概率、均值及协方差估计　若样本 $X_1^{(g)},X_2^{(g)},\cdots,X_{n_g}^{(g)}(g=1,2)$ 分别来自于总体类 G_1，G_2 的训练样本，则：总体先验概率估计为

$$p_g\approx\hat{p}_g=\frac{n_g}{n_1+n_2} \tag{9-4-20}$$

总体均值估计为

$$\boldsymbol{\mu}_g\approx\hat{\boldsymbol{\mu}}_g=\overline{X}^{(g)}=\frac{1}{n_g}\sum_{i=1}^{n_g}X_i^{(g)} \tag{9-4-21}$$

总体协方差估计为

$$\Sigma_g\approx\hat{\Sigma}_g=S_g=\frac{1}{n_g-1}\sum_{i=1}^{n_g}(X_i^{(g)}-\overline{X}^{(g)})^{\mathrm{T}}(X_i^{(g)}-\overline{X}^{(g)}) \tag{9-4-22}$$

这里 $g=1$，2。

当两总体的协方差相等时，总体协方差估计为

$$\Sigma\approx\hat{\Sigma}=S=\frac{(n_1-1)S_1+(n_2-1)S_2}{n_1+n_2-2} \tag{9-4-23}$$

对待判断类别的新样本 X，若总体参数未知，可用总体参数估计替代总体参数，计算广义平方距离。

3. 多正态总体贝叶斯判别分析

（1）Σ_1，Σ_2，…，Σ_K 不完全相等的情况　与两正态总体贝叶斯判别法相类似，我们可以推出多正态总体贝叶斯判别法。

设类总体 $G_g(g=1,2,\cdots,K)$ 服从于正态分布，$X_1^{(g)}$，$X_2^{(g)}$，…，$X_{n_g}^{(g)}$ 来自于正态总体 $G_g(g=1,2,\cdots,K)$ 的训练样本，则：
总体先验概率估计为

$$p_g \approx \hat{p}_g = \frac{n_g}{n_1+n_2+\cdots+n_K}$$

总体均值估计为

$$\mu_g \approx \hat{\mu}_g = \overline{X}^{(g)} = \frac{1}{n_g}\sum_{i=1}^{n_g} X_i^{(g)}$$

总体协方差估计为

$$\Sigma_g \approx \hat{\Sigma}_g = S_g = \frac{1}{n_g-1}\sum_{i=1}^{n_g}(X_i^{(g)}-\overline{X}^{(g)})^T(X_i^{(g)}-\overline{X}^{(g)})$$

对待判断类别的新样本 X，用总体参数估计替代总体参数，计算广义平方距离，即

$$d_g^2(X) = -2\ln\hat{p}_g + \ln|\hat{\Sigma}_g| + (X-\hat{\mu}_g)^{\mathrm{T}}\hat{\Sigma}_g^{-1}(X-\hat{\mu}_g)$$

若

$$d_{g^*}^2(X) = \min_g[d_g^2(X)]$$

由贝叶斯最大后验概率准则可以判断样本 X 归属于第 g^* 类，即 $X \in G_{g^*}$。

(2) $\Sigma_1=\Sigma_2=\cdots=\Sigma_K=\Sigma$ 的情况　类总体 $G_g(g=1,2,\cdots,K)$ 各参数估计为
总体先验概率估计

$$p_g \approx \hat{p}_g = \frac{n_g}{n_1+n_2+\cdots+n_K}$$

总体均值估计

$$\mu_g \approx \hat{\mu}_g = \overline{X}^{(g)} = \frac{1}{n_g}\sum_{i=1}^{n_g} X_i^{(g)}$$

总体协方差估计

$$\Sigma \approx \hat{\Sigma} = S = \frac{(n_1-1)S_1+(n_2-1)S_2+\cdots+(n_K-1)S_K}{n_1+n_2+\cdots+n_K-K}$$

对于函数 $w_g(X)=\ln p_g+\mu_g^{\mathrm{T}}\Sigma_g^{-1}X-\frac{1}{2}\mu_g^{\mathrm{T}}\Sigma_g^{-1}\mu_g$，总体各参数分别用总体参数估计替代，并定义该函数

$$y^{(g)}(X) = \ln\frac{n_g}{n} + c_0^{(g)} + (\boldsymbol{C}^{(g)})^{\mathrm{T}}\boldsymbol{X} \tag{9-4-24}$$

为分类判别函数。其中 $n=\sum_{i=1}^{n_g} n_g$，$\boldsymbol{C}^{(g)}=(c_1^{(g)},c_2^{(g)},\cdots,c_p^{(g)})^{\mathrm{T}}=(\overline{\boldsymbol{X}}^{(g)})^{\mathrm{T}}\boldsymbol{S}^{-1}$，$c_0^{(g)}=-\frac{1}{2}(\overline{\boldsymbol{X}}^{(g)})^{\mathrm{T}}\boldsymbol{S}^{-1}(\overline{\boldsymbol{X}}^{(g)})$。

若

$$y^{(g^*)}(X) = \max[y^{(g)}(X)]$$

由贝叶斯最大后验概率准则可判断样本 X 归属于第 g^* 类，即 $X \in G_{g^*}$。

4. 各类之间的差异显著性检验

（1）两类之间差异显著性检验　检验第 g 类与第 h 类间的差异，设

$$D_{gh}=\sum_{i=1}^{p}(c_i^{(g)}-c_i^{(h)})(\overline{X}_i^{(g)}-\overline{X}_i^{(h)}) \tag{9-4-25}$$

提出假设 H_0：两类均值相等。则

$$F=\frac{n-p-K+1}{p}\times\frac{n_g n_h}{n_g+n_h}\times\frac{1}{n-K}D_{gh}\sim F(p,n-p-K+1) \tag{9-4-26}$$

对两类之间差异显著性进行 F 检验。这里 $n=n_g+n_k$，$K=2$。

（2）多类之间差异显著性检验　定义类间离差矩阵为 $\boldsymbol{B}=(b_{ij})_{p\times p}$，其中

$$b_{ij}=\sum_{g=1}^{K}n_g(\overline{X}_i^{(g)}-\overline{X}_i)(\overline{X}_j^{(g)}-\overline{X}_j)(i,j=1,2,\cdots,p)$$

定义类内离差矩阵为 $\boldsymbol{W}=(w_{ij})_{p\times p}$，其中

$$w_{ij}=\sum_{g=1}^{K}\sum_{h=1}^{n_g}(X_{ih}^{(g)}-\overline{X}_i^{(g)})(X_{jh}^{(g)}-\overline{X}_j^{(g)})$$

类内离差矩阵与类间离差矩阵之和定义为总离差阵，即

$$\boldsymbol{T}=\boldsymbol{W}+\boldsymbol{B} \tag{9-4-27}$$

设

$$\Lambda=\frac{|\boldsymbol{W}|}{|\boldsymbol{T}|} \tag{9-4-28}$$

其中 $|\boldsymbol{W}|$ 为类内离差矩阵 $\boldsymbol{W}$ 的行列式，$|\boldsymbol{T}|$ 为总离差矩阵 $\boldsymbol{T}$ 的行列式。显然 Λ 值越小越有利于 K 类的区分，因此 Λ 值可以作为“判断能力”的度量，利用统计量 Λ 进行统计检验。数较大时，$-\left(n-\frac{1}{2}(p+K)-1\right)\ln\Lambda$ 的近似分布是服从于大样本的 $\chi^2[p(K-1)]$。

对多类之间差异显著性进行 χ^2 检验，特别是当 $p=1$ 时，有

$$F=\frac{(1-\Lambda)/(K-1)}{\Lambda/(n-K)}\sim F(K-1,n-K) \tag{9-4-29}$$

例如，有三个总体，样本有 2 个变量，其观测值如表 9-17 所示。

表 9-17　训练样本观测值

总体样本（X_1,X_2）	a_1	a_2	a_3
1	1.0，2.5	1.1，4.0	1.1，5.0
2	1.1，2.6	1.0，4.2	1.0，5.2
3	1.3，2.4	1.3，4.1	1.4，5.1
4	1.2，2.3	1.2，4.3	1.2，5.3
5	1.1，2.7	1.0，4.2	1.3，5.2

可得

$$\boldsymbol{W}=\begin{pmatrix}0.2200 & -0.0460\\ -0.0460 & 0.2040\end{pmatrix},\ \boldsymbol{T}=\begin{pmatrix}0.2373 & 0.2980\\ 0.2980 & 18.2560\end{pmatrix}$$

$$\Lambda=\frac{|\boldsymbol{W}|}{|\boldsymbol{T}|}=0.010$$

再如，有三个总体，样本有 2 个变量，样本观测值如表 9-18 所示。

表 9-18 训练样本观测值

总体样本 (X_1,X_2)	a_1	a_2	a_3
1	1.0，2.5	1.1，2.1	1.1，2.1
2	1.1，2.6	1.0，2.3	1.0，2.3
3	1.3，2.4	1.3，2.7	1.4，2.1
4	1.2，2.3	1.2，2.5	1.2，2.7
5	1.1，2.7	1.0，2.4	1.3，2.6

可得 $\boldsymbol{W}=\begin{pmatrix}0.2200 & 0.0700\\ -0.0700 & 0.6120\end{pmatrix}$，$\boldsymbol{T}=\begin{pmatrix}0.2373 & 0.0353\\ -0.0353 & 0.6299\end{pmatrix}$，则 $\Lambda=\frac{|\boldsymbol{W}|}{|\boldsymbol{T}|}=0.8752$。

上述结果说明 Λ 值越大，变量的区分能力越弱，即总体之间的差异越小。也就是说，表 9-17 中的三个总体间的差异大于表 9-18 中的三个总体间的差异。

9.4.3 逐步判别分析法

在拟定的判别变量之间，既有相对的独立性，又存在着一定的成因联系。对于区分已知类别来说，具有成因联系的那些变量似乎各自的区分能力都较强，但当把它们都选入判别函数后，又使得先选入的变量区分能力变弱。另外，建立判别函数时需要求出协方差阵 $\boldsymbol{\Sigma}$ 的逆阵 $\boldsymbol{\Sigma}^{-1}$，若存在区分能力不显著的变量，可能导致 $\boldsymbol{\Sigma}^{-1}$ 不存在，故求不出判别函数。鉴于上述原因，提出“筛选”变量的方法，挑选那些判别能力真正强的变量建立判别函数，即逐步判别分析法。

如表 9-17 中的数据资料，对三个总体来说，X_1 的区分能力远不如 X_2 大，由于

$$\boldsymbol{\Sigma}=\begin{pmatrix}0.000 & 0.000\\ 0.000 & 0.156\end{pmatrix}$$

矩阵 $\boldsymbol{\Sigma}$ 不可逆，故求不出判别函数。

1. 逐步判别分析的基本思想

在判别问题中，当判别变量个数较多时，如果不加选择地一概采用并建立判别函数，不仅计算量大，还由于变量之间的相关性，可能使求解逆矩阵的计算精度下降，建立的判别函数不稳定。因此适当地筛选变量就成为一个很重要的问题。凡具有筛选变量能力的判别分析方法就统称为逐步判别法。

逐步判别法和通常的判别分析一样，也有许多不同的原则，从而产生各种方法。这里讨论的逐步判别分析法是在多组判别分析基础上发展起来的一种方法，判别准则为贝叶斯判别函数，其基本思路采用“有进有出”的算法，即按照变量是否重要，从而逐步引入变量，每引入一个“最重要”的变量进入判别式，同时要考虑较早引入的变量是否由于其后的新变量的引入使之丧失了重要性变得不再显著了（比如其作用被后引入的某几个变量组合所代替），应及时从判别式中把它剔除，直到判别式中没有不重要的变量需要剔除，剩下来的变量也没有重要的变量可引入判别式时，逐步筛选结束。也就是说每步引入或剔除变量，都做相应的统计检验，使最后的贝叶斯判别函数仅保留“重要”变量。

逐步判别分析法：即逐个检验拟定变量的区分能力，把区分能力强的变量“引入”判别函数，在引入变量的过程中，随时“剔除”已引入判别函数中而区分能力变弱的变量，直到既没有区分能力强的变量引入，又没有区分能力变弱的变量剔除为止。

2. 逐步判别的基础理论——判别变量附加信息检验

根据逐步判别分析的基本思想，进行判别分析需要解决两个关键的问题：一个是引入或剔除判别变量的依据和检验问题；另外则是判别函数的及时导出问题。其中的理论基础是对判别变量在区别各类总体中是否提供附加信息的检验。

设有 K 个类，相应抽出样本个数为 $n_1,n_2,\cdots,n_K(n_1+n_2+\cdots+n_K=n)$，每个样本观测 p 个指标。

假定来自于 K 个类总体的样本都是相互独立的正态随机向量，且协方差矩阵都相同，即第 g 个类总体称服从于 $N(\mu_g,\Sigma)$，其中 $g=1,2,\cdots,K$。

为了对这 K 个类建立判别函数，需要检验均值是否相同。

提出假设：

$$H_0: \mu_1=\mu_2=\cdots=\mu_K$$

当 H_0 被接受时，说明区分这 K 个类是没有意义的，在此基础上建立的判别函数效果不好。当 H_0 被否定时，说明 K 个类可以区分，建立的判别函数有意义。

但是为了达到区分这 K 个类的目的，原来选择的 p 个指标是否可以减少而达到同样的判别效果，为此，也就要去掉一些对区分 K 个类不带附加信息的变量。

对于上述问题的检验，可以采用维尔克斯（Wilks）统计量 Λ 来进行。假设 p 个变量的类内离差矩阵为 $\boldsymbol{W}$，类间离差矩阵为 $\boldsymbol{B}$，总离差矩阵为 $\boldsymbol{T}$，且满足 $\boldsymbol{T}=\boldsymbol{W}+\boldsymbol{B}$。构建统计量

$$\Lambda=\frac{|\boldsymbol{W}|}{|\boldsymbol{T}|}$$

且 $-\left(n-\frac{1}{2}(p+K)-1\right)\ln\Lambda$ 的近似分布是服从于大样本的 $\chi^2[p(K-1)]$。

不妨假设通过某些步骤已经引入了 $p-1$ 个变量 X_1，X_2，$\cdots$，X_{p-1}，要检验增加第 p 个变量 X_p 后对区分类别是否提供了附加信息，即对第 p 个变量的“判别能力”进行检验。为此，将矩阵 $\boldsymbol{W}$、$\boldsymbol{T}$ 进行分块，即

$$\boldsymbol{W}=\begin{pmatrix}\boldsymbol{W}_{11} & \boldsymbol{W}_{12}\\ \boldsymbol{W}_{21} & \boldsymbol{W}_{22}\end{pmatrix}_{p\times p},\quad \boldsymbol{T}=\begin{pmatrix}\boldsymbol{T}_{11} & \boldsymbol{T}_{12}\\ \boldsymbol{T}_{21} & \boldsymbol{T}_{22}\end{pmatrix}_{p\times p}$$

其中 $\boldsymbol{W}_{11}$ 和 $\boldsymbol{T}_{11}$ 是 $(p-1)\times(p-1)$ 阶方阵，且前 $p-1$ 个变量的维尔克斯统计量 Λ_{p-1} 为 $\Lambda_{p-1}=\frac{|\boldsymbol{W}_{11}|}{|\boldsymbol{T}_{11}|}$。

当增加第 p 个变量后，p 个变量的维尔克斯统计量 Λ_p 为

$$\Lambda_p=\frac{|\boldsymbol{W}|}{|\boldsymbol{T}|}=\frac{\begin{vmatrix}\boldsymbol{W}_{11} & \boldsymbol{W}_{12}\\ \boldsymbol{W}_{21} & \boldsymbol{W}_{22}\end{vmatrix}}{\begin{vmatrix}\boldsymbol{T}_{11} & \boldsymbol{T}_{12}\\ \boldsymbol{T}_{21} & \boldsymbol{T}_{22}\end{vmatrix}}$$

$$=\frac{|\boldsymbol{W}_{11}|\,|\boldsymbol{W}_{22}-\boldsymbol{W}_{21}\boldsymbol{W}_{11}^{-1}\boldsymbol{W}_{12}|}{|\boldsymbol{T}_{11}|\,|\boldsymbol{T}_{22}-\boldsymbol{T}_{21}\boldsymbol{T}_{11}^{-1}\boldsymbol{T}_{12}|}$$

$$=\Lambda_{p-1}\frac{|\boldsymbol{W}_{22}-\boldsymbol{W}_{21}\boldsymbol{W}_{11}^{-1}\boldsymbol{W}_{12}|}{|\boldsymbol{T}_{22}-\boldsymbol{T}_{21}\boldsymbol{T}_{11}^{-1}\boldsymbol{T}_{12}|}$$

所以有

$$\frac{\Lambda_{p-1}}{\Lambda_p}=\frac{|\boldsymbol{T}_{22}-\boldsymbol{T}_{21}\boldsymbol{T}_{11}^{-1}\boldsymbol{T}_{12}|}{|\boldsymbol{W}_{22}-\boldsymbol{W}_{21}\boldsymbol{W}_{11}^{-1}\boldsymbol{W}_{12}|}$$

若设

$$V_{+p}=\frac{|\boldsymbol{W}_{22}-\boldsymbol{W}_{21}\boldsymbol{W}_{11}^{-1}\boldsymbol{W}_{12}|}{|\boldsymbol{T}_{22}-\boldsymbol{T}_{21}\boldsymbol{T}_{11}^{-1}\boldsymbol{T}_{12}|} \tag{9-4-30}$$

则 V_{+p} 为添加第 p 个变量后引起 Λ 的变化，即$\frac{\Lambda_{p-1}}{\Lambda_p}=\frac{1}{V_{+p}}$，于是可用 V_{+p} 作为判别引入变量 X_p 后对区分类是否提供了附件信息的依据。

构建统计量

$$F=\frac{n-(p-1)-K}{K-1}\left(\frac{\Lambda_{p-1}}{\Lambda_p}-1\right)=\frac{n-(p-1)-K}{K-1}\left(\frac{1-V_{+p}}{V_{+p}}\right) \tag{9-4-31}$$

有

$$F=\frac{n-(p-1)-K}{K-1}\left(\frac{1-V_{+p}}{V_{+p}}\right)\sim F(K-1,n-(p-1)-K)$$

用此 F 统计量来检验给定前 $p-1$ 个变量的条件下，增加第 p 个变量的条件均值是否相等，即是否对区分总体提供附加信息。

3. 引入和剔除变量的依据及检验统计量

（1）维尔克斯统计量　假设第 g 类总体服从于 $N(\mu_g,\Sigma),g=1,2,\cdots,K$，样本的类内离差矩阵 $\boldsymbol{W}=(w_{ij})_{p\times p}$、类间离差矩阵 $\boldsymbol{B}=(b_{ij})_{p\times p}$及总离差矩阵 $\boldsymbol{T}=(t_{ij})_{p\times p}$，满足 $\boldsymbol{T}=\boldsymbol{W}+\boldsymbol{B}$，并且

$$t_{ij}=\sum_{g=1}^{K}\sum_{k=1}^{n_g}(X_{ik}^{(g)}-\overline{X}_i)(X_{jk}^{(g)}-\overline{X}_j) \tag{9-4-32}$$

为了检验变量的区分能力，设维尔克斯统计量

$$\Lambda=\frac{|\boldsymbol{W}|}{|\boldsymbol{T}|}$$

Λ 值越小，类内差异越小，类间差异越大。

（2）引入和剔除变量　判断变量是否提供附加信息，可作为引入变量和剔除变量的依据。

1）假定已经计算了 h 步，并且已经引入了 X_1，X_2，…，X_l，现对第 $h+1$ 步添加一个未被引入的新变量 X_r“判别能力”进行检验，为此将变量分为两组，第一组是前 l 个已经引入的变量，第二组仅有一个变量 X_r，将这 $l+1$ 个变量的类内离差阵和总离差阵仍分别记为 $\boldsymbol{W}$ 与 $\boldsymbol{T}$。有

$$\boldsymbol{W}=\begin{pmatrix}\boldsymbol{W}_{11} & \boldsymbol{W}_{12}\\ \boldsymbol{W}_{21} & \boldsymbol{W}_{22}\end{pmatrix},\ \boldsymbol{T}=\begin{pmatrix}\boldsymbol{T}_{11} & \boldsymbol{T}_{12}\\ \boldsymbol{T}_{21} & \boldsymbol{T}_{22}\end{pmatrix}$$

由式（9-4-30），设

$$V_{+r}=\frac{|\boldsymbol{W}_{22}-\boldsymbol{W}_{21}\boldsymbol{W}_{11}^{-1}\boldsymbol{W}_{12}|}{|\boldsymbol{T}_{22}-\boldsymbol{T}_{21}\boldsymbol{T}_{11}^{-1}\boldsymbol{T}_{12}|}$$

则 $\Lambda_{l+1}=\Lambda_l V_{+r}$，即$\frac{\Lambda_l}{\Lambda_{l+1}}-1=\frac{1-V_{+r}}{V_{+r}}$。是否引入变量 X_r 的依据是用 V_{+r}判断变量 X_r 是否提供附加信息。构建统计量

$$F_{+r}=\frac{n-l-K}{K-1}\left(\frac{\Lambda_l}{\Lambda_{l+1}}-1\right)=\frac{n-l-K}{K-1}\left(\frac{1-V_{+r}}{V_{+r}}\right) \tag{9-4-33}$$

即

$$F_{+r}=\frac{n-l-K}{K-1}\left(\frac{1-V_{+r}}{V_{+r}}\right)\sim F(K-1,n-l-K)$$

在未选入的变量中，选择使 V_{+r}达到最小的变量 X_r，且当 $F_{+r}>F_\alpha(K-1,n-l-K)$ 时，认为变量 X_r 提供了附加信息，即变量 X_r 区分类别判别能力显著，则引入变量 X_r，并记为 X_{l+1}。

2）引入了一个新变量后，要对原有的变量进行区分类别能力是否减弱进行检验。

假设已进行了 h 步，且已经引入了 l 个变量 X_1，X_2，…，X_l，进行第 $h+1$ 步是考虑检验已引入的 l 个变量中是否有变量 $X_r(1\leqslant r\leqslant l)$ 区分类别能力减弱而剔除。检验变量 X_r 区分能力与对新变量引入时检验区分能力的方法是相同的。

现将 l 个变量分成两组，一组是变量 X_r，其他的 $l-1$ 个变量分为一组，可得

$$\Lambda_l=\frac{|\boldsymbol{W}|}{|\boldsymbol{T}|}=\frac{|\boldsymbol{W}_{11}|}{|\boldsymbol{T}_{11}|}\frac{|\boldsymbol{W}_{22}-\boldsymbol{W}_{21}\boldsymbol{W}_{11}^{-1}\boldsymbol{W}_{12}|}{|\boldsymbol{T}_{22}-\boldsymbol{T}_{21}\boldsymbol{T}_{11}^{-1}\boldsymbol{T}_{12}|}=\Lambda_{l-1}\frac{|\boldsymbol{W}_{22}-\boldsymbol{W}_{21}\boldsymbol{W}_{11}^{-1}\boldsymbol{W}_{12}|}{|\boldsymbol{T}_{22}-\boldsymbol{T}_{21}\boldsymbol{T}_{11}^{-1}\boldsymbol{T}_{12}|}$$

令

$$V_{-r}=\frac{|\boldsymbol{T}_{22}-\boldsymbol{T}_{21}\boldsymbol{T}_{11}^{-1}\boldsymbol{T}_{12}|}{|\boldsymbol{W}_{22}-\boldsymbol{W}_{21}\boldsymbol{W}_{11}^{-1}\boldsymbol{W}_{12}|} \tag{9-4-34}$$

构建统计量

$$F_{-r}=\frac{n-(l-1)-K}{K-1}\left(\frac{\Lambda_l}{\Lambda_{l-1}}-1\right)=\frac{n-(l-1)-K}{K-1}\left(\frac{1-V_{-r}}{V_{-r}}\right) \tag{9-4-35}$$

即

$$F_{-r}=\frac{n-(l-1)-K}{K-1}\left(\frac{1-V_{-r}}{V_{-r}}\right)\sim F(K-1,n-(l-1)-K)$$

如果对于某个变量 $X_r(1\leqslant r\leqslant l)$，使得在已经入选的变量中的 V_{-r}最大，并且满足 $F_{-r}\leqslant F(K-1,n-(l-1)-K)$，则认为变量 X_r 不能提供附加信息，即 X_r 的判别区分类别能力不显著，由此应该将 X_r 从入选变量中剔除。

在既不能剔除，又不能引入新变量时，逐步判别结束。

4. 判别效果检验

这 l 个变量对 K 个类总体的判别效果可用χ^2 统计量检验，χ^2 值的计算公式是

$$\chi^2=-\left[n-1-\frac{1}{2}(l+K)\right]\ln\Lambda_{12\cdots l} \tag{9-4-36}$$

这里 df 为 $l(K-l)$，$\Lambda_{12\cdots l}=\dfrac{|\boldsymbol{W}|}{|\boldsymbol{T}|}$。

对第 g 类和第 h 类总体的判别效果，可做 F 检验，F 的计算公式是

$$F=\frac{n-K-l+1}{l(n-K)(n_g+n_h)}D_{gh} \tag{9-4-37}$$

这里 $df=(l,n-K-l+1)$，$D_{gh}=(\bar{c}_i^{(g)}-\bar{c}_i^{(h)})(\bar{X}_i^{(g)}-\bar{X}_i^{(h)})$。

5. 判别函数建立

基于贝叶斯判别法构建判别函数为

$$y^{(g)}(X)=\ln p^{(g)}+c_0^{(g)}+\sum_{i=1}^{l}c_i^{(g)}X_i,\ g=1,2,\cdots,K$$

对需要判别分类的新样本逐个计算判别函数的值，若

$$y^{(g^*)}(X)=\max_g\{y^{(g)}(X)\}$$

则把这个新样本划归第 g^* 类。

练习题

一、选择题

1. 聚类分析时将对象进行分类的依据是（　　）。

A. 对象之间的数值的大小　　B. 对象之间的差异程度

C. 对象之间的相似程度　　D. 类间距离的远近

2. 在聚类分析中，样本间距离用于度量（　　）。

A. 样本之间的相似性　　B. 变量之间的相似性

C. 类别之间的相似性　　D. 变量之间的相似程度

3. 在聚类分析中，变量间相似系数是用于度量（　　）。

A. 样本之间的相似性　　B. 变量之间的相似性

C. 类别之间的相似性　　D. 变量之间的距离

4. 聚类分析是（　　）。

A. 无监督学习　　B. 有监督学习

C. 聚类类别数是确定的　　D. 是示例式学习

5. 逐步判别分类分析（　　）。

A. 是无监督学习

B. 分类的类别数是不确定的

C. 分类变量随着新变量的引入区分类别的能力是可变的

D. 新变量引入依据是使总离差变大

二、计算题

1. 假设有一个二维正态总体，它的分布为 $N(\boldsymbol{0},\boldsymbol{\Sigma})$，其中 $\boldsymbol{\Sigma}=\begin{pmatrix}1 & 0.9\\0.9 & 1\end{pmatrix}$，并且已知有两点 $\boldsymbol{A}=(1,1)^{\mathrm{T}}$ 和 $\boldsymbol{B}=(1,-1)^{\mathrm{T}}$，要求分别用马氏距离和欧氏距离计算这两点 A 和 B 各自到

总体均值点 $\boldsymbol{\mu}=(0,0)^{\mathrm{T}}$ 的距离。

2. 设有五个样本，已知各样本之间的距离矩阵如表 9-19 所示。

表 9-19　样本间的距离矩阵数据表

距离	G_1	G_2	G_3	G_4	G_5
G_1	0				
G_2	5	0			
G_3	3.5	1.5	0		
G_4	1	4	2.5	0	
G_5	7	2	3.5	6	0

试分别用最短距离法和最长距离法聚类。

3. 设有六个样本，每个只测量一个指标，分别是 1，2，5，7，9，10。采用指标差的绝对值定义样本的距离。试用最短距离法将它们分类。

4. 针对 3 题中的数据，样本采用欧氏距离，计算样本欧氏距离平方的距离矩阵，并试用重心法将它们聚类。

5. 设有两个二元正态总体 G_1 与 G_2，从中分别抽取样本且均值为 $\overline{\boldsymbol{X}}_1=(5,1)^{\mathrm{T}}$ 和 $\overline{\boldsymbol{X}}_2=(3,-2)^{\mathrm{T}}$，两总体协方差相等，且为 $\boldsymbol{\Sigma}_1=\boldsymbol{\Sigma}_2=\boldsymbol{\Sigma}=\begin{pmatrix}5.8 & 2.1\\ 2.1 & 7.6\end{pmatrix}$。试用距离判别法建立判别函数和规则。

6. 已知观测向量 $\boldsymbol{X}=(X_1,X_2,X_3)^{\mathrm{T}}$ 在两类上的均值向量分别为 $\boldsymbol{\mu}_1=(30,100,35)^{\mathrm{T}}$ 和 $\boldsymbol{\mu}_2=(26,90,30)^{\mathrm{T}}$，两类的共同协方差阵为

$$\boldsymbol{\Sigma}=\begin{pmatrix}60 & 0 & 20\\ 0 & 400 & 0\\ 20 & 0 & 100\end{pmatrix}$$

试用距离判别法建立判别函数和判别法则。现有一新样本 $\boldsymbol{X}=(35,90,31)^{\mathrm{T}}$，问此样本应属于哪一个类别？

7. 设已知有两正态总体 G_1 与 G_2，且

$$\boldsymbol{\mu}_1=\begin{pmatrix}2\\6\end{pmatrix},\ \boldsymbol{\mu}_2=\begin{pmatrix}4\\2\end{pmatrix},\ \boldsymbol{\Sigma}_1=\boldsymbol{\Sigma}_2=\boldsymbol{\Sigma}=\begin{pmatrix}1 & 1\\ 1 & 9\end{pmatrix}$$

而且其先验概率分别为 $p_1=p_2=0.5$。使用贝叶斯判别法确定新样本 $\boldsymbol{X}=\begin{pmatrix}3\\5\end{pmatrix}$ 属于哪一个总体？

8. 为了分析某企业绩效水平，按照综合性、可比性、实用性和易操作性的选取指标原则，选择了影响某企业绩效水平的成果、行为、态度等六个经济指标如表 9-20 所示。

表 9-20　变量和考评指标名称表

变　　量	指标名称	变　　量	指标名称
X_1	工作产量	X_4	工作损耗
X_2	工作质量	X_5	工作态度
X_3	工作出勤	X_6	工作能力

对某企业，搜集整理了28名员工2019年第1季度的数据资料。构建一个28×6维的矩阵如表9-21所示。

表9-21　某企业职工绩效考评结果

职工代号	X_1	X_2	X_3	X_4	X_5	X_6	总成绩
1	9.68	9.62	8.37	8.63	9.86	9.74	1
2	8.09	8.83	9.38	9.79	9.98	9.73	1
3	7.46	8.73	6.74	5.59	8.83	8.46	2
4	6.08	8.25	5.04	5.92	8.33	8.29	2
5	6.61	8.36	6.67	7.46	8.38	8.14	2
6	7.69	8.85	6.44	7.45	8.19	8.1	2
7	7.46	8.93	5.7	7.06	8.58	8.36	2
8	7.6	9.28	6.75	8.03	8.68	8.22	2
9	7.6	8.26	7.5	7.63	8.79	7.63	2
10	7.16	8.62	5.72	7.11	8.19	8.18	2
11	6.04	8.17	3.95	8.08	8.24	8.65	2
12	6.27	7.94	3	4.52	7.16	7.81	3
13	6.61	8.5	4.34	5.61	8.52	8.36	2
14	7.39	8.44	5.92	5.37	8.83	7.47	2
15	7.83	8.79	3.85	5.35	8.58	8.03	2
16	7.36	8.53	5.39	7.09	8.23	8.04	2
17	7.24	8.61	4.69	3.98	9.04	8.07	2
18	6.49	8.03	4.56	7.18	8.54	8.57	2
19	5.43	7.67	4.22	3.87	8.41	7.6	3
20	4.57	7.4	2.96	3.02	8.74	7.97	3
21	6.43	8.38	4.87	4.87	8.78	8.37	2
22	5.88	7.89	3.87	6.34	8.37	8.19	2
23	3.94	6.91	2.97	6.77	8.17	8.16	3
24	4.82	7.3	3.07	5.87	6.32	6.01	4
25	4.02	7.26	2.28	5.63	9.66	9.07	3
26	3.87	6.96	2.79	4.92	5.32	6.23	4
27	4.15	7.5	1.56	4.81	8.44	8.38	3
28	4.99	7.52	2.11	6.23	8.3	8.14	3

试构建判别函数，给出员工绩效等级的分类模型，并给出误判率。

第 10 章　时间序列分析

时间序列分析是根据系统观测得到的时间序列数据，通过曲线拟合和参数估计来建立数学模型的理论和预测方法。时间序列分析既承认事物发展的延续性，又考虑到事物发展的随机性。其特点是简单易行，便于掌握，但准确性差，一般只适用于短期预测。本章基本内容包括：

时间序列分析的基本理论和方法。常用方法有趋势拟合法和平滑法。趋势拟合法就是把时间作为自变量，相应的序列观察值作为因变量，建立序列值随时间变化的回归模型的方法，包括线性拟合和非线性拟合。平滑法是进行趋势分析和预测时常用的一种方法，它是利用修匀技术，削弱短期随机波动对序列的影响，使序列平滑化，从而显示出长期趋势变化的规律。

时间序列分为平稳序列和非平稳序列。所谓平稳序列即过程是平稳的，随机过程的随机特征不随时间变化而变化；非平稳序列即过程是非平稳的，随机过程的随机特征随时间变化而变化。

学习要点：一个时间序列进行预测时将趋势变化、周期性变化、季节性变化及随机性变化四种因素从时间序列中分解出来，找到序列中的未来趋势，并利用这种趋势对序列的发展做出合理的预测。

10.1　时间序列

10.1.1　时间序列概念

时间序列是按照时间排序的一组随机变量。时间序列是根据系统的有限长度运行记录（观察数据），建立能够比较精确地反映序列中所包含动态依存关系的数学模型，并借以对系统未来进行预报。

时间序列：或称动态数列，是指将某一现象所发生的数量变化，依时间的先后顺序排列，以揭示随着时间的推移这一现象的发展规律，从而用以预测现象发展的方向及其数量。时间序列分析的主要目的是根据已有的历史数据对未来进行预测。

根据观察时间的不同，时间序列中的时间可以是年份、季度、月份或其他任何时间形式。

时间序列分析：即是发现数据组的变动规律并用于预测的统计技术。

时间序列分析有以下三个基本特点：

1）假设事物发展趋势会延伸到未来，即事物发展的延续性。

2）预测所依据的数据具有不规则性，即事物发展的随机性。

3）不考虑事物发展之间的因果关系。

也就是说，时间序列分析法的主要特点是以时间的推移研究预测未来趋势，且不受其他外在因素的影响。在遇到外界发生较大变化时，根据过去已发生的数据进行预测，往往会有较大的偏差。

时间序列预测一般反映四种实际变化规律：趋势变化、周期性变化、季节性变化及随机性变化。

时间序列分析常用在国民经济宏观控制、区域综合发展规划、企业经营管理、市场潜量预测、气象预报、水文预报、地震前兆预报、农作物病虫灾害预报、环境污染控制、生态平衡、天文学和海洋学等方面。

10.1.2 时间序列构成要素

1. 时间序列构成要素

现象所属的时间，反映现象发展水平的指标数值。其有两要素，第一要素是时间 t，第二要素是指标数据。

2. 时间序列组成部分

（1）时间序列四种因素　时间序列通常由四种因素构成：趋势 T、循环波动 C、季节变动 S 和不规则波动 I。

1）**趋势 T**：是时间序列在长时期内呈现出来的持续向上或持续向下的变动，通常是长期因素影响的结果，如人口总量的变化、方法的变化等。

2）**循环波动 C**：是时间序列呈现出的非固定长度的周期性变动，循环波动的周期可能会持续一段时间，但与趋势不同，它不是朝着单一方向的持续变动，而是涨落相同的交替波动。时间间隔超过一年的，环绕趋势线的上、下波动，都可归结为时间序列的循环因素。

3）**季节变动 S**：是时间序列在一年内重复出现的周期性波动。它是诸如气候条件、生产条件、节假日或人们的风俗习惯等各种因素影响的结果。许多时间序列往往显示出在一年内有规则的运动，这通常由季节因素引起，因此称为季节成分。目前，可以称之为“季节性的周期”，年或者季节或者月份。

4）**不规则波动 I**：是时间序列中除去趋势、循环波动和季节变动之后的随机波动。不规则波动通常总是夹杂在时间序列中，致使时间序列产生一种波浪形或振荡式的变动。只含有随机波动的序列也称为平稳序列。时间序列的不规则成分是剩余的因素，它用来说明在分离了趋势、循环和季节成分后，时间序列值的偏差。不规则成分是由那些影响时间序列的短期的、不可预期的和不重复出现的因素引起的，它是随机的、无法预测的。

（2）时间序列的四种因素组合方式　四种因素即趋势 T、循环 C、季节 S 和不规则 I，其观测值的关系可以用乘法模型或者加法模型两种组合方式，或者加法和乘法混合组合

形式。

1）四种因素相互独立，即时间序列是由四种因素直接叠加而形成的，可用加法模型表示为

$$Y=T+S+C+I \tag{10-1-1}$$

2）四种因素相互影响，即时间序列是综合四种因素相互影响而形成的，可用乘法模型表示为

$$Y=T\times S\times C\times I \tag{10-1-2}$$

通常遇到的时间序列都是乘法模型。其中，原始时间序列值和长期趋势可用绝对数表示，循环变动、季节变动和不规则变动则用相对数（通常是变动百分比）表示。

（3）序列因素分解　当需要对一个时间序列进行预测时，需要将上述四种因素从时间序列中分解出来。原因是：

1）把因素从时间序列中分解出来后，就能克服其他因素的影响，仅考量某一种因素对时间序列的影响。

2）分解这四种因素后，也可以分析它们之间的相互作用，以及它们对时间序列的综合影响。

3）当去掉某些因素后，就可以更好地进行时间序列之间的比较，从而更加客观地反映事物变化发展的规律。

4）分解这些因素后的序列可以用于建立回归模型，从而提高预测精度。

通常情况，我们会考虑进行季节因素的分解，也就是将季节变动因素从原时间序列中去除，并生成由剩余的三种因素构成的序列来满足后续分析需求。

（4）如何判断时间序列属于加法模型还是乘法模型　如果时间序列图的趋势随着时间的推移，序列的季节波动变得越来越大，则建议使用乘法模型；如果序列的季节波动能够基本维持恒定，则建议使用加法模型。

10.1.3　时间序列平稳性

平稳时间序列：假定某个时间序列由某一随机过程生成，即假定时间序列 $\{y_t\}$ $(t=1,2,\cdots)$ 的每一个数值都是从一个概率分布中随机得到的。

如果由该随机过程所生成的时间序列满足下列条件：

1）均值 $E(y_t)=m$ 是与时间无关的常数。

2）方差 $\mathrm{Var}(y_t)=\sigma^2$ 是与时间无关的常数。

3）自协方差 $\mathrm{Cov}(y_t,y_{t+k})=kg$ 是只与时期间隔 k 有关，与时间无关的常数。

则称由该随机过程而生成的**时间序列是（弱）平稳的**。该随机过程便是一个**平稳的随机过程**。

目前主流的时间序列预测方法都是针对平稳的时间序列进行分析的，但是实际上大多数时间序列都不平稳，所以在分析时，需要首先识别序列的平稳性，并且把不平稳的序列转换为平稳序列。一个时间序列只有被平稳化处理过，才能被控制和预测。

例如，推测经济系统（或其相关变量）在未来可能出现的状况，即预测经济系统（或其相关变量）的走势。基于随机变量的历史和现状来推测其未来，是人们实施经济计量和预测的基本思路，这就需要假设随机变量的历史和现状具有代表性或可延续性。换句话说，随机变量的基本特性必须能在包括未来阶段的一个长时期里维持不变。否则，基于历史和现状来预测未来的思路便是错误的。

样本时间序列展现了随机变量的历史和现状，因此所谓随机变量基本性态的维持不变，也就是要求样本数据时间序列的本质特征仍能延续到未来。用样本时间序列的均值、方差、自协方差来刻画该样本时间序列的本质特征，于是称这些统计量的取值在未来仍能保持不变的样本时间序列具有平稳性。可见，一个平稳的时间序列指的是：遥想未来所能获得的样本时间序列，我们能断定其均值、方差、自协方差必定与眼下已获得的样本时间序列等同。

非平稳时间序列：如果样本时间序列的本质特征只存在于所发生的当期，并不会延续到未来，即样本时间序列的均值、方差、协方差非常数，则这样一个过于独特的时间序列不足以昭示未来，便称这样的样本时间序列是非平稳的。

形象地理解，平稳性就是要求由样本时间序列所得到的拟合曲线在未来的一段期间内仍能顺着现有的形态“惯性”地延续下去；如果数据非平稳，则说明样本拟合曲线的形态不具有“惯性”延续的特点，也就是基于未来将要获得的样本时间序列所拟合出来的曲线将迥异于当前的样本拟合曲线。

可见，时间序列平稳是经典回归分析赖以实施的基本假设，只有基于平稳时间序列的预测才是有效的。如果数据非平稳，则作为大样本下统计推断基础的“一致性”要求便被破坏，基于非平稳时间序列的预测也就失效。

10.2 趋势外推拟合预测法

10.2.1 趋势外推拟合模型选择

趋势拟合法：就是把时间作为自变量，相应的序列观察值作为因变量，建立序列值随时间变化的回归模型的方法。它包括线性拟合和非线性拟合。

趋势外推拟合法：某一些客观事物的发展相对于时间推移，常常有一定的规律，若预测对象变化无明显的季节波动，又可通过对历史数据的回归分析拟合一条合适的函数曲线反映其变化趋势，即可建立其趋势模型 $y=f(t)$，当有理由相信这种趋势会延伸到未来时，对于未来的某个时间 t 就可以预测相应的时间序列未来值，该方法称为趋势外推拟合法。

趋势模型 $y=f(t)$ 的选取通常采用的方法为经验法、图形识别法及差分法等。

经验法：利用已知的理论及专家经验，分析得出统计规律模型。

图形识别法：通过绘制数据的散点图，即将时间序列的数据绘制成以时间 t 为横轴、时间序列观测值为纵轴的图形，观察并将其变化曲线与各类已知函数曲线模型的图形进行对比分析，以便选择较为合适的模型。

有时所绘制图形与几种数学模型的曲线相近，可通过计算模型回代拟合值，选择均方差最小的模型。

差分法：利用差分法把数据修匀，使非平稳序列达到平稳序列。差分法可分为通常意义下的差分法和广义差分法两类。

广义差分法就是先计算时间序列的广义差分，如时间序列的倒数或时间序列的对数的差分、相邻项的比率差分等，然后根据计算的时间序列差分特点，选择适宜的数学模型。

10.2.2　趋势线性拟合预测模型

当预测目标的时间序列资料逐期（逐时间段）增减量大体相等时，长期趋势呈线性特征可采用线性拟合法。

设直线拟合预测模型为

$$\hat{y}_t = a + bt \tag{10-2-1}$$

式中，t 代表已知时间序列 y_t 的时间变量；$\hat{y}_t$ 代表时间序列 y_t 的线性趋势估计值；a，b 代表待定系数；a 为截距，b 为直线斜率，代表单位时间周期观察值的增（减）量估计值。可用最小二乘法求得参数估计值，其参数估计计算公式为

$$\hat{a} = \frac{1}{n}\sum_{t=1}^{n} y_t - \hat{b}\,\frac{1}{n}\sum_{t=1}^{n} t,\quad \hat{b} = \frac{n\sum_{t=1}^{n}(ty_t) - \sum_{t=1}^{n} t \sum_{t=1}^{n} y_t}{n\sum_{t=1}^{n} t^2 - \left(\sum_{t=1}^{n} t\right)^2} \tag{10-2-2}$$

为简化计算公式，一般按时间顺序给 t 分配序号 t_i，使 $\sum_{i=1}^{n} t_i = 0$，即当时间序列中数据点数目 n 为奇数时，如 $n=7$，则时间序号 t_i 取为-3，-2，-1，0，1，2，3；若 n 为偶数，如 $n=8$，则时间序号取为-7，-5，-3，-1，1，3，5，7，此时参数 a 和 b 的估值计算公式变为

$$\hat{a} = \frac{1}{n}\sum_{i=1}^{n} y_{t_i},\ \hat{b} = \frac{n\sum_{i=1}^{n}(t_i y_{t_i})}{n\sum_{i=1}^{n} t_i^2} \tag{10-2-3}$$

10.2.3　趋势曲线拟合预测模型

如果长期趋势呈现出非线性特征，那么可以用曲线模型来拟合。

1）p 次多项式趋势拟合预测模型。其一般形式为

$$\hat{y}_t = b_0 + b_1 t + b_2 t^2 + \cdots + b_p t^p \tag{10-2-4}$$

设 $t^i = x_i (i = 1, 2, \cdots, p)$，则多项式趋势拟合预测模型变换为

$$\hat{y}_t = b_0 + b_1 x_1 + b_2 x_2 + \cdots + b_p x_p \tag{10-2-5}$$

运用最小二乘法，可求得参数 b_i 的参数估计值 $\hat{b}_i$。

2）指数趋势拟合预测模型。其一般形式为

$$\hat{y}_t = a\mathrm{e}^{bt} \tag{10-2-6}$$

修正的指数趋势拟合预测模型为

$$\hat{y}_t = a + bc^t \tag{10-2-7}$$

3）对数趋势拟合预测模型。其一般形式为

$$\hat{y}_t = a + b\ln t \tag{10-2-8}$$

设 $\ln t = x$，则对数趋势拟合预测模型变换为

$$\hat{y}_t = a + bx \tag{10-2-9}$$

4）生长曲线趋势拟合预测模型。其一般形式为

$$\hat{y}_t = \frac{L}{1+ae^{-bt}} \tag{10-2-10}$$

注意：为已知时间序列拟合预测模型，需要正确地推算出模型中的未知参数。最常用的方法是用最小二乘法和极值定理求出最佳拟合曲线参数估计值。对参数估计理论可参考本书第 3 章，这里不再详细介绍。

10.3 平滑法

10.3.1 时间序列平滑模型

平滑法：对不断获得的实际数据和原预测数据进行加权平均，“消除”由时间序列的不规则成分所引起的随机波动，使预测结果更接近于实际情况的预测方法，又称光滑法或递推修正法。

平滑法适合于稳定的时间序列分析，即适合于没有明显的趋势、循环和季节影响的时间序列。当有明显的趋势、循环和季节变差时，平滑法将不能很好地起到“消除”由时间序列的不规则所引起的随机波动作用。

时间序列平滑模型是指运用时间序列平滑法来构建时间序列的一个基础模型。

时间序列常用的平滑法有简单移动平均法、加权移动平均法、趋势移动平均法及指数平滑法等。

移动平均法：又称滑动平均法，是用一组最近的实际数据值来预测未来一期或几期内的时间序列预测值。移动平均法是平滑法的一种，适用于即期预测。

移动平均法是根据时间序列资料逐渐推移，依次计算包含一定项数的时间序列平均数，以反映未来几期趋势的方法。当时间序列的数值由于受周期变动和不规则变动的影响，起伏较大，不易显示出发展趋势时，可用移动平均法，从而消除这些因素的影响。移动平均法有简单移动平均法、加权移动平均法、趋势移动平均法等。移动平均法不适合预测具有复杂趋势的时间序列。

指数平滑法：是通过计算指数平滑值，配合一定的时间序列预测模型对现象的未来进行预测。其原理是任一期的指数平滑值都是本期实际观察值与前一期指数平滑值的加权平均。

在指数平滑法中，所有先前的观测值都对当前平滑值产生了影响，但它们所起的作用随着参数（记忆衰减因子）幂的增大而逐渐减小。那些相对较早的观测值所起的作用相对较小，这也就是指数变动形态所表现出来的特性。从某种程度上来说，指数平滑法就像是拥有无限记忆且权值呈指数级递减的移动平均法。

简单全期平均法是对时间数列的过去数据一个不漏地全部加以同等利用；移动平均法则不考虑较远期的历史数据，并在加权移动平均法中给予近期资料更大的权重；而指数平滑法则兼容了全期平均法和移动平均法所长，不舍弃过去的数据，但是仅给予逐渐减弱的影响程度，即随着数据的远离，赋予逐渐收敛为零的权数。

10.3.2 简单移动平均法

设观测序列为 y_1，y_2，…，y_N，取移动平均的项数 $N(N<T)$。一次简单的移动平均值计

算公式为

$$M_t=\frac{1}{N}(y_t+y_{t-1}+\cdots+y_{t-N+1})$$
$$=\frac{1}{N}(y_{t-1}+y_{t-2}+\cdots+y_{t-N})+\frac{1}{N}(y_t-y_{t-N})$$
$$=M_{t-1}+\frac{1}{N}(y_t-y_{t-N}) \tag{10-3-1}$$

当预测目标的基本趋势是在某一水平上下波动时，可用一次**简单移动平均法预测模型**为

$$\hat{y}_{t+1}=M_t=\frac{1}{N}(y_t+y_{t-1}+\cdots+y_{t-N+1}),t=N,N+1,\cdots \tag{10-3-2}$$

其预测标准误差为

$$S=\sqrt{\frac{\sum_{t=N+1}^{T}(\hat{y}_t-y_t)^2}{T-N}} \tag{10-3-3}$$

近 N 期序列值的平均值作为未来各期的预测结果，一般 N 的取值范围为 $5\leqslant N\leqslant 200$。当历史序列的基本趋势变化不大且序列中随机变动成分较多时，N 的取值应大一些，否则 N 的取值应小一些。在有确定的季节变动周期的资料中，移动平均的项数 N 应取周期长度。选择最优 N 值的一个有效方法是，比较若干模型的预测误差，预测标准误差小者为好。

简单移动平均法只适合做近期预测，而且是预测目标的发展趋势变化不大的情况。如果目标的发展趋势存在其他的变化，采用简单移动平均法就会产生较大的预测偏差和滞后。

例 10.1　某企业 1~11 月份的销售收入时间序列如表 10-1 所示。试用一次简单移动平均法预测 12 月份的销售收入。

表 10-1　企业销售收入时间序列

月份 t	1	2	3	4	5	6
销售收入 y_t/万元	533.8	574.6	606.9	649.8	705.1	772.0
月份 t	7	8	9	10	11	
销售收入 y_t/万元	816.4	892.7	963.9	1015.1	1102.7	

【解析】　分别取 $N=4$，$N=5$ 的预测公式

$$\hat{y}_{t+1}^{(1)}=\frac{1}{4}(y_t+y_{t-1}+y_{t-2}+y_{t-3})(t=4,5,\cdots,11)$$

$$\hat{y}_{t+1}^{(2)}=\frac{1}{5}(y_t+y_{t-1}+y_{t-2}+y_{t-3}+y_{t-4})(t=5,6,\cdots,11)$$

当 $N=4$ 时，预测值 $\hat{y}_{12}^{(1)}=993.6$，预测的标准误差为

$$S_1=\sqrt{\frac{\sum_{t=5}^{11}(\hat{y}_t^{(1)}-y_t)^2}{11-4}}=163.5$$

当 $N=5$ 时，预测值 $\hat{y}_{12}^{(2)}=958.2$，预测的标准误差为

$$S_2=\sqrt{\frac{\sum_{t=6}^{11}(\hat{y}_t^{(2)}-y_t)^2}{11-5}}=117.8$$

计算结果表明，当 $N=5$ 时，预测值的标准误差较小，所以选取 $N=5$，预测 12 月份的销售收入为 958.2 万元。

10.3.3 加权移动平均法

在简单移动平均法计算公式中，每期数据在求平均时的作用是等同的。但是，每期数据所包含的信息量不一样，近期数据包含着更多关于未来情况的信息。因此，把各期数据等同看待是不尽合理的，应考虑各期数据的重要性，对近期数据给予较大的权重，这就是加权移动平均法的基本思想。

设时间序列为 y_1，y_2，…，y_t，…，加权移动平均法计算公式为

$$M_{tw}=\frac{w_1y_t+w_2y_{t-1}+\cdots+w_Ny_{t-N+1}}{w_1+w_2+\cdots+w_N}(t\geqslant N) \tag{10-3-4}$$

式中，M_{tw}为 t 期加权移动平均数；w_i 为 y_{t-i+1}的权数，它体现了相应的 y_{t-i+1}在加权平均数中的重要性。

利用加权移动平均数来做预测，可得**加权移动平均法预测模型**为

$$\hat{y}_{t+1}=M_{tw} \tag{10-3-5}$$

即以第 t 期加权移动平均数作为第 $t+1$ 期的预测值。

例 10.2 我国 1979—1988 年原煤产量如表 10-2 所示，试用加权移动平均法预测 1989 年的产量。

表 10-2 我国原煤产量统计数据及加权平均预测值表

年　份	1979	1980	1981	1982	1983	1984	1985	1986	1987	1988
原煤产量/亿 t	6.35	6.20	6.22	6.66	7.15	7.89	8.72	8.94	9.28	9.8
三年加权移动预测值	—	—	—	6.235	6.4367	6.8317	7.4383	8.1817	8.6917	9.0733
相对误差（%）	—	—	—	6.38	9.98	13.41	14.7	8.48	6.34	7.41

【解析】 取 $w_1=3$，$w_2=2$，$w_3=1$，按加权移动平均法预测公式

$$M_{tw}=\frac{3y_t+2y_{t-1}+y_{t-2}}{3+2+1}$$

得

$$y_{1989}=\frac{3\times9.8+2\times9.28+8.94}{3+2+1}=9.48$$

这个预测值偏低，可以修正。其修正方法为先计算各年预测值与实际值的相对误差，再计算平均相对误差，即

$$\frac{\sum_{i=0}^{2}|\hat{y}_{t-i}-y_{t-i}|}{\sum_{i=0}^{2}y_{t-i}}\times100\%=\left|1-\frac{\sum_{i=0}^{2}\hat{y}_{t-i}}{\sum_{i=0}^{2}y_{t-i}}\right|\times100\%=7.4\%$$

由于预测值的平均值比实际值低 7.4%，所以可将 1989 年的预测值修正为

$$\hat{y}_{1989}=\frac{9.48}{1-7.4\%}=10.2376$$

1989 年我国原煤产量的预测值为 10.2376 亿 t。

在加权移动平均法中，权数的选择同样具有一定的经验性。一般的原则是近期数据的权数大，远期数据的权数小。至于大到什么程度和小到什么程度，则需要按照预测者对序列的了解和分析来确定。

10.3.4　趋势移动平均法

简单移动平均法和加权移动平均法在时间序列没有明显的趋势变动时，能够准确反映实际情况，但当时间序列出现直线增加或减少的变动趋势时，用简单移动平均法和加权移动平均法来预测就会出现滞后偏差。因此，需要进行修正，修正的方法是做二次移动平均，利用移动平均滞后偏差的规律来建立直线趋势的预测模型。这就是趋势移动平均法。

设一次移动的平均数为

$$M_t^{(1)}=\frac{1}{N}(y_t+y_{t-1}+\cdots+y_{t-N+1}) \tag{10-3-6}$$

在一次移动平均的基础上，再进行一次移动，就是二次移动平均，其计算公式为

$$M_t^{(2)}=\frac{1}{N}(M_t^{(1)}+M_{t-1}^{(1)}+\cdots+M_{t-N+1}^{(1)})=M_{t-1}^{(2)}+\frac{1}{N}(M_t^{(1)}-M_{t-N}^{(1)}) \tag{10-3-7}$$

下面讨论如何利用移动平均的滞后偏差建立直线趋势预测模型。

设时间序列 $\{y_t\}$ 从某时期开始具有直线趋势，且认为未来时期也按此直线趋势变化，则可设此直线趋势预测模型为

$$\hat{y}_{t+T}=a_t+b_tT(T=1,2,\cdots) \tag{10-3-8}$$

式中，t 为当前时期时间节点序数；T 为 t 至预测期的时间节点序数；a_t 为截距，b_t 为斜率，两者又称为平滑系数。

现在，根据移动平均值来确定平滑系数。由模型 $y_{t+T}=a_t+b_tT(T=1,2,\cdots)$ 可得

$$a_t=y_t，\ y_{t-1}=y_t-b_t，\ y_{t-2}=y_t-2b_t，\ \cdots，\ y_{t-N+1}=y_t-(N-1)b_t$$

所以

$$\begin{aligned}M_t^{(1)}&=\frac{1}{N}(y_t+y_{t-1}+\cdots+y_{t-N+1})\\&=\frac{y_t+(y_t-b_t)+\cdots+[y_t-(N-1)b_t]}{N}\\&=\frac{Ny_t-[1+2+\cdots+(N-1)]b_t}{N}=y_t-\frac{N-1}{2}b_t\end{aligned}$$

因此

$$y_t-M_t^{(1)}=\frac{N-1}{2}b_t \tag{10-3-9}$$

类似式（10-3-9）的推导，同理可得

$$y_{t-i}-M_{t-i}^{(1)}=\frac{N-1}{2}b_t(i=0,1,\cdots,N-1)$$

所以$\frac{1}{N}\sum_{i=0}^{N-1}(y_{t-i}-M_{t-i}^{(1)})=\frac{N-1}{2}b_t$成立，即

$$M_t^{(1)}-M_t^{(2)}=\frac{N-1}{2}b_t \tag{10-3-10}$$

$$y_t-y_{t-1}=M_t^{(1)}-M_{t-1}^{(1)} \tag{10-3-11}$$

由$a_t=y_t$，$y_{t+T}=a_t+b_tT(T=1,2,\cdots)$，可得

$$y_t-y_{t-1}=M_t^{(1)}-M_{t-1}^{(1)}=b_t \tag{10-3-12}$$

由上述分析可得平滑系数的计算公式为

$$\begin{cases}a_t=2M_t^{(1)}-M_t^{(2)}\\ b_t=\dfrac{2}{N-1}(M_t^{(1)}-M_t^{(2)})\end{cases} \tag{10-3-13}$$

故可得**直线趋势移动平均法预测模型**为

$$\hat{y}_{t+T}=(2M_t^{(1)}-M_t^{(2)})+\frac{2(M_t^{(1)}-M_t^{(2)})}{N-1}T \quad (T=1,2,\cdots) \tag{10-3-14}$$

例 10.3 我国1965—1985年的发电总量如表10-3所示，试预测1986年和1987年的发电总量。

表10-3 我国发电总量及一次和二次移动平均值计算表（N=6）

年 份	t/年	发电总量x_t/亿kW·h	一次移动平均值	二次移动平均值
1965	1	676		
1966	2	825		
1967	3	774		
1968	4	716		
1969	5	940		
1970	6	1159	848.3	
1971	7	1384	966.3	
1972	8	1524	1082.8	
1973	9	1668	1231.8	
1974	10	1688	1393.8	
1975	11	1958	1563.5	1181.1
1976	12	2031	1708.8	1324.5
1977	13	2234	1850.5	1471.9
1978	14	2566	2024.2	1628.8
1979	15	2820	2216.2	1792.8
1980	16	3006	2435.8	1966.5
1981	17	3093	2625	2143.4
1982	18	3277	2832.7	2330.7
1983	19	3514	3046	2530
1984	20	3770	3246.7	2733.7
1985	21	4107	3461.2	2941.2

【解析】　由散点图 10-1 可以看出，发电总量基本呈直线上升趋势，可用趋势移动平均法来预测。

取 $N=6$，分别计算一次和二次移动平均值，如表 10-3 所示。

$$M_{21}^{(1)}=3461.2,\ M_{21}^{(2)}=2941.2$$

由式（10-3-13）可得

$$\begin{cases}a_{21}=2M_{21}^{(1)}-M_{21}^{(2)}=3981.2\\ b_{21}=\dfrac{2}{6-1}(M_{21}^{(1)}-M_{21}^{(2)})=208\end{cases}$$

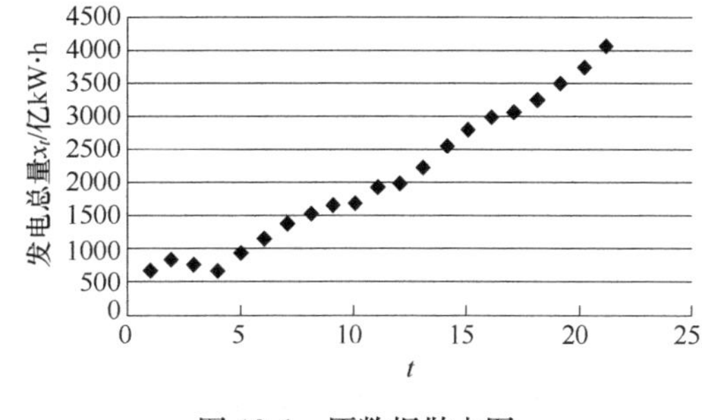

图 10-1　原数据散点图

于是，可得 $t=21$ 时直线趋势预测模型为

$$\hat{y}_{21+T}=3981.2+208T$$

预测 1986 年和 1987 年的发电总量分别为

$$\hat{y}_{1986}=\hat{y}_{22}=\hat{y}_{21+1}=3981.2+208=4189.2$$

$$\hat{y}_{1987}=\hat{y}_{23}=\hat{y}_{21+2}=3981.2+208\times2=4397.2$$

10.3.5　指数平滑法

指数平滑法实际上是一种特殊的加权移动平均法。其特点如下：

第一，指数平滑法进一步加强了观察期近期观察值对预测值的作用，对不同时间的观察值所赋予的权数不等，从而加大了近期观察值的权数，使预测值能够迅速反映市场实际的变化。权数之间按等比级数减少，此级数的首项为平滑常数 α，公比为（$1-\alpha$）。

第二，指数平滑法对于观察值所赋予的权数有伸缩性，可以取不同的 α 值以改变权数的变化速率。如果 α 取小值，则权数变化较迅速，观察值的新近变化趋势较能迅速反映于指数移动平均值中。因此，运用指数平滑法，可以选择不同的 α 值来调节时间序列观察值的均匀程度（即趋势变化的平稳程度）。

也就是说，指数平滑法是在移动平均法基础上发展起来的一种时间序列分析预测法，它是通过计算指数平滑值，配合一定的时间序列预测模型对现象的未来进行预测。其原理是任一期的指数平滑值都是本期实际观察值与前一期指数平滑值的加权平均。

显然指数平滑法是移动平均法的改进方法，通过对历史数据的远近不同赋予不同的权重进行预测。但在实际应用中，指数平滑法的预测值通常会滞后于实际值，尤其是所预测的时间序列存在长期趋势时，这种滞后的情况更加明显。

依据平滑次数不同，指数平滑法分为：一次指数平滑法、二次指数平滑法和三次指数平滑法等。

1. 一次指数平滑法

一次指数平滑法的平滑值递推关系为

$$S_t^{(1)}=\alpha y_t+(1-\alpha)S_{t-1}^{(1)},\ 0\leqslant\alpha\leqslant1 \tag{10-3-15}$$

式中，$S_t^{(1)}$ 是时间步长 t（理解为第 t 个时间点）经过平滑后的值，是 t 期时间序列的预测值；y_t 是这个时间步长 t 上的实际数据；α 称为平滑常数，可以是 0~1 之间的任意值，它控制着新旧信息之间的平衡。当 α 接近 1 时，就只保留当前数据点；当 α 接近 0 时，就只保留前面的平滑值。展开它的递推关系式为

$$\begin{aligned}S_t^{(1)} &= \alpha y_t+(1-\alpha)S_{t-1}^{(1)}\\ &=\alpha y_t+(1-\alpha)[\alpha y_{t-1}+(1-\alpha)S_{t-2}^{(1)}]\\ &=\alpha y_t+(1-\alpha)[\alpha y_{t-1}+(1-\alpha)[\alpha y_{t-2}+(1-\alpha)S_{t-3}^{(1)}]]\\ &=\alpha[y_t+(1-\alpha)y_{t-1}+(1-\alpha)^2 y_{t-2}+(1-\alpha)^3 S_{t-3}^{(1)}]\\ &=\cdots\\ &=\alpha\sum_{i=1}^{t}(1-\alpha)^i y_{t-i}(t>i)\end{aligned}$$

可以看出，在指数平滑法中，所有历史观测值都对当前的平滑值产生了影响，但它们所起的作用随着参数 α 的幂的增大而逐渐减小。那些相对较早的观测值所起的作用相对较小。也可称 α 为记忆衰减因子，α 的值越大，模型对历史数据“遗忘”得就越快。从某种程度来说，指数平滑法就像是拥有无限记忆（平滑窗口足够大）且权值呈指数级递减的移动平均法。一次指数平滑所得的计算结果可以在数据集及范围之外进行扩展，可以用来进行预测。

建立**一次指数平滑法预测模型**为

$$\hat{y}_{t+T}=a_t=S_t^{(1)} \tag{10-3-16}$$

式中，$S_t^{(1)}$ 是最后一个计算出来的平滑值。T 等于 1，代表预测的下一个值。也就是说，一次指数平滑法得出的预测在任何时候都是一条直线。

当时间序列无明显的趋势变化时，可用一次指数平滑预测。

2. 二次指数平滑法

二次指数平滑是对一次指数平滑的再平滑，它适用于具有线性趋势的时间序列。

二次指数平滑法的平滑值递推关系为

$$\begin{cases}S_t^{(1)}=\alpha y_t+(1-\alpha)S_{t-1}^{(1)}\\ S_t^{(2)}=\alpha S_t^{(1)}+(1-\alpha)S_{t-1}^{(2)}\end{cases} \tag{10-3-17}$$

二次指数平滑法是对一次指数平滑值再做一次指数平滑的方法。它不能单独地进行预测，必须与一次指数平滑法配合，才可建立预测的数学模型，然后运用数学模型确定预测值。

建立**二次指数平滑法预测模型**（线性模型）为

$$\hat{y}_{t+T}=a_t+b_tT \tag{10-3-18}$$

式中，a_t 为截距；b_t 为斜率。

设 $\hat{y}_t=S_t^{(1)}+(S_t^{(1)}-S_t^{(2)})$，$\hat{y}_{t+1}=S_{t+1}^{(1)}+(S_t^{(1)}-S_t^{(2)})$，则

$$a_t=2S_t^{(1)}-S_t^{(2)}$$

$$b_t=\hat{y}_{t+1}-\hat{y}_t=S_{t+1}^{(1)}-S_t^{(1)}=\alpha\hat{y}_{t+1}+(1-\alpha)S_t^{(1)}-S_t^{(1)}=\alpha(a_t+b_t)-\alpha S_t^{(1)}$$

则 $b_t=\dfrac{\alpha a_t-\alpha S_t^{(1)}}{1-\alpha}=\dfrac{\alpha(S_t^{(1)}-S_t^{(2)})}{1-\alpha}$。$a_t$ 和 b_t 的计算公式为

$$\begin{cases}a_t=S_t^{(1)}+(S_t^{(1)}-S_t^{(2)})=2S_t^{(1)}-S_t^{(2)}\\ b_t=S_{t+1}^{(1)}-S_t^{(1)}=\dfrac{\alpha}{1-\alpha}(S_t^{(1)}-S_t^{(2)})\end{cases} \tag{10-3-19}$$

由此引出趋势的概念。

趋势：或者说斜率的定义，即$\dfrac{\Delta S}{\Delta t}$，其中 Δt 为两点间的时间变化值。所以对于一个序列而言，相邻两个点的 $\Delta t=1$，因此 $\Delta S=S_{t+1}-S_t$。

注意：由二次指数平滑法预测模型可以看出，截距 a_t 保留了平滑后的信号，斜率 b_t 保留了平滑后的趋势。也就是说，二次指数平滑法预测模型既保留了平滑后的信号，也保留了平滑后趋势的详细信息。

3. 三次指数平滑法

三次指数平滑预测是二次平滑基础上的再平滑。

三次指数平滑法的平滑值递推关系为

$$\begin{cases}S_t^{(1)}=\alpha y_t+(1-\alpha)S_{t-1}^{(1)}\\ S_t^{(2)}=\alpha S_t^{(1)}+(1-\alpha)S_{t-1}^{(2)}\\ S_t^{(3)}=\alpha S_t^{(2)}+(1-\alpha)S_{t-1}^{(3)}\end{cases} \tag{10-3-20}$$

建立**三次指数平滑法预测模型**为

$$\hat{y}_{t+T}=a_t+b_tT+c_tT^2 \tag{10-3-21}$$

与构建二次指数平滑法预测模型类似，可求得三次指数平滑法预测模型的系数参数。即

$$\begin{cases}a_t=3S_t^{(1)}-3S_t^{(2)}+S_t^{(3)}\\ b_t=\dfrac{\alpha}{2(1-\alpha)^2}[(6-5\alpha)S_t^{(1)}-2(5-4\alpha)S_t^{(2)}+(4-3\alpha)S_t^{(3)}]\\ c_t=\dfrac{\alpha^2}{2(1-\alpha)^2}[S_t^{(1)}-2S_t^{(2)}+S_t^{(3)}]\end{cases} \tag{10-3-22}$$

4. 参数选择

（1）初始值的确定　即第一期的预测值。一般原数列的项数较多时（大于 15 项），可以选用第一期的观察值或选用比第一期前一期的观察值作为初始值。如果原数列的项数较少时（小于 15 项），可以选取最初几期（一般为前三期）的平均数作为初始值。指数平滑法的选用，一般可根据原数列散点图呈现的趋势来确定。如呈现直线趋势，选用二次指数平滑法；如呈现抛物线趋势，选用三次指数平滑法。或者，当时间序列的数据经二次指数平滑处理后，仍有曲率时，应使用三次指数平滑法。

（2）系数 α 的确定　指数平滑法的计算中，关键是 α 的取值大小，但 α 的取值又容易受主观影响，因此合理确定 α 的取值方法十分重要。一般来说，如果数据波动较大，α 值应取大一些，可以增加近期数据对预测结果的影响；如果数据波动平稳，α 值应取小一些。理论界一般认为有以下方法可供选择：

1）经验判断法。这种方法主要依赖于时间序列的发展趋势和预测者的经验做出判断。

当时间序列呈现较稳定的水平趋势时，应选较小的 α 值，一般可在 0.05~0.20 之间取值；当时间序列有波动，但长期趋势变化不大时，可选稍大的 α 值，常在 0.1~0.4 之间取值；当时间序列波动很大，长期趋势变化幅度较大，呈现明显且迅速上升或下降趋势时，宜选择较大的 α 值，如可在 0.6~0.8 间选值，以使预测模型灵敏度高些，能迅速跟上数据的变化；当时间序列数据是上升（或下降）的发展趋势类型，α 应取较大的值，在 0.6~1 之间。

2）试算法。根据具体时间序列情况，参照经验判断法，选取 α 不同值并比较预测标准误差，选取预测标准误差最小的 α 即可。

在实际应用中预测者应结合对预测对象的变化规律做出定性判断且计算预测误差，并要考虑到预测灵敏度和预测精度是相互矛盾的，必须给予两者一定的考虑，采用折中的 α 值。

（3）模型精度　模型精度评价指标常用的有标准误差、均方误差及平均绝对误差等。

1）标准误差。标准误差定义为各测量值误差平方均值的平方根。

设 n 个测量值的误差为 ε_1，ε_2，…，ε_n，这组测量值的标准误差记为 $RMSE$，即

$$RMSE=\sqrt{\frac{\varepsilon_1^2+\varepsilon_2^2+\cdots+\varepsilon_n^2}{n}}=\sqrt{\frac{1}{n}\sum_{t=1}^{n}\varepsilon_t^2} \tag{10-3-23}$$

2）均方误差。均方误差是最常用的，数理统计中均方误差是指参数估计值与参数真值之差平方均值，记为 MSE，即

$$MSE=\frac{1}{n}\sum_{i=1}^{n}\varepsilon_i^2 \tag{10-3-24}$$

MSE 是衡量平均误差的一种较方便的方法，可以评价数据的变化程度，MSE 的值越小，说明预测模型描述实验数据具有更好的精确度。

3）平均绝对误差。平均绝对误差是参数估计值与参数真值之差绝对值的平均值，记为 MAD，即

$$MAD=\frac{1}{n}\sum_{i=1}^{n}|\varepsilon_i| \tag{10-3-25}$$

练习题

一、选择题

1. 时间序列在长期内呈现出来的某种持续向上或持续下降的变动称为（　　）。

A. 趋势　　B. 季节变动

C. 循环波动　　D. 不规则波动

2. 只含有随机波动的序列称为（　　）。

A. 平稳序列　　B. 周期性序列

C. 季节性序列　　D. 非平稳序列

3. 季节变动是指时间序列（　　）。

A. 在长时期内呈现出来的某种持续向上或持续下降的变动

B. 在一年内重复出现的周期性波动

C. 呈现出的非固定长度的周期性变动

D. 除去趋势、周期性和季节性之后的随机波动

4. 一次指数平滑法适合于预测（　　）。

A. 只含随机波动的序列　　B. 含有多种成分的序列

C. 含有趋势成分的序列　　D. 含有季节成分的序列

5. 移动平均法适合于预测（　　）。

A. 只含有随机波动的序列　　B. 含有多种成分的序列

C. 含有趋势成分的序列　　D. 含有季节成分的序列

6. 如果现象随着时间的变动按某个常数增加或减少，则适合的预测方法是（　　）。

A. 移动平均　　B. 简单指数平滑

C. 一元线性模型　　D. 指数模型

7. 已知时间序列各期观测值为 100，240，370，530，650，810，对这一时间序列进行预测适合的模型是（　　）。

A. 直线模型　　B. 指数曲线模型

C. 多阶曲线模型　　D. 以上都不对

8. 用最小二乘法拟合的直线趋势方程为 $\hat{y}_t=b_0+b_1t$。若 b_1 为负数，表明该现象随着时间的推移呈现为（　　）。

A. 上升趋势　　B. 下降趋势

C. 水平趋势　　D. 随机波动

9. 对某时间序列建立的指数曲线方程为 $\hat{y}_t=1500\times1.2^t$，这表明该现象（　　）。

A. 每期增长率为 120%　　B. 每期增长率为 20%

C. 每期增长量为 1.2 个单位　　D. 每期的观测值为 1.2 个单位

10. 对某时间序列建立的趋势方程为 $\hat{y}_t=1500\times0.95^t$，表明该序列（　　）。

A. 没有趋势　　B. 呈线性上升趋势

C. 呈指数上升趋势　　D. 呈指数下降趋势

11. 如果时间序列适合于拟合趋势方程 $\hat{y}_t=b_0+b_1t$，表明该序列（　　）。

A. 各期观测值按常数增长　　B. 各期观测值按指数增长

C. 各期增长率按常数增长　　D. 各期增长率按指数增长

12. 对某企业各年的销售额拟合的直线趋势方程为 $\hat{y}_t=6+1.5t$，这表明（　　）。

A. 时间每增加 1 年，销售额平均增加 1.5 个单位

B. 时间每增加 1 年，销售额平均减少 1.5 个单位

C. 时间每增加 1 年，销售额平均增加 1.5%

D. 下一年度的销售额为 1.5 个单位

13. 对时间序列的数据做季节调整的目的是（　　）。

A. 消除时间序列中季节变动的影响　　B. 描述时间序列中季节变动的影响

C. 消除时间序列中趋势的影响　　D. 消除时间序列中随机波动的影响

二、计算题

1. 某地区“九五”时期国内生产总值资料如表 10-4 所示。试用简单移动平均法计算该地区“九五”时期国内生产总值和各产业产值的平均值，即预测生产总值和各产业产值的发展水平。

表 10-4　某地区“九五”时期国内生产总值资料　　（单位：百万元）

年　份	国内生产总值	第一产业	第二产业	第三产业
1996	21618	5289	9102	7227
1997	26635	5800	11670	9154

（续）

年　份	国内生产总值	第一产业	第二产业	第三产业
1998	34515	6882	16428	11205
1999	45006	9438	21259	14309
2000	57733	11365	28274	18094

2. 某企业 2018 年 8 月几次员工数变动登记如表 10-5 所示。试用加权移动平均法计算该企业 8 月份平均员工数，即进行员工人数预测。

表 10-5　某企业 2018 年 8 月平均员工数

8 月 1 日	8 月 11 日	8 月 16 日	8 月 31 日
1210	1240	1300	1270

3. 某企业 2020 年产品库存量数据如表 10-6 所示，试用“首末折半法”计算第一季度、第二季度、上半年、下半年和全年的平均库存量，即进行库存量预测。

所谓“首末折半法”即移动平均法预测模型为 $\bar{y}=\frac{\frac{y_1}{2}+y_2+\cdots+y_{n-1}+\frac{y_n}{2}}{n-1}$。

表 10-6　某企业 2020 年产品库存量数据　　（单位：件）

日　期	库存量	日　期	库存量	日　期	库存量
1 月 1 日	63	5 月 31 日	55	10 月 31 日	68
1 月 31 日	60	6 月 30 日	70	11 月 30 日	54
2 月 28 日	88	7 月 31 日	48	12 月 31 日	58
3 月 31 日	46	8 月 31 日	49		
4 月 30 日	50	9 月 30 日	60		

4. 某地区“九五”时期年末居民存款余额如表 10-7 所示，试运用“首末折半法”即移动平均法计算该地区“九五”时期居民年平均存款余额，即进行居民年平均存款余额的时间序列预测。

表 10-7　某地区“九五”时期年末居民存款余额　　（单位：百万元）

年份	1995	1996	1997	1998	1999	2000
存款余额	7034	9110	11545	14746	21519	29662

5. 某地区 1995—2000 年社会消费品零售总额资料如表 10-8 所示。

表 10-8　某地区 1995—2000 年社会消费品零售总额资料　　（单位：亿元）

年　份	1995	1996	1997	1998	1999	2000
社会消费品零售总额	8255	9383	10985	12238	16059	19710

要求：

（1）列表计算：①逐期增长量 y_i-y_{i-1} 和累积增长量 y_i-y_0；②定基发展速度 y_i/y_0(%) 和环比发展速度 y_i/y_{i-1}(%)；③定基增长速度（y_i/y_0）-1(%) 和环比增长速度（y_i/y_{i-1}）-1(%)；④增长 1%的增长量 $y_{i-1}/100$。

（2）计算全期平均增长量、平均发展速度和平均增长速度。

6. 某企业 1995—2000 年底工人数和管理人员数资料如表 10-9 所示。试利用 1995—2000 年企业管理人员数占工人数的比重，采用二次指数平滑法构建管理人员数占工人数的比重预测模型。

表 10-9　某企业 1995—2000 年底工人数和管理人员数

年份	工人数	管理人员数	年份	工人数	管理人员数
1995	1000	40	1998	1230	52
1996	1202	43	1999	1285	60
1997	1120	50	2000	1415	64

7. 某企业 1987—2001 年产品产量数据如表 10-10 所示。

表 10-10　某企业 1987—2001 年产品产量数据　（单位：件）

年份	产量	年份	产量	年份	产量
1987	344	1992	468	1997	580
1988	416	1993	486	1998	569
1989	435	1994	496	1999	548
1990	440	1995	522	2000	580
1991	450	1996	580	2001	629

试采用趋势线性拟合预测模型预测 2002 年该企业的产品产量。

附　表

附表 1　几种常用的概率分布表

分布	参数	分布律或概率密度	数学期望	方　差
(0—1)分布	$0<p<1$	$P\{X=k\}=p^k(1-p)^{1-k},k=0,1$	p	$p(1-p)$
二项分布	$n\geqslant1$ $0<p<1$	$P\{X=k\}=\binom{n}{k}p^k(1-p)^{n-k}$ $k=0,1,\cdots,n$	np	$np(1-p)$
负二项分布（巴斯卡分布）	$r\geqslant1$ $0<p<1$	$P\{X=k\}=\binom{k-1}{r-1}p^r(1-p)^{k-r}$ $k=r,r+1,\cdots$	$\frac{r}{p}$	$\frac{r(1-p)}{p^2}$
几何分布	$0<p<1$	$P\{X=k\}=(1-p)^{k-1}p$ $k=1,2,\cdots$	$\frac{1}{p}$	$\frac{1-p}{p^2}$
超几何分布	N,M,n $(M\leqslant N)$ $(n\leqslant N)$	$P\{X=k\}=\frac{\binom{M}{k}\binom{N-M}{n-k}}{\binom{N}{k}}$ k 为整数，$\max\{0,n-N+M\}\leqslant k\leqslant\min\{n,M\}$	$\frac{nM}{N}$	$\frac{nM}{N}\left(1-\frac{M}{N}\right)\left(\frac{N-n}{N-1}\right)$
泊松分布	$\lambda>0$	$P\{X=k\}=\frac{\lambda^k e^{-\lambda}}{k!}$ $k=0,1,2,\cdots$	λ	λ
均匀分布	$a<b$	$f(x)=\begin{cases}\frac{1}{b-a}, & a<x<b\\ 0, & \text{其他}\end{cases}$	$\frac{a+b}{2}$	$\frac{(b-a)^2}{12}$

（续）

分布	参数	分布律或概率密度	数学期望	方　差
正态分布	μ $\sigma>0$	$f(x)=\frac{1}{\sqrt{2\pi}\sigma}e^{-(x-\mu)^2/(2\sigma^2)}$	μ	σ^2
Γ分布	$\alpha>0$ $\beta>0$	$f(x)=\begin{cases}\frac{1}{\beta^\alpha\Gamma(\alpha)}x^{\alpha-1}e^{-x/\beta}, & x>0\\ 0, & 其他\end{cases}$	$\alpha\beta$	$\alpha\beta^2$
指数分布（负指数分布）	$\theta>0$	$f(x)=\begin{cases}\frac{1}{\theta}e^{-x/\theta}, & x>0\\ 0, & 其他\end{cases}$	θ	θ^2
χ^2分布	$n\geqslant1$	$f(x)=\begin{cases}\frac{1}{2^{n/2}\Gamma(n/2)}x^{n/2-1}e^{-x/2}, & x>0\\ 0, & 其他\end{cases}$	n	$2n$
韦布尔分布	$\eta>0$ $\beta>0$	$f(x)=\begin{cases}\frac{\beta}{\eta}\left(\frac{x}{\eta}\right)^{\beta-1}e^{-\left(\frac{x}{\eta}\right)^\beta}, & x>0\\ 0, & 其他\end{cases}$	$\eta\Gamma\left(\frac{1}{\beta}+1\right)$	$\eta^2\left\{\Gamma\left(\frac{2}{\beta}+1\right)-\left[\Gamma\left(\frac{1}{\beta}+1\right)\right]^2\right\}$
瑞利分布	$\sigma>0$	$f(x)=\begin{cases}\frac{x}{\sigma^2}e^{-x^2/(2\sigma^2)}, & x>0\\ 0, & 其他\end{cases}$	$\sqrt{\frac{\pi}{2}}\sigma$	$\frac{4-\pi}{2}\sigma^2$
β分布	$\alpha>0$ $\beta>0$	$f(x)=\begin{cases}\frac{\Gamma(\alpha+\beta)}{\Gamma(\alpha)\Gamma(\beta)}x^{\alpha-1}(1-x)^{\beta-1}, & 0<x<1\\ 0, & 其他\end{cases}$	$\frac{\alpha}{\alpha+\beta}$	$\frac{\alpha\beta}{(\alpha+\beta)^2(\alpha+\beta+1)}$
对数正态分布	μ $\sigma>0$	$f(x)=\begin{cases}\frac{1}{\sqrt{2\pi}\sigma x}e^{-(\ln x-\mu)^2/(2\sigma^2)}, & x>0\\ 0, & 其他\end{cases}$	$e^{\mu+\frac{\sigma^2}{2}}$	$e^{2\mu+\sigma^2}(e^{\sigma^2}-1)$
柯西分布	a $\lambda>0$	$f(x)=\frac{1}{\pi}\frac{1}{\lambda^2+(x-a)^2}$	不存在	不存在

（续）

分布	参数	分布律或概率密度	数学期望	方　差
t 分布	$n\geqslant1$	$f(x)=\dfrac{\Gamma\left(\dfrac{n+1}{2}\right)}{\sqrt{n\pi}\Gamma(n/2)}\left(1+\dfrac{x^2}{n}\right)^{-(n+1)/2}$	$0, n>1$	$\dfrac{n}{n-2}, n>2$
F 分布	n_1, n_2	$f(x)=\begin{cases}\dfrac{\Gamma[(n_1+n_2)/2]}{\Gamma(n_1/2)\Gamma(n_2/2)}\left(\dfrac{n_1}{n_2}\right)\left(\dfrac{n_1}{n_2}x\right)^{n_1/2-1}\left(1+\dfrac{n_1}{n_2}x\right)^{-(n_1+n_2)/2}, & x>0\\ 0, & 其他\end{cases}$	$\dfrac{n_2}{n_2-2}$ $n_2>2$	$\dfrac{2n_2^2(n_1+n_2-2)}{n_1(n_2-2)^2(n_2-4)}$ $n_2>4$

附表 2　标准正态分布表

$$\Phi(x)=\int_{-\infty}^{x}\frac{1}{\sqrt{2\pi}}e^{-t^2/2}dt$$

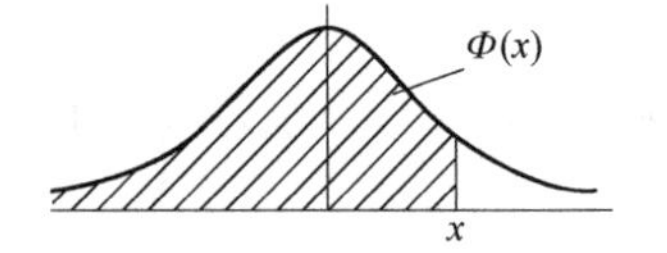

x	0.00	0.01	0.02	0.03	0.04	0.05	0.06	0.07	0.08	0.09
0.0	0.5000	0.5040	0.5080	0.5120	0.5160	0.5199	0.5239	0.5279	0.5319	0.5359
0.1	0.5398	0.5438	0.5478	0.5517	0.5557	0.5596	0.5636	0.5675	0.5714	0.5753
0.2	0.5793	0.5832	0.5871	0.5910	0.5948	0.5987	0.6026	0.6064	0.6103	0.6141
0.3	0.6179	0.6217	0.6255	0.6293	0.6331	0.6368	0.6406	0.6443	0.6480	0.6517
0.4	0.6554	0.6591	0.6628	0.6664	0.6700	0.6736	0.6772	0.6808	0.6844	0.6879
0.5	0.6915	0.6950	0.6985	0.7019	0.7054	0.7088	0.7123	0.7157	0.7190	0.7224
0.6	0.7257	0.7291	0.7324	0.7357	0.7389	0.7422	0.7454	0.7486	0.7517	0.7549
0.7	0.7580	0.7611	0.7642	0.7673	0.7704	0.7734	0.7764	0.7794	0.7823	0.7852
0.8	0.7881	0.7910	0.7939	0.7967	0.7995	0.8023	0.8051	0.8078	0.8106	0.8133
0.9	0.8159	0.8186	0.8212	0.8238	0.8264	0.8289	0.8315	0.8340	0.8365	0.8389
1.0	0.8413	0.8438	0.8461	0.8485	0.8508	0.8531	0.8554	0.8577	0.8599	0.8621
1.1	0.8643	0.8665	0.8686	0.8708	0.8729	0.8749	0.8770	0.8790	0.8810	0.8830
1.2	0.8849	0.8869	0.8888	0.8907	0.8925	0.8944	0.8962	0.8980	0.8997	0.9015
1.3	0.9032	0.9049	0.9066	0.9082	0.9099	0.9115	0.9131	0.9147	0.9162	0.9177
1.4	0.9192	0.9207	0.9222	0.9236	0.9251	0.9265	0.9278	0.9292	0.9306	0.9319
1.5	0.9332	0.9345	0.9357	0.9370	0.9382	0.9394	0.9406	0.9418	0.9429	0.9441
1.6	0.9452	0.9463	0.9474	0.9484	0.9495	0.9505	0.9515	0.9525	0.9535	0.9545
1.7	0.9554	0.9564	0.9573	0.9582	0.9591	0.9599	0.9608	0.9616	0.9625	0.9633
1.8	0.9641	0.9649	0.9656	0.9664	0.9671	0.9678	0.9686	0.9693	0.9699	0.9706
1.9	0.9713	0.9719	0.9726	0.9732	0.9738	0.9744	0.9750	0.9756	0.9761	0.9767

（续）

x	0.00	0.01	0.02	0.03	0.04	0.05	0.06	0.07	0.08	0.09
2.0	0.9772	0.9778	0.9783	0.9788	0.9793	0.9798	0.9803	0.9808	0.9812	0.9817
2.1	0.9821	0.9826	0.9830	0.9834	0.9838	0.9842	0.9846	0.9850	0.9854	0.9857
2.2	0.9861	0.9864	0.9868	0.9871	0.9875	0.9878	0.9881	0.9884	0.9887	0.9890
2.3	0.9893	0.9896	0.9898	0.9901	0.9904	0.9906	0.9909	0.9911	0.9913	0.9916
2.4	0.9918	0.9920	0.9922	0.9925	0.9927	0.9929	0.9931	0.9932	0.9934	0.9936
2.5	0.9938	0.9940	0.9941	0.9943	0.9945	0.9946	0.9948	0.9949	0.9951	0.9952
2.6	0.9953	0.9955	0.9956	0.9957	0.9959	0.9960	0.9961	0.9962	0.9963	0.9964
2.7	0.9965	0.9966	0.9967	0.9968	0.9969	0.9970	0.9971	0.9972	0.9973	0.9974
2.8	0.9974	0.9975	0.9976	0.9977	0.9977	0.9978	0.9979	0.9979	0.9980	0.9981
2.9	0.9981	0.9982	0.9982	0.9983	0.9984	0.9984	0.9985	0.9985	0.9986	0.9986
3.0	0.9987	0.9987	0.9987	0.9988	0.9988	0.9989	0.9989	0.9989	0.9990	0.9990
3.1	0.9990	0.9991	0.9991	0.9991	0.9992	0.9992	0.9992	0.9992	0.9993	0.9993
3.2	0.9993	0.9993	0.9994	0.9994	0.9994	0.9994	0.9994	0.9995	0.9995	0.9995
3.3	0.9995	0.9995	0.9995	0.9996	0.9996	0.9996	0.9996	0.9996	0.9996	0.9997
3.4	0.9997	0.9997	0.9997	0.9997	0.9997	0.9997	0.9997	0.9997	0.9997	0.9998

附表 3　泊松分布表

$$P(X \leqslant x)=\sum_{k=0}^{x}\frac{\lambda^{k}e^{-\lambda}}{k!}$$

x	λ								
	0.1	0.2	0.3	0.4	0.5	0.6	0.7	0.8	0.9
0	0.9048	0.8187	0.7408	0.6730	0.6065	0.5488	0.4966	0.4493	0.4066
1	0.9953	0.9825	0.9631	0.9384	0.9098	0.8781	0.8442	0.8088	0.7725
2	0.9998	0.9989	0.9964	0.9921	0.9856	0.9769	0.9659	0.9526	0.9371
3	1.0000	0.9999	0.9997	0.9992	0.9982	0.9966	0.9942	0.9909	0.9865
4		1.0000	1.0000	0.9999	0.9998	0.9996	0.9992	0.9986	0.9977
5				1.0000	1.0000	1.0000	0.9999	0.9998	0.9997
6							1.0000	1.0000	1.0000

x	λ								
	1.0	1.5	2.0	2.5	3.0	3.5	4.0	4.5	5.0
0	0.3679	0.2231	0.1353	0.0821	0.0498	0.0302	0.0183	0.0111	0.0067
1	0.7358	0.5578	0.4060	0.2873	0.1991	0.1359	0.0916	0.0611	0.0404
2	0.9197	0.8088	0.6767	0.5438	0.4232	0.3208	0.2381	0.1736	0.1247
3	0.9810	0.9344	0.8571	0.7576	0.6472	0.5366	0.4335	0.3423	0.2650
4	0.9963	0.9814	0.9473	0.8912	0.8153	0.7254	0.6288	0.5321	0.4405
5	0.9994	0.9955	0.9834	0.9580	0.9161	0.8576	0.7851	0.7029	0.6160
6	0.9999	0.9991	0.9955	0.9858	0.9665	0.9347	0.8893	0.8311	0.7622
7	1.0000	0.9998	0.9989	0.9958	0.9881	0.9733	0.9489	0.9134	0.8666
8		1.0000	0.9998	0.9989	0.9962	0.9901	0.9786	0.9597	0.9319
9			1.0000	0.9997	0.9989	0.9967	0.9919	0.9829	0.9682
10				0.9999	0.9997	0.9990	0.9972	0.9933	0.9863
11				1.0000	0.9999	0.9997	0.9991	0.9976	0.9945
12					1.0000	0.9999	0.9997	0.9992	0.9980

（续）

x	λ								
	5.5	6.0	6.5	7.0	7.5	8.0	8.5	9.0	9.5
0	0.0041	0.0025	0.0015	0.0009	0.0006	0.0003	0.0002	0.0001	0.0001
1	0.0266	0.0174	0.0113	0.0073	0.0047	0.0030	0.0019	0.0012	0.0008
2	0.0884	0.0620	0.0430	0.0296	0.0203	0.0138	0.0093	0.0062	0.0042
3	0.2017	0.1512	0.1118	0.0818	0.0591	0.0424	0.0301	0.0212	0.0149
4	0.3575	0.2851	0.2237	0.1730	0.1321	0.0996	0.0744	0.0550	0.0403
5	0.5289	0.4457	0.3690	0.3007	0.2414	0.1912	0.1496	0.1157	0.0885
6	0.6860	0.6063	0.5265	0.4497	0.3782	0.3134	0.2562	0.2068	0.1649
7	0.8095	0.7440	0.6728	0.5987	0.5246	0.4530	0.3856	0.3239	0.2687
8	0.8944	0.8472	0.7916	0.7291	0.6620	0.5925	0.5231	0.4557	0.3918
9	0.9462	0.9161	0.8774	0.8305	0.7764	0.7166	0.6530	0.5874	0.5218
10	0.9747	0.9574	0.9332	0.9015	0.8622	0.8159	0.7634	0.7060	0.6453
11	0.9890	0.9799	0.9661	0.9466	0.9208	0.8881	0.8487	0.8030	0.7520
12	0.9955	0.9912	0.9840	0.9730	0.9573	0.9362	0.9091	0.8758	0.8364
13	0.9983	0.9964	0.9929	0.9872	0.9784	0.9658	0.9486	0.9261	0.8981
14	0.9994	0.9986	0.9970	0.9943	0.9897	0.9827	0.9726	0.9585	0.9400
15	0.9998	0.9995	0.9988	0.9976	0.9954	0.9918	0.9862	0.9780	0.9665
16	0.9999	0.9998	0.9996	0.9990	0.9980	0.9963	0.9934	0.9889	0.9823
17	1.0000	0.9999	0.9998	0.9996	0.9992	0.9984	0.9970	0.9947	0.9911
18		1.0000	0.9999	0.9999	0.9997	0.9994	0.9987	0.9976	0.9957
19			1.0000	1.0000	0.9999	0.9997	0.9995	0.9989	0.9980
20					1.000	0.9999	0.9998	0.9996	0.9991

x	λ								
	10.0	11.0	12.0	13.0	14.0	15.0	16.0	17.0	18.0
0	0.0000	0.0000	0.0000						
1	0.0005	0.0002	0.0001	0.0000	0.0000				
2	0.0028	0.0012	0.0005	0.0002	0.0001	0.0000	0.0000		
3	0.0103	0.0049	0.0023	0.0010	0.0005	0.0002	0.0001	0.0000	0.0000
4	0.0293	0.0151	0.0076	0.0037	0.0018	0.0009	0.0004	0.0002	0.0001
5	0.0671	0.0375	0.0203	0.0107	0.0055	0.0028	0.0014	0.0007	0.0003
6	0.1301	0.0786	0.0458	0.0259	0.0142	0.0076	0.0040	0.0021	0.0010
7	0.2202	0.1432	0.0895	0.0540	0.0316	0.0180	0.0100	0.0054	0.0029
8	0.3328	0.2320	0.1550	0.0998	0.0621	0.0374	0.0220	0.0126	0.0071
9	0.4579	0.3405	0.2424	0.1658	0.1094	0.0699	0.0433	0.0261	0.0154
10	0.5830	0.4599	0.3472	0.2517	0.1757	0.1185	0.0774	0.0491	0.0304
11	0.6968	0.5793	0.4616	0.3532	0.2600	0.1848	0.1270	0.0847	0.0549
12	0.7916	0.6887	0.5760	0.4631	0.3585	0.2676	0.1931	0.1350	0.0917
13	0.8645	0.7813	0.6815	0.5730	0.4644	0.3632	0.2745	0.2009	0.1426
14	0.9165	0.8540	0.7720	0.6751	0.5704	0.4657	0.3675	0.2808	0.2081
15	0.9513	0.9074	0.8444	0.7636	0.6694	0.5681	0.4667	0.3715	0.2867
16	0.9730	0.9441	0.8987	0.8355	0.7559	0.6641	0.5660	0.4677	0.3750
17	0.9857	0.9678	0.9370	0.8905	0.8272	0.7489	0.6593	0.5640	0.4686
18	0.9928	0.9823	0.9626	0.9302	0.8826	0.8195	0.7423	0.6550	0.5622

（续）

x	λ								
	10.0	11.0	12.0	13.0	14.0	15.0	16.0	17.0	18.0
19	0.9965	0.9907	0.9787	0.9573	0.9235	0.8752	0.8122	0.7363	0.6509
20	0.9984	0.9953	0.9884	0.9750	0.9521	0.9170	0.8682	0.8055	0.7307
21	0.9993	0.9977	0.9939	0.9859	0.9712	0.9469	0.9108	0.8615	0.7991
22	0.9997	0.9990	0.9970	0.9924	0.9833	0.9673	0.9418	0.9047	0.8551
23	0.9999	0.9995	0.9985	0.9960	0.9907	0.9805	0.9633	0.9367	0.8989
24	1.0000	0.9998	0.9993	0.9980	0.9950	0.9888	0.9777	0.9594	0.9317
25		0.9999	0.9997	0.9990	0.9974	0.9938	0.9869	0.9748	0.9554
26		1.0000	0.9999	0.9995	0.9987	0.9967	0.9925	0.9848	0.9718
27			0.9999	0.9998	0.9994	0.9983	0.9959	0.9912	0.9827
28			1.0000	0.9999	0.9997	0.9991	0.9978	0.9950	0.9897
29				1.0000	0.9999	0.9996	0.9989	0.9973	0.9941
30					0.9999	0.9998	0.9994	0.9986	0.9967
31					1.0000	0.9999	0.9997	0.9993	0.9982
32						1.0000	0.9999	0.9996	0.9990
33							0.9999	0.9998	0.9995
34							1.0000	0.9999	0.9998
35								1.0000	0.9999
36									0.9999
37									1.0000

附表 4　χ^2 分布表

$$P\{\chi^2(n)>\chi^2_\alpha(n)\}=\alpha$$

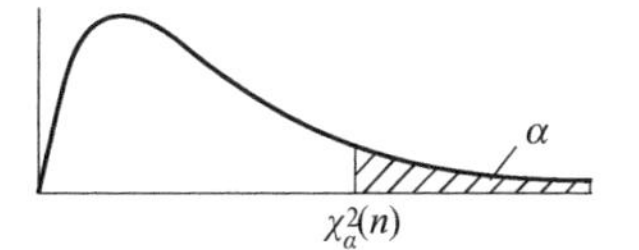

n	α									
	0.995	0.99	0.975	0.95	0.90	0.10	0.05	0.025	0.01	0.005
1	0.000	0.000	0.001	0.004	0.016	2.706	3.843	5.025	6.637	7.882
2	0.010	0.020	0.051	0.103	0.211	4.605	5.992	7.378	9.210	10.597
3	0.072	0.115	0.216	0.352	0.584	6.251	7.815	9.348	11.344	12.837
4	0.207	0.297	0.484	0.711	1.064	7.779	9.488	11.143	13.277	14.860
5	0.412	0.554	0.831	1.145	1.610	9.236	11.070	12.832	15.085	16.748
6	0.676	0.872	1.237	1.635	2.204	10.645	12.592	14.440	16.812	18.548
7	0.989	1.239	1.690	2.167	2.833	12.017	14.067	16.012	18.474	20.276
8	1.344	1.646	2.180	2.733	3.490	13.362	15.507	17.534	20.090	21.954
9	1.735	2.088	2.700	3.325	4.168	14.684	16.919	19.022	21.665	23.587
10	2.156	2.558	3.247	3.940	4.865	15.987	18.307	20.483	23.209	25.188
11	2.603	3.053	3.816	4.575	5.578	17.275	19.675	21.920	24.724	26.755
12	3.074	3.571	4.404	5.226	6.304	18.549	21.026	23.337	26.217	28.300
13	3.565	4.107	5.009	5.892	7.041	19.812	22.362	24.735	27.687	29.817
14	4.075	4.660	5.629	6.571	7.790	21.064	23.685	26.119	29.141	31.319
15	4.600	5.229	6.262	7.261	8.547	22.307	24.996	27.488	30.577	32.799

（续）

n	α									
	0.995	0.99	0.975	0.95	0.90	0.10	0.05	0.025	0.01	0.005
16	5.142	5.812	6.908	7.962	9.312	23.542	26.296	28.845	32.000	34.267
17	5.697	6.407	7.564	8.682	10.085	24.769	27.587	30.190	33.408	35.716
18	6.265	7.015	8.231	9.390	10.865	25.989	28.869	31.526	34.805	37.156
19	6.843	7.632	8.906	10.117	11.651	27.203	30.143	32.852	36.190	38.580
20	7.434	8.260	9.591	10.851	12.443	28.412	31.410	34.170	37.566	39.997
21	8.033	8.897	10.283	11.591	13.240	29.615	32.670	35.478	38.930	41.399
22	8.643	9.542	10.982	12.338	14.042	30.813	33.924	36.781	40.289	42.796
23	9.260	10.195	11.688	13.090	14.848	32.007	35.172	38.075	41.637	44.179
24	9.886	10.856	12.401	13.848	15.659	33.196	36.415	39.364	42.980	45.558
25	10.519	11.523	13.120	14.611	16.473	34.381	37.652	40.646	44.313	46.925
26	11.160	12.198	13.844	15.379	17.292	35.563	38.885	41.923	45.642	48.290
27	11.807	12.878	14.573	16.151	18.114	36.741	40.113	43.194	46.962	49.642
28	12.461	13.565	15.308	16.928	18.939	37.916	41.337	44.461	48.278	50.993
29	13.120	14.256	16.147	17.708	19.768	39.087	42.557	45.772	49.586	52.333
30	13.787	14.954	16.791	18.493	20.599	40.256	43.773	46.979	50.892	53.672
31	14.457	15.655	17.538	19.280	21.433	41.422	44.985	48.231	52.190	55.000
32	15.134	16.362	18.291	20.072	22.271	42.585	46.194	49.480	53.486	56.328
33	15.814	17.073	19.046	20.866	23.110	43.745	47.400	50.724	54.774	57.646
34	16.501	17.789	19.806	21.664	23.952	44.903	48.602	51.966	56.061	58.964
35	17.191	18.508	20.569	22.465	24.796	46.059	49.802	53.203	57.340	60.272
36	17.887	19.233	21.336	23.269	25.643	47.212	50.998	54.437	58.619	61.581
37	18.584	19.960	22.105	24.075	26.492	48.363	52.192	55.667	59.891	62.880
38	19.289	20.691	22.878	24.884	27.343	49.513	53.384	56.896	61.162	64.181
39	19.994	21.425	23.654	25.695	28.196	50.660	54.572	58.119	62.426	65.473
40	20.706	22.164	24.433	26.509	29.050	51.805	55.758	59.342	63.691	66.766

注：当 $n>40$ 时，$\chi_{\alpha}^{2}(n) \approx \frac{1}{2}(z_{\alpha}+\sqrt{2n-1})^{2}$。

附表 5　t 分布表

$$P\{t(n)>t_{\alpha}(n)\}=\alpha$$

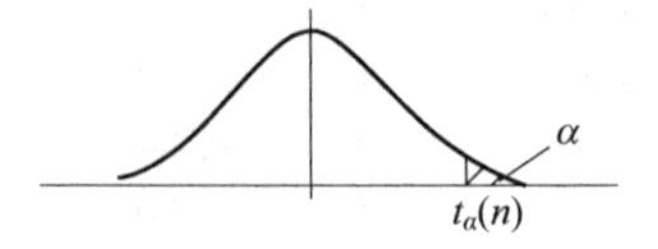

n	α						
	0.20	0.15	0.10	0.05	0.025	0.01	0.005
1	1.376	1.963	3.0777	6.3138	12.7062	31.8207	63.6574
2	1.061	1.386	1.8856	2.9200	4.3027	6.9646	9.9248
3	0.978	1.250	1.6377	2.3534	3.1824	4.5407	5.8409
4	0.941	1.190	1.5332	2.1318	2.7764	3.7469	4.6041
5	0.920	1.156	1.4759	2.0150	2.5706	3.3649	4.0322

（续）

n	α						
	0. 20	0. 15	0. 10	0. 05	0. 025	0. 01	0. 005
6	0. 906	1. 134	1. 4398	1. 9432	2. 4469	3. 1427	3. 7074
7	0. 896	1. 119	1. 4149	1. 8946	2. 3646	2. 9980	3. 4995
8	0. 889	1. 108	1. 3968	1. 8595	2. 3060	2. 8965	3. 3554
9	0. 883	1. 100	1. 3830	1. 8331	2. 2622	2. 8214	3. 2498
10	0. 879	1. 093	1. 3722	1. 8125	2. 2281	2. 7638	3. 1693
11	0. 876	1. 088	1. 3634	1. 7959	2. 2010	2. 7181	3. 1058
12	0. 873	1. 083	1. 3562	1. 7823	2. 1788	2. 6810	3. 0545
13	0. 870	1. 079	1. 3502	1. 7709	2. 1604	2. 6503	3. 0123
14	0. 868	1. 076	1. 3450	1. 7613	2. 1448	2. 6245	2. 9768
15	0. 866	1. 074	1. 3406	1. 7531	2. 1315	2. 6025	2. 9467
16	0. 865	1. 071	1. 3368	1. 7459	2. 1199	2. 5835	2. 9208
17	0. 863	1. 069	1. 3334	1. 7396	2. 1098	2. 5669	2. 8982
18	0. 862	1. 067	1. 3304	1. 7341	2. 1009	2. 5524	2. 8784
19	0. 861	1. 066	1. 3277	1. 7291	2. 0930	2. 5395	2. 8609
20	0. 860	1. 064	1. 3253	1. 7247	2. 0860	2. 5280	2. 8453
21	0. 859	1. 063	1. 3232	1. 7207	2. 0796	2. 5177	2. 8314
22	0. 858	1. 061	1. 3212	1. 7171	2. 0739	2. 5083	2. 8188
23	0. 858	1. 060	1. 3195	1. 7139	2. 0687	2. 4999	2. 8073
24	0. 857	1. 059	1. 3178	1. 7109	2. 0639	2. 4922	2. 7969
25	0. 856	1. 058	1. 3163	1. 7081	2. 0595	2. 4851	2. 7874
26	0. 856	1. 058	1. 3150	1. 7056	2. 0555	2. 4786	2. 7787
27	0. 855	1. 057	1. 3137	1. 7033	2. 0518	2. 4727	2. 7707
28	0. 855	1. 056	1. 3125	1. 7011	2. 0484	2. 4671	2. 7633
29	0. 854	1. 055	1. 3114	1. 6991	2. 0452	2. 4620	2. 7564
30	0. 854	1. 055	1. 3104	1. 6973	2. 0423	2. 4573	2. 7500
31	0. 8535	1. 0541	1. 3095	1. 6955	2. 0395	2. 4528	2. 7440
32	0. 8531	1. 0536	1. 3086	1. 6939	2. 0369	2. 4487	2. 7385
33	0. 8527	1. 0531	1. 3077	1. 6924	2. 0345	2. 4448	2. 7333
34	0. 8524	1. 0526	1. 3070	1. 6909	2. 0322	2. 4411	2. 7284
35	0. 8521	1. 0521	1. 3062	1. 6896	2. 0301	2. 4377	2. 7238
36	0. 8518	1. 0516	1. 3055	1. 6883	2. 0281	2. 4345	2. 7195
37	0. 8515	1. 0512	1. 3049	1. 6871	2. 0262	2. 4314	2. 7154
38	0. 8512	1. 0508	1. 3042	1. 6860	2. 0244	2. 4286	2. 7116
39	0. 8510	1. 0504	1. 3036	1. 6849	2. 0227	2. 4258	2. 7079
40	0. 8507	1. 0501	1. 3031	1. 6839	2. 0211	2. 4233	2. 7045
41	0. 8505	1. 0498	1. 3025	1. 6829	2. 0195	2. 4208	2. 7012
42	0. 8503	1. 0494	1. 3020	1. 6820	2. 0181	2. 4185	2. 6981
43	0. 8501	1. 0491	1. 3016	1. 6811	2. 0167	2. 4163	2. 6951
44	0. 8499	1. 0488	1. 3011	1. 6802	2. 0154	2. 4141	2. 6923
45	0. 8497	1. 0485	1. 3006	1. 6794	2. 0141	2. 4121	2. 6896

附表 6 F 分布表

$P\{F(n_1,n_2)>F_\alpha(n_1,n_2)\}=\alpha$

(α=0.10)

n_2	n_1																		
	1	2	3	4	5	6	7	8	9	10	12	15	20	24	30	40	60	120	∞
1	39.86	49.50	53.59	55.83	57.24	58.20	58.91	59.44	59.86	60.19	60.71	61.22	61.74	62.00	62.26	62.53	62.79	63.06	63.33
2	8.53	9.00	9.16	9.24	9.29	9.33	9.35	9.37	9.38	9.39	9.41	9.42	9.44	9.45	9.46	9.47	9.47	9.48	9.49
3	5.54	5.46	5.39	5.34	5.31	5.28	5.27	5.25	5.24	5.23	5.22	5.20	5.18	5.18	5.17	5.16	5.15	5.14	5.13
4	4.54	4.32	4.19	4.11	4.05	4.01	3.98	3.95	3.94	3.92	3.90	3.87	3.84	3.83	3.82	3.80	3.79	3.78	3.76
5	4.06	3.78	3.62	3.52	3.45	3.40	3.37	3.34	3.32	3.30	3.27	3.24	3.21	3.19	3.17	3.16	3.14	3.12	3.10
6	3.78	3.46	3.29	3.18	3.11	3.05	3.01	2.98	2.96	2.94	2.90	2.87	2.84	2.82	2.80	2.78	2.76	2.74	2.72
7	3.59	3.26	3.07	2.96	2.88	2.83	2.78	2.75	2.72	2.70	2.67	2.63	2.59	2.58	2.56	2.54	2.51	2.49	2.47
8	3.46	3.11	2.92	2.81	2.73	2.67	2.62	2.59	2.56	2.54	2.50	2.46	2.42	2.40	2.38	2.36	2.34	2.32	2.29
9	3.36	3.01	2.81	2.69	2.61	2.55	2.51	2.47	2.44	2.42	2.38	2.34	2.30	2.28	2.25	2.23	2.21	2.18	2.16
10	3.29	2.92	2.73	2.61	2.52	2.46	2.41	2.38	2.35	2.32	2.28	2.24	2.20	2.18	2.16	2.13	2.11	2.08	2.06
11	3.23	2.86	2.66	2.54	2.45	2.39	2.34	2.30	2.27	2.25	2.21	2.17	2.12	2.10	2.08	2.05	2.03	2.00	1.97
12	3.18	2.81	2.61	2.48	2.39	2.33	2.28	2.24	2.21	2.19	2.15	2.10	2.06	2.04	2.01	1.99	1.96	1.93	1.90
13	3.14	2.76	2.56	2.43	2.35	2.28	2.23	2.20	2.16	2.14	2.10	2.05	2.01	1.98	1.96	1.93	1.90	1.88	1.85
14	3.10	2.73	2.52	2.39	2.31	2.24	2.19	2.15	2.12	2.10	2.05	2.01	1.96	1.94	1.91	1.89	1.86	1.83	1.80
15	3.07	2.70	2.49	2.36	2.27	2.21	2.16	2.12	2.09	2.06	2.02	1.97	1.92	1.90	1.87	1.85	1.82	1.79	1.76
16	3.05	2.67	2.46	2.33	2.24	2.18	2.13	2.09	2.06	2.03	1.99	1.94	1.89	1.87	1.84	1.81	1.78	1.75	1.72
17	3.03	2.64	2.44	2.31	2.22	2.15	2.10	2.06	2.03	2.00	1.96	1.91	1.86	1.84	1.81	1.78	1.75	1.72	1.69
18	3.01	2.62	2.42	2.29	2.20	2.13	2.08	2.04	2.00	1.98	1.93	1.89	1.84	1.81	1.78	1.75	1.72	1.69	1.66
19	2.99	2.61	2.40	2.27	2.18	2.11	2.06	2.02	1.98	1.96	1.91	1.86	1.81	1.79	1.76	1.73	1.70	1.67	1.63

20	2.97	2.59	2.38	2.25	2.16	2.09	2.04	2.00	1.96	1.94	1.89	1.84	1.79	1.77	1.74	1.71	1.68	1.64	1.61
21	2.96	2.57	2.36	2.23	2.14	2.08	2.02	1.98	1.95	1.92	1.87	1.83	1.78	1.75	1.72	1.69	1.66	1.62	1.59
22	2.95	2.56	2.35	2.22	2.13	2.06	2.01	1.97	1.93	1.90	1.86	1.81	1.76	1.73	1.70	1.67	1.64	1.60	1.57
23	2.94	2.55	2.34	2.21	2.11	2.05	1.99	1.95	1.92	1.89	1.84	1.80	1.74	1.72	1.69	1.66	1.62	1.59	1.55
24	2.93	2.54	2.33	2.19	2.10	2.04	1.98	1.94	1.91	1.88	1.83	1.78	1.73	1.70	1.67	1.64	1.61	1.57	1.53
25	2.92	2.53	2.32	2.18	2.09	2.02	1.97	1.93	1.89	1.87	1.82	1.77	1.72	1.69	1.66	1.63	1.59	1.56	1.52
26	2.91	2.52	2.31	2.17	2.08	2.01	1.96	1.92	1.88	1.86	1.81	1.76	1.71	1.68	1.65	1.61	1.58	1.54	1.50
27	2.90	2.51	2.30	2.17	2.07	2.00	1.95	1.91	1.87	1.85	1.80	1.75	1.70	1.67	1.64	1.60	1.57	1.53	1.49
28	2.89	2.50	2.29	2.16	2.06	2.00	1.94	1.90	1.87	1.84	1.79	1.74	1.69	1.66	1.63	1.59	1.56	1.52	1.48
29	2.89	2.50	2.28	2.15	2.06	1.99	1.93	1.89	1.86	1.83	1.78	1.73	1.68	1.65	1.62	1.58	1.55	1.51	1.47
30	2.88	2.49	2.28	2.14	2.05	1.98	1.93	1.88	1.85	1.82	1.77	1.72	1.67	1.64	1.61	1.57	1.54	1.50	1.46
40	2.84	2.44	2.23	2.09	2.00	1.93	1.87	1.83	1.79	1.76	1.71	1.66	1.61	1.57	1.54	1.51	1.47	1.42	1.38
60	2.79	2.39	2.18	2.04	1.95	1.87	1.82	1.77	1.74	1.71	1.66	1.60	1.54	1.51	1.48	1.44	1.40	1.35	1.29
120	2.75	2.35	2.13	1.99	1.90	1.82	1.77	1.72	1.68	1.65	1.60	1.55	1.48	1.45	1.41	1.37	1.32	1.26	1.19
∞	2.71	2.30	2.08	1.94	1.85	1.77	1.72	1.67	1.63	1.60	1.55	1.49	1.42	1.38	1.34	1.30	1.24	1.17	1.00

($\alpha=0.05$)

n_2	n_1																		
	1	2	3	4	5	6	7	8	9	10	12	15	20	24	30	40	60	120	∞
1	161	200	216	225	230	234	237	239	241	242	244	246	248	249	250	251	252	253	254
2	18.5	19.0	19.2	19.2	19.3	19.3	19.4	19.4	19.4	19.4	19.4	19.4	19.4	19.5	19.5	19.5	19.5	19.5	19.5
3	10.1	9.55	9.28	9.12	9.01	8.94	8.89	8.85	8.81	8.79	8.74	8.70	8.66	8.64	8.62	8.59	8.57	8.55	8.53
4	7.71	6.94	6.59	6.39	6.26	6.16	6.09	6.04	6.00	5.96	5.91	5.86	5.80	5.77	5.75	5.72	5.69	5.66	5.63
5	6.61	5.79	5.41	5.19	5.05	4.95	4.88	4.82	4.77	4.74	4.68	4.62	4.56	4.53	4.50	4.46	4.43	4.40	4.36

（续）

（$\alpha=0.05$）

n_2	n_1																		
	1	2	3	4	5	6	7	8	9	10	12	15	20	24	30	40	60	120	∞
6	5.99	5.14	4.76	4.53	4.39	4.28	4.21	4.15	4.10	4.06	4.00	3.94	3.87	3.84	3.81	3.77	3.74	3.70	3.67
7	5.59	4.74	4.35	4.12	3.97	3.87	3.79	3.73	3.68	3.64	3.57	3.51	3.44	3.41	3.38	3.34	3.30	3.27	3.23
8	5.32	4.46	4.07	3.84	3.69	3.58	3.50	3.44	3.39	3.35	3.28	3.22	3.15	3.12	3.08	3.04	3.01	2.97	2.93
9	5.12	4.26	3.86	3.63	3.48	3.37	3.29	3.23	3.18	3.14	3.07	3.01	2.94	2.90	2.86	2.83	2.79	2.75	2.71
10	4.96	4.10	3.71	3.48	3.33	3.22	3.14	3.07	3.02	2.98	2.91	2.85	2.77	2.74	2.70	2.66	2.62	2.58	2.54
11	4.84	3.98	3.59	3.36	3.20	3.09	3.01	2.95	2.90	2.85	2.79	2.72	2.65	2.61	2.57	2.53	2.49	2.45	2.40
12	4.75	3.89	3.49	3.26	3.11	3.00	2.91	2.85	2.80	2.75	2.69	2.62	2.54	2.51	2.47	2.43	2.38	2.34	2.30
13	4.67	3.81	3.41	3.18	3.03	2.92	2.83	2.77	2.71	2.67	2.60	2.53	2.46	2.42	2.38	2.34	2.30	2.25	2.21
14	4.60	3.74	3.34	3.11	2.96	2.85	2.76	2.70	2.65	2.60	2.53	2.46	2.39	2.35	2.31	2.27	2.22	2.18	2.13
15	4.54	3.68	3.29	3.06	2.90	2.79	2.71	2.64	2.59	2.54	2.48	2.40	2.33	2.29	2.25	2.20	2.16	2.11	2.07
16	4.49	3.63	3.24	3.01	2.85	2.74	2.66	2.59	2.54	2.49	2.42	2.35	2.28	2.24	2.19	2.15	2.11	2.06	2.01
17	4.45	3.59	3.20	2.96	2.81	2.70	2.61	2.55	2.49	2.45	2.38	2.31	2.23	2.19	2.15	2.10	2.06	2.01	1.96
18	4.41	3.55	3.16	2.93	2.77	2.66	2.58	2.51	2.46	2.41	2.34	2.27	2.19	2.15	2.11	2.06	2.02	1.97	1.92
19	4.38	3.52	3.13	2.90	2.74	2.63	2.54	2.48	2.42	2.38	2.31	2.23	2.16	2.11	2.07	2.03	1.98	1.93	1.88
20	4.35	3.49	3.10	2.87	2.71	2.60	2.51	2.45	2.39	2.35	2.28	2.20	2.12	2.08	2.04	1.99	1.95	1.90	1.84
21	4.32	3.47	3.07	2.84	2.68	2.57	2.49	2.42	2.37	2.32	2.25	2.18	2.10	2.05	2.01	1.96	1.92	1.87	1.81
22	4.30	3.44	3.05	2.82	2.66	2.55	2.46	2.40	2.34	2.30	2.23	2.15	2.07	2.03	1.98	1.94	1.89	1.84	1.78
23	4.28	3.42	3.03	2.80	2.64	2.53	2.44	2.37	2.32	2.27	2.20	2.13	2.05	2.01	1.96	1.91	1.86	1.81	1.76
24	4.26	3.40	3.01	2.78	2.62	2.51	2.42	2.36	2.30	2.25	2.18	2.11	2.03	1.98	1.94	1.89	1.84	1.79	1.73
25	4.24	3.39	2.99	2.76	2.60	2.49	2.40	2.34	2.28	2.24	2.16	2.09	2.01	1.96	1.92	1.87	1.82	1.77	1.71
26	4.23	3.37	2.98	2.74	2.59	2.47	2.39	2.32	2.27	2.22	2.15	2.07	1.99	1.95	1.90	1.85	1.80	1.75	1.69
27	4.21	3.35	2.96	2.73	2.57	2.46	2.37	2.31	2.25	2.20	2.13	2.06	1.97	1.93	1.88	1.84	1.79	1.73	1.67

28	4.20	3.34	2.95	2.71	2.56	2.45	2.36	2.29	2.24	2.19	2.12	2.04	1.96	1.91	1.87	1.82	1.77	1.71	1.65
29	4.18	3.33	2.93	2.70	2.55	2.43	2.35	2.28	2.22	2.18	2.10	2.03	1.94	1.90	1.85	1.81	1.75	1.70	1.64
30	4.17	3.32	2.92	2.69	2.53	2.42	2.33	2.27	2.21	2.16	2.09	2.01	1.93	1.89	1.84	1.79	1.74	1.68	1.62
40	4.08	3.23	2.84	2.61	2.45	2.34	2.25	2.18	2.12	2.08	2.00	1.92	1.84	1.79	1.74	1.69	1.64	1.58	1.51
60	4.00	3.15	2.76	2.53	2.37	2.25	2.17	2.10	2.04	1.99	1.92	1.84	1.75	1.70	1.65	1.59	1.53	1.47	1.39
120	3.92	3.07	2.68	2.45	2.29	2.17	2.09	2.02	1.96	1.91	1.83	1.75	1.66	1.61	1.55	1.50	1.43	1.35	1.25
∞	3.84	3.00	2.60	2.37	2.21	2.10	2.01	1.94	1.88	1.83	1.75	1.67	1.57	1.52	1.46	1.39	1.32	1.22	1.00

($\alpha=0.025$)

n_2	n_1																		
	1	2	3	4	5	6	7	8	9	10	12	15	20	24	30	40	60	120	∞
1	648	800	864	900	922	937	948	957	963	969	977	985	993	997	1000	1010	1010	1010	1020
2	38.5	39.0	39.2	39.2	39.3	39.3	39.4	39.4	39.4	39.4	39.4	39.4	39.4	39.5	39.5	39.5	39.5	39.5	39.5
3	17.4	16.0	15.4	15.1	14.9	14.7	14.6	14.5	14.5	14.4	14.3	14.3	14.2	14.1	14.1	14.0	14.0	13.9	13.9
4	12.2	10.6	9.98	9.60	9.36	9.20	9.07	8.98	8.90	8.84	8.75	8.66	8.56	8.51	8.46	8.41	8.36	8.31	8.26
5	10.0	8.43	7.76	7.39	7.15	6.98	6.85	6.76	6.68	6.62	6.52	6.43	6.33	6.28	6.23	6.18	6.12	6.07	6.02
6	8.81	7.26	6.60	6.23	5.99	5.82	5.70	5.60	5.52	5.46	5.37	5.27	5.17	5.12	5.07	5.01	4.96	4.90	4.85
7	8.07	6.54	5.89	5.52	5.29	5.12	4.99	4.90	4.82	4.76	4.67	4.57	4.47	4.42	4.36	4.31	4.25	4.20	4.14
8	7.57	6.06	5.42	5.05	4.82	4.65	4.53	4.43	4.36	4.30	4.20	4.10	4.00	3.95	3.89	3.84	3.78	3.73	3.67
9	7.21	5.71	5.08	4.72	4.48	4.32	4.20	4.10	4.03	3.96	3.87	3.77	3.67	3.61	3.56	3.51	3.45	3.39	3.33
10	6.94	5.46	4.83	4.47	4.24	4.07	3.95	3.85	3.78	3.72	3.62	3.52	3.42	3.37	3.31	3.26	3.20	3.14	3.08
11	6.72	5.26	4.63	4.28	4.04	3.88	3.76	3.66	3.59	3.53	3.43	3.33	3.23	3.17	3.12	3.06	3.00	2.94	2.88
12	6.55	5.10	4.47	4.12	3.89	3.73	3.61	3.51	3.44	3.37	3.28	3.18	3.07	3.02	2.96	2.91	2.85	2.79	2.72
13	6.41	4.97	4.35	4.00	3.77	3.60	3.48	3.39	3.31	3.25	3.15	3.05	2.95	2.89	2.84	2.78	2.72	2.66	2.60
14	6.30	4.86	4.24	3.89	3.66	3.50	3.38	3.29	3.21	3.15	3.05	2.95	2.84	2.79	2.73	2.67	2.61	2.55	2.49
15	6.20	4.77	4.15	3.80	3.58	3.41	3.29	3.20	3.12	3.06	2.96	2.86	2.76	2.70	2.64	2.59	2.52	2.46	2.40

（续）

（α=0. 025）

n_2	n_1=1	2	3	4	5	6	7	8	9	10	12	15	20	24	30	40	60	120	∞
16	6. 12	4. 69	4. 08	3. 73	3. 50	3. 34	3. 22	3. 12	3. 05	2. 99	2. 89	2. 79	2. 68	2. 63	2. 57	2. 51	2. 45	2. 38	2. 32
17	6. 04	4. 62	4. 01	3. 66	3. 44	3. 28	3. 16	3. 06	2. 98	2. 92	2. 82	2. 72	2. 62	2. 56	2. 50	2. 44	2. 38	2. 32	2. 25
18	5. 98	4. 56	3. 95	3. 61	3. 38	3. 22	3. 10	3. 01	2. 93	2. 87	2. 77	2. 67	2. 56	2. 50	2. 44	2. 38	2. 32	2. 26	2. 19
19	5. 92	4. 51	3. 90	3. 56	3. 33	3. 17	3. 05	2. 96	2. 88	2. 82	2. 72	2. 62	2. 51	2. 45	2. 39	2. 33	2. 27	2. 20	2. 13
20	5. 87	4. 46	3. 86	3. 51	3. 29	3. 13	3. 01	2. 91	2. 84	2. 77	2. 68	2. 57	2. 46	2. 41	2. 35	2. 29	2. 22	2. 16	2. 09
21	5. 83	4. 42	3. 82	3. 48	3. 25	3. 09	2. 97	2. 87	2. 80	2. 73	2. 64	2. 53	2. 42	2. 37	2. 31	2. 25	2. 18	2. 11	2. 04
22	5. 79	4. 38	3. 78	3. 44	3. 22	3. 05	2. 93	2. 84	2. 76	2. 70	2. 60	2. 50	2. 39	2. 33	2. 27	2. 21	2. 14	2. 08	2. 00
23	5. 75	4. 35	3. 75	3. 41	3. 18	3. 02	2. 90	2. 81	2. 73	2. 67	2. 57	2. 47	2. 36	2. 30	2. 24	2. 18	2. 11	2. 04	1. 97
24	5. 72	4. 32	3. 72	3. 38	3. 15	2. 99	2. 87	2. 78	2. 70	2. 64	2. 54	2. 44	2. 33	2. 27	2. 21	2. 15	2. 08	2. 01	1. 94
25	5. 69	4. 29	3. 69	3. 35	3. 13	2. 97	2. 85	2. 75	2. 68	2. 61	2. 51	2. 41	2. 30	2. 24	2. 18	2. 12	2. 05	1. 98	1. 91
26	5. 66	4. 27	3. 67	3. 33	3. 10	2. 94	2. 82	2. 73	2. 65	2. 59	2. 49	2. 39	2. 28	2. 22	2. 16	2. 09	2. 03	1. 95	1. 88
27	5. 63	4. 24	3. 65	3. 31	3. 08	2. 92	2. 80	2. 71	2. 63	2. 57	2. 47	2. 36	2. 25	2. 19	2. 13	2. 07	2. 00	1. 93	1. 85
28	5. 61	4. 22	3. 63	3. 29	3. 06	2. 90	2. 78	2. 69	2. 61	2. 55	2. 45	2. 34	2. 23	2. 17	2. 11	2. 05	1. 98	1. 91	1. 83
29	5. 59	4. 20	3. 61	3. 27	3. 04	2. 88	2. 76	2. 67	2. 59	2. 53	2. 43	2. 32	2. 21	2. 15	2. 09	2. 03	1. 96	1. 89	1. 81
30	5. 57	4. 18	3. 59	3. 25	3. 03	2. 87	2. 75	2. 65	2. 57	2. 51	2. 41	2. 31	2. 20	2. 14	2. 07	2. 01	1. 94	1. 87	1. 79
40	5. 42	4. 05	3. 46	3. 13	2. 90	2. 74	2. 62	2. 53	2. 45	2. 39	2. 29	2. 18	2. 07	2. 01	1. 94	1. 88	1. 80	1. 72	1. 64
60	5. 29	3. 93	3. 34	3. 01	2. 79	2. 63	2. 51	2. 41	2. 33	2. 27	2. 17	2. 06	1. 94	1. 88	1. 82	1. 74	1. 67	1. 58	1. 48
120	5. 15	3. 80	3. 23	2. 89	2. 67	2. 52	2. 39	2. 30	2. 22	2. 16	2. 05	1. 94	1. 82	1. 76	1. 69	1. 61	1. 53	1. 43	1. 31
∞	5. 02	3. 69	3. 12	2. 79	2. 57	2. 41	2. 29	2. 19	2. 11	2. 05	1. 94	1. 83	1. 71	1. 64	1. 57	1. 48	1. 39	1. 27	1. 00

（α=0. 01）

n_2	n_1=1	2	3	4	5	6	7	8	9	10	12	15	20	24	30	40	60	120	∞
1	4050	5000	5400	5620	5760	5860	5930	5980	6020	6060	110	6160	6210	6230	6260	6290	6310	6340	6370
2	98. 5	99. 0	99. 2	99. 2	99. 3	99. 3	99. 4	99. 4	99. 4	99. 4	99. 4	99. 4	99. 4	99. 5	99. 5	99. 5	99. 5	99. 5	99. 5

3	34.1	30.8	29.5	28.7	28.2	27.9	27.7	27.5	27.3	27.2	27.1	26.9	26.7	26.6	26.5	26.4	26.3	26.2	26.1
4	21.2	18.0	16.7	16.0	15.5	15.2	15.0	14.8	14.7	14.5	14.4	14.2	14.0	13.9	13.8	13.7	13.7	13.6	13.5
5	16.3	13.3	12.1	11.4	11.0	10.7	10.5	10.3	10.2	10.1	9.89	9.72	9.55	9.47	9.38	9.29	9.20	9.11	9.02
6	13.7	10.9	9.78	9.15	8.75	8.47	8.26	8.10	7.98	7.87	7.72	7.56	7.40	7.31	7.23	7.14	7.06	6.97	6.88
7	12.2	9.55	8.45	7.85	7.46	7.19	6.99	6.84	6.72	6.62	6.47	6.31	6.16	6.07	5.99	5.91	5.82	5.74	5.65
8	11.3	8.65	7.59	7.01	6.63	6.37	6.18	6.03	5.91	5.81	5.67	5.52	5.36	5.28	5.20	5.12	5.03	4.95	4.86
9	10.6	8.02	6.99	6.42	6.06	5.80	5.61	5.47	5.35	5.26	5.11	4.96	4.81	4.73	4.65	4.57	4.48	4.40	4.31
10	10.0	7.56	6.55	5.99	5.64	5.39	5.20	5.06	4.94	4.85	4.71	4.56	4.41	4.33	4.25	4.17	4.08	4.00	3.91
11	9.65	7.21	6.22	5.67	5.32	5.07	4.89	4.74	4.63	4.54	4.40	4.25	4.10	4.02	3.94	3.86	3.78	3.69	3.60
12	9.33	6.93	5.95	5.41	5.06	4.82	4.64	4.50	4.39	4.30	4.16	4.01	3.86	3.78	3.70	3.62	3.54	3.45	3.36
13	9.07	6.70	5.74	5.21	4.86	4.62	4.44	4.30	4.19	4.10	3.96	3.82	3.66	3.59	3.51	3.43	3.34	3.25	3.17
14	8.86	6.51	5.56	5.04	4.69	4.46	4.28	4.14	4.03	3.94	3.80	3.66	3.51	3.43	3.35	3.27	3.18	3.09	3.00
15	8.68	6.36	5.42	4.89	4.56	4.32	4.14	4.00	3.89	3.80	3.67	3.52	3.37	3.29	3.21	3.13	3.05	2.96	2.87
16	8.53	6.23	5.29	4.77	4.44	4.20	4.03	3.89	3.78	3.69	3.55	3.41	3.26	3.18	3.10	3.02	2.93	2.84	2.75
17	8.40	6.11	5.18	4.67	4.34	4.10	3.93	3.79	3.68	3.59	3.46	3.31	3.16	3.08	3.00	2.92	2.83	2.75	2.65
18	8.29	6.01	5.09	4.58	4.25	4.01	3.84	3.71	3.60	3.51	3.37	3.23	3.08	3.00	2.92	2.84	2.75	2.66	2.57
19	8.18	5.93	5.01	4.50	4.17	3.94	3.77	3.63	3.52	3.43	3.30	3.15	3.00	2.92	2.84	2.76	2.67	2.58	2.49
20	8.10	5.85	4.94	4.43	4.10	3.87	3.70	3.56	3.46	3.37	3.23	3.09	2.94	2.86	2.78	2.69	2.61	2.52	2.42
21	8.02	5.78	4.87	4.37	4.04	3.81	3.64	3.51	3.40	3.31	3.17	3.03	2.88	2.80	2.72	2.64	2.55	2.46	2.36
22	7.95	5.72	4.82	4.31	3.99	3.76	3.59	3.45	3.35	3.26	3.12	2.98	2.83	2.75	2.67	2.58	2.50	2.40	2.31
23	7.88	5.66	4.76	4.26	3.94	3.71	3.54	3.41	3.30	3.21	3.07	2.93	2.78	2.70	2.62	2.54	2.45	2.35	2.26
24	7.82	5.61	4.72	4.22	3.90	3.67	3.50	3.36	3.26	3.17	3.03	2.89	2.74	2.66	2.58	2.49	2.40	2.31	2.21
25	7.77	5.57	4.68	4.18	3.85	3.63	3.46	3.32	3.22	3.13	2.99	2.85	2.70	2.62	2.54	2.45	2.36	2.27	2.17

（续）

（$\alpha=0.01$）

n_2 \ n_1	1	2	3	4	5	6	7	8	9	10	12	15	20	24	30	40	60	120	∞
26	7.72	5.53	4.64	4.14	3.82	3.59	3.42	3.29	3.18	3.09	2.96	2.81	2.66	2.58	2.50	2.42	2.33	2.23	2.13
27	7.68	5.49	4.60	4.11	3.78	3.56	3.39	3.26	3.15	3.06	2.93	2.78	2.63	2.55	2.47	2.38	2.29	2.20	2.10
28	7.64	5.45	4.57	4.07	3.75	3.53	3.36	3.23	3.12	3.03	2.90	2.75	2.60	2.52	2.44	2.35	2.26	2.17	2.06
29	7.60	5.42	4.54	4.04	3.73	3.50	3.33	3.20	3.09	3.00	2.87	2.73	2.57	2.49	2.41	2.33	2.23	2.14	2.03
30	7.56	5.39	4.51	4.02	3.70	3.47	3.30	3.17	3.07	2.98	2.84	2.70	2.55	2.47	2.39	2.30	2.21	2.11	2.01
40	7.31	5.18	4.31	3.83	3.51	3.29	3.12	2.99	2.89	2.80	2.66	2.52	2.37	2.29	2.20	2.11	2.02	1.92	1.80
60	7.08	4.98	4.13	3.65	3.34	3.12	2.95	2.82	2.72	2.63	2.50	2.35	2.20	2.12	2.03	1.94	1.84	1.73	1.60
120	6.85	4.79	3.95	3.48	3.17	2.96	2.79	2.66	2.56	2.47	2.34	2.19	2.03	1.95	1.86	1.76	1.66	1.53	1.38
∞	6.63	4.61	3.78	3.32	3.02	2.80	2.64	2.51	2.41	2.32	2.18	2.04	1.88	1.79	1.70	1.59	1.47	1.32	1.00

（$\alpha=0.005$）

n_2 \ n_1	1	2	3	4	5	6	7	8	9	10	12	15	20	24	30	40	60	120	∞
1	16200	20000	21600	22500	23100	23400	23700	23900	24100	24200	24400	24600	24800	24900	25000	25100	25300	25400	25500
2	199	199	199	199	199	199	199	199	199	199	199	199	199	199	199	199	199	199	200
3	55.6	49.8	47.5	46.2	45.4	44.8	44.4	44.1	43.9	43.7	43.4	43.1	42.8	42.6	42.5	42.3	42.1	42.0	41.8
4	31.3	26.3	24.3	23.2	22.5	22.0	21.6	21.4	21.1	21.0	20.7	20.4	20.2	20.0	19.9	19.8	19.6	19.5	19.3
5	22.8	18.3	16.5	15.6	14.9	14.5	14.2	14.0	13.8	13.6	13.4	13.1	12.9	12.8	12.7	12.5	12.4	12.3	12.1
6	18.6	14.5	12.9	12.0	11.5	11.1	10.8	10.6	10.4	10.3	10.0	9.81	9.59	9.47	9.36	9.24	9.12	9.00	8.88
7	16.2	12.4	10.9	10.1	9.52	9.16	8.89	8.68	8.51	8.38	8.18	7.97	7.75	7.65	7.53	7.42	7.31	7.19	7.08
8	14.7	11.0	9.60	8.81	8.30	7.95	7.69	7.50	7.34	7.21	7.01	6.81	6.61	6.50	6.40	6.29	6.18	6.06	5.95
9	13.6	10.1	8.72	7.96	7.47	7.13	6.88	6.69	6.54	6.42	6.23	6.03	5.83	5.73	5.62	5.52	5.41	5.30	5.19
10	12.8	9.43	8.08	7.34	6.87	6.54	6.30	6.12	5.97	5.85	5.66	5.47	5.27	5.17	5.07	4.97	4.86	4.75	4.64

11	12.2	8.91	7.60	6.88	6.42	6.10	5.86	5.68	5.54	5.42	5.24	5.05	4.86	4.76	4.65	4.55	4.44	4.34	4.23
12	11.8	8.51	7.23	6.52	6.07	5.76	5.52	5.35	5.20	5.09	4.91	4.72	4.53	4.43	4.33	4.23	4.12	4.01	3.90
13	11.4	8.19	6.93	6.23	5.79	5.48	5.25	5.08	4.94	4.82	4.64	4.46	4.27	4.17	4.07	3.97	3.87	3.76	3.65
14	11.1	7.92	6.68	6.00	5.56	5.26	5.03	4.86	4.72	4.60	4.43	4.25	4.06	3.96	3.86	3.76	3.66	3.55	3.44
15	10.8	7.70	6.48	5.80	5.37	5.07	4.85	4.67	4.54	4.42	4.25	4.07	3.88	3.79	3.69	3.58	3.48	3.37	3.26
16	10.6	7.51	6.30	5.64	5.21	4.91	4.69	4.52	4.38	4.27	4.10	3.92	3.73	3.64	3.54	3.44	3.33	3.22	3.11
17	10.4	7.35	6.16	5.50	5.07	4.78	4.56	4.39	4.25	4.14	3.97	3.79	3.61	3.51	3.41	3.31	3.21	3.10	2.98
18	10.2	7.21	6.03	5.37	4.96	4.66	4.44	4.28	4.14	4.03	3.86	3.68	3.50	3.40	3.30	3.20	3.10	2.99	2.87
19	10.1	7.09	5.92	5.27	4.85	4.56	4.34	4.18	4.04	3.93	3.76	3.59	3.40	3.31	3.21	3.11	3.00	2.89	2.78
20	9.94	6.99	5.82	5.17	4.76	4.47	4.26	4.09	3.96	3.85	3.68	3.50	3.32	3.22	3.12	3.02	2.92	2.81	2.69
21	9.83	6.89	5.73	5.09	4.68	4.39	4.18	4.01	3.88	3.77	3.60	3.43	3.24	3.15	3.05	2.95	2.84	2.73	2.61
22	9.73	6.81	5.65	5.02	4.61	4.32	4.11	3.94	3.81	3.70	3.54	3.36	3.18	3.08	2.98	2.88	2.77	2.66	2.55
23	9.63	6.73	5.58	4.95	4.54	4.26	4.05	3.88	3.75	3.64	3.47	3.30	3.12	3.02	2.92	2.82	2.71	2.60	2.48
24	9.55	6.66	5.52	4.89	4.49	4.20	3.99	3.83	3.69	3.59	3.42	3.25	3.06	2.97	2.87	2.77	2.66	2.55	2.43
25	9.48	6.60	5.46	4.84	4.43	4.15	3.94	3.78	3.64	3.54	3.37	3.20	3.01	2.92	2.82	2.72	2.61	2.50	2.38
26	9.41	6.54	5.41	4.79	4.38	4.10	3.89	3.73	3.60	3.49	3.33	3.15	2.97	2.87	2.77	2.67	2.56	2.45	2.33
27	9.34	6.49	5.36	4.74	4.34	4.06	3.85	3.69	3.56	3.45	3.28	3.11	2.93	2.83	2.73	2.63	2.52	2.41	2.29
28	9.28	6.44	5.32	4.70	4.30	4.02	3.81	3.65	3.52	3.41	3.25	3.07	2.89	2.79	2.69	2.59	2.48	2.37	2.25
29	9.23	6.40	5.28	4.66	4.26	3.98	3.77	3.61	3.48	3.38	3.21	3.04	2.86	2.76	2.66	2.56	2.45	2.33	2.21
30	9.18	6.35	5.24	4.62	4.23	3.95	3.74	3.58	3.45	3.34	3.18	3.01	2.82	2.73	2.63	2.52	2.42	2.30	2.18
40	8.83	6.07	4.98	4.37	3.99	3.71	3.51	3.35	3.22	3.12	2.95	2.78	2.60	2.50	2.40	2.30	2.18	2.06	1.93
60	8.49	5.79	4.73	4.14	3.76	3.49	3.29	3.13	3.01	2.90	2.74	2.57	2.39	2.29	2.19	2.08	1.96	1.83	1.69
120	8.18	5.54	4.50	3.92	3.55	3.28	3.09	2.93	2.81	2.71	2.54	2.37	2.19	2.09	1.98	1.87	1.75	1.61	1.43
∞	7.88	5.30	4.28	3.72	3.35	3.09	2.90	2.74	2.62	2.52	2.36	2.19	2.00	1.90	1.79	1.67	1.53	1.36	1.00

附表 7 符号检验界域表

n	α						n	α					
	0.025		0.01		0.005			0.025		0.01		0.005	
5	0	5	0	5	0	5	38	13	25	12	26	11	27
6	1	5	0	6	0	6	39	13	26	12	27	12	27
7	1	6	1	6	0	7	40	14	26	13	27	12	28
8	1	7	1	7	1	7	41	14	27	13	28	12	29
9	2	7	1	8	1	8	42	15	27	14	28	13	29
10	2	8	1	9	1	9	43	15	28	14	29	13	30
11	2	9	2	9	1	10	44	16	28	14	30	14	30
12	3	9	2	10	2	10	45	16	29	15	30	14	31
13	3	10	2	11	2	11	46	16	30	15	31	14	32
14	3	11	3	11	2	12	47	17	30	16	31	15	32
15	4	11	3	12	3	12	48	17	31	16	32	15	33
16	4	12	3	13	3	13	49	18	31	16	33	16	33
17	5	12	4	13	4	13	50	18	32	17	33	16	34
18	5	13	4	14	4	14	51	19	32	17	34	16	35
19	5	14	5	14	4	15	52	19	33	18	34	17	35
20	6	14	5	15	4	16	53	19	34	18	35	17	36
21	6	15	5	16	5	16	54	20	34	19	35	18	36
22	6	16	6	16	5	17	55	20	35	19	36	18	37
23	7	16	6	17	5	18	56	21	35	19	37	18	38
24	7	17	6	18	6	18	57	21	36	20	37	19	38
25	8	17	7	18	6	19	58	22	36	20	38	19	39
26	8	18	7	19	7	19	59	22	37	21	38	20	39
27	8	19	8	19	7	20	60	22	38	21	39	20	40
28	9	19	8	20	7	21	61	23	38	21	40	21	40
29	9	20	8	21	8	21	62	23	39	22	40	21	41
30	10	20	9	21	8	22	63	24	39	22	41	21	42
31	10	21	9	22	8	23	64	24	40	23	41	22	42
32	10	22	9	23	9	23	65	25	40	23	42	22	43
33	11	22	10	23	9	24	66	25	41	24	42	23	43
34	11	23	10	24	10	24	67	26	41	24	43	23	44
35	12	23	11	24	10	25	68	26	42	24	44	23	45
36	12	24	11	25	10	26	69	26	43	25	44	24	45
37	13	24	11	26	10	26	70	27	43	25	45	24	46

附表 8　威尔科克森符号秩和检验临界值（T 值）表

n	α						
	0.075	0.05	0.025	0.02	0.015	0.01	0.005
4	0						
5	1	0					
6	2	2	0				
7	4	3	2	1	0		
8	7	5	3	3	2	1	0
9	9	8	5	5	4	3	1
10	12	10	8	7	6	5	3
11	16	13	10	9	8	7	5
12	19	17	13	12	11	9	7
13	24	21	17	16	14	12	9
14	28	25	21	19	18	15	12
15	33	30	25	23	21	19	15
16	39	35	29	28	26	23	19
17	45	41	34	33	30	27	23
18	51	47	40	38	35	32	27
19	58	53	46	43	41	37	32
20	65	60	52	50	47	43	37
21	73	67	58	56	53	49	42
22	81	75	65	63	59	55	48
23	89	83	73	70	66	62	54
24	98	91	814	78	74	69	61
25	108	100	89	86	82	76	68
26	118	110	98	94	90	84	75
27	128	119	107	103	99	92	83
28	138	130	116	112	108	101	91
29	150	140	126	122	117	110	100
30	160	151	137	132	127	120	109
31	173	163	147	143	137	130	118
32	186	175	159	154	148	140	128
33	199	187	170	165	159	151	138
34	212	200	185	177	171	162	148
35	226	213	195	189	182	173	159
40	302	286	264	257	249	238	220
50	487	466	434	425	413	397	373
60	718	690	648	636	620	600	567
70	995	960	907	891	872	846	805
80	1318	1276	1211	1192	1168	1136	1086
90	1688	1638	1560	1537	1509	1471	1410
100	2105	2045	1955	1928	1894	1850	1779

注：这里 T 是最大整数，即 $P\{T \leqslant t/n\} \leqslant \alpha$ 累积的单尾概率。

附表 9 秩和临界值表

	(2, 4)			(4, 4)			(6, 7)	
3	11	0.067	11	25	0.029	28	56	0.026
	(2, 5)		12	24	0.057	30	54	0.051
3	13	0.047		(4, 5)			(6, 8)	
	(2, 6)		12	28	0.032	29	61	0.021
3	15	0.036	13	27	0.056	32	58	0.054
4	14	0.071		(4, 6)			(6, 9)	
	(2, 7)		12	32	0.019	31	65	0.025
3	17	0.028	14	30	0.057	33	63	0.044
4	16	0.056		(4, 7)			(6, 10)	
	(2, 8)		13	35	0.021	33	69	0.028
3	19	0.022	15	33	0.055	35	67	0.047
4	18	0.044		(4, 8)			(7, 7)	
	(2, 9)		14	38	0.024	37	68	0.027
3	21	0.018	16	36	0.055	39	66	0.049
4	20	0.036		(4, 9)			(7, 8)	
	(2, 10)		15	41	0.025	39	73	0.027
4	22	0.030	17	39	0.053	41	71	0.047
5	21	0.061		(4, 10)			(7, 9)	
	(3, 3)		16	44	0.026	41	78	0.027
6	15	0.050	18	42	0.053	43	76	0.045
	(3, 4)			(5, 5)			(7, 10)	
6	18	0.028	18	37	0.028	43	83	0.028
7	17	0.057	19	36	0.048	46	80	0.054
	(3, 5)			(5, 6)			(8, 8)	
6	21	0.018	19	41	0.026	49	87	0.025
7	20	0.036	20	40	0.041	52	84	0.052
	(3, 6)			(5, 7)			(8, 9)	
7	23	0.024	20	45	0.024	51	93	0.023
8	22	0.048	22	43	0.053	54	90	0.046
	(3, 7)			(5, 8)			(8, 10)	
8	25	0.033	21	49	0.023	54	98	0.027
9	24	0.058	23	47	0.047	57	95	0.051
	(3, 8)			(5, 9)			(9, 9)	
8	28	0.024	22	53	0.021	63	108	0.025
9	27	0.042	25	50	0.056	66	105	0.047
	(3, 9)			(5, 10)			(9, 10)	
9	30	0.032	24	56	0.028	66	114	0.027
10	29	0.050	26	54	0.050	69	111	0.047
	(3, 10)			(6, 6)			(10, 10)	
9	33	0.024	26	52	0.021	79	131	0.026
11	31	0.056	28	50	0.047	83	127	0.053

注：表中括号内数字表示样本容量（n_1, n_2）。

参 考 文 献

[1] 李洁明，祁新娥. 统计原理 [M]. 上海：复旦大学出版社，2014.

[2] 盛骤，谢式千，潘承毅. 概率论与数理统计 [M]. 4版. 北京：高等教育出版社，2008.

[3] 叶慈楠，曹伟丽. 应用数理统计 [M]. 3版. 北京：机械工业出版社，2009.

[4] 朱永生. 实验数据多元统计分析 [M]. 北京：科学出版社，2009.

[5] CASELLA G，BERGER R L. 统计推断 [M]. 张忠占，傅莺莺，译. 北京：机械工业出版社，2010.

[6] 沃赛曼. 统计学完全教程 [M]. 张波，刘中华，等译. 北京：科学出版社，2008.

[7] 人大经济论坛，曹正凤. 数据分析的统计基础 [M]. 北京：电子工业出版社，2015.

[8] 程东东，黄金龙，朱庆生. 基于自然邻居的聚类分析和离群检测算法研究 [M]. 上海：上海交通大学出版社，2020.

[9] 贺玲，吴玲达，蔡益朝. 数据挖掘中的聚类算法综述 [J]. 计算机应用研究，2007（1）：10-13.

[10] 鲍威斯，谢宇. 分类数据分析的统计方法 [M]. 任强，巫锡炜，穆峥，等译. 北京：社会科学文献出版社，2009.

[11] 扎基，梅拉. 数据挖掘与分析：概念与算法 [M]. 吴诚堃，译. 北京：人民邮电出版社，2017.

[12] 林建忠. 回归分析与线性统计模型 [M]. 上海：上海交通大学出版社，2018.

[13] 汉密尔顿. 时间序列分析 [M]. 夏晓华，译. 北京：中国人民大学出版社，2015.

[14] 克西盖斯纳，沃特斯，哈斯勒. 现代时间序列分析导论 [M]. 张延群，刘晓飞，译. 2版. 北京：中国人民大学出版社，2015.

[15] 曾五一. 统计学简明教程 [M]. 2版. 北京：中国人民大学出版社，2019.